高职高专"十三五"规划教材

采掘机械

主　编　陈国山　陈玉球
副主编　魏大恩　毕俊召　陈西林

北　京
冶 金 工 业 出 版 社
2017

内 容 提 要

本书共分8章，系统介绍了金属矿山资源露天开采设备和地下开采设备的基本结构、工作原理、性能参数、设备选型匹配与保养维护等内容。

本书可作为高职高专院校采矿工程、矿山机械、机械工程等专业的教学用书，也可作为从事矿山工程机械设计、制造、使用与维修、管理等工程技术人员的参考用书和培训教材。

图书在版编目(CIP)数据

采掘机械/陈国山，陈玉球主编.—北京：冶金工业出版社，2017.7

高职高专"十三五"规划教材

ISBN 978-7-5024-7496-6

Ⅰ.①采…　Ⅱ.①陈…　②陈…　Ⅲ.①采掘机—高等职业教育—教材　Ⅳ.①TD421.5

中国版本图书馆CIP数据核字(2017)第098925号

出 版 人　谭学余

地　　址　北京市东城区嵩祝院北巷39号　邮编　100009　电话　(010)64027926

网　　址　www.cnmip.com.cn　电子信箱　yjcbs@cnmip.com.cn

责任编辑　陈慰萍　美术编辑　吕欣童　版式设计　孙跃红

责任校对　李　娜　责任印制　李玉山

ISBN 978-7-5024-7496-6

冶金工业出版社出版发行；各地新华书店经销；三河市双峰印刷装订有限公司印刷

2017年7月第1版，2017年7月第1次印刷

787mm×1092mm　1/16；17印张；411千字；263页

42.00元

冶金工业出版社　投稿电话　(010)64027932　投稿信箱　tougao@cnmip.com.cn

冶金工业出版社营销中心　电话　(010)64044283　传真　(010)64027893

冶金书店　地址　北京市东四西大街46号(100010)　电话　(010)65289081(兼传真)

冶金工业出版社天猫旗舰店　yjgycbs.tmall.com

(本书如有印装质量问题，本社营销中心负责退换)

前言

随着采矿业的迅速发展，金属矿的开采技术水平不断提高，采矿设备由无轨化、液压化逐渐向设备的智能化、大型化发展，采矿技术向工艺连续化方向发展。本书重点介绍了凿岩机、凿岩钻车、潜孔钻机、牙轮钻机、挖掘机、矿用自卸汽车等高效率穿孔、采装、运输设备。书中所涉设备或为典型，或为当下应用主流。

根据高职高专人才培养目标，本书在编写过程中注重基础理论知识的讲解，但根据采矿专业的特点，避免设备原理与复杂构造的详细讲解；同时又力求理论联系实际，侧重生产设备的选型、使用与维护，注重学生职业技能和动手能力的培养。本书的编写深入浅出，书中附有大量的配图，以使学生能更生动形象地理解相关设备的结构与原理。

本书由吉林电子信息职业技术学院的陈国山和湖南有色金属职业技术学院的陈玉球担任主编；攀枝花学院的魏大恩和吉林电子信息职业技术学院的毕俊召、陈西林担任副主编。参加本书编写的还有吉林电子信息职业技术学院韩佩津、刘洪学、季德静，兰州资源环境职业技术学院郑建军、李文雅，安徽工业职业技术学院季惠龙，四川机电职业技术学院杨明春。

本书在编写过程中，参考了有关文献资料，在此对这些文献资料的作者表示诚挚的感谢。

本书编者虽然多是长期在教学和科研第一线的教师，但由于水平有限，书中不足之处，欢迎广大读者斧正。

编者

2017年2月

目　录

1　地下采矿凿岩机 …… 1

1.1　凿岩机概述 …… 1
1.1.1　凿岩原理 …… 1
1.1.2　凿岩机分类 …… 1
1.1.3　凿岩钎具 …… 2
1.2　浅孔气动凿岩机 …… 7
1.2.1　气动凿岩机的分类 …… 7
1.2.2　YT23 型凿岩机 …… 8
1.2.3　YT24 型凿岩机 …… 16
1.2.4　YTP26 型凿岩机 …… 17
1.2.5　YSP45 型凿岩机 …… 19
1.2.6　气动凿岩机的使用与维护 …… 21
1.3　液压凿岩机 …… 26
1.3.1　液压凿岩机的工作原理 …… 26
1.3.2　液压凿岩机的基本结构 …… 31
1.3.3　液压凿岩机的参数与选型 …… 36
1.3.4　液压凿岩机使用维护和故障排除 …… 38
1.4　中深孔凿岩机 …… 42
1.4.1　中深孔凿岩钻架 …… 42
1.4.2　中深孔凿岩机钻孔装置 …… 46
1.5　地下潜孔钻机 …… 52
1.5.1　QZJ-100B 型潜孔钻机 …… 52
1.5.2　DQ-150J 型潜孔钻机 …… 53
1.5.3　Simba260 系列潜孔钻机 …… 54
复习思考题 …… 55

2　地下凿岩钻车 …… 56

2.1　地下凿岩钻车概述 …… 56
2.1.1　地下凿岩钻车的类型 …… 56
2.1.2　地下凿岩钻车的特点 …… 57
2.1.3　地下凿岩钻车的适用范围 …… 57
2.2　掘进凿岩钻车 …… 57

2.2.1　掘进凿岩钻车的组成 …… 57
2.2.2　掘进凿岩钻车的结构与工作原理 …… 59
2.3　采矿凿岩钻车 …… 67
2.3.1　采矿凿岩钻车的基本动作 …… 67
2.3.2　采矿凿岩钻车组成机构 …… 67
2.3.3　采矿凿岩钻车的结构与工作原理 …… 67
2.4　凿岩钻车的选型 …… 74
2.4.1　选型原则 …… 74
2.4.2　选型步骤 …… 74
复习思考题 …… 76

3　地下装载机械 …… 77

3.1　地下装运机 …… 77
3.1.1　气动装运机 …… 78
3.1.2　柴油装运机 …… 87
3.2　地下铲运机 …… 89
3.2.1　地下铲运机的分类 …… 90
3.2.2　地下铲运机的特点 …… 90
3.2.3　地下铲运机的使用 …… 91
3.2.4　地下铲运机的工作过程 …… 91
3.2.5　地下铲运机的基木结构 …… 92
3.2.6　地下铲运机的选型 …… 103
3.3　电耙 …… 111
3.3.1　电耙结构 …… 111
3.3.2　电耙主要技术参数 …… 116
3.4　掘进装渣机械 …… 118
3.4.1　铲斗装载机 …… 118
3.4.2　扒爪类装载机 …… 120
3.4.3　挖斗装载机 …… 125
3.4.4　耙斗装载机 …… 126
3.4.5　装载机的选择 …… 128
复习思考题 …… 128

4　巷道运输机械 …… 130

4.1　牵引电机车 …… 130
4.1.1　电机车的分类 …… 130
4.1.2　矿用电机车的电气结构 …… 131
4.1.3　矿用电机车的机械结构 …… 134
4.2　矿车 …… 137

4.2.1　矿车的结构 …… 137
4.2.2　矿车的类型 …… 138
4.3　轨道 …… 143
4.3.1　矿井轨道的结构 …… 143
4.3.2　弯曲轨道 …… 147
4.3.3　轨道的衔接 …… 150
4.4　巷道辅助机械 …… 156
4.4.1　矿车运行控制设备 …… 156
4.4.2　矿车卸载设备 …… 157
4.4.3　矿车调动设备 …… 159
复习思考题 …… 163

5　矿山辅助机械 …… 164

5.1　矿山空气压缩机 …… 164
5.1.1　常用空气压缩机 …… 164
5.1.2　空气压缩机辅助设备 …… 169
5.2　矿用通风机 …… 172
5.2.1　离心式通风机 …… 172
5.2.2　轴流式通风机 …… 174
5.3　矿山排水设备 …… 176
5.3.1　矿山排水设备的组成 …… 176
5.3.2　离心式水泵 …… 177
复习思考题 …… 180

6　露天凿岩机械 …… 181

6.1　潜孔钻机 …… 181
6.1.1　潜孔钻机的分类 …… 181
6.1.2　潜孔凿岩钻具 …… 182
6.1.3　KQ系列潜孔钻机 …… 185
6.1.4　KQG高风压潜孔钻机 …… 187
6.1.5　潜孔钻机设备参数 …… 189
6.1.6　潜孔钻机的选择 …… 191
6.2　牙轮钻机 …… 196
6.2.1　牙轮钻机的分类 …… 196
6.2.2　牙轮钻机钻孔工作原理 …… 197
6.2.3　牙轮钻机钻具 …… 197
6.2.4　牙轮钻机的基本结构 …… 201
6.2.5　牙轮钻机的主要参数 …… 210
6.2.6　牙轮钻机的选型 …… 211

6.3　露天凿岩钻车 …… 213
6.3.1　露天凿岩钻车的特点 …… 213
6.3.2　露天凿岩钻车的适用范围 …… 213
6.3.3　露天凿岩钻车的组成 …… 214
复习思考题 …… 218

7　露天采装机械 …… 219

7.1　单斗机械挖掘机 …… 219
7.1.1　单斗机械挖掘机的工作原理与结构组成 …… 219
7.1.2　单斗机械挖掘机的主要工作参数 …… 224
7.1.3　单斗机械挖掘机的选型 …… 226
7.1.4　单斗机械挖掘机的使用与维护 …… 227
7.2　单斗液压挖掘机 …… 228
7.2.1　单斗液压挖掘机的分类 …… 228
7.2.2　单斗液压挖掘机的工作原理 …… 229
7.2.3　单斗液压挖掘机的组成机构 …… 231
7.2.4　单斗液压挖掘机的工作方式 …… 234
7.2.5　单斗液压挖掘机的参数 …… 236
7.2.6　单斗液压挖掘机的选型 …… 236
7.2.7　单斗液压挖掘机的使用与维护 …… 239
复习思考题 …… 242

8　矿用运输汽车 …… 243

8.1　露天矿自卸汽车 …… 243
8.1.1　露天矿自卸汽车运输的特点与应用 …… 243
8.1.2　露天矿自卸汽车的分类 …… 244
8.1.3　露天矿自卸汽车的结构 …… 245
8.1.4　露天矿自卸汽车的选型 …… 255
8.2　地下矿自卸汽车 …… 257
8.2.1　地下矿自卸汽车的分类 …… 258
8.2.2　地下矿自卸汽车运输的特点 …… 258
8.2.3　地下矿自卸汽车的应用 …… 259
8.2.4　地下矿自卸汽车的结构 …… 260
复习思考题 …… 262

参考文献 …… 263

1 地下采矿凿岩机

【学习要求】

(1) 了解凿岩钎具的分类、结构和应用。

(2) 了解气动凿岩机的工作原理、构造和性能参数。

(3) 熟悉常用的几种气动浅孔凿岩机类型。

(4) 了解液压凿岩机的工作原理、构造和性能参数。

(5) 熟悉中深孔凿岩机的组成结构和性能。

(6) 掌握凿岩机的选型和匹配。

(7) 熟悉气动凿岩机、液压凿岩机的常见故障，并掌握维修方法。

1.1 凿岩机概述

1.1.1 凿岩原理

目前，采用机械法钻凿炮孔的设备主要是凿岩机和钻机。凿岩设备按冲击方式可分为冲击旋转式、旋转式和碾压破碎式3种类型。

(1) 冲击旋转式。它是采用冲击载荷和转动钎具，并施加合理的推力来破碎岩石，适合在中硬、坚硬的矿岩中钻孔。其由于凿岩效率高、凿岩速度快，适应岩层硬度范围宽，因此应用较为广泛。

(2) 旋转式。它是采用旋转式多刃钎具切割岩石，同时施加较大的推力破碎岩石，适合在中硬以下的岩石中钻孔。此类钻孔设备有电钻和旋转钻机。

(3) 碾压破碎式。它是施加很大的轴压（一般大于300kN）给钻头，同时旋转滚齿传递冲击和压入力，滚齿压入岩石的作用比冲击作用大。最典型的设备是牙轮钻机。

1.1.2 凿岩机分类

根据《凿岩机械与气动工具产品型号编制方法》（JB/T 1590—2010），凿岩机型号依次由其类别、组别、型别、产品主参数、产品改进设计状态和制造企业标识等产品特征信息代码组成。当产品主参数系双主参数时，应采用斜杠“/”将其分隔；企业标识码为可选要素，其余为必备要素。例如，YT表示气腿式凿岩机，其中Y表示凿岩机（岩）的类别，组别为气动，T为型别代号（气腿式）；YSP表示向上式高频凿岩机，其中S表示型别代号为上向式，P表示特性代号（高频）；YGP表示导轨式高频凿岩机，其中G表示其型别代号为导轨式。FT表示气腿，其中F表示该气腿的类别为辅助凿岩设备（辅），T为该气腿的组别。

1.1.3　凿岩钎具

通常把凿岩机使用的凿岩工具称为钎具，把潜孔钻机、牙轮钻机等钻凿大孔径的工具称为钻具。它们对凿岩速度有较大影响，只有合理选择钎（钻）具，才能充分发挥凿岩机械的效率。

1.1.3.1　钎具分类

钎具由钎头、钎杆和钎尾组成。三者连成一体的称为整体钎子（见图 1-1），采用实心钎钢制作。整体钎子凿岩速度稍高，拔钎阻力较小，无须连接钎头，但其寿命必须和钎头寿命相适应，方能同步报废。一字形钎头整体钎子因制造、修磨最简便，在整体致密岩石中凿岩经济性好，常被优先使用。钎头或钎尾可以从钎杆上拆卸下来的称为分体钎子（见图 1-2）。整体钎子和分体钎子都仅有一根钎杆，不能延长，只能钻凿小直径浅孔。

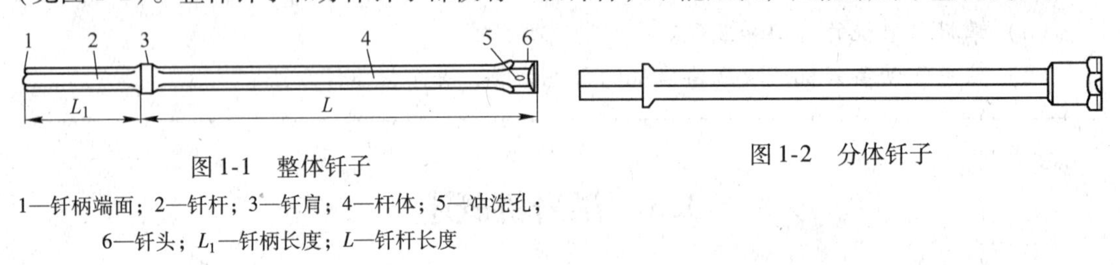

图 1-1　整体钎子

1—钎柄端面；2—钎杆；3—钎肩；4—杆体；5—冲洗孔；6—钎头；L_1—钎柄长度；L—钎杆长度

图 1-2　分体钎子

钎头、多根钎杆（中继钎杆）和钎尾分别由连接套相连接的称为接杆钎子（见图 1-3）。接杆钎子主要用于中深孔凿岩。

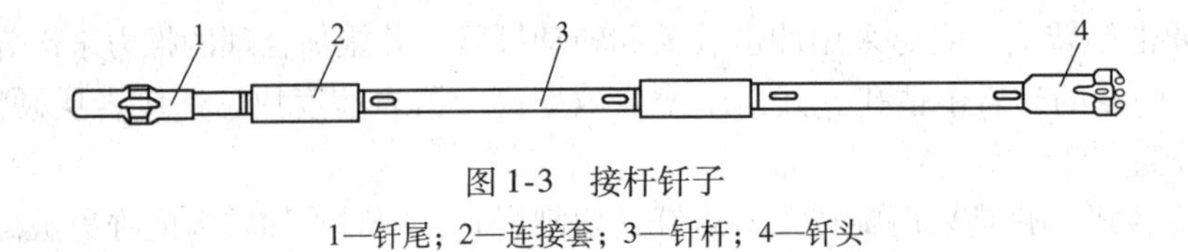

图 1-3　接杆钎子

1—钎尾；2—连接套；3—钎杆；4—钎头

浅孔凿岩接杆钎杆由中继钎杆（见图 1-4）和尾钎杆（见图 1-5）组成。其按结构可分为带六角钎柄的锥体连接钎杆（见图 1-6）和带螺纹钎柄的螺纹连接钎杆；按截面形状可分为带中心孔的正六角形和带中心孔的圆形钎杆。一般小直径钎杆都是用六角中空钎钢制造，大直径钎杆多用圆形中空钎钢制造。中深孔凿岩采用螺纹连接的接杆钎杆，其螺纹

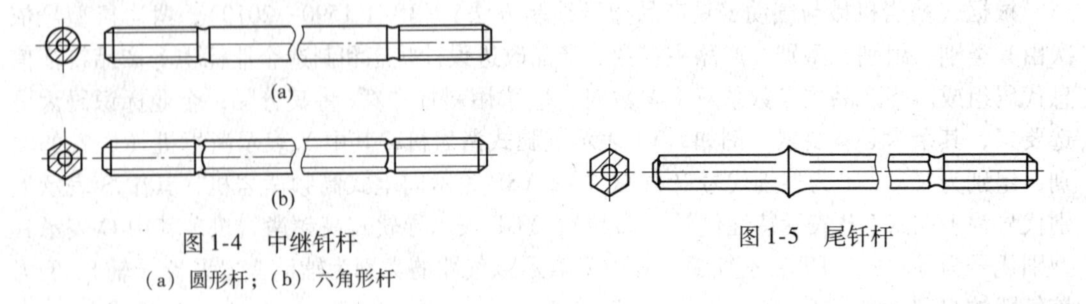

图 1-4　中继钎杆

（a）圆形杆；（b）六角形杆

图 1-5　尾钎杆

形状有波形螺纹（R）、复合螺纹（HL）、梯形螺纹（T(FI)）三种形式，与具有相应螺纹形式的钎头连接。

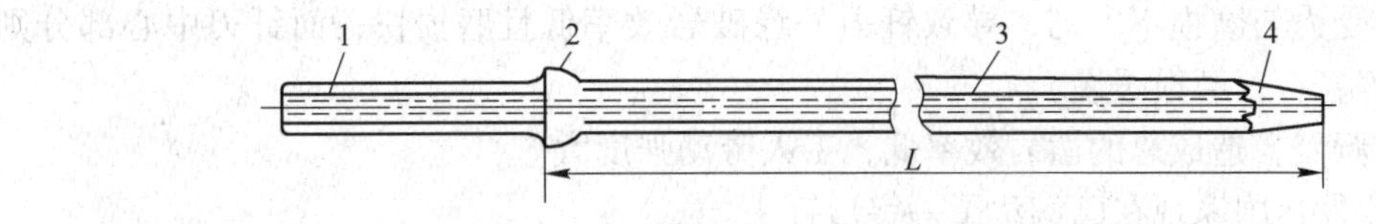

图 1-6 锥体连接钎杆结构

1—钎柄；2—钎肩；3—钎杆；4—锥体；L—钎杆长度

1.1.3.2 钎头

根据钎头上所镶硬质合金的形状不同，钎头分为刃片形钎头、球齿形钎头和复合片齿形钎头三大类。每种类型具有不同的布置方式，如图 1-7 所示。

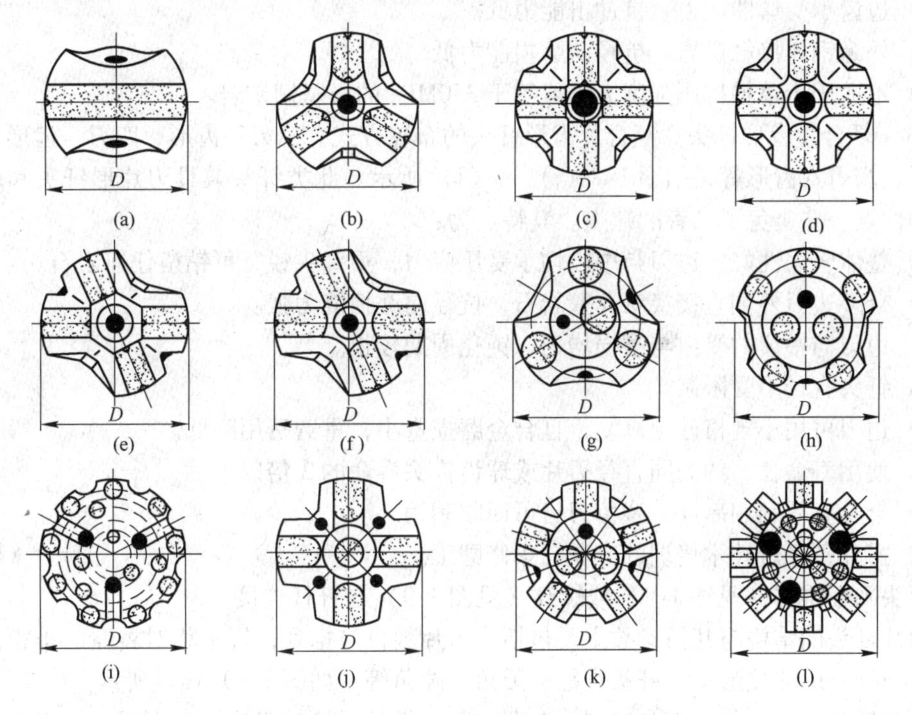

图 1-7 钎头的类型

（端面图，$D=32\sim127$mm 锥体或螺纹连接）

（a）一字形（马蹄形）；（b）三刃形（实芯形）；（c）十字形（镶芯形）；（d）十字形（实芯形）；（e）X 形（镶芯形）；（f）X 形（实芯形）；（g）球齿形（4 齿）；（h）球齿形（7 齿）；（i）球齿形（15 齿）；（j）复合形（四刃一齿）；（k）复合形（五刃二齿）；（l）复合形（八刃八齿）

（1）刃片钎头。刃片形钎头的布置方式有一字形、三刃形、十字形、X 形等，如图 1-7(a)～(f) 所示，其特点为：

1）整体坚固性好，可钻凿任何种类岩石。

2）寿命长。

3）合金利用率较高，合金片残留刃高，可降至 8mm 以下，且可回收利用。

4）最大直径受限制（一字形、三刃形不大于45mm，十字形不大于64mm，X形一般不大于89mm）。

5）钎刃受力与磨损不均匀，导致钎刃外缘破岩效率低且磨损快，而钎刃中心部分则原地重复破碎岩石，磨损缓慢。

6）修磨频繁，造成总的凿岩效率低，工人劳动强度大。

许多工业发达国家现在已淘汰了一字形钎头。

（2）球齿形钎头。球齿形钎头的布置方式有3齿、4齿、……、22齿等，如图1-7（g）~（i）所示。其特点为：

1）布齿自由，可根据凿孔直径和破岩负荷大小，合理确定边、中齿数目及位置。

2）破岩效率高，既可有效地消除破岩盲区，又避免了岩屑的重复破碎。

3）不修磨寿命长，重磨工作量小。

4）钎头直径不受限制。

5）边齿承受弯曲应力，抗冲击能力低。

6）外缘钢体接触矿岩，抗径向磨损能力低。

7）不适用于单轴抗压强度大于或等于350MPa的极坚韧矿岩。

（3）复合片齿形钎头。复合片齿形钎头的布置方式有三刃一齿形、四刃一齿形、五刃三齿形、八刃八齿形等，如图1-7（j）~（l）所示。此类钎头兼具刃片形钎头和球齿形钎头的优点，并避免了二者的缺点。其特点为：

1）整体坚固性好，边刃与中齿均承受压应力，刃锋尖锐，可钻凿任何岩石。

2）众多边刃外侧直接接触孔壁岩石，抗径向磨损能力强。

3）边刃与中齿的受力与磨损均匀，钝化周期较长。

4）钎头直径不受限制。

5）边刃可用小规格砂轮修复，且合金磨损量小，重磨费用降低。

6）使用寿命长，约为同直径刃片或球齿钎头寿命的2倍以上。

7）合金有效利用率高，残留刃齿可回收利用。

8）需配备经过技术培训的专职钎头修磨工。

钎头采用锥体（见图1-8）或螺纹（见图1-9）与钎杆连接。

刃片钎头的结构与几何参数主要包括：刃片数目与排列；钎头相对翼厚、排粉沟与冲洗孔；与钎杆的连接形式；钎头直径、刃角、隙角等，如图1-10（a）所示。

球齿钎头的结构与几何参数如图1-10（b）所示。其与刃片钎头不同之处主要是把刃片变为柱齿，齿型、齿数和布齿方式为其特点。齿型有半球齿、弹头齿、楔形齿。半球齿坚固耐磨，为球齿钎头的基本齿型，其缺点是容易钝化；弹头齿的齿冠更尖一些，易凿入岩石，修磨寿命长，但其坚固性和抗径向磨损能力不如半球齿；楔形齿将弹头齿冠改作楔形齿冠，刃角为70°~110°，其凿入效率最高，但强度与耐磨性比以上两者都差。

1.1.3.3　钎尾

钎尾一般指接杆用钎尾，其作用是将凿岩机活塞的冲击能量传递给钎杆和钎头，分为整体钎尾和分体钎尾两类，如图1-2和图1-3所示。分体钎尾按供水方式分为中心供水和旁侧供水两种钎尾，如图1-11所示。

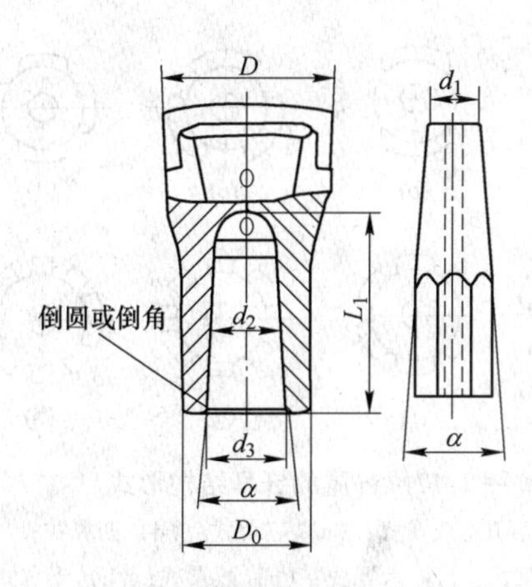

图 1-8 锥体连接钎头

D—钎头大端直径；D_0—钎头小端直径；
d_2—钎头锥孔小端直径；α—锥角；
d_3—钎头锥孔大端直径；L_1—钎头锥孔深度；
d_1—钎杆锥体小端直径

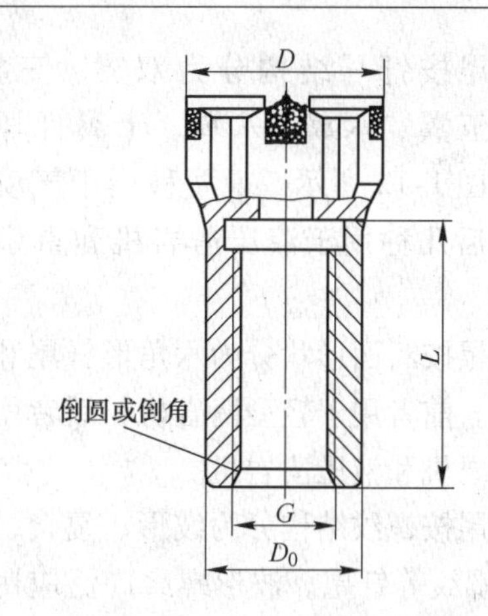

图 1-9 螺纹连接钎头

D—钎头大端直径；D_0—钎头小端直径；
G—钎头螺纹直径；L—钎头内孔深度

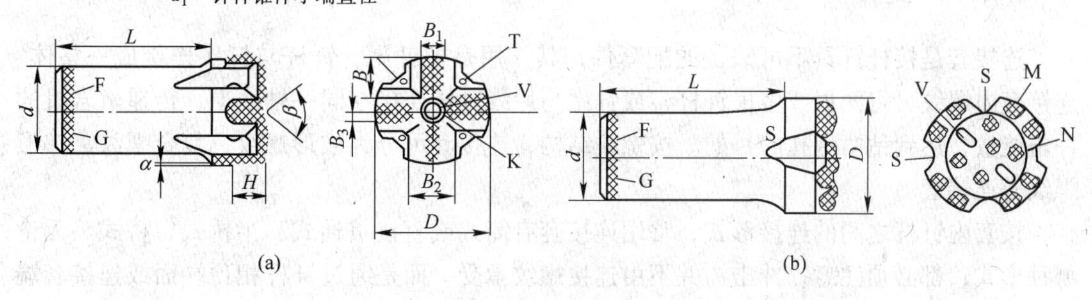

图 1-10 钎头结构及其参数

B—合金片长度；B_1—翼厚；B_2—合金片厚度；B_3—起始刃宽；D—钎头直径；d—裤体外径；
F—商标；G—标牌；H—合金片高；K—隔芯；L—裤体长度；M—边齿；N—中心齿；
S—排粉沟；T—旁侧冲洗孔；V—中心冲洗孔；α—隙角；β—刃角

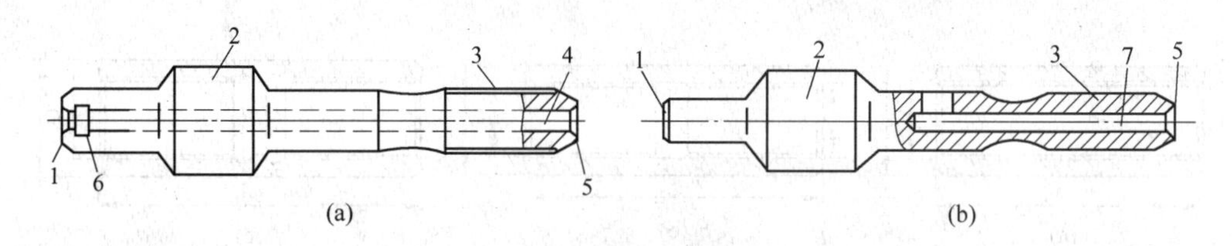

图 1-11 分体钎尾

（a）中心供水钎尾；（b）旁侧供水钎尾

1—活塞冲击端面；2—钎耳；3—螺纹；4—中心供水孔；5—钎杆接触面；6—密封槽；7—旁侧供水孔

钎尾有钎肩式、钎耳式和花键式三种类型。钎肩式钎尾用于轻型凿岩机，而其他两种用于重型凿岩机。

钎肩式钎尾的断面形状为六角形，内切圆直径为 22mm 或 25mm，钎尾尾部长度有 108mm 和 159mm 两种。

钎尾按钎耳结构分为双翼、三翼、四翼、五翼、六翼、八翼、十翼钎耳钎尾，如图 1-12 所示。前两种用于气动凿岩机，后几种用于液压凿岩机和重型凿岩机。

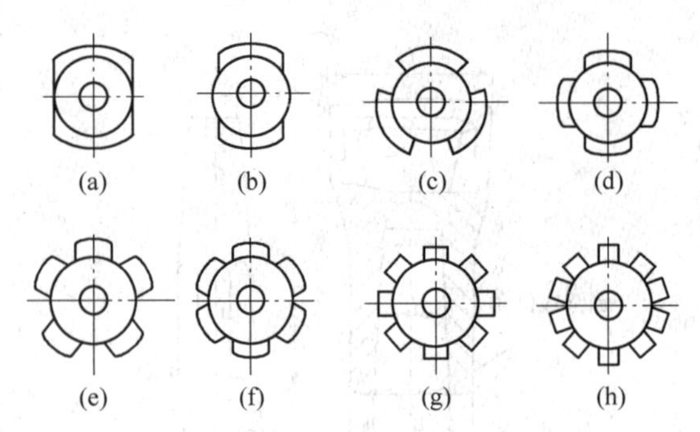

图 1-12　钎尾的钎耳结构形式

(a)，(b) 双翼式；(c) 三翼式；(d) 四翼式；(e) 五翼式；(f) 六翼式；(g) 八翼式；(h) 十翼式

钎尾按断面形状分为六角形钎尾和圆形钎尾。前者用于轻型凿岩机，后者用于重型凿岩机和液压凿岩机。

钎尾按螺纹结构分为波形、复合、梯形、S 螺纹等钎尾。波形螺纹广泛应用于中、小截面钎具；梯形螺纹应用于中、大截面钎具；S 螺纹实际上是一种双头梯形螺纹，它比梯形螺纹具有更小的扭紧与卸开力矩。

1.1.3.4　连接套

连接套是接杆钎具不可缺少的配套件，其作用是把钎尾、钎杆与钎头连接成一整体。连接套内螺纹可将两根或多根钎杆，或钎尾与后续钎杆连接在同一轴线上，传递凿岩机的冲击能量，达到钻凿炮孔的目的。按螺纹结构，连接套可分为波形螺纹、复合螺纹、梯形螺纹等连接套。

按套内钎杆之间的连接形式，常用连接套有筒式或直接贯通式、半桥式、桥式。无论哪种形式，都必须注意，冲击力并不由连接螺纹承受，而是通过钎杆相顶端面或连接套端面传递。因此接触端面必须平整，以利于传递应力波。筒式连接套的螺纹是贯通的，它适用于普通波形螺纹连接。半桥式与桥式连接套均可防止钎杆在连接套中窜动，主要用于反锯齿螺纹和双倍长螺纹的连接。

按几何结构，连接套可分为直通式、变径式和中止式三种，如图 1-13 所示。

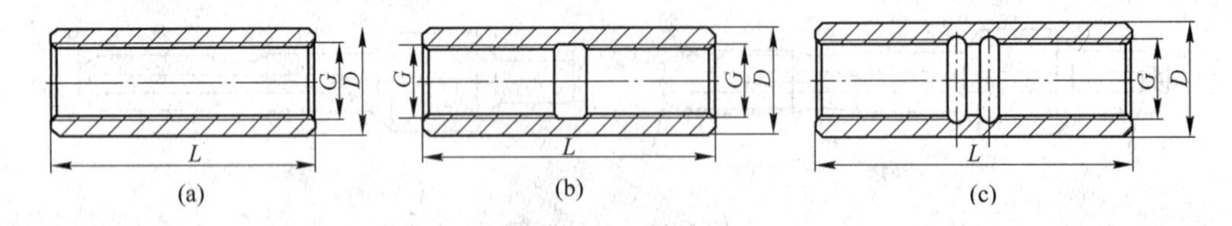

图 1-13　连接套

(a) 直通式；(b) 变径式；(c) 中止式

G—连接套内径；D—连接套外径；L—连接套长度

连接套一般采用低碳合金钢制造，表面渗碳及淬火处理。为连接方便，连接套的一端可固定在一根钎杆上，或将钎杆一端头镦粗，做上半个连接套也可，但必须注意不能形成加工的内应力。快接钎杆即是利用钎杆一端镦粗后加工的内螺纹代替连接套，达到快速接长钎杆的目的。

1.2　浅孔气动凿岩机

1.2.1　气动凿岩机的分类

常用的气动凿岩机按其支承方式、配气机构、转钎方式、冲击频率、重量进行分类。

1.2.1.1　按支承方式分类

（1）手持式凿岩机。这类凿岩机的重量较轻，都在25kg以下，工人手持操作，可以打各种小直径和较浅的炮孔，一般只打向下的孔和近于水平的孔。由于它靠人力操作，劳动强度大，冲击能和扭矩较小，凿岩速度慢，现在地下矿山很少用它。Y3、Y26等型号凿岩机属于此类。

（2）气腿式凿岩机。这类凿岩机安装在气腿上进行操作，气腿能起支承和推进作用，减轻了操作者的劳动强度。气腿式凿岩机凿岩效率比手持式高，可钻凿2～5m、直径34～42mm的水平或带有一定倾角的炮孔。YT23（7655）、YT24、YT28、YTP26等型号凿岩机属于此类。

（3）向上式凿岩机。这类凿岩机的气腿与主机在同一纵轴线上，并连成一体，因而又有“伸缩式凿岩机”之称，用于打60°～90°的向上炮孔，主要用于采场和天井中凿岩作业。向上式凿岩机一般重量为40kg左右，钻孔深度为2～5mm，孔径为36～48mm。YSP45型号凿岩机属于此类。

（4）导轨式凿岩机。该类凿岩机机重较大（一般为35～100kg），要安装在凿岩钻车或柱架的导轨上工作，因而称为导轨式。它可打水平和各个方向的炮孔，孔径为40～80mm，孔深一般在5～10m以上，最深可达20m。YG40、YG80、YGZ70、YGZ90等型号凿岩机属于此类。

1.2.1.2　按冲击配气机构分类

冲击配气机构是气动凿岩机最主要的机构，由气缸、活塞、配气机构和气路等组成。凿岩机活塞的往复运动以及对钎杆进行冲击是凿岩机的主要动作。活塞的往复运动是通过凿岩机的配气机构实现的。因而配气机构的制造质量和结构性能，直接影响活塞的冲击能、冲击频率和耗气量等主要技术指标。配气机构有3种，即被动阀式、主动阀式和无阀式。

（1）被动阀式配气机构。被动阀式配气机构也称为从动阀式配气机构。在这种配气机构中，配气阀位置的变换是依靠活塞在气缸中往复运动时，压缩的余气压力与自由空气间的压力差来实现的。YT23、YSP45型凿岩机均属此类。被动阀式配气机构的优点是结构简单，缺点是换向可靠性较差。

（2）主动阀式配气机构。主动阀式配气机构也称为控制阀式配气机构。在这种配气机构中，配气阀的位置是依靠活塞在气缸中往复运动时，在活塞端面打开配气口之前，经由专用孔道引进压气推动配气阀来实现的。YT24、YT28、YG40、YG80等型凿岩机都属此类。其优点是换向可靠、压气利用率高、寿命长；缺点是结构复杂，加工精度要求较高。

(3) 无阀配气机构。此类凿岩机没有独立的配气机构（没有配气阀），是活塞在气缸中往复运动时，依靠活塞位置的变换来实现配气的。它又可分为活塞配气和活塞尾杆配气两种。YTP26、YGZ90 等型凿岩机属此类。无阀配气机构的优点是结构简单，零件少，维修方便，能充分利用压气的膨胀功，气耗量小，换向灵活，工作平稳可靠；不足之处是气缸、导向套和活塞的同心度要求高，制造工艺性较差。

1.2.1.3 按回转机构分类

气动凿岩机的回转机构有内回转和外回转两大类。

(1) 内回转凿岩机。当活塞做往复运动时，借助棘轮机构使钎杆做间歇转动。内回转的转钎机构有内棘轮转钎机构（用于手持式、气腿式、向上式凿岩机和 YG40 型凿岩机）和外棘轮转钎机构（用于 YG80 等型号凿岩机）两种。

(2) 外回转凿岩机。转钎机构由独立的气动马达带动钎杆做连续回转（用于 YG90 型凿岩机）。

各种类型的气动凿岩机，由于结构和技术特征不同，应用范围有别。一般根据作业场所（平巷、天井、竖井和采场等）、所凿炮孔参数（方向、孔径、孔深）、矿岩坚硬程度等进行选型。

按照冲击回转式凿岩的凿岩原理，凿岩机必须具备一些借以完成各冲击、旋转、推进、排渣等动作的机构和装置，即冲击配气机构、转钎机构、推进机构、排粉机构、润滑系统和操纵机构等，如图 1-14 所示。各种气动凿岩机就是这些机构的不同组合，主要差异在于冲击配气机构和转钎机构。

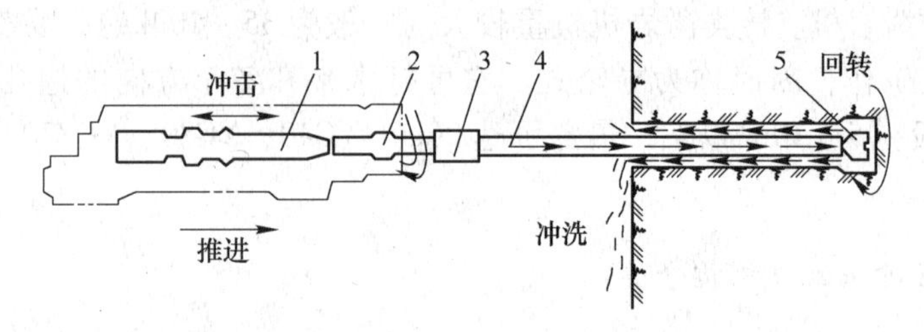

图 1-14 冲击回转式凿岩基本动作

1—活塞；2—钎尾；3—接杆套；4—钎杆；5—钎头

冲击配气机构和转钎机构的形式、结构及工作原理，将在后续典型气动凿岩机的构造及其工作原理中予以分别介绍。

各类凿岩机中，以气腿式凿岩机应用最广，其结构和气路具有代表性。现以 YT23 型（原 7655）气腿式凿岩机为典型予以剖析。

1.2.2 YT23 型凿岩机

1.2.2.1 YT23 型凿岩机的构造

图 1-15 所示为 YT23 型凿岩机的结构，该机配有 FT160 型气腿 9 和 FY200A 型自动注油器 10。

YT23 型凿岩机体可分解成柄体 2、气缸 4 和机头 6 三大部分。这三个部分用两根连接

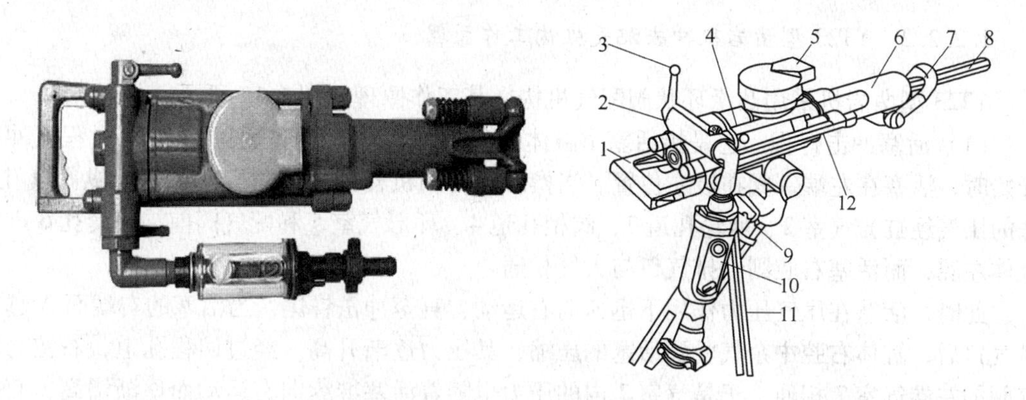

图 1-15　YT23 型凿岩机结构

1—手把；2—柄体；3—操纵手柄；4—气缸；5—消声罩；6—机头；7—钎卡；8—钎杆；9—气腿；10—自动注油器；11—水管；12—连接螺栓

螺栓 12 连成一体。凿岩时，钎杆 8 插到机头 6 的钎尾套中，并借助钎卡 7 支持。凿岩机操纵手柄 3 及气腿伸缩手柄集中在缸盖上。冲洗炮孔的压力水是风水联动的，只要开动凿岩机，压力水就会沿着水针进入炮孔冲洗岩粉并冷却钎头。YT23 型凿岩机内部构造如图 1-16 所示。

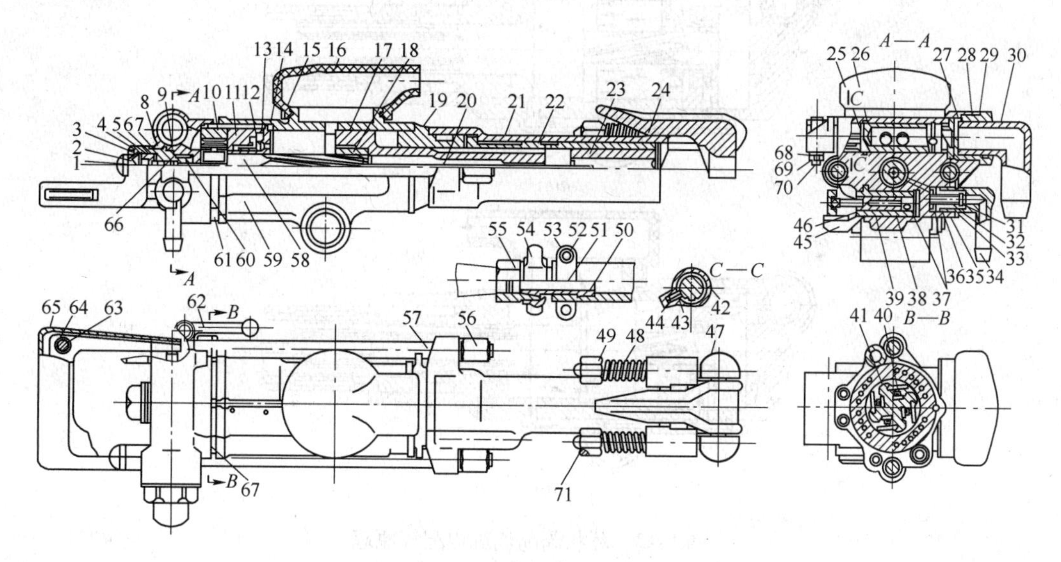

图 1-16　YT23 型凿岩机内部构造

1—簧盖；2，44—弹簧；3，27—卡环；4—注水阀体；5，8，9，26，32，35，36，66—密封圈；6—注水阀；7，29—垫圈；10—棘轮；11—阀柜；12—配气阀；13，43—定位销；14—阀套；15—喉箍；16—消声罩；17—活塞；18—螺旋母；19—导向套；20，60—水针；21—机头；22—转动套；23—钎尾套；24—钎卡；25—操纵阀；28—柄体；30—气管弯头；31—进水阀；33—进水阀套；34—水管接头；37—胶环；38—换向阀；39—胀圈；40—塔形弹簧；41—螺旋棒头；42—塞堵；45—调压阀；46—弹性定位环；47—钎卡螺栓；48—钎卡弹簧；49，53，69—螺母；50—锥形胶管接头；51—卡子；52—螺栓；54—蝶形螺母；55—管接头；56—长螺杆螺母；57—长螺杆；58—螺旋棒；59—气缸；61，67—密封套；62—操纵把；63—销钉；64—扳机；65—手柄；68—弹性垫圈；70—紧固销；71—挡环

1. 2. 2. 2　YT23 型凿岩机冲击配气机构工作原理

YT23 型凿岩机采用凸缘环状阀配气机构，其工作原理如图 1-17 所示。

(1) 活塞冲击行程。它是指活塞由缸体的后端向前运动到打击钎尾的整个过程。冲程开始时，活塞在左端，阀在极左位置。当操纵阀转到机器的运转位置时，从操纵阀气孔 1 来的压气经缸盖气室 2、棘轮孔道 3、阀柜孔道 4、环形气室 5 和配气阀前端阀套孔 6 进入缸体左腔，而活塞右腔则经排气口与大气相通。

此时，活塞在压气压力作用下迅速向右运动，直至冲击钎尾。当活塞的右端面 A 越过排气口后，缸体右腔中余气受到活塞的压缩，其压力逐渐升高。经过回程孔道，右腔与配气阀的左端气室 7 相通，于是气室 7 内的压力也随着活塞继续向右运动而逐渐增高，有推动阀向右移动的趋势。当活塞的左端面 B 越过排气口后（见图 1-17a），缸体左腔即与大气相通，气压骤然下降。在此瞬时，配气阀在两侧压力差的作用下迅速右移，并与前盖靠合，切断通往左腔的气路。与此同时，活塞借惯性向右运动，并冲击钎尾，冲击结束，开始回程。

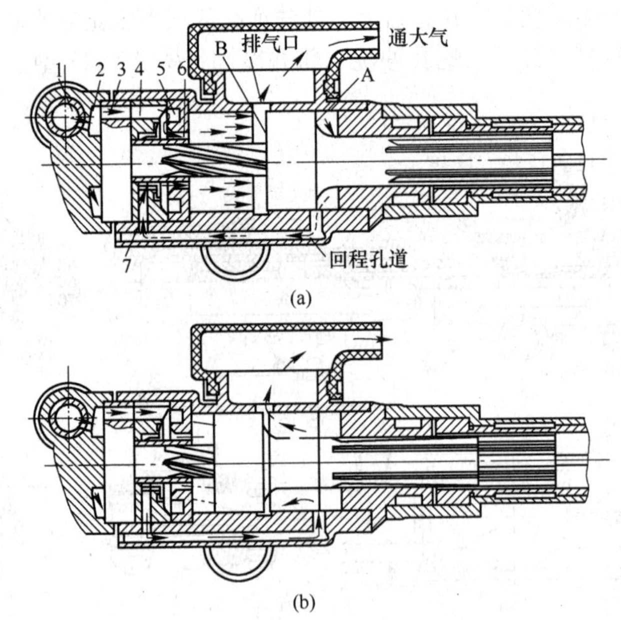

图 1-17　环状阀配气机构配气原理

(a) 冲程；(b) 回程

1—操纵阀气孔；2—缸盖气室；3—棘轮孔道；4—阀柜孔道；5—环形气室；6—配气阀前端阀套孔；7—配气阀左端气室；A—活塞右端面；B—活塞左端面

(2) 活塞返回行程。开始时，活塞及阀均处于极右位置。这时，压气经由缸盖气室 2、棘轮孔道 3、阀柜孔道 4 及阀柜与阀的间隙、气室 7 和回程孔道进入缸体右腔，而缸体左腔经排气口与大气相通，故活塞开始向左运动。当活塞左端面 B 越过排气口后，缸体左腔余气受活塞压缩，压迫配气阀的右端面。随着活塞向左移动，逐渐增加压力的气垫也有推动阀向左移动的趋势，而当活塞的右端面 A 越过排气孔后（见图 1-17b），缸体右腔即与大气相通，气压骤然下降，同时亦使气室 7 内的气压骤然下降。配气阀在两侧压力差的作用下，被推向左边与阀柜靠合，切断通往缸体右腔的气路和打开通往缸体左腔的气路。此刻活塞回到缸体左端，结束回程。压气再次进入气缸左腔，开始下一个工作循环。

1.2.2.3　YT23 型凿岩机转钎机构工作原理

YT23 型凿岩机的转钎机构如图 1-18 所示。它由棘轮 1、棘爪 2、螺旋棒 3、活塞 4（其大头一端装有螺旋母）、转动套 5、钎尾套 6 等组成。整个转钎机构贯穿于气缸及机头中。

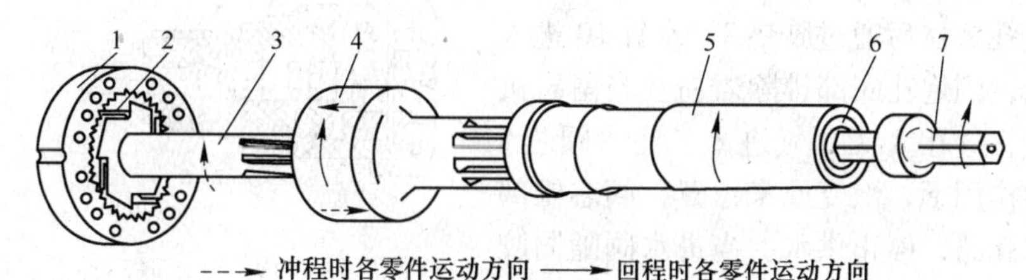

图 1-18　YT23 型凿岩机的转钎机构

1—棘轮；2—棘爪；3—螺旋棒；4—活塞；5—转动套；6—钎尾套；7—钎子

螺旋棒 3 插入活塞大端内的螺旋母中，其头部装有四个棘爪 2。这些棘爪在塔形弹簧（图中未画出）的作用下，抵住棘轮 1 的内齿。棘轮用定位销固定在气缸和柄体之间，使之不能转动。转动套 5 的左端有花键孔，与活塞上的花键相配合，其右端固定有钎尾套 6。钎尾套 6 内有六边形孔，便于六边形钎尾插入其中。

由于棘轮机构具有单方向间歇回转特征，故当活塞冲程时，利用活塞大头上螺旋母的作用，带动螺旋棒 3 转动一定角度。棘爪在此情况下，处于顺齿位置，它可压缩弹簧而随螺旋棒转动。当活塞回程时由于棘爪处于逆齿位置，它在塔形弹簧的作用下，抵住棘轮内齿，阻止螺旋棒转动。这时由于螺旋母的作用，活塞在回程时被迫沿螺旋棒上的螺旋槽方向转动，从而带动转动套 5 及钎尾套 6，使钎子 7 转动一个角度。这样活塞每冲击一次，钎子就转动一次。钎子每次转动的角度与螺旋棒螺纹导程及活塞运动的行程有关。

这种转钎机构的特点是合理地利用了活塞回程的能量来转动钎子，具有零件少、凿岩机结构紧凑的优点。其缺点是转钎扭矩受到一定限制，螺旋母、棘爪等零件易于磨损。

1.2.2.4　YT23 型凿岩机炮孔的吹洗与强吹装置

凿岩机在工作过程中会产生大量岩粉，必须及时排出孔外。在 YT23 型凿岩机中，采用凿岩时注水冲洗与吹风和停止冲击强力吹扫两种方式排除岩粉。凿岩机正常工作中，冲程时，有少量压气沿螺旋棒与螺母之间的间隙经活塞和钎子中心孔进入炮孔底部；回程时，也有少量压气沿活塞花键槽进入钎杆中心孔到炮孔底部与冲洗水一道排除孔底的岩粉。此外，这些少量压气可防止冲洗水倒流入凿岩机的气缸内。

（1）冲洗机构。YT23 型凿岩机气水联动冲洗机构的特点是接通水管后，凿岩机一开动，即可自动向炮孔中注水冲洗；凿岩机停止工作，又可自动关闭水路，停止供水。吹洗机构安装在柄体后部，由操纵阀手柄控制。冲洗机构由进水阀（见图1-19a）和气水联动注水阀（见图1-19b）两部分组成。

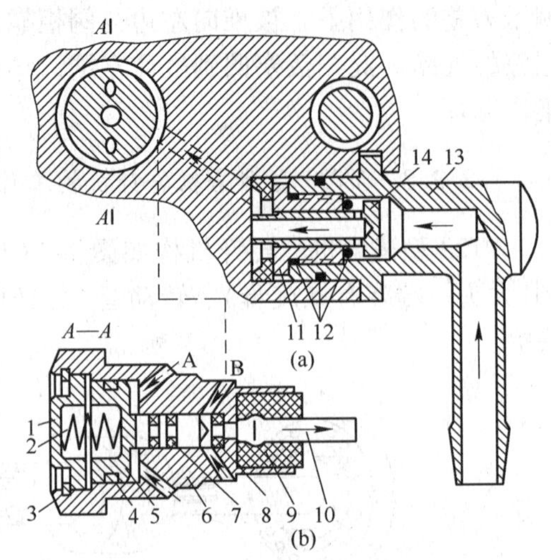

图1-19　气水联动冲洗机构

（a）进水阀；（b）气水联动注水阀

1—簧盖；2—弹簧；3—卡环；4，7，12—密封圈；5—注水阀芯；6—注水阀体；8—胶垫；9—水针垫；10—水针；11—进水阀套；13—水管接头；14—进水阀芯；A—气孔；B—水孔

气水联动冲洗机构的工作原理为：凿岩机工作时，压气经操纵阀柄体气路进入气孔A，使注水阀芯5克服弹簧2的压力，向左移动，注水阀芯的顶尖离开胶垫8。这时压力水从水管接头13经进水阀芯14和柄体水孔进入注水阀体6的B孔，然后通过胶垫8、水针10进入钎杆中心孔，到炮孔底部排除岩粉。当凿岩机停止工作时，气孔A无压气进入，注水阀芯5在弹簧2的作用下，恢复原来位置，阀芯锥部堵住了注水孔路，停止供水。当进水阀随同胶皮水管从凿岩机上卸下时，在水压力作用下，进水阀芯14左移，封闭水路，使管中的压力水不会漏出。

（2）强吹气路。当向下凿岩或炮孔较深时，聚集在孔底的岩粉较多，如不及时排除，就会影响正常凿岩作业。排除时，需搬动操纵阀到强吹位置（见图1-20），使凿岩机停止冲击，注水水路切断，强吹气路接通，从操纵阀孔1进入大量压气，经气路2～6进入钎杆中心孔7，到孔底强吹，把岩粉排除。为了防止强吹时活塞后退，导致从排气孔漏气，在气缸左腔钻有小孔8。小孔8与强吹气路相通，使压气进入气缸左腔，保证强吹时，活塞处于封闭排气孔的位置，防止漏气和影响强吹效果。

凿岩结束时，为使孔底干净，提高爆破效果，仍需强力吹扫，将孔底岩粉和泥水排除。

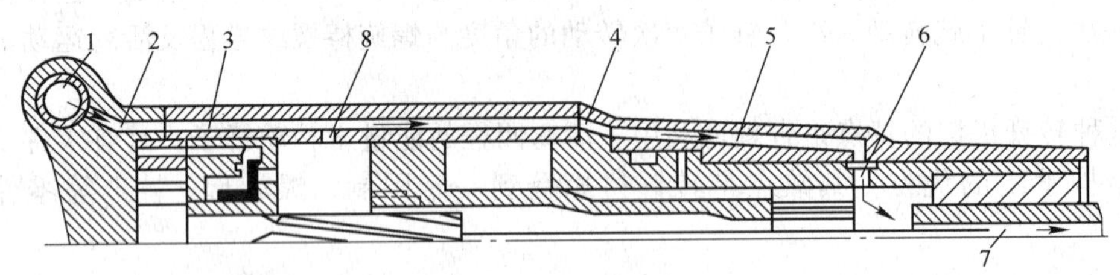

图1-20　YT23型凿岩机强吹气路

1—操纵阀孔；2—柄体气孔；3—缸体气道；4—导向套孔；5—机头气路；6—转动套气孔；7—钎杆中心孔；8—强吹时平衡活塞气孔

1.2.2.5　YT23型凿岩机的支承与推进机构

为了克服凿岩机工作时产生的后坐力，并使活塞冲击钎尾时钎刃能抵住孔底，以提高凿岩效率，必须对凿岩机施以适当的轴推力。轴推力是由气腿发出的，同时气腿还起着支承凿岩机的作用。

YT23 型凿岩机采用 FT160 型气腿为其支承与推进机构，其基本结构如图 1-21 所示。

FT160 型气腿的最大轴推力为 1600N，最大推进长度为 1362mm。它有外管 10、伸缩管 8、气管 7 三层套管。外管 10 与架体 2 用螺纹连接，下部安有下管座 11。伸缩管 8 的上部装有塑料碗 5、垫套 6 和压垫 4，下部安有顶叉 14 和顶尖 15。气管 7 安设在架体上。气腿工作时，伸缩管 8 沿导向套 12 伸缩，并以防尘套 13 密封。

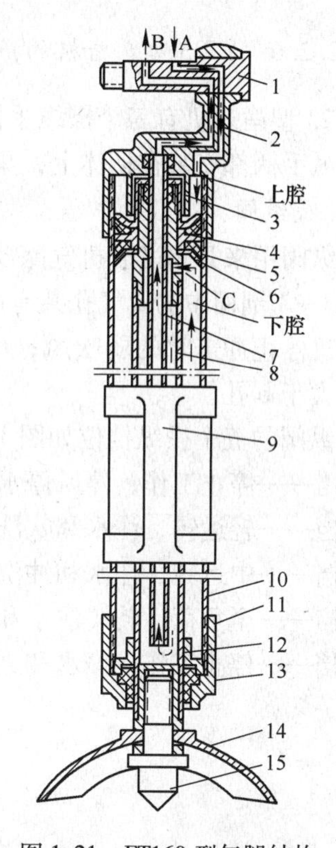

图 1-21 FT160 型气腿结构
1—连接轴；2—架体；3—螺母；4—压垫；5—塑料碗；6—垫套；7—气管；8—伸缩管；9—提把；10—外管；11—下管座；12—导向套；13—防尘套；14—顶叉；15—顶尖；A—进气孔；B—排气孔；C—换向阀

FT160 型气腿的支承与推进原理如图 1-22 所示。气腿借连接轴 1 与凿岩机铰接，伸缩管 6 下端的顶叉 7 支承在底板岩石上。钻凿水平炮孔时，气腿轴心线与地平面成 α 角。当压气进入气缸上腔时，活塞 4 伸出，把凿岩机支承于适当的钻孔位置。顶叉 7 抵住底板岩石后，气缸上腔继续通入压气，对凿岩机产生一个作用力 R，此力可分解为水平分力 R_H 和垂直分力 R_V。

$$R_H = R\cos\alpha$$

$$R_V = R\sin\alpha$$

R_H 用于平衡凿岩机工作时产生的后坐力，并对凿岩机施加适当的轴向推力，使凿岩机获得最优钻速。因此，R_H 必须大于凿岩机的后坐力 R_F。

R_V 用于支承和平衡凿岩机及钎杆的重量。

随着炮孔不断加深，活塞杆继续伸出，α 角逐渐缩小。调节进气量可保持凿岩机工作时所需的最优轴推力和适当的推进速度。如果活塞已全部伸出，或在调换钎杆时，可转动换向阀使压气进入气腿的下腔，从而使活塞杆快速缩回。在移动顶叉的位置之后，再重新支承好凿岩机以便继续凿岩。

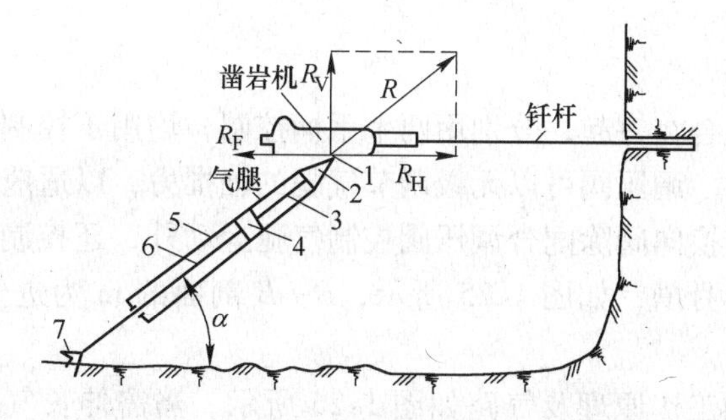

图 1-22 FT160 型气腿支承与推进原理
1—连接轴；2—架体；3—气针；4—活塞；5—气缸；6—伸缩管；7—顶叉

1.2.2.6　YT23 型凿岩机的操纵机构

YT23 型凿岩机有三个操纵手柄，分别控制凿岩机的操纵阀和气腿的调压阀及换向阀。三个操纵手柄都安装在柄体上，集中控制，操纵方便。

A　操纵阀

操纵阀用来开闭凿岩机气路及控制凿岩机进气量。如图 1-23 所示，操纵阀呈柱状中空形。*A—A* 剖面中的 a 气孔共有两个，分别沟通配气装置和气缸；*B—B* 剖面的 b 气孔用于凿岩机停止冲击时的弱吹风；*B—B* 剖面的 c 气孔用于凿岩机停止作业时的强力吹扫，其断面大于 b 孔。

操纵阀的五个操纵挡位如图 1-24 所示。其中：

0 挡——停止工作，停风停水；

1 挡——轻运转、注水和吹洗炮孔，操纵阀的 a 孔被部分接通；

2 挡——中运转、注水和冲洗炮孔，a 孔接通部分较大；

3 挡——全负荷运转、注水和冲洗炮孔，a 孔被全部接通；

4 挡——停止工作，停水和进行强力吹扫，a 孔被全部堵死，而 c 孔接通强吹气路。

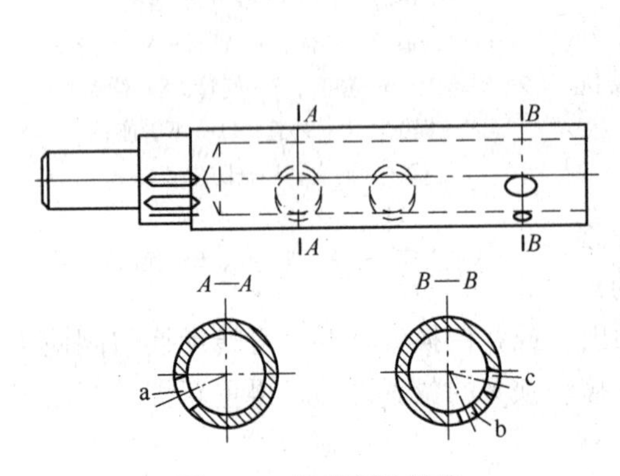

图 1-23　操纵阀的结构

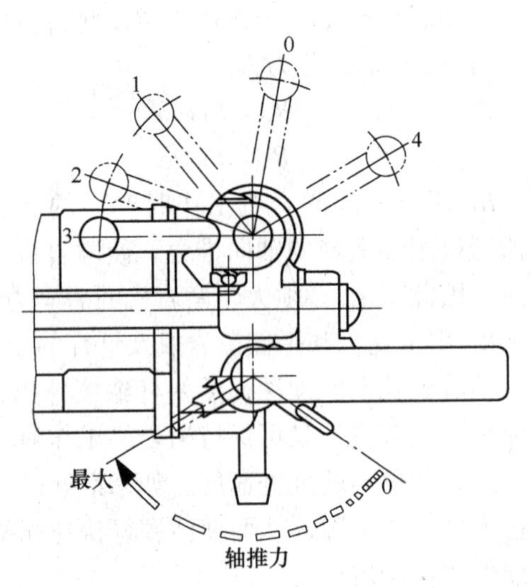

图 1-24　操纵阀、调压阀的挡位

B　调压阀和换向阀

调压阀和换向阀组合在一起，分别用两个手柄控制，均用于控制气腿的运动。二者相互配合，但又各自独立。调压阀可以无级调节气腿的轴推力，以适应凿岩机在不同作业条件下对轴推力的要求。换向阀除配合调压阀控制气腿运动外，还控制其快速缩回。调压阀上有两个方向相反的半月槽，如图 1-25 所示，*B—B* 剖面的 m 为进气槽，*C—C* 剖面的 n 为泄气槽。

气腿的调压与换向工作原理及气路如图 1-26 所示。当需伸长气腿并调整压力时，转动调压阀手柄 1。配合调压或使气腿快速缩回时，扳动处于手柄 2 内的扳机 3。现结合图 1-25 所示调压阀的结构来说明换向与调压的动作原理。

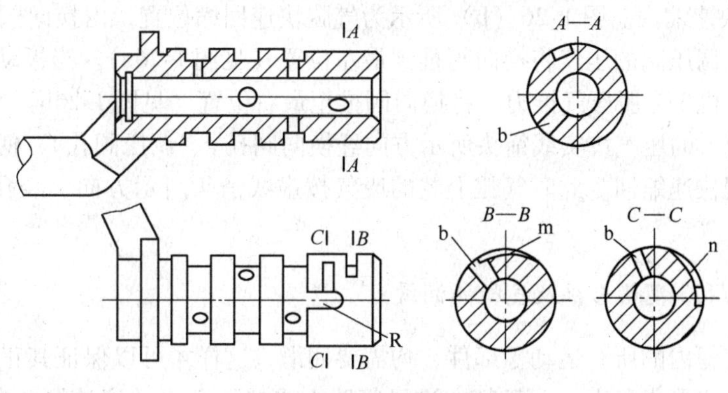

图 1-25 调压阀的结构

m—进气槽；n—泄气槽；R—直槽

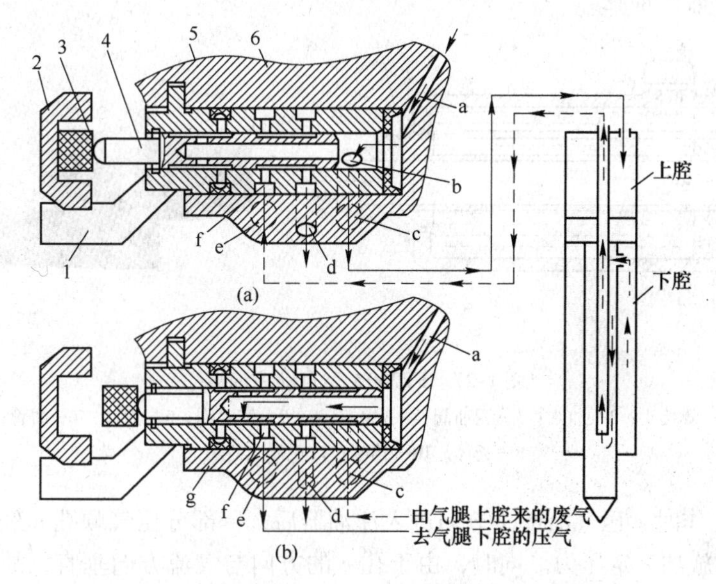

图 1-26 调压阀与换向阀工作原理及气路系统

（a）气腿伸出；（b）气腿快速缩回

1—调压阀手柄；2—换向阀手柄；3—扳机；4—换向阀；5—柄体；6—调压阀；a～g—通气孔道

（1）气腿伸出。图 1-26（a）所示为气腿伸出时的位置。扳动调压阀手柄 1，调压阀上的半月形进气槽 m 将调压阀气孔 b 和柄体上气孔 c 接通。此时从操纵阀和柄体孔 a 进来的压气按图中实线箭头所示方向，经孔 b 和孔 c 进入气腿上腔，伸缩管伸出，支承和推进凿岩机。此时气腿下腔的废气按虚线箭头所示方向，经柄体孔 c、调压阀孔 f 和柄体孔 d 排入大气。

（2）气腿轴推力调节。气腿伸出后，扳动调压阀手柄置于不同位置，可以实现气腿轴推力从零到最大值之间的变化。

在逆时针方向转动调压阀手柄时，使孔 b 和孔 c 接通的半月牙形槽 m 的断面积越来越小，通入气腿上腔的压气量也相应减小；与此同时，使孔 b 和孔 d 接通的泄气槽 n 的断面积越来越大，由孔 b 经孔 d 排入大气的压气量相应增大，从而实现了气腿轴推力的调节。

(3) 气腿快速缩回。图1-26 (b) 所示为气腿快速回缩位置，由换向阀4控制。凿岩机工作时，进入调压阀的压气将换向阀推到最左位置（见图1-26a）。当扳动手柄2里面尼龙扳机3时，扳机3克服压气推力，将换向阀推至最右位置（见图1-26b）。此时气路改变方向，由孔a进入的压气按实线箭头所示方向经换向阀孔g、调压阀孔f、柄体孔e进入气腿下腔，使气腿快速缩回。此时气腿上腔的废气按虚线箭头所示方向，经孔c、调压阀气路和孔d排入大气。

1.2.2.7 YT23型凿岩机及气腿的润滑

凿岩机及气腿内的所有运动零部件，均需要润滑，这样才可以保证其正常作业和延长其使用寿命。现代凿岩机中，一般都在进风管路上连接一个自动注油器，实现自动润滑。YT23型凿岩机配用FY200A型自动注油器（见图1-27）。该注油器的容量为200mL，可供凿岩机工作两小时的油耗。

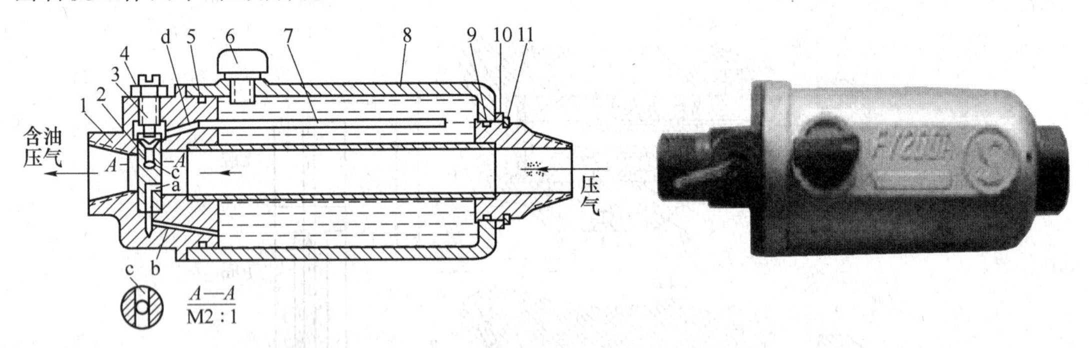

图1-27 FY200A型自动注油器

1—管接头；2—油阀；3—调油阀；4—螺帽；5，9—密封圈；6—油堵；7—油管；8—壳体；10—挡圈；11—弹性挡圈

当凿岩机工作时，压气沿箭头方向进入注油器后，一部分压气顺孔a经孔b进入壳体8内，对润滑油施加一定压力。同时，由于孔c的方向与气流方向垂直，故在高速气流的作用下，在c孔口产生一定负压，使壳体内有一定压力的润滑油沿油管7和孔d流到c孔口，被高速压气气流带走，形成雾状，送至凿岩机及气腿内部，润滑各运动零部件。可用调油阀3调节供油量的大小。YT23型凿岩机的润滑油耗油量一般调节为2.5mL/min左右。

气动凿岩机所用润滑油，应根据凿岩机冲击频率高低和作业地点的气候条件来选择。

YT23型凿岩机系普通凿岩机，一般工作地点气温在0℃以上时选用40号机油；在0℃以下时选用30号机油；在西北或东北地区露天作业时，气温常在-20~-10℃，必须选用22号和32号透平油；当气温再低时则应选用冷冻机油。

1.2.3 YT24型凿岩机

YT24型凿岩机是吸收Y130型和ZY24型凿岩机优点后改进的机型，配用FT140型气腿和FY200A型注油器。YT24型凿岩机的冲击配气机构如图1-28所示。配气阀由阀柜4、碗状阀5和阀盖6组成，属于控制阀（主动阀）式配气类型。其他结构与YT23型凿岩机相似。

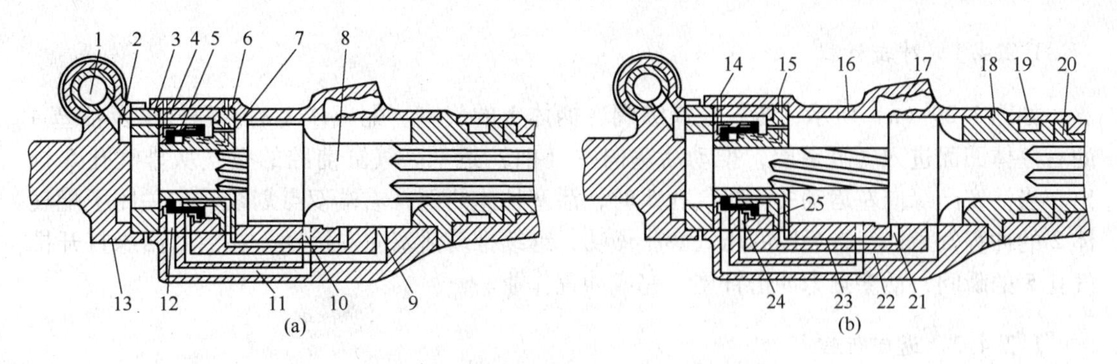

图 1-28　YT24 型凿岩机的冲击配气机构

（a）冲程；（b）回程

1—操纵阀；2—柄体气室；3—内棘轮；4—阀柜；5—碗状阀；6—阀盖；7—冲程气孔；8—活塞；9，10，21—气孔；11，22，23—缸体气道；12—阀柜气孔；13—柄体；14，15—排气小孔；16—缸体；17—排气孔；18—导向套；19—机头；20—转动套；24—返程气孔；25—阀盖气孔

1.2.3.1　冲击行程

如图 1-28（a）所示，压气经操纵阀 1、柄体气室 2、内棘轮 3 和阀柜 4 的周边气道进入阀柜气室，因碗状阀 5 在左侧位置，压气经冲程气孔 7 进入气缸后腔，推动活塞 8 向前（右）运动，气缸前腔的空气从排气孔 17 排出。当活塞凸缘关闭排气孔 17 和气孔 21 并打开气孔 10 时，压气经孔 10、缸体气道 11 和阀柜气孔 12 进入碗状阀 5 的左面。同时，气缸前腔被活塞压缩的空气，也经孔 9、缸体气道 22 和返程气孔 24 到达碗状阀 5 的左面。碗状阀 5 在它们的共同作用下向右移动，关闭冲程气孔 7，使返程气孔 24 与压气接通。与此同时，活塞 8 后缘打开排气孔 17，并猛力冲击钎尾，冲程结束。为减少阀 5 的移动阻力，阀盖和缸体上钻有小孔 15，使阀右侧的气体从该孔排出。

1.2.3.2　返回行程

如图 1-28（b）所示，压气从阀柜气室，经返程气孔 24、缸体气道 22 和孔 9 进入气缸前腔，推动活塞 8 向后（左）运动，气缸后腔的空气从排气孔 17 排出。当活塞凸缘关闭排气孔 17 和孔 10 并打开孔 21 时，压气经孔 21、缸体气道 23 和阀盖气孔 25 到达碗状阀 5 的右面。同时，气缸后腔被活塞压缩的空气也经冲程气孔 7 到达碗状阀 5 的右面。碗状阀 5 在它们的共同作用下，向左移动，关闭回程气孔 24，使冲程气孔 7 与压气连通。与此同时，活塞 8 打开排气孔 17，回程结束，冲程又开始。为了减小碗状阀 5 的移动阻力，阀柜和缸体上有排气小孔 14，碗状阀左侧的气体从该孔排出。

1.2.4　YTP26 型凿岩机

YTP26 型凿岩机属于高频凿岩机，配用 FT170 型气腿和 FY700 型注油器。YTP26 型凿岩机属无阀配气类型，其活塞结构特殊，如图 1-29 所示。活塞 4 的凸缘后端（右侧）的柱体上有一个凸柱面和一个凹柱面，这两个柱面与配气体 2 配合向气缸配气，使活塞做往复运动。活塞凸缘前端（左侧）的柱体上开有两个螺旋槽和两个直槽，这四个槽与导向套 6 前面的外棘轮配合，完成转钎作业。水针穿过活塞中心孔直达钎子中心孔，供冲洗使用。

1.2.4.1　冲击行程

如图1-29（a）所示，压气经操纵阀、柄体1的气室、配气体2的冲程气道及活塞4的右柱体凹面进入气缸后腔，推动活塞向左（前）运动。气缸前腔的空气从排气孔5排出。当活塞凸缘向左运动关闭排气孔5时，活塞柱体凸面（右端双点划线）也关闭了配气体2的冲程气道，气缸后腔的压气膨胀做功，继续推动活塞向左运动。在活塞凸缘打开排气孔5的瞬间，活塞猛力冲击钎尾，完成冲程作业。

1.2.4.2　返回行程

如图1-29（b）所示，压气经回程气道、缸体气道进入气缸前腔（如图中箭头所示），推动活塞向右运动（返回），气缸后腔的空气从排气孔排出。当活塞凸缘关闭排气孔时（双点划线位置），活塞柱体凸面（右端）也关闭了配气体的回程气道，气缸前腔的压气膨胀做功，继续推动活塞后退（向右运动）。当活塞凸缘打开排气孔时，活塞柱体凹面也接通了配气体的冲程气道，又开始冲程。

转钎的外棘轮装置如图1-30所示。在机头6的后端装有四个塔形簧弹12和棘爪11，插入机头内的活塞2外面装有螺套4和外棘轮5。活塞在冲击行程时，其质量大于外棘轮，其因惯性沿直线前进，活塞上的螺旋槽迫使螺套4带动外棘轮5转动。此时棘爪11压缩塔形弹簧12在棘齿上跳动。当活塞返回行程时，外棘轮被棘爪11顶住不能反向转动，螺套迫使活塞沿螺纹旋转后退，通过活塞上的直槽带动转动套8及钎套9驱动钎子10转动。活塞往复一次，钎子就转动一个角度。

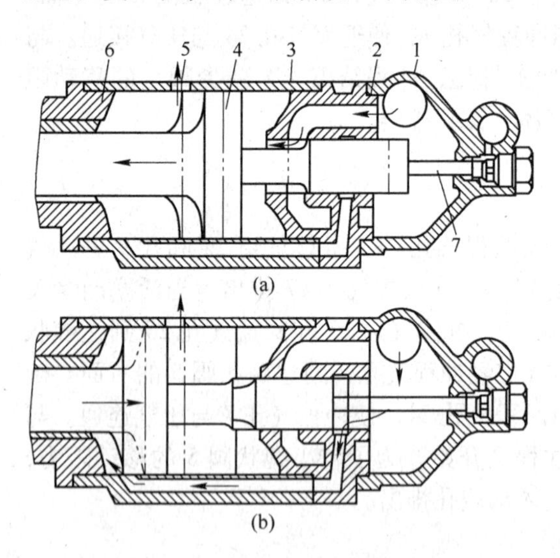

图1-29　YTP26型凿岩机的冲击配气机构
（a）冲程；（b）回程
1—柄体；2—配气体；3—缸体；4—活塞；
5—排气孔；6—导向套；7—水针

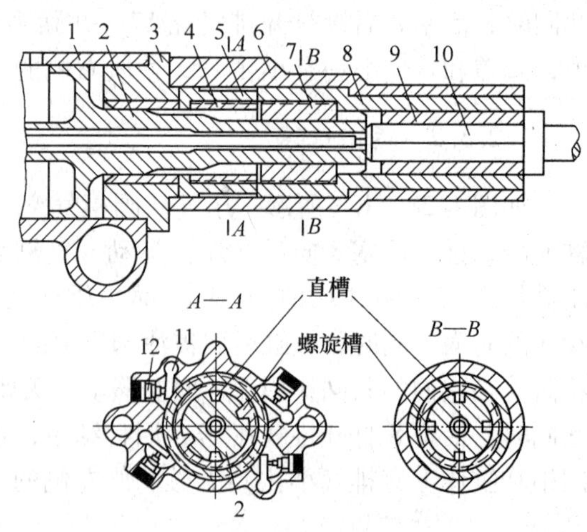

图1-30　转钎的外棘轮装置
1—缸体；2—活塞；3—导向套；4，7—螺套；5—外棘轮；
6—机头；8—转动套；9—钎套；
10—钎子；11—棘爪；12—塔形弹簧

常用的气腿凿岩机技术性能见表1-1。

表 1-1 国产气腿式气动凿岩机技术性能参数

型　　号	TA24A	YT24	YT28	TA288
重量/kg	24	24	26	27
耗气量/$m^3 \cdot min^{-1}$	≤4.7	≤4.0	≤4.9	≤4.9
钻孔直径/mm	34～42	34～42	34～42	34～42
钻孔深度/m	5	5	5	5
钎尾尺寸/mm×mm	$\phi22\times108$	$\phi22\times108$	$\phi22\times108$	$\phi22\times108$
工作气压/MPa	0.63	0.63	0.63	0.63

1.2.5 YSP45 型凿岩机

YSP45 型（向上式气动）凿岩机主要用于天井掘进和采矿场打向上炮孔（60°～90°的浅孔）。其结构如图 1-31 所示。整机由机头 1、缸体 6、柄体 11 和气腿 14 组成，气腿用螺纹拧接在柄体上，柄体、缸体、机头用两根长螺栓 21 连接成为整体，在缸体的手把上装有放气阀 19，在柄体上有操纵手柄 22、气管接头 20 和水管接头 23。凿岩机内有冲击配气

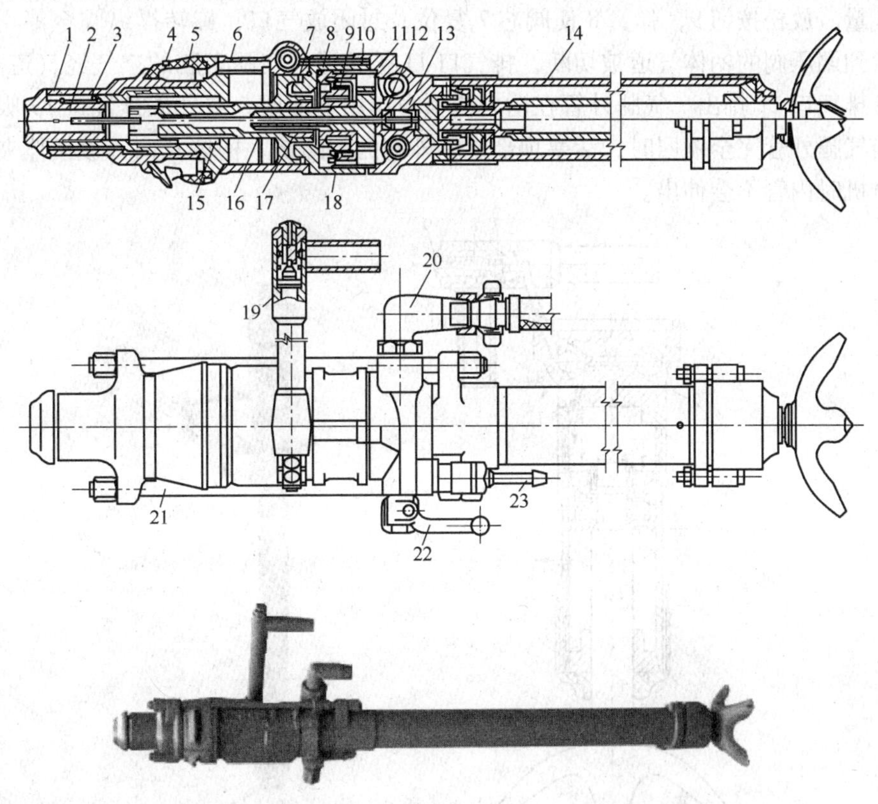

图 1-31 YSP45 型凿岩机的结构

1—机头；2—转动套；3—钎套；4—转动螺母；5—消声罩；6—缸体；7—配气缸；8—阀盖；9—滑阀；10—棘轮；11—柄体；12—气针；13—水针；14—气腿；15—活塞；16—螺旋棒；17—螺旋母；18—阀柜；19—放气阀；20—气管接头；21—长螺栓；22—操纵手柄；23—水管接头

机构、转钎机构、冲洗装置和操纵装置。

冲击配气机构和转钎机构与 YT23 型凿岩机的相似。配气阀由阀盖 8、滑阀 9 和阀柜 18 组成，属于从动阀式配气类型。其结构特点是水针 13 的外面套有气针 12，压气沿水针表面喷入钎子中心孔，可阻止中心孔内的冲洗水倒流，另一路压气经专用气道（图中未画出），喷入钎套与钎子的接触面，阻止钎子外面的水流入机头。这两股压气直接从柄体进气道引入，不通过操纵阀，只要接上气管就向外喷射。同时，开气即注水。活塞冲程时，直线前进，回程时，因螺旋棒 16 被棘轮 10 逆止，活塞被迫旋转后退，通过转动螺母 4、转动套 2 和钎套 3 驱动钎子旋转。钎套与转动套用螺纹连接，钎套外端呈伞形，盖住机头 1，防止冲洗泥浆污染机器内部。

YSP45 型凿岩机的气腿结构（见图 1-32）比较简单，只有外管和伸缩管，内管中没有中心管。外管上端设有横臂和架体，外管直接用螺纹拧接在柄体上。旋转操纵阀至气腿工作位置，压气从操纵阀 5 经柄体气道（图中不可见）进入调压阀 3，经调压后，从气道 2 和 12 进入气腿 1 的外管上腔，使外管上升，推动凿岩机工作。此时，外管下腔的空气从排气口 13 排出。工作时，若气腿推力过大，除用调压阀调节外，还可按动手把上的放气按钮 9，推动阀芯 7 向左移动，使输入的部分压气经气道 6 从放气管 10 放出，以减少进入气腿的气量。放松按钮 9，弹簧 8 使阀芯 7 复位，封闭放气口，旋转操纵阀至停止工作位置时，通到调压阀的柄体气道被切断，排气口 11 被接通。气腿上腔的空气经气道 12 和操纵阀 5 从排气口 11 排出。气腿外管在凿岩机重力作用下缩回，空气从排气口 13 吸入气腿下腔。当气腿外管完全缩回时，活塞顶部螺帽外侧的胶圈挤入柄体孔内，被柄体夹紧，使搬移凿岩机时内管不会伸出。

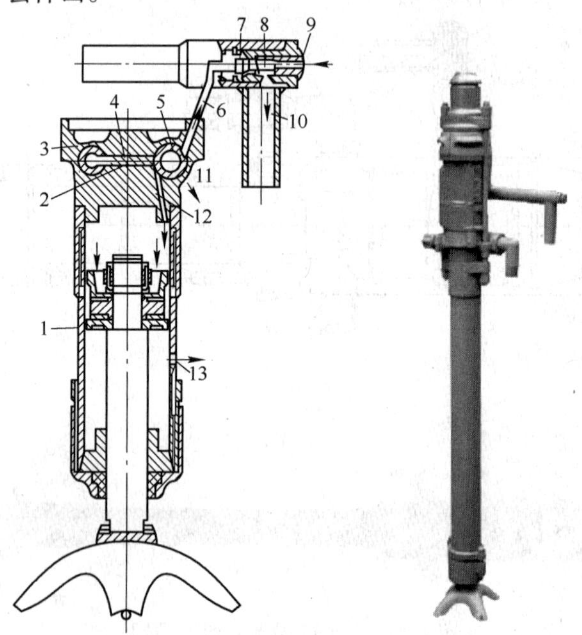

图 1-32　YSP45 型凿岩机气腿结构

1—气腿；2，6，12—气道；3—调压阀；4—柄体；5—操纵阀；7—阀芯；8—弹簧；9—放气按钮；10—放气管；11，13—排气口凿岩机操纵阀和气腿调压阀的工作原理与YT23型凿岩机的相似。操纵阀手柄有7个操作位置，如图1-33所示。调压阀的控制是连续的，逆时针转动手轮，气腿推力加大；反之则推力减小。

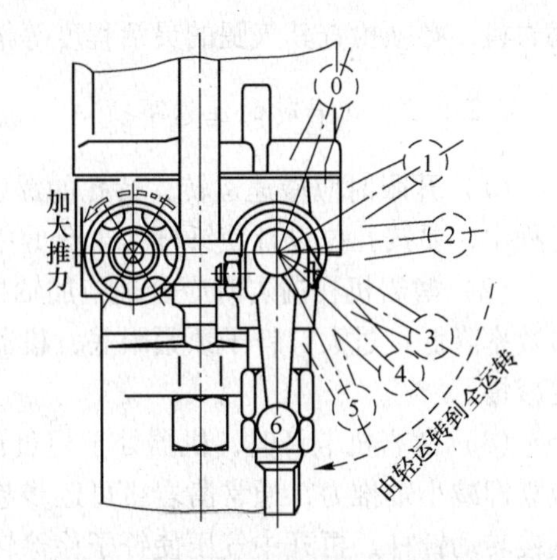

图1-33 操纵阀和气腿调压阀的操纵位置
位置0—停机，停水，吹风；位置1—停机，停水，吹风，气腿慢慢伸出；
位置2—停机，停水，吹风，气腿伸出；
位置3—微运转，停水，吹风，气腿伸出；
位置4—轻运转，注水，吹风，气腿伸出；
位置5—中运转，注水，吹风，气腿伸出；
位置6—全运转，注水，吹风，气腿伸出

YSP45型凿岩机配用FY500A型注油器，其结构与FY200A型注油器相似。需注意的是，凿岩机在工作中，油量要调节好，以耗油量1～5mL/min为宜。

国产YSP45向上式气动凿岩机技术性能见表1-2。

1.2.6 气动凿岩机的使用与维护

1.2.6.1 凿岩前的准备工作

(1) 从制造厂新购来的凿岩机，其内部涂有黏度大的防锈脂，使用前必须拆卸清洗。重装凿岩机时，各运动部件表面要涂上润滑油。装好后，将凿岩机接通压气管路，开小风（气）运转，检查机器内部零件的运转状况是否正常。

表1-2 国产YSP45向上式气动凿岩机技术性能参数

全长 /mm	重量 /kg	工作压力 /MPa	耗气量 /$m^3 \cdot min^{-1}$	钻孔直径 /mm	钻孔深度 /mm	推进行程 /mm	钎尾规格 /mm×mm
1500	45	0.63，0.5，0.4	≤6.8，≤6.0，≤5.5	34～42	6	720	$\phi22\times108$

(2) 向自动注油器注入润滑油，常用润滑油为20号、30号及40号机油。润滑油的牌号主要根据工作面的温度进行选择。

(3) 检查工作地点的气压和水压。气压应在凿岩机额定压力左右。气压过高会加快机械零件的损耗；过低，凿岩效率显著降低，甚至不能工作。水压也应符合要求，一般为0.2～0.3MPa。水压过高，水会灌入机器内部破坏润滑，降低凿岩效率和锈蚀机械零件；过低，冲洗效果不良。

(4) 气管接入凿岩机前，应放气将管内污物吹出。接水管前，要放水洗净接头处的污物。气管、水管必须拧紧，以防脱落伤人。

(5) 检查钎子是否符合质量要求，钎尾是否符合凿岩机的要求，不合格的钎子禁止使用。

(6) 将钎尾插入凿岩机机头，用手顺时针转动钎子，如果转不动，说明机器内有卡塞现象，应及时处理。

(7) 拧紧各连接螺栓，开气检查凿岩机运行情况。运行正常才能开始工作。

(8) 导轨式凿岩机应架设好支柱，并检查推进器的运转情况；气腿式凿岩机和向上式凿岩机，必须检查其气腿的灵活程度等情况。

1.2.6.2　凿岩时的注意事项

（1）开眼时应慢速运转，待孔的深度达到10～15mm后，再逐渐转入全运转。在凿岩过程中，要按孔位设计使钎杆位于孔的中心直线前进。

（2）凿岩机在凿岩时应合理施加轴推力。轴推力过小，机器产生回跳，振动增大，凿岩效率降低；过大，钎子顶紧眼底，机器在超负荷下运转，易过早磨损零件，并使凿岩速度减慢。

（3）凿岩机卡钎时，机器处于超负荷运转，如不迅速消除，极易损坏零件。卡钎时，应立即减小轴推力，通常凿岩机可逐步趋于正常。若仍然无效，应立即停机，先使用扳手慢慢转动钎杆，再开中气压使钎子徐徐转动。禁止用敲打钎杆的方法处理。

（4）应经常观察排粉情况，排粉正常时，泥浆水顺孔口徐徐流出。若排粉不正常，要强力吹孔。若仍然无效，要先检查钎子的水孔和钎尾状态，再检查水针情况，更换损坏零件。

（5）凿岩机冲击频率很高，不能无油作业，要注意观察注油器的储油量和出油情况，调节好注油量。无油作业时，容易使运动零件过早磨损；润滑油过多时，会造成工作面污染，影响操作者的健康。

（6）操作时要注意凿岩机的声响，观察其运转情况，发现问题，立即停机处理。

（7）注意检查钎子的工作状态，钎头损坏或磨钝、钎尾变形或打裂，都要及时更换。若钎头上的硬质合金片破裂或掉角，必须将碎片从孔中掏出，才能继续凿岩。

（8）操作向上式凿岩机时注意气腿的给气量，防止凿岩机上下摆动夹钎或折断钎杆。手握机器时，不要握得过紧，不能骑在气腿上凿岩，以防断钎伤人。气腿的支承点要可靠，以防气腿滑动而导致伤人损机。

（9）凿岩时，要注意工作面的岩石情况，避免沿层理、节理和裂隙穿孔，禁止打残眼，随时观察有无冒顶、片帮危险。

综上所述，凿岩时的注意事项可归纳为“集中精力、七看、一听、一感觉”。七看是看凿岩机的推进速度、看钎具的回转速度、看排渣情况、看孔位是否正确、看凿岩机各部螺栓及气（水）管是否松动、看凿岩机排气是否正常、看工作面是否安全。一听是听凿岩机在工作时的响声。一感觉是感觉支架、气腿和凿岩机在工作时的振动情况。

凿岩机排出的气体应是干燥的并微含油雾，用手拭之有润滑油感。若排气口喷雾或结冰，说明压气中含水，不但易使零件锈蚀，还影响工作面视线。应从附近的油水分离器中放水和检查凿岩机的冲洗装置。若手上的润滑油感过弱或过强，说明油量过小或过多，都应及时调节注油器的注油量。

1.2.6.3　气动凿岩机的日常维护

（1）凿岩结束后，要卸掉水管进行轻运转，吹净机内残存水滴，以免零件锈蚀，然后卸掉气管，将凿岩机放在安全、清洁的地方。

（2）凿岩机一般应每周清洗一次，可用如图1-34所示的清洗器清洗。筒1内装煤油，筒2内装润滑油，管3接压气，凿岩机放在清洗箱10中，机头插在芯轴11上，柄体用卡子夹紧，接通气管。清洗时，先打开阀6和凿岩机操纵阀，使凿岩机轻运转，再打开阀4几秒钟，煤油被压气携带清洗凿岩机。关上阀4，打开阀5几秒钟，润滑油被压气携带进入凿岩机。然后关上阀5和阀6，将凿岩机取出。此方法不需拆卸凿岩机就可清洗和润滑，而且清洗润滑过程中，还进行了凿岩机空运转实验。

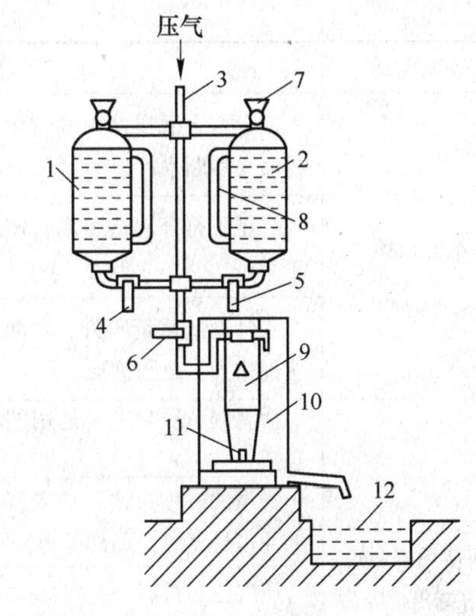

图1-34　凿岩机的清洗与润滑装置

1—煤油筒；2—润滑油筒；3—气管；4～6—阀；7—加油漏斗；8—观察管；9—凿岩机；10—清洗箱；11—芯轴；12—储油池

(3) 定期检查凿岩机，消除可能发生的故障，及时更换已磨损的零件，使凿岩机保持完好状态。

(4) 禁止在工作面拆装凿岩机，以防止机内进入污物和丢失零件。

(5) 长期不用的凿岩机，要拆开清洗干净，涂上防锈脂，再装配好，放在清洁、干燥处保存好。

1.2.6.4　气动凿岩机的故障排除

气腿式和向上式凿岩机在工作中常见的故障现象、故障原因分析及故障排除的方法，分别见表1-3和表1-4。

表1-3　气腿式凿岩机的故障排除

故障现象	原　因	排　除　方　法
气水联动机构失灵	注水阀的密封圈磨损，机器工作时漏水，排出的废气成雾状	更换密封圈
	注水阀体后部的弹簧失效，当压气停止时弹簧不能关闭水路	更换弹簧
	注水阀上的密封圈耐油性差，经油浸后其尺寸胀大，堵塞水路	更换质量较高的密封圈
	注水阀体的通水孔被堵死	用小铁丝通空
	水压高于弹簧的压力	降低水压
活塞运动不灵活，使凿岩机停止运动	活塞大圆与气缸内孔、活塞小圆与导向套内孔的配合间隙选择得太小，使活塞运动时机体发热	按制造公差选择适当的配合间隙
	零件加工粗糙或保养不好，使零件表面生锈或磕碰	按要求制造零件，并妥善保管好
	活塞、气缸、导向套等零件的同心度和几何精度不符合图纸要求	按图纸制造凿岩机零件
	机器停止凿岩后，放的位置不当或把排气口向上，使石块及粉尘落入机器内部	注意机器使用完毕后，放到无水滴、无粉尘的地方，并把排气口向下
	润滑不佳，机体发热	及时加油润滑
	活塞的材质或热处理不好，使活塞的冲击端因受冲击而出现镦粗现象	选用好的材料和正确热处理方法
	机器在装配时，零件没有清洗干净	注意清洗干净零件后，才能装配机器

续表 1-3

故障现象	原　因	排 除 方 法
水针损坏	钎套六方磨损使尺寸过大，机器工作时钎尾摇摆而易切断水针	针套六方如磨损到规定尺寸后，就应该更换
	钎尾不符合制造要求，使中心孔过小或中心孔歪斜	按图纸制造钎尾的中心孔
	水针制造质量不好，弯曲度过大，直径太粗或头部未加工成圆锥形	水针要进行防锈处理，水针全长的弯曲度不应超过 0.5mm
活塞使用寿命短，冲击端出现断裂	活塞制造质量差，选用的材料和热处理工序不合适	正确选择活塞的材料和热处理工序
	钎尾的硬度过高，或者钎尾端面不垂直，当活塞冲击钎尾时，局部受力大	选择硬度合适的钎尾钢钎，并且钎尾端面应垂直
	压气压力过高	降低气压
	机器在开动时，给气压过猛或空打时间过长	机器在开动时，按低、中、高压气量进行
	凿岩作业时，气腿的轴推力不够，产生空打现象	调节气腿与水平线的夹角，使气腿有足够的轴推力
关闭了操纵把手，凿岩机仍有轻运动	操纵阀磨损，配合的间隙增大，产生窜气现象	更换操纵阀
	密封胶圈磨损而窜气	更换密封圈
	制造操纵阀时，个别通气孔的位置错了	更换操纵阀
螺旋棒和螺旋母磨损快，使用寿命短	润滑不好	定期向注油器注油
	粉尘或脏物进入凿岩机内部	精心保养和定期拆洗机器
	润滑油内含有沙粒或粉尘	选择清洁的润滑油
	螺旋棒和螺旋母超过磨损极限	更换螺旋棒和螺旋母
调压阀不灵活或受机器振动而窜位	调压阀上的进、排气孔道，制造时弧度太短，在转动调压阀时，气腿轴推力的变化很突然	更换调压阀
	固定调压阀位置的弹簧失效	更换弹簧
	伸缩管上的两个密封圈磨损	更换密封圈
气腿的伸缩管缩回动作不灵	伸缩管弯曲，主要原因有：凿岩机工作时，支承的位置不适合，受力不匀；凿岩机断钎；凿岩机和气腿伸缩管在制造时厚薄不均匀，增大了弯曲力	调整支承位置，防止断钎，更换弯曲的伸缩管
	伸缩管内的密封圈磨损	更换密封圈
	气腿内的回程孔被油垢及脏物堵塞	通空回程孔
	钢质的外套管内壁生锈，使胶碗运动不灵，并加快了胶碗的磨损	擦锈，并更换磨损的胶碗
	气腿快速缩回，扳机变形量大，按扳机时，气腿缩回困难	更换材质好的、不变形的尼龙扳机
凿岩机工作时，从排气口向外喷水	水压高于气压，易往机器内部灌水	降低水压
	水针套磨损，密封圈损坏	更换密封圈
	钎杆中心孔堵塞，水排不出去	通空钎杆中心孔
	水针尺寸太短	按要求制造水针长度

续表 1-3

故障现象	原　因	排 除 方 法
凿岩机润滑不良	润滑油的牌号选择不合适	选择合适的润滑油
	盛润滑油的器具无盖，润滑油内进入了脏物	盖上盖子
	注油器上的油量调节得不合适	调节适当的油量
	注油器内长通油管未焊牢固，受振动脱落，影响润滑油的流出	焊牢通油管
	注油器内的油阀被堵塞	通空油阀
	润滑油内有水分	更换润滑油
嵌在转动套内的钎套松动	钎套的外圆尺寸小	更换外圆尺寸大的钎套
	转动套的内孔尺寸大	更换外圆尺寸大的钎套，装配时，一定要采用热装及加热后拆卸

表 1-4　YSP45 型凿岩机常见故障的排除

故障现象	原　因	排 除 方 法
凿岩速度降低	工作气压低	（1）核算压气管路是否超过额定负荷，如果超过则应适当减少同时工作的机器台数或其他耗气作业，工作气压最低不能小于0.4MPa；（2）消除管路漏耗，检查压气管路、开关等是否规格太小；（3）输气胶管不应太长，总长不大于25m
	气腿轴推力过大	顺时针转动调压阀，以减小推力
	气腿推力不足，伸缩不灵，机器后跳	（1）逆时针转动调压阀以增大推力，若定位用的胀圈磨损则应更换；（2）检查气腿与机器各连接处是否松动漏气，手把放气阀是否漏气；（3）检查气腿内活塞胶碗及密封圈是否受振松脱而密封失效；（4）清除气腿内部夹杂的脏物；（5）检查调压阀有关孔槽是否堵塞，凸缘是否磨损严重而致使调压不灵
	润滑不良	（1）检查注油器是否缺油；（2）润滑油太稀、太浓或太脏，应及时按规定条件更换；（3）注油器小孔油路堵塞应清洗，用气吹通油路各孔
	钎子质量不合要求	（1）钎尾长度不合要求，相差太大，应选用符合要求的钎子；（2）钎杆弯曲严重，应校直
	机头返水，发生“洗锤”现象，破坏正常润滑	（1）水针折断，立即更换；（2）钎杆中心孔不通或太小，要更换钎杆；（3）水针孔径不能超过规定尺寸；（4）水压高于气压，高压水流入机体，应及时降低水压；（5）注水系统失灵，气、水混合进入机体，应立即检修；（6）“常吹气”失灵，气针堵塞或胶垫位置装错，应立即检修
	消声罩结冰	消除罩内排气口处凝结的冰瘤
	主要零件磨损	（1）缸体和活塞两配合表面擦伤，用油石磨光；（2）配气阀磨损，应及时更换；（3）主要零件（活塞、螺旋棒、螺旋母、棘爪、转动螺母、钎套等）超过磨损极限，要及时更换

续表 1-4

故障现象	原　因	排 除 方 法
启动不灵	润滑油太浓、太多	润滑油的浓度和用量要调节适当
	阀与阀套磨损严重	更换磨损严重的零件
	机头返水	查找原因及时消除
	气腿轴推力过大	调节调压阀，减小气腿推力
气水联动机构失灵	水压过高	应当采取措施降低水压
	气路和水路小孔堵塞	钻通小孔
	注水阀端部磨损	更换零件
	注水阀体内零件锈蚀	清洗除锈
	密气与密水胶圈已损坏	更换零件
水针折断	活塞小端打堆，钎尾中心孔不正	更换新活塞和钎子，或者修复
	钎尾和钎套配合间隙过大	钎套六方内对边尺寸磨损至 25mm 时应更换，否则不只是容易折断水针，而且也容易损坏活塞与钎子
	水针太长	修正水针长度
	钎尾水孔太浅	应按钎尾制造图造钎尾
断钎严重	管路气压太高	采取降压措施
	骤然大开车	凿岩时启动要平稳
	钎子弯曲	校直钎子
	钎尾凸台的过渡圆角太小	按图纸要求制作钎尾
	钎尾有热处理裂纹	改进钎尾制作工艺

1.3 液压凿岩机

液压凿岩机按其支承方式可分为手持式、支腿式与导轨式三类。前两类实际应用很少，实际使用的液压凿岩机绝大多数为导轨式。按配油方式，液压凿岩机可分为有阀型和无阀型两大类；前者按阀的结构又可分为套阀式和芯阀式（或称外阀式）。按回油方式，液压凿岩机可分为单面回油和双面回油两种；在单面回油中又分前腔回油和后腔回油两种。液压凿岩机分类及相应型号见表 1-5，实际只有后腔回油与双面回油是最常用的两种类型。

1.3.1 液压凿岩机的工作原理

液压凿岩机主要由冲击机构与回转机构两大部分组成。回转机构的工作原理都是一样的，都是采用液压马达驱动齿轮，经过减速，将扭矩与转速传递给钎杆。冲击机构的工作原理则可以按照配流方式分为 4 种。

表 1-5 液压凿岩机分类

配流方式	有阀型					无阀型
	单面回油				双面回油	双面回油
	后腔回油		前腔回油		四通阀，两腔交替回油	活塞自配油，两腔交替回油
配流阀类型	三通阀，差动活塞		三通阀，差动活塞			
阀结构	套阀	芯阀	套阀	芯阀	芯阀	无
主要参考型号	Tamrock 公司液压凿岩机、Montabert 公司 HC 系列、古河公司 HD 系列	Secoma 公司的 Hydraustar 系列	Alimak 公司 AD 系列，已停产	Secoma 公司 RPH35 凿岩机，已停产	Atlas Copco 液压凿岩机	市场无产品，未见使用报道

1.3.1.1 *后腔回油、前腔常压油型液压凿岩机的工作原理*

此类液压凿岩机的活塞前腔常通高压油，通过改变后腔油液的压力状态来实现活塞的往复冲击运动。图 1-35 所示为套阀式液压凿岩机的工作原理。其配流阀（换向阀）采用与活塞做同轴运动的三通套阀结构。当套阀 4 处于右端位置时，缸体后腔与回油 O 相通，于是活塞 2 在缸体前腔压力油 P 的作用下向右做回程运动（见图 1-35a）。当活塞 2 超过信号孔位 A 时，套阀 4 右端推阀面 5 与压力油相通，因该面积大于阀左端的面积，故阀 4 向左运动，进行回程换向。压力油通过机体内部孔道与活塞后腔相通，活塞向右做减速运动，后腔的油一部分进入蓄能器 3，一部分从机体内部通道流入前腔，直至回程终点（见图 1-35b）。由于活塞台肩后端面大于活塞台肩前端面，因此活塞后端面作用力远大于前端

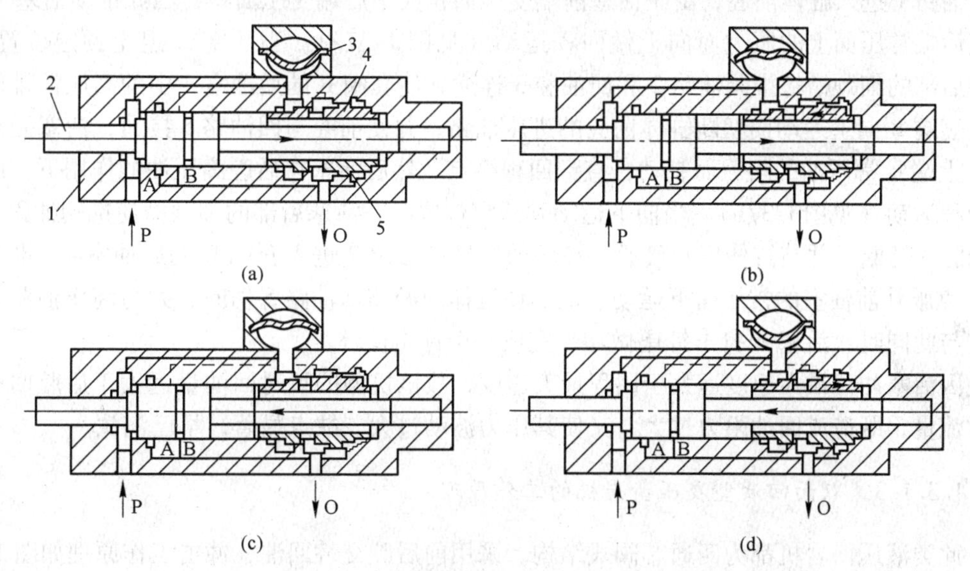

图 1-35 后腔回油套阀式液压凿岩机工作原理

（a）回程；（b）回程换向；（c）冲程；（d）冲程换向（冲击钎尾）

1—缸体；2—活塞；3—蓄能器；4—套阀；5—右端推阀面；A—回程换向信号孔位；B—冲程换向信号孔位；P—压力油；O—回油

面作用力，活塞向左做冲程运动（见图 1-35c）。当活塞越过冲程信号孔位 B 时，阀 4 右端推阀面 5 与回油相通，阀 4 进行冲程换向（见图 1-35d），为活塞回程做好准备，与此同时活塞冲击钎尾做功，如此循环工作。

后腔回油芯阀式液压凿岩机冲击工作原理与上述相同，只是阀不套在活塞上，而是独立在外面，故又称外阀式（见图 1-36）。

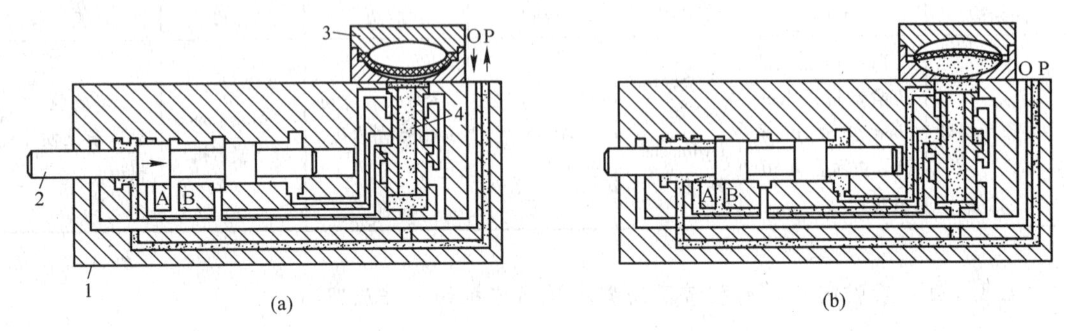

图 1-36　塞科马（Secoma）公司后腔回油芯阀式凿岩机工作原理

（a）回程；（b）冲程

1—缸体；2—活塞；3—蓄能器；4—阀芯；A—回程换向信号孔位；B—冲程换向信号孔位

1.3.1.2　前腔回油、后腔常压型液压凿岩机的工作原理

此类液压凿岩机是通过改变前腔的供油和回油来实现活塞的往复冲程运动的，也有套阀和芯阀两种。图 1-37 所示为套阀式的工作原理。当套阀 B 处于下端位置时，高压油经高压油路 1 进入缸体前腔，由于活塞前端受压面积大于后端受压面积，因此推动活塞 A 克服其后端常压面上的压力而向上做回程运动（见图 1-37a）。当活塞 A 退至预定位置时，活塞后部的细颈槽将推阀油路 2 和回油腔 3 连通，使套阀 B 的后油室 4 中的高压油排回油箱，套阀 B 向上运动而切断缸体前腔的进压油路，并使前腔与回油路 5 接通，活塞受到后端（上端）常压油的阻力而制动，直到回程终点。然后活塞在后腔高压油的作用下，向下做冲程运动（见图 1-37b）。当向下运动到预定位置时，活塞后部的细颈槽使推阀油路 2 与回油腔 3 切断，并与缸体后腔接通，高压油经推阀油路 2 进入套阀 B 的后油室 4，推动套阀 B 克服其前油室的常压向下运动，从而使缸体前腔与回油路 5 切断，并与高压油路 1 接通，与此同时，活塞 A 打击钎尾做功，完成一个冲击循环。

因活塞冲程最大速度远大于回程最大速度，故该机型的瞬时回油量远大于后腔回油的瞬时流量，既造成回油阻力过大，又使其压力波动过大，缺点显著，早已淘汰。

1.3.1.3　双面回油型液压凿岩机的工作原理

此类液压凿岩机都为四通芯阀式结构，采用前后腔交替回油，冲击工作原理如图 1-38 所示。

在冲程开始阶段（见图 1-38a），阀芯 B 与活塞 A 均位于右端，高压油 P 经高压油路 1 到后腔通道 3 进入缸体后腔，推动活塞 A 向左（前）做加速运动。活塞 A 向前至预定位置，打开右推阀通道口（信号孔），高压油经后推阀通道 5 作用在阀芯 B 的右端面，推动

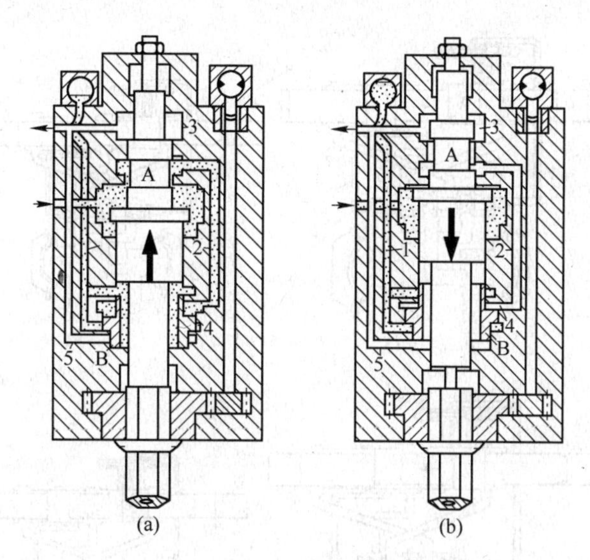

图1-37 Alimak公司前腔回油套阀式液压凿岩机工作原理
(a) 回程；(b) 冲程
1—高压油路；2—推阀油路；3—回油腔；4—套阀后油室；5—回油路；A—活塞；B—套阀

阀芯B换向（见图1-38b），阀左端腔室中的油经前推阀通道4、信号孔通道7及回油通道6返回油箱，为回程运动做好准备。与此同时，活塞A打击钎尾C，接着进入回程阶段（见图1-38c）；高压油从进油路1经前腔通道2进入缸体前腔，推动活塞A向后（右）运动；活塞A向后运动打开前推阀通道4时（图中缸体上有3个通口称为信号孔，为调换活塞行程之用），高压油经前推阀通道4作用在阀芯B左端面上，推动阀芯B换向（见图1-38d），阀右端腔室中的油经后推阀通道5和回油通道6返回油箱，阀芯B移到右端，为下一循环做好准备。

1.3.1.4 无阀型液压凿岩机工作原理

该类型液压凿岩机没有专门的配流阀，利用活塞运动位置的变化自行配油。其特点是利用油的微量可压缩性，在容积较大的工作腔（缸体的前、后腔）与压油腔中形成液体弹簧，使活塞在往复运动中产生压缩储能和膨胀做功。其冲击工作过程如图1-39所示。

图1-39（a）为回程开始情况，这时缸体前（左）腔与压油相通，后（右）腔与回油相通，于是活塞向右做回程运动。当活塞运行到图1-39（b）的位置时，缸体的前腔和后腔均处于封闭状态，形成液体弹簧。由于活塞的惯性与前腔高压油的膨胀，活塞继续做回程运动。这时缸体后腔的油液被压缩储能，压力逐渐升高，直到活塞使前腔与回油相通，后腔与压油相通，如图1-39（c）的位置，活塞开始向左做冲程运动。活塞运动到一定位置，缸体前后腔又处于封闭状态，形成液体弹簧，活塞冲击钎尾做功。同时缸体的前腔与压油相通，后腔与回油相通，又为回程运动做好准备，如此不断往复循环。

无阀液压凿岩机的优点是只有一个运动件，结构简单；但它的致命缺点是冲击能太小，不适合凿岩钻孔作业。

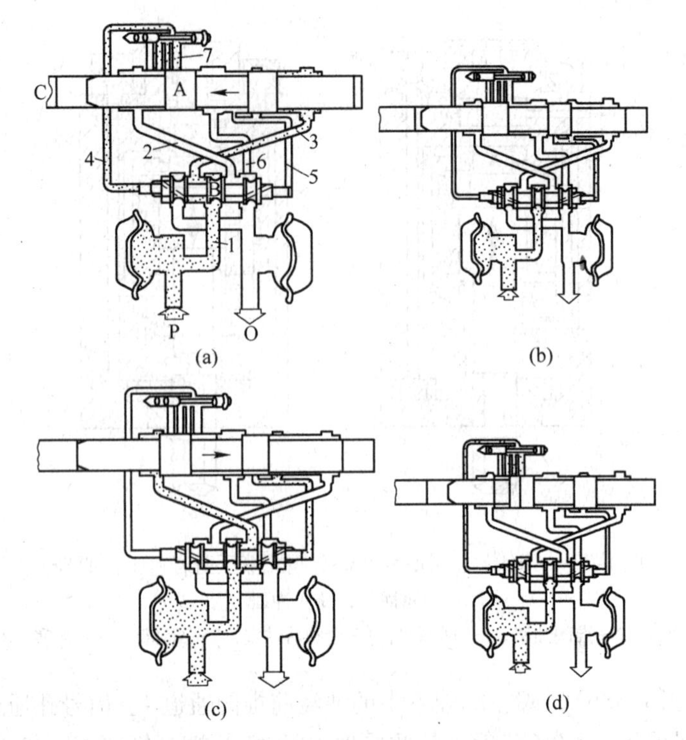

图 1-38　阿特拉斯·科普柯公司双面回油型凿岩机工作原理

(a) 冲程；(b) 冲程换向；(c) 回程；(d) 回程换向

1—高压油路；2—前腔通道；3—后腔通道；4—前推阀通道；5—后推阀通道；6—回油通道；7—信号孔通道；A—活塞；B—阀芯；C—钎尾

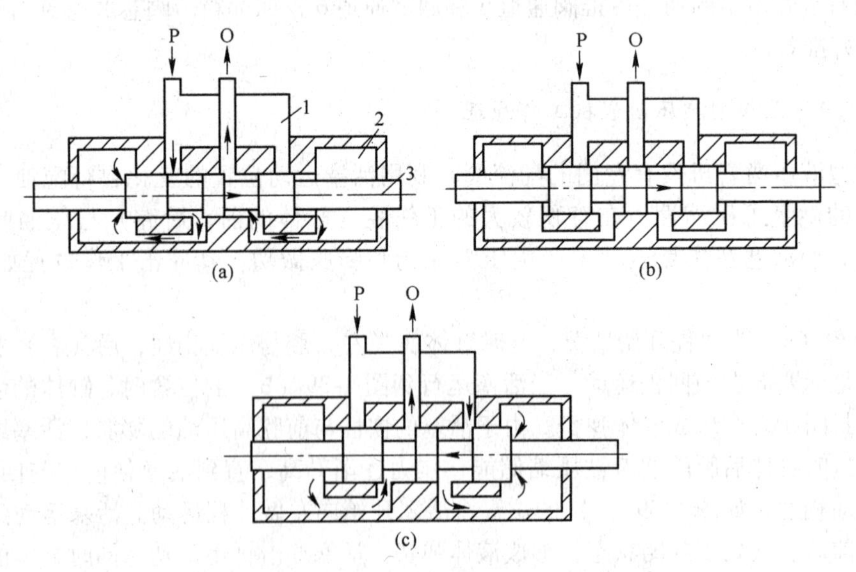

图 1-39　无阀型液压凿岩机工作原理

(a) 回程；(b) 前腔膨胀，后腔压缩储能；(c) 冲程

1—压油腔；2—工作腔；3—活塞；P—压力油；O—回油

1.3.2　液压凿岩机的基本结构

各厂家液压凿岩机的结构各有特点，如钎尾反弹吸收装置的有无、活塞行程调节装置的有无、缸体缸套的有无、是中心供水还是旁侧供水。国外有些液压凿岩机还设有液压反冲装置，在卡钎时可起拔钎作用。下面以阿特拉斯·科普柯公司的COP1238型液压凿岩机为例介绍液压凿岩机的基本结构。阿特拉斯·科普柯公司COP1238型液压凿岩机由钎尾装置A（内含供水装置与防尘系统等部分）、转钎机构B、钎尾反弹吸收装置C与冲击机构D四个部分组成，如图1-40所示。

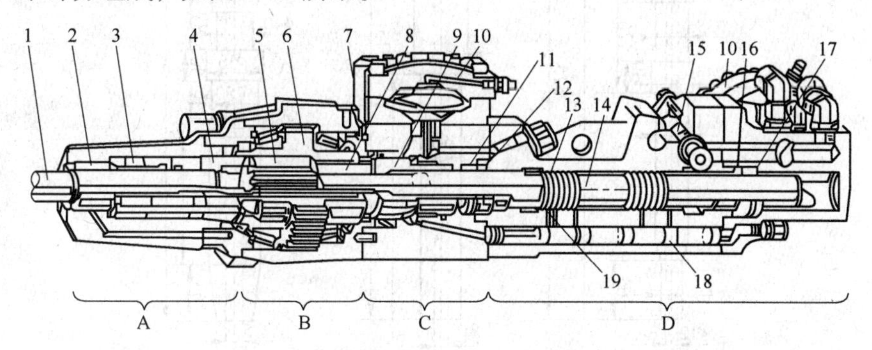

图1-40　COP1238型液压凿岩机结构

1—钎尾；2—耐磨衬套；3—供水装置；4—止动环；5—传动套；6—齿轮套；7—单向阀；8—转钎套筒衬套；9—缓冲活塞；10—缓冲蓄能器；11，17—密封套；12—活塞前导向套；13—缸体；14—活塞；15—阀芯；16—活塞后导向套；18—行程调节柱塞；19—油路控制孔道；A—钎尾装置；B—转钎机构；C—钎尾反弹吸收装置；D—冲击机构

1.3.2.1　冲击机构

冲击机构是冲击做功的关键部件，它由活塞、缸体、活塞导向套、配流阀、蓄能器、活塞行程调节装置等主要部件组成。

（1）活塞。液压凿岩机活塞是产生与传递冲击能量的主要零件，活塞形状对传递能量的应力波波形有很大影响：活塞直径越接近钎尾的直径越好，且活塞直径变化越小越好。图1-41所示为液压和气动凿岩机活塞直径的比较。液压活塞重量只比气动活塞大19%，输出功率却大一倍，而钎杆内的应力峰值则减少了20%。

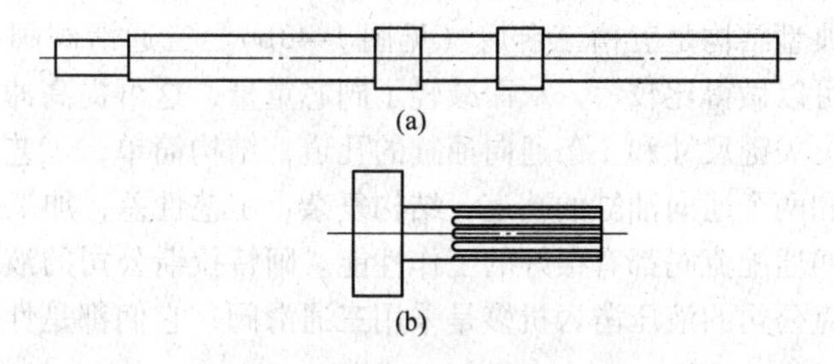

图1-41　液压活塞与气动活塞直径比较

（a）液压活塞；（b）气动活塞

图 1-42 所示为三种结构的液压凿岩机活塞，其中双面回油的活塞断面直径变化最小，且细长，是最理想的活塞形状。

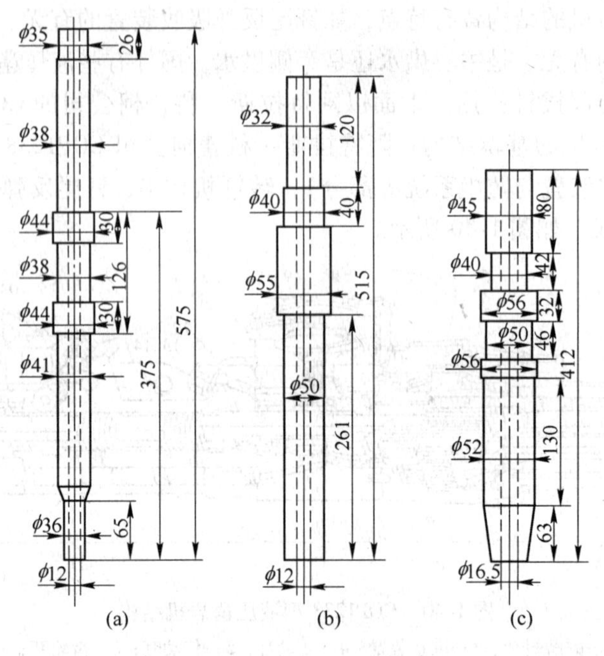

图 1-42　活塞结构（mm）

（a）双面回油型（COP 系列）；（b）前腔常压油Ⅰ型；（c）前腔常压油Ⅱ型

（2）缸体。缸体（见图 1-40 中 13）是液压凿岩机的主要零件，其体积和重量都较大，结构复杂，孔道和油槽多，要求加工精度高。有厂家为简化缸体工艺，加工 2 ~ 3 个较短缸套或将缸体分为两段，以保证加工精度。

（3）活塞导向套。COP1238 型液压凿岩机活塞前后两端都有导向套（也称支承套）支承（见图 1-40 中 12 和 16）。导向套的材料有单一材料和复合材料两种。前者制造简单，后者性能优良。COP1238 型液压凿岩机活塞导向套是由耐磨复合材料制成的。

（4）配流阀。液压凿岩机的配流阀有多种多样的形式，概括起来有三通阀与四通阀两大类。前腔常压油型液压凿岩机是利用差动活塞的原理，故只需用三通滑阀，而双面回油型液压凿岩机则必须采用四通滑阀。

三通滑阀的典型结构是三槽二台肩（见图 1-43a），即阀体上有三个槽，阀芯上有两个台肩。四通滑阀的典型结构是五槽三台肩（见图 1-43b）。三通滑阀阀芯比四通滑阀阀芯少一个台肩，因而可以做得比较短，从而减轻了阀芯重量，这可提高冲击机构的效率。另外三通滑阀只有三个关键尺寸和一条通向油缸的孔道，结构简单，工艺性好；而四通滑阀则有五个关键尺寸和两个通向油缸的孔道，结构复杂，工艺性差，加工难度大。

三通配流阀与四通配流阀都有很好的工作性能。阿特拉斯公司的液压凿岩机都是采用四通滑阀，山特维克公司的液压凿岩机多是采用三通滑阀，它们都是性能优良、工作稳定可靠的著名产品。

（5）蓄能器。冲击机构的活塞只在冲程时才对钎尾做功，而回程时不对外做功。为了充分利用回程能量，需配置高压蓄能器储存回程能量，并利用它提供冲程时所需的峰值流量，以减小泵的排量。此外，蓄能器还可以吸收由于活塞与阀高频换向引起的系统压力冲击和流量脉动，以提高机器工作的可靠性与各部件的寿命。目前国内外各种液压凿岩机都配有一个或两个高压蓄能器；有的液压凿岩机为了减少回油的脉动，还设有回油蓄能器。因液压凿岩机冲击频率较高，故都采用速度快的隔膜式蓄能器。隔膜式蓄能器的结构如图1-44 所示。

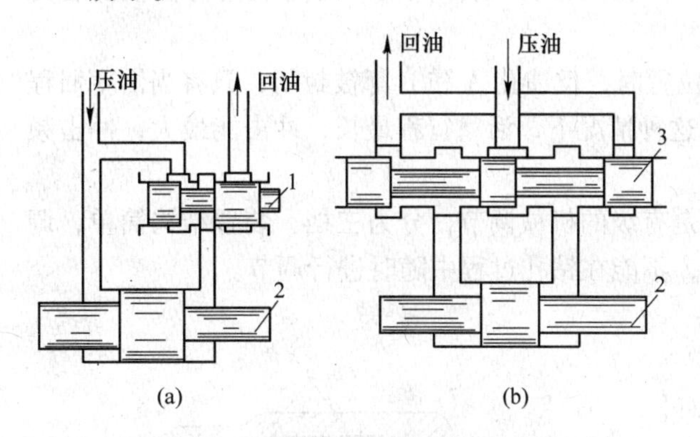

图1-43 冲击机构的配流阀结构
(a) 三通滑阀型；(b) 四通滑阀型
1—三通滑阀；2—活塞；3—四通滑阀

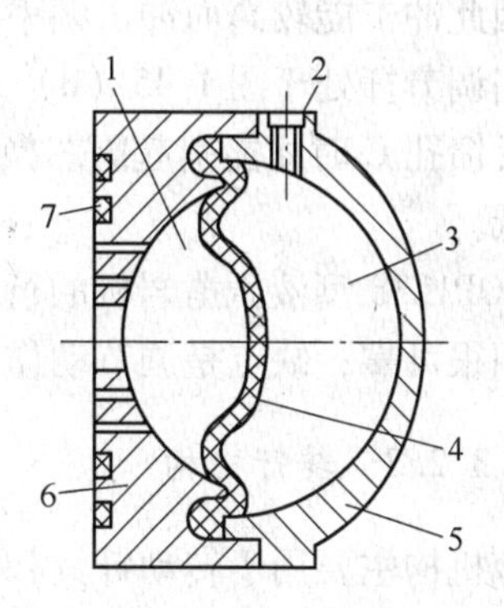

图1-44 隔膜式蓄能器结构
1—蓄油腔；2—充气口；3—氮气腔；4—隔膜；5—上盖；6—底座；7—密封圈

(6) 活塞行程调节装置。有的液压凿岩机的冲击能与冲击频率是可调节的，可以得到冲击能和冲击频率的不同组合，以适应不同性质的岩石，提高钻孔效率。各型液压凿岩机的行程调节装置结构各异，但原理基本相同，都是利用活塞行程调节装置来改变活塞的行程。

图1-45 所示为 COP1238 型液压凿岩机行程调节装置的工作原理。在行程调节杆1上沿轴向铣有3个长度不等的油槽，沿圆周等分排列。当调节杆处于图1-45（b）所示位置时，反馈孔A通过油道与配流阀阀芯4的左端面相通，一旦活塞回程左凸肩越过反馈孔A，活塞3的前腔高压油就通到阀芯的左端面（见图1-45d），同时活塞右侧封油面也刚好封闭了阀芯右端面与高压油相通的油道，并使其与系统的回油相通，这样阀芯在左端面高压油的作用下，迅速由左位移到右位，于是活塞前腔与回油相通，而后腔与高压油相通，活塞由回程加速转为回程制动。由于反馈孔A是3个反

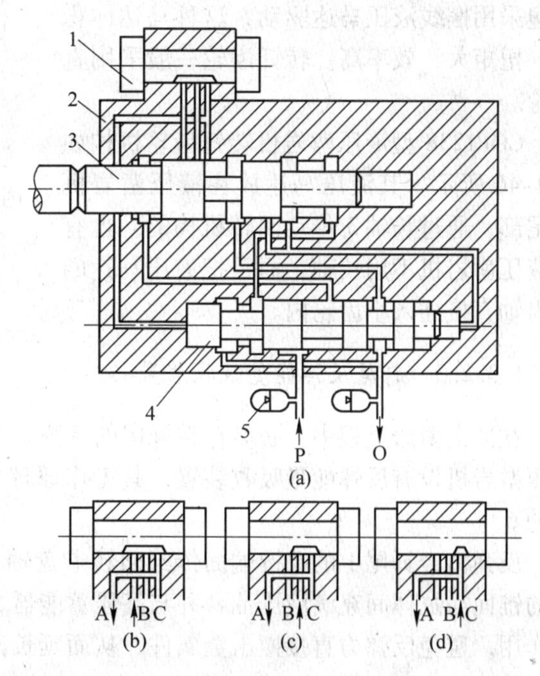

图1-45 COP1238 型液压凿岩机行程调节原理
1—行程调节杆；2—缸体；3—活塞；4—阀芯；5—蓄能器；
A～C—反馈孔；P—压力油；O—回油

馈孔最左端的一个，因此这种情况下活塞运动的行程最短，输出冲击能最小而冲击频率最高。

当行程调杆处于图 1-45（c）所示位置时，反馈孔 A 被封闭，活塞行程越过反馈孔 A 并不能将系统的高压注引到阀芯左端面，因而不会引起配流阀换向，只有当活塞越过反馈孔 B 时，阀芯左端面才与高压油相通，使阀芯换向，动作同前。此时活塞行程较前者为长，因此冲击能较高而冲击频率较低。

当调节杆处于图 1-45（d）所示的位置时，反馈孔 A 和 B 都被封闭，只有当活塞回程越过反馈孔 C 时才能引起阀芯换向。在这种情况下，活塞行程最长，冲击能最大，冲击频率最低。

COP1238 型液压凿岩机的行程调节是有级的机械调节，分为三挡，装置结构简单，调节作用很可靠；缺点是调节动作很麻烦，不能在钻孔过程中随时进行调节。

1.3.2.2　转钎机构

该机构主要用于转动钎具和接卸钎杆。

液压凿岩机的输出扭矩较大，一般都采用外回转机构，用液压马达驱动一套齿轮装置，带动钎具回转。液压凿岩机转钎机构中普遍采用摆线液压马达驱动，这种马达体积小、扭矩大、效率高。转钎齿轮一般采用直齿轮。

COP1238 型液压凿岩机转钎齿轮机构如图 1-46 所示。其液压马达放在液压凿岩机的尾部，通过长轴 3 传动回转机构的。也有的液压凿岩机不用长轴，而是把液压马达的输出轴直接插入小齿轮内。

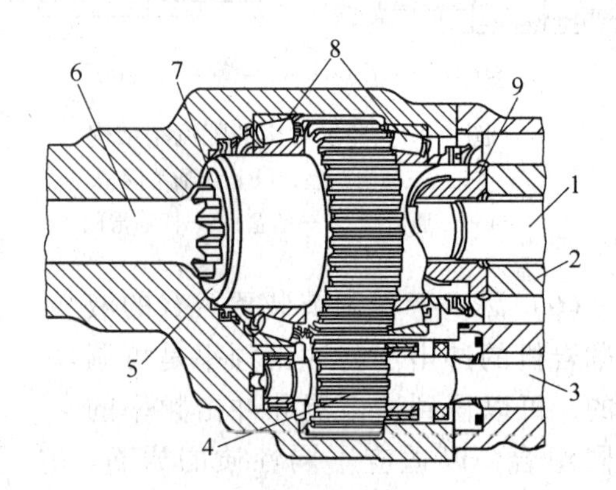

图 1-46　COP1238 型液压凿岩机转钎齿轮机构
1—冲击活塞；2—缓冲活塞；3—传动长轴；4—小齿轮；5—大齿轮；6—钎尾；7—三边形花键套；8—轴承；9—缓冲套筒

1.3.2.3　钎尾反弹能量吸收装置

在冲击凿岩过程中，必然存在钎尾的反弹。为防止反弹力对机构的破坏，COP1238 型液压凿岩机设有反弹能量吸收装置，其工作原理如图 1-47 所示，其位置与结构见图 1-48 中的 6。

反弹力经钎尾 1 的花键端面传给回转卡盘轴套 2，轴套 2 再传给缓冲活塞 3，缓冲活塞的锥面与缸体间充满液压油，并与高压蓄能器 5 相通。这样，高压油可起到吸能和缓冲的作用，避免反弹力直接撞击金属件，从而延长凿岩机和钎杆的寿命。

1.3.2.4　供水装置

地下用液压凿岩机都用压力水作为冲洗介质。其供水装置分为中心供水与旁侧供水两大类。

（1）中心供水。与一般的气动凿岩机中心供水方式相同，压力水从凿岩机后部的注水孔通过水针从活塞中间孔穿过，进入前部钎尾来冲洗钻孔。这种供水方式的优点是结构紧

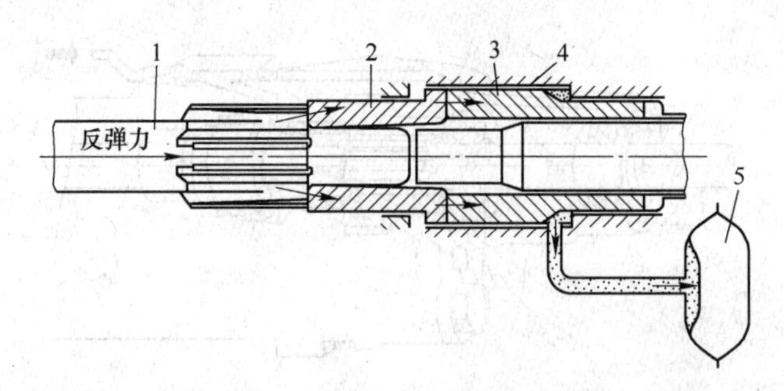

图 1-47 COP1238 型液压凿岩机钎尾反弹能量吸收装置原理

1—钎尾；2—回转卡盘轴套；3—缓冲活塞；4—液压油；5—高压蓄能器

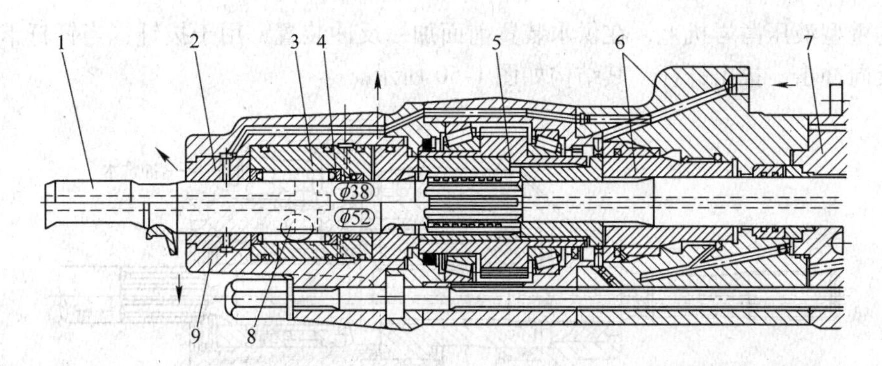

图 1-48 COP1238 型液压凿岩机供水、转钎、反弹能量吸收装置结构

1—钎尾；2—耐磨支承套；3—不锈钢供水套；4—密封；5—转钎机构机头；6—反弹能量吸收装置；7—冲击机构缸体；8—注水套进水口；9—钎尾套

凑，机头部分体积小，但密封比较困难，容易漏水，冲走润滑油，造成机内零件严重磨损，而且由于水针和钎尾中心孔的偏心，水针密封圈的寿命降低。导轨式液压凿岩机很少采用中心供水方式。

（2）旁侧供水。旁侧供水装置是液压凿岩机广泛采用的结构。冲洗水通过凿岩机前部的注水套进入钎尾的进水孔去冲洗钻孔，其结构如图 1-48 的左侧所示。

旁侧供水由于水路短，易实现密封，冲洗水压可达 1MPa 以上，即使发生漏水也不会影响凿岩机内部的正常润滑。其缺点是增加了钎尾装置的长度。

1.3.2.5 润滑与防尘系统

冲击机构运动零件都是浸在液压油中，无需再加入润滑油。转钎机构的齿轮与轴承一般采用油脂润滑，COP3038 型、HYD200 型、HYD300 型液压凿岩机则是采用液压系统的回油进行润滑。

钎尾装置的花键与支承套一般采用油气雾进行润滑，由钻车上小气泵产生 0.2MPa 的压气，经注油器后，将具有一定压力的油雾供给钎尾装置润滑，然后从钎尾装置向外喷出，以防止岩粉和污物进入机器内部。COP 系列液压凿岩机的润滑与防尘系统如图 1-49 所示，其结构见图 1-48 中的箭头与通道。

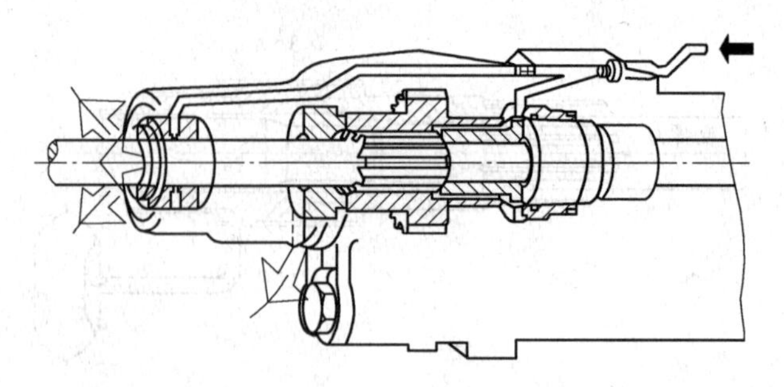

图 1-49　COP1238 型液压凿岩机润滑与防尘系统

1.3.2.6　反向冲击装置

有的重型液压凿岩机上，在供水装置前面加一反冲装置，用于拔钎：当钎杆卡在岩孔内时，反向冲击，拔出钎杆。其结构如图 1-50 所示。

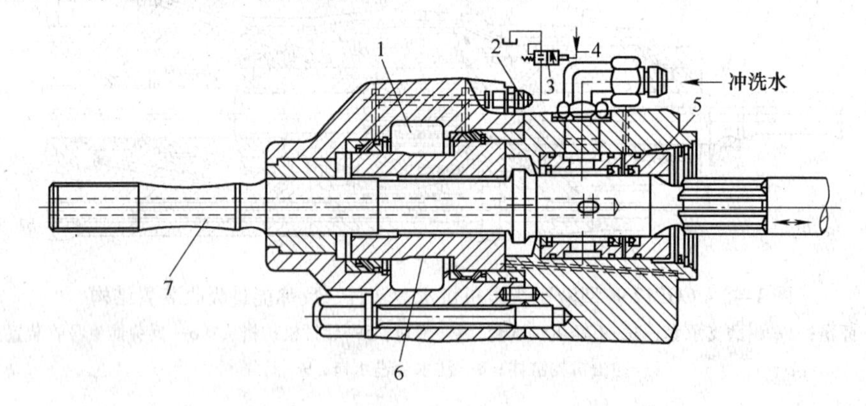

图 1-50　COP1838 MEX 型液压凿岩机的反冲装置

1—油腔；2—回油接头；3—液控二位二通阀；4—阀 3 的液控油路；5—供水套；6—反冲活塞；7—钎尾

油腔 1 经可调节流阀始终与高压油相通，回油接头 2 经管路与二位二通阀 3 相连。当钎杆卡在炮孔内时，系统通过阀 3 的液控油路 4 使二位二通阀 3 换向，关闭回油路，油腔 1 内形成高压油，推动反冲活塞 6 向右运动，反冲活塞 6 则作用于钎尾 7 的台肩，使钎杆从钻孔中退出。正常凿岩作业时，油腔 1 内的油压力较低，允许钎尾自由移动。

1.3.3　液压凿岩机的参数与选型

1.3.3.1　液压凿岩机的性能参数

液压凿岩机的性能参数包括冲击能、冲击频率、转钎扭矩、转钎速度。冲击能与冲击频率的乘积等于冲击功。

（1）冲击能。

$$E = \frac{1}{2} m_p v^2$$

式中　E——液压凿岩机活塞的单次冲击能；

m_p——活塞质量；

v——活塞冲程末速度（冲击最大速度）。

冲击能难以检测，国外大多数液压凿岩机厂商并不标明其值。手持式液压凿岩机的冲击能一般为40～60J，支腿式液压凿岩机的冲击能一般为55～85J，导轨式液压凿岩机的冲击能一般为150～500J，甚至更大。增大冲击能，可以提高凿岩钻孔速度。但是，冲击能的选择要与活塞、钎尾、钎杆、钎头等零件寿命相匹配。冲击能受到零件材料强度与价格的限制，不能太大。

（2）冲击频率。液压凿岩机的冲击频率一般都高于气动凿岩机，大多数机型的冲击频率都不小于50Hz。为了提高凿岩钻孔速度，国外大的制造厂商都在不断地提高液压凿岩机的冲击功率。因为冲击能受到零件材料强度与价格的限制，所以只能提高冲击频率。进入21世纪后，国外最先进的液压凿岩机的冲击频率已经达到100Hz，并且还有继续提高冲击频率的趋势。阿特拉斯·科普柯公司于2004年推出的COP3038型液压凿岩机的冲击功率为30kW，冲击频率为102Hz，冲击能不大于30J，钎尾仍为T38，钎头直径仍为43～64mm，钻孔速度达到4～5m/min。山特维克公司最新机型HFX5T液压凿岩机，冲击频率为86Hz，用45mm的钻头在花岗岩中钻孔，钻速达4.5m/min。

（3）转钎扭矩。导轨式液压凿岩机转钎机构都是外回转式，其扭矩一般都大于同级气动凿岩机。导轨式液压凿岩机最大扭矩的数值一般都大于其冲击能的数值，有的扭矩值与冲击能值之比达到2以上。

（4）转钎速度。液压凿岩机的转钎速度为0～300r/min，一般来说，转速随冲击频率的增大而增大。

常用液压凿岩机技术性能见表1-6。

表1-6 国产液压凿岩机主要技术性能

型 号	冲击能 /J	钎杆转速 /r·min^{-1}	最大扭矩 /N·m	冲击压力 /MPa	冲击频率 /Hz	钻孔直径 /mm
YYG-80	150	0～300	150	10～12	50	<50
GYYG-20	200	0～250	200	13	50	50～120
CYY-20	200	0～250	300	16（20）	37～66	<50
YYG-250B	240～250	0～250	300	12～13	50	50～120
YYG-90A	150～200	0～300	140	12.5～13.5	48～58	<50
YYG-90	200～250	0～260	200	12～16	41～50	<50
YYG-250A	350～500	0～150	700	12.5～13.5	32～37	<50

1.3.3.2 液压凿岩机的工作参数

液压凿岩机主要工作参数包括冲击油压、冲击流量、回转油压和回转流量。随着液压与密封技术的进步，液压凿岩机的冲击油压与回转油压都有增高的趋势。供油压力高，反映了液压凿岩机的制造质量比较高。供油压力高，供油流量就会相应减少，这就可以减轻液压凿岩机及其连接油管的重量。

阿特拉斯·科普柯公司液压凿岩机的冲击油压为20～25MPa，回转油压为15～

17.5MPa，冲洗水压力为1～2MPa，润滑用压缩空气压力为0.2MPa，压缩空气流量为5～6L/s。

1.3.3.3 液压凿岩机的选型

导轨式液压凿岩机是液压凿岩钻车的主要配置之一，在液压凿岩机的选型时，一般来说，液压凿岩机的标准配置型号已经确定。如果用户需要改动，务必与液压凿岩钻车生产厂家协商，把巷道与钻孔工作面的尺寸、岩石条件、钻孔直径和深度、钻孔工艺、生产组织、生产率要求等提供给制造商，请厂家推荐凿岩钻车及配套的液压凿岩机型号。

阿特拉斯·科普柯公司、山特维克公司等均是著名的液压凿岩机制造厂商，能够提供各种类型、规格、型号的液压凿岩机供用户选择。

1.3.4 液压凿岩机使用维护和故障排除

1.3.4.1 使用维护

（1）先培训，后上岗。液压凿岩机的技术含量较高，必须加强对操作与维修人员的技术培训。只有培训合格的人员才能上岗。操作维修人员要有高度的工作责任心，应充分了解液压凿岩机的结构与工作原理，熟悉凿岩机液压系统的工作原理。

（2）按矿岩条件调整液压凿岩机工作参数。根据不同矿岩条件调整工作参数是充分发挥液压凿岩机高效作用的重要一环。钻凿硬岩时，冲击压力可高一些，推进力应大一些，而回转压力不必过高。钻凿松软岩石时，冲击压力可低一些，推进力应小些，而回转压力则应大些。有些液压凿岩机具有行程的调整机构，可根据岩石情况及时调整。一般，软岩宜采用短行程、低冲击能、高频率，硬岩宜采用长行程、高冲击能、低频率。调整行程时推进力与回转压力也应做相应调整。

（3）钎具配套。注意选择配套钎具，特别注意波形螺纹连接零件，保证螺纹部分不受冲击力。还应注意钎尾受冲表面硬度不能高于活塞的表面硬度。

（4）备件充足。备件供应是保证液压凿岩机良好运转的基本条件。一般来说，液压凿岩机必须备有蓄能器隔膜、钎尾、密封件修理包、冲击活塞、驱动套和管接头等。

（5）无压维修。液压凿岩机及其液压系统的维修，一定要保证在无压状态下进行。蓄能器是高压容器，蓄能器解体之前，必须把氮气彻底排放干净。在蓄能器报废与丢弃之前，也必须把氮气彻底排放干净。

（6）注意清洁。在现场维修凿岩机，更换钎尾，检查或更换机头零件、蓄能器、螺栓、连接件或回转马达时，应保证清洁，其他修理工作也应在清洁的车间内进行。

（7）检查与调整。应按照说明书规定的技术参数，经常进行检查与调整。发现系统压力、温度、噪声等出现异常，要及时停机检查，不能使机器带病作业。

1.3.4.2 故障排除

液压凿岩机的使用说明书中都列有常见故障及其排除方法。同时，各矿使用条件不同，也有各自的经验。这里介绍某矿山的经验，就一些共性故障，说明原因和处理方法，具体见表1-7～表1-12。

表 1-7 压力不高或没有压力的故障原因及排除方法

故障部位	故障原因	故障排除方法
液压泵	相对运动面磨损、间隙过大，泄漏严重	更换磨损件
	零件损坏	更换零件
	泵体本身质量不好（泵体有砂眼），引起内部窜油	更换泵体
	进油吸气，排油泄漏	拧紧接合处，保证密封，若问题仍未解决，可更换密封圈或有关零件
溢流阀	阀在开口位置被卡住，无法建立压力	修研，使阀在阀体内移动灵活
	阻尼孔堵塞	清洗阻尼孔道
	阀中钢球与阀座密封不严	更换钢球或研配阀座
	弹簧变形或折断	更换弹簧
油缸	因间隙过大或密封圈损坏，高低压互通	修配活塞，更换密封圈，如果磨损严重并拉毛起刺时，可进行修理甚至更换
管道	泄漏	拧紧各接合处，排除泄漏
压力表	失灵、损坏，不能反映系统中的实际压力	更换压力表

表 1-8 流量不足或没有流量的故障原因及排除方法

故障部位	故障原因	故障排除方法
液压泵	旋转方向不对（电气接线有误）	改正接线
	内部零件磨损严重或损坏	修理内部零件或更换
	泵轴不转动（轴上忘记装键，联轴器打滑）	重新安装键
	联轴器（零件磨损）松动	更换磨损件
	油泵吸空：（1）吸油管或吸油滤网堵塞；（2）吸油管密封不好；（3）油箱内油面过低	相应采取如下措施：（1）清除堵塞；（2）检查管道连接部分，更换密封衬垫；（3）加油至吸入油管完全浸没在油中
	油的黏度不符合要求	更换黏度适当的油
液压阀	溢流阀调压不当（太高会使泵闷油；太低会造成流量不足）	按要求调整正确
	换向阀开不足或卡滞	检修换向阀
油管	压力油管炸裂，漏油	更换压力油管
执行机器	装配不良，内泄漏大	重新调整
	密封破坏，造成内泄漏大	更换密封件

表 1-9 油温过高的故障原因及排除方法

故障部位	故障原因	故障排除方法
液压泵	泵零件磨损严重，运动副间油膜破坏，内泄漏过大，造成容积损失而发热	更换磨损件
液压阀	溢流阀、卸荷阀调压过高	正确调定所需值

续表 1-9

故障部位	故障原因	故障排除方法
执行机器	滑阀与阀体、活塞杆与油封配合过紧，相对运动零件间机械摩擦生热	修复时注意提高各相对运动零件间的加工精度（如滑阀）和各液压件的装配精度（油缸）等
油管	油管过细、油道太长、弯曲太多，造成压力损失而发热	将油管，特别是总回油管适当加粗，保证回油通畅，尽量减少弯曲，缩短管道
油箱	容积小，储量不足，散热差	加大容积，改善散热条件
油冷却器	冷却面积不够	加大冷却面积，提高冷却效果

表 1-10 噪声和振动过大的故障原因及排除方法

故障部位	故障原因	故障排除方法
液压泵	泵的质量不好，制造精度低，引起压力与流量脉动大，或者轴承精度差，运动部件拖壳发出响声	更换泵
	泵油密封不好，进入空气	更换密封
	油泵与电动机联轴器不同心或松动	重新安装，使联轴器同轴度在0.1mm以内
空气进入液压系统	吸油管道密封不严，引起空气吸入	拧紧接合处螺帽，保证密封良好
	油箱中的油液不足	加油于油标上
	吸油管进入油箱中的油面太少	将吸油管浸入油面以下至足够深度
	回油管口在油箱的油面以上，使回油飞溅，造成大量泡沫	将回油管浸入油面以下至一定深度
溢流阀	作用失灵，引起系统压力波动和噪声，其原因：(1)阀座损坏；(2)油中杂质较多，将阻尼孔堵塞；(3)阀与阀体孔配合间隙过大；(4)弹簧疲劳损坏，使阀芯移动不灵活；(5)因拉毛或脏物等使阀芯在阀体孔内移动不灵活	相应采取如下措施：(1)修复或更换阀座；(2)疏通阻尼孔；(3)研磨阀孔，更换新阀，重配间隙；(4)更换弹簧；(5)去毛刺，清除阀体内脏物，使阀芯移动灵活无阻滞现象
管道布置	油管较长又未加管夹固定，当油流通过时，容易引起管子抖动	较长的油管应彼此分开，适当增设支承管夹

表 1-11 液压凿岩机常见故障及排除方法

故障现象	故障原因	故障排除方法
冲击机构不冲击	无液压油压	检查操作的控制机构和控制系统
	拉紧螺杆紧固不均衡或弯曲	卸下拉紧螺杆以解除张力，以规定的力矩轮流紧固螺杆
	活塞被刮伤	更换钻进装置上的凿岩机，并将坏机器送修理间修理；卸下机尾，察看用手推拉活塞时移动是否自如，如果活塞移动困难，则表示活塞、套筒已被刮伤，需要更换套筒，可能还要更换活塞
	配流阀被刮伤	如果用上述方法试验活塞能移动，而阀不能活动，则应卸下配流阀进行检查
冲击进油软管振动异常	蓄能器有故障	检查蓄能器中的气压，必要时重新充气，如果蓄能器无法保持所要求的压力，可能气嘴处漏气或隔膜损坏，应更换

续表 1-11

故障现象	故障原因	故障排除方法
冲击机构的工作效率降低	油量不足或压力不够	检查压力表上的油压，检查操作控制机构及其系统，如果后者无问题，则冲击机构一定有故障，参看故障“冲击机构不冲击”
	蓄能器有故障	参看故障“冲击进油软管振动异常”
	钎尾反弹吸收装置的密封磨损	更换钻进装置上的凿岩机，将坏机器送至修理间修理，更换密封件，如机头出现漏油，即为故障预报
机头处严重漏油	活塞密封失效	更换凿岩机，坏机送至修理间，并更换活塞密封
	钎尾反弹吸收装置的密封失效	更换凿岩机，坏机送至修理间，并更换其上的密封
旋转不均匀	润滑系统失效	检查润滑介质的压力表
不旋转	旋转马达失效	检查旋转马达压力是否正确，如正确，则换下此凿岩机，将坏机送至修理间更换马达；如果马达无压力，则需检查钻进装置的液压系统是否有故障
旋转马达功用正常，但钎尾不旋转	驱动器磨损	更换驱动器
漏水	供水装置密封失效	更换密封圈
凿岩机出现异常高温（超过80℃）	润滑不充分	检查润滑器油面，检查剂量是否正确，油流动是否正常，齿轮箱中注满油脂

表 1-12 上海梅山矿业公司的液压凿岩机（COP1238ME、COP1838ME）常见故障及排除方法

故障现象	故障原因	故障排除方法
从凿岩机前端与钎尾之间漏液压油	冲击活塞或缓冲活塞斯特封磨损或拉坏	更换冲击或缓冲斯特封
	冲击活塞磨损或断裂	更换冲击活塞
	缓冲活塞磨损	更换缓冲活塞
凿岩机无冲击	钎尾或钎杆螺纹磨损	更换钎尾或钎杆
	凿岩机的换向阀卡死	用金相砂纸对换向阀进行打磨或更换换向阀
	钎尾轴套或冲击活塞端面破碎	更换轴套或冲击活塞
凿岩机跑水	水封磨损	更换水封
冲击活塞端面破碎	对钎尾与冲击活塞的润滑不良	做到润滑每分钟 35 ~ 40 滴
	三根侧拉杆的紧固力不均匀，未按 300N · m 循环紧固	三根侧拉杆力按每 8h 300N · m 紧固 1 次
	冲击活塞硬度不够	检查活塞的硬度是否比钎尾高 3 ~ 5HRC
侧拉杆断	三根侧拉杆的紧固力不均匀，未按 300N · m 循环紧固	三根侧拉杆力按每 8h 300N · m 紧固 1 次
	侧拉杆疲劳	更换侧拉杆
冲击回油管抖动严重	蓄能器氮气压力低或其隔膜坏	更换充氮的蓄能器

1.4　中深孔凿岩机

中深孔凿岩机（见图1-51）一般应用于地下矿山，由钻架、钻孔装置及液压操作系统组成，重量40～80kg，钻机架设在导轨上，需要支架来支撑，用风动或液压动力的推进装置，边冲击钻进，边向前推进，能钻凿各个方向的炮孔，钻孔孔径50～70mm，孔深15～40m。

1.4.1　中深孔凿岩钻架

导轨式凿岩机通常架设在支柱上或台车上工作。常用支柱为圆盘导轨架和风动支柱。

1.4.1.1　FJY22 型圆盘式钻架

FJY22 型圆盘式钻架（见图1-52）是与 YGZ90 型导轨式独立回转凿岩机配套，以压缩空气为动力的中深孔凿岩设备。它主要用于井下采矿场接杆钻凿上向扇形或环形中深炮孔，亦可用于井下空场的放顶巷道锚杆支护，以及需要钻凿类似上述炮孔的石方工程；适用巷道断面为（2.2m×2.2m～2.5m×2.5m）；钻孔直径50～80mm，有效孔深30m。

钻架结构简单，操作集中，拆装维修方便，搬运轻便。操纵台与钻架分开，仅以胶管与各工作机构相连接，操作者可在凿岩机较远的地方工作，故劳动条件较好，工作安全可靠。

整个钻架由钻架结合部、推进器结合部和操纵台结合部三个组件组成。钻架结合部主要包括气顶、圆盘和底橇三个部件；推进器结合部主要包括掐钎器、导轨滑座和推进电动机三个部件；操纵台结合部包括操纵阀和油雾器等主要部件。

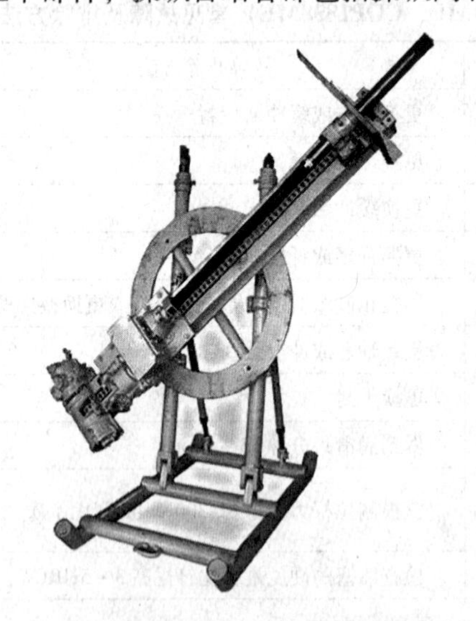

图1-51　FYZ100 圆盘式钻架中深孔凿岩机

图1-52　FJY22 型圆盘式钻架

该钻架需做长距离或上下天井搬运时，除可将推进器从钻架上卸除外，还可以将钻架结合部拆成气顶、圆盘和底橇三部分。操纵台亦可拆成工具箱和操纵阀两部分。解体后的各部件用人工即可搬运到指定的工作地点。

设备的滑润由装置在操纵台上的油雾器集中供给。油雾器上方装有可调供油量的视油阀座，从透明的视油阀座可以看到滴油速度的快慢，因而能可靠地调节供油量的大小。操纵阀由各个单阀拼装而成，操作时互不干扰，操纵灵便可靠。

FJY22 型圆盘式钻架的参数见表1-13。配套用 YGZ 型导轨式独立回转凿岩机的参数见表1-14。

表1-13 FJY22 型圆盘式钻架的参数

重量/kg		外形尺寸			凿岩巷道规格/m×m	接钎长度/mm	推进电动机功率/kW
钻架	操纵台	钻架/mm×mm×mm	操纵台/mm×mm×mm	最大高度/mm			
480	120	1725×1000×2040	1100×700×960	3370	(2.5×2.5)~(3×3)	1100	2.1

推进器		注油器储油量/L	总进气管内径/mm	进水管内径/mm	工作气压/MPa	水压/MPa
推进力/kN	行程/mm					
≥8.82	1140	5.0	38	19	0.5~0.7	0.4~0.6

表1-14 YGZ90 型导轨式独立回转凿岩机的参数

重量/kg	冲击能/J	冲击频率/Hz	转钎扭矩/N·m	耗气量/L·s^{-1}	钎尾规格/mm×mm
95	≥225	≥34	≥140	≤225	ϕ38×97

1.4.1.2 FJY/TJ-25 型圆盘导轨架

FJY/TJ-25 型圆盘导轨架实物如图1-53所示，其结构如图1-54所示。整个设备由工作部分和操纵部分组成，二者间用风水管连接。由于工作部分和操纵部分分开，因此可在离工作面较远的地方操纵，对工作和安全有利。工作部分由柱架、气动马达推进器、转盘及手摇绞车组成；操纵部分由注油器、气动操纵阀组、水阀及司机座组成。

图1-53 FJY/TJ-25 型圆盘导轨架

A 柱架

柱架的底盘为一对钢材焊成的撬板1，在左右撬板上用铰轴各装有一根立柱12，立柱可绕铰轴转动，用拉杆17支撑。拉杆两端螺母与左螺杆16和右螺杆19相互作用，可使立柱前后俯仰到所需角度。

立柱的结构如图1-55所示。活塞5用螺母3和止动垫圈4固定在活塞杆9上，活塞与缸体1及活塞杆9之间，用密封圈7及O形圈6密封。缸体1前端有缸帽10，缸帽与活塞杆及缸体之间，用密封圈18及胶垫11密封。缸帽端部有油封12，用以刮拭活塞杆上的岩粉，防止污物进入缸体内。当压气经接头2进入缸体后腔时，活塞杆伸出，顶尖15顶紧巷道顶板，柱架就固定在工作面前。从弯头17通入压气，活塞杆缩回，柱架在外力拖动下，可沿地面移动。

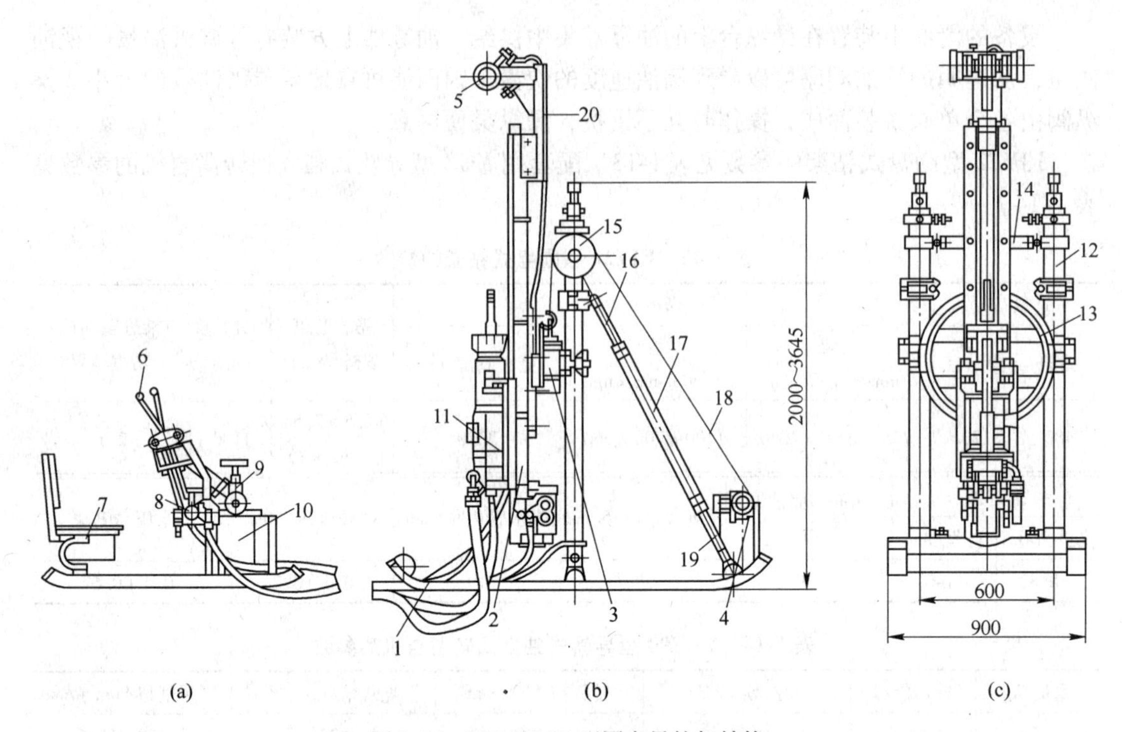

图 1-54　FJY/TJ-25 型圆盘导轨架结构

（a）操纵部分；（b）圆盘导轨架侧视图；（c）圆盘导轨架正视图

1—撬板；2—气动马达推进器；3—横梁；4—手摇绞车；5—夹钎器；6—操纵手柄；7—司机座；8—水阀；9—总进气阀；10—注油器；11—凿岩机；12—立柱；13—转盘；14—横杆；15—滑轮；16—左螺杆；17—拉杆；18—钢绳；19—右螺杆；20—连接板

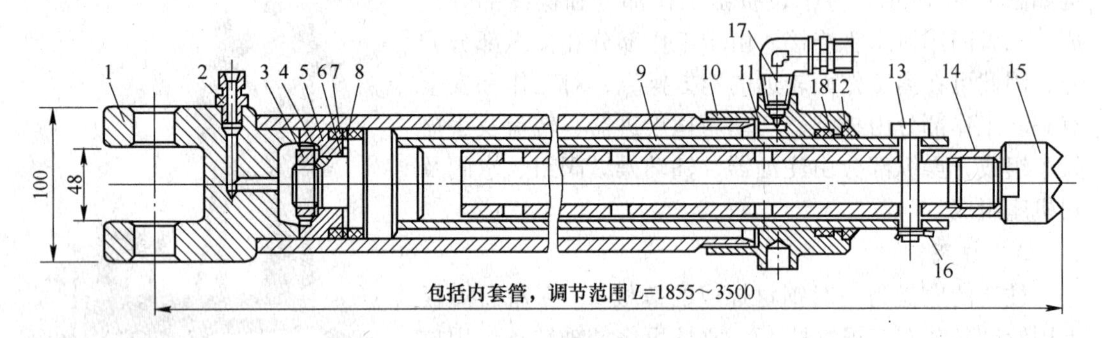

图 1-55　立柱结构

1—缸体；2—接头；3—螺母；4—止动垫圈；5—活塞；6—O 形圈；7，18—密封圈；8—挡圈；9—活塞杆；10—缸帽；11—胶垫；12—油封；13—销轴；14—内套管；15—顶尖；16—开口销；17—弯头

为了使活塞杆的伸出长度可以调节，在活塞杆 9 内，装有内套管 14，二者用销轴 13 连接并用开口销 16 固定。将销轴插入内套管的不同穿孔中，活塞杆的伸出长度即随之改变。

B　气动马达推进器

气动马达推进器与其他气动马达推进器相似，不同之处只是在导轨架前端通过连接板 20 装有夹钎器 5（见图 1-54）。夹钎器的作用是使接卸钎杆机械化，并在开眼时引导钎杆方向，使之便于定位。

夹钎器的结构如图1-56所示。两个缸体1对称焊在夹钎器体15上，缸体中装有活塞4，用圆柱销定位，使之不能旋转，活塞与缸体间装有衬套8，并用O形圈6和9密封，其前端有油封5防尘。夹爪2用螺栓3和垫圈7固定在活塞上，并用O形圈14密封。缸体后端用端盖12、挡圈11和O形圈10封闭。当压气进入缸体后腔时，一对夹爪伸出夹住接钎套，可用于凿岩机接卸钎杆。反之，压气进入缸体前腔，夹爪缩回。开眼时可让一对夹爪伸出托住钎杆，防止钎杆跳动或弯曲。开眼后缩回夹爪，以防磨损。

C　转盘

转盘的结构如图1-57所示。横梁1上焊有两个卡座2，通过卡盖12和螺栓3，套装在左右立柱9上，可沿立柱上下移动，定位后用螺母11固定。横梁中部有一个轴孔，孔内镶有铜套13，转盘23的短轴装在铜套中，可左右旋转，定位后用端盖14和螺栓16固定。推进器的导轨架24用螺栓22固定在转盘上，可随转盘旋转。转盘背面有角度指示牌20，横梁上有指示针21，可指示转盘的旋转角度。角度调好后，再用螺栓4将转盘夹紧在两块压板18上，以便凿岩。横梁上有吊钩19，挂在图1-54的钢绳18上，用手摇绞车4牵引，可升降横梁和转盘。

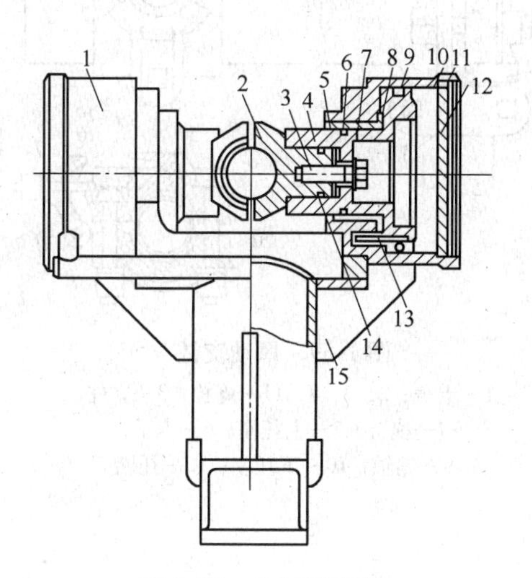

图1-56　夹钎器结构

1—缸体；2—夹爪；3—螺栓；4—活塞；5—油封；6，9，10，14—O形圈；7—垫圈；8—衬套；11—挡圈；12—端盖；13—圆柱销；15—夹钎器体

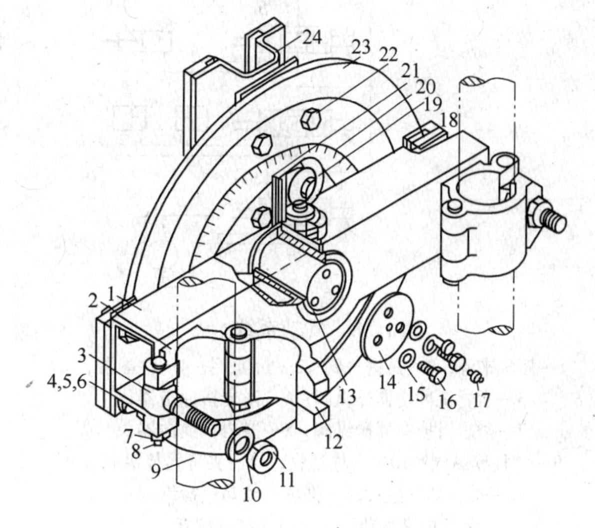

图1-57　转盘

1—横梁；2—卡座；3，4，14，16，22—螺栓；5，11—螺母；6，10，15—垫圈；7—销轴；8—开口销；9—立柱；12—卡盖；13—铜套；14—端盖；17—油杯；18—压板；19—吊钩；20—角度指示牌；21—指示针；23—转盘；24—导轨架

D　气动系统

气动系统如图1-58所示。压气经总进气阀2、过滤网3、注油器4进入操纵阀组，控制各部件的动作。

1.4.1.3　风动支柱

风动支柱如图1-59所示。立柱3用无缝钢管制成，是一个双作用气缸。将缸体的底座放在巷道底板上，向缸体通入压气，活塞杆伸出，活塞杆的顶尖顶紧巷道顶板，立柱就稳固地站立在顶板与底板之间。横臂 4 用卡盖 1 和螺栓 2 与立柱连接，可沿立柱上下移动和绕立柱旋转，定位后拧紧螺栓 2 使之固定。为防止横臂在凿岩时向下松动，用螺栓 11 夹紧托圈 12 托住横臂。上托座 5 和下托座 10 装在横臂上，可沿横臂左右移动和绕横臂旋转，定位后拧紧螺栓 8 使之固定。在上托座 5 的侧面有卡子 6，用销轴 9 铰接在托座上，凿岩机导轨架下端的底座就放在卡子 6 与上托座顶部的弧形槽之间，可以左右转动，定位后用螺栓 7 固定。利用上述装置，凿岩机能够钻凿工作面的各类浅孔和中深孔。

通常在立柱下部装一个手摇小绞车，在立柱上部装一个滑轮，用钢绳上下移动横臂和左右移动凿岩机。

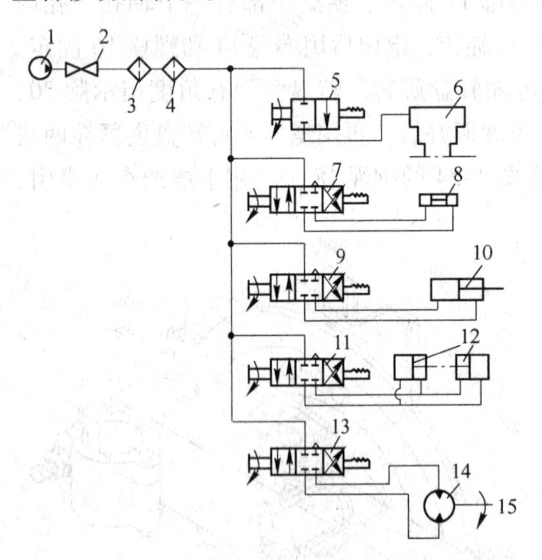

图 1-58　气动系统

1—压气来源；2—总进气阀；3—过滤网；4—注油器；5—凿岩机冲击器操纵阀；6—凿岩机冲击器；7—凿岩机换向器操纵阀；8—凿岩机换向器；9—立柱操纵阀；10—立柱气缸；11—夹钎器操纵阀；12—夹钎器气缸；13—推进气动马达操纵阀；14—推进气动马达；15—推进螺杆

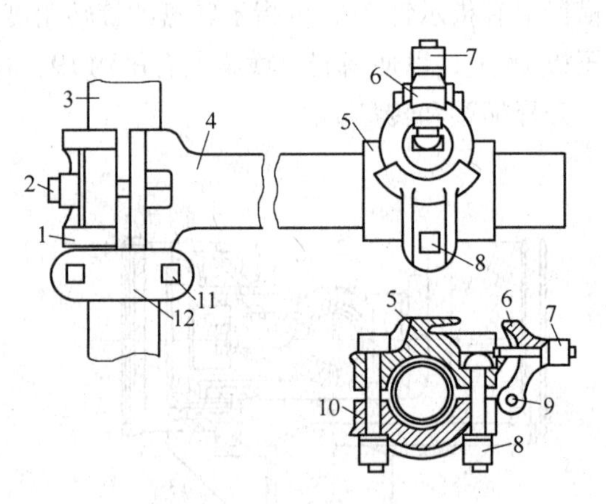

图 1-59　风动支柱

1—卡盖；2，7，8，11—螺栓；3—立柱；4—横臂；5—上托座；6—卡子；9—销轴；10—下托座；12—托圈

1.4.2　中深孔凿岩机钻孔装置

导轨式凿岩机主要用来钻凿中深孔。因为钻凿炮孔较深，所以必须用螺纹连接套逐根接长钎杆钻进，炮孔钻凿完毕再使钎杆逐根与连接套分离，将其从中取出。为此，装卸钎杆时，转钎机构必须能带动钎杆双向回转（正转和反转）。同时，导轨式凿岩机质量都较大，必须装在推进器的导轨上进行凿岩，它也因此得名为导轨式凿岩机。导轨式凿岩机与钻架（支柱）或钻车配套使用。国内常用的导轨式凿岩机有内回转和外回转两类。

1.4.2.1　YG80 型内回转导轨式凿岩机

YG80 型是典型的内回转导轨式凿岩机。其冲击机构与 YT24 型凿岩机的相似，属于控制阀式配气类型。冲洗装置与 YSP45 型凿岩机的相似，以利于钻凿上向孔。YG80 型导轨式凿岩机的结构如图 1-60 所示，冲击机构由气缸 15、活塞 11、导向套 13、导向衬套 12、阀套 17、阀 18 及阀柜 19 等组成。

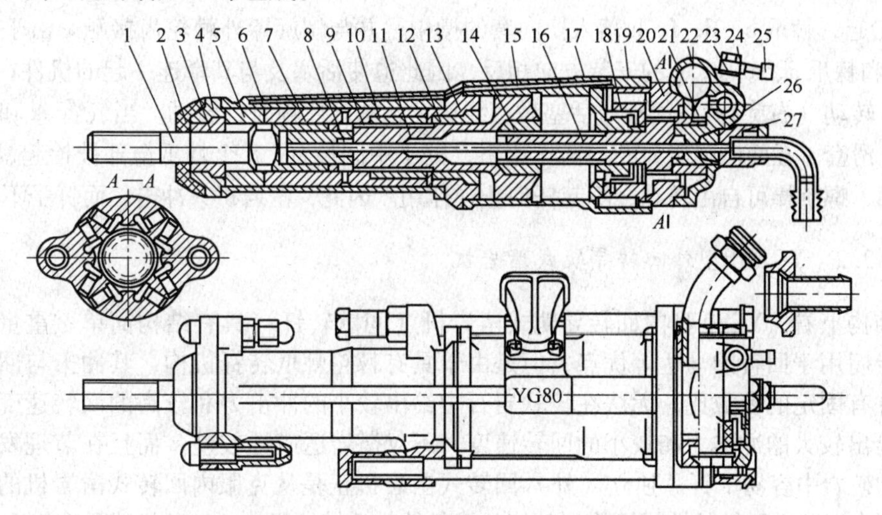

图 1-60 YG80 型导轨式凿岩机的构造

1—钎尾；2—防水罩；3—导向套（衬套）；4—机头盖；5—卡套；6—机头；7—钎尾套；8—密封圈；9—转动套；10—花键母；11—活塞；12—导向衬套；13—导向套；14—螺旋母；15—气缸；16—螺旋棒；17—阀套；18—阀；19—阀柜；20—棘轮套；21—换向套；22—柄体；23—垫片；24—进气螺钉；25—气管接头；26，28—垫圈；27—水针螺母

YG80 型导轨式凿岩机的特点是具有双向的内回转机构，其动作原理如图 1-61 所示。凿岩和接杆时，使气管 B 接通压气，气管 A 接通大气，滑套 1 被推向右移动（从机器后端向前看），滑套凹槽带动换向套 2 顺时针转动一个角度，棘爪 a、c、e、g 在弹簧力作用下落入换向套的槽中，并与螺旋棒 3 后部的外棘轮齿接触。螺旋棒受棘爪的止逆作用，只能逆时针转动。活塞做冲程运动时，活塞直线前进，螺旋棒逆时针转动。活塞回程时，外棘轮被棘爪逆止，螺旋棒不能顺时针转动，迫使活塞 4 带动转动套 5、钎套 6 及钎尾 7 逆

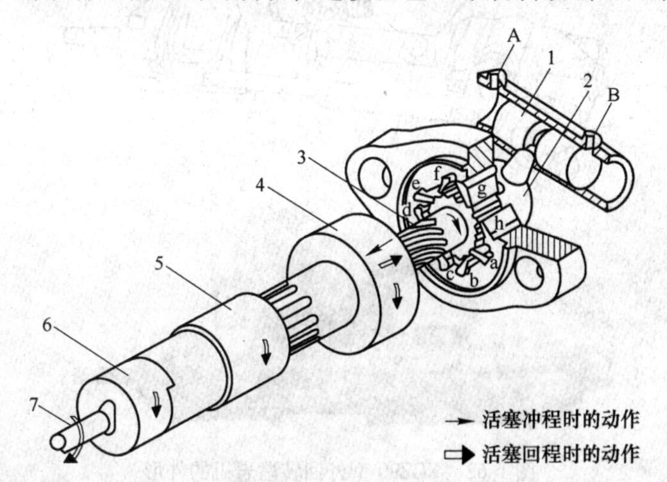

图 1-61 YG80 型凿岩机双向转钎机构动作原理

1—滑套；2—换向套；3—螺旋棒；4—活塞；5—转动套；6—钎套（掐套）；7—钎尾；A—右进气管；B—左进气管；a，c，e，g—正常凿岩接杆用棘爪；b，d，f，h—卸钎用棘爪

时针旋转（左旋）。因钎杆与连接套用左旋螺纹连接，钎杆被拧紧在连接套。卸钎时气管A接压气，气管B接大气，滑套向左移动，带动换向套逆时针转动一个角度，棘爪a、c、e、g被抬起，棘爪b、d、f、h落入换向套的槽中，并与螺旋棒外棘轮齿接触。由于棘爪b、d、f、h和棘爪a、c、e、g的安装方向相反，因此迫使活塞及与其牵连一起的机件在冲程时做顺时针转动（右旋）。在回程时活塞做直线运动，螺旋棒顺时针转动。当气管A和B都接大气时，滑套1在两侧弹簧力的均衡作用下，处于中间位置，8个棘爪全部被抬起，棘轮与棘爪分离，螺旋棒可自由转动，不起任何止逆作用。因此，凿岩机只冲击，而钎子不转动。

1.4.2.2　YGZ90型外回转导轨式凿岩机

从结构上看，YG80型内回转导轨式凿岩机（间歇转钎）具有结构简单、重量轻、无需配备专门用于回转的马达等优点，但是由于具有棘轮棘爪转钎机构，其冲击与回转相互依从，并有固定的参数比，无法在较软岩石中给出较小的冲击力和较高的回转速度，或在硬岩中给出较大的冲击力和较小的回转速度，不仅凿岩适应性较差，而且在节理发达、裂纹较多的矿岩中容易卡钎。独立（外）回转式凿岩机正是从克服内回转式凿岩机的缺点出发，研制出以独立回转的转钎机构代替依从式棘轮棘爪转钎机构。这种机构具有以下特点：

（1）由于采用独立的转钎机构，可增大回转力矩，这样对凿岩机可施加更大的轴推力（而内回转式凿岩机会因此堵转），从而提高了纯凿岩速度。

（2）转钎和冲击相互独立，适用于各种矿岩条件下的作业（因转速可调），且使机器维护与拆装方便。

（3）取消了依从式转钎机构中最易损耗的棘轮、棘爪等零件，延长了凿岩机的使用寿命。

YGZ90型是典型的外回转导轨式凿岩机，其外形如图1-62所示。凿岩机由气动马达

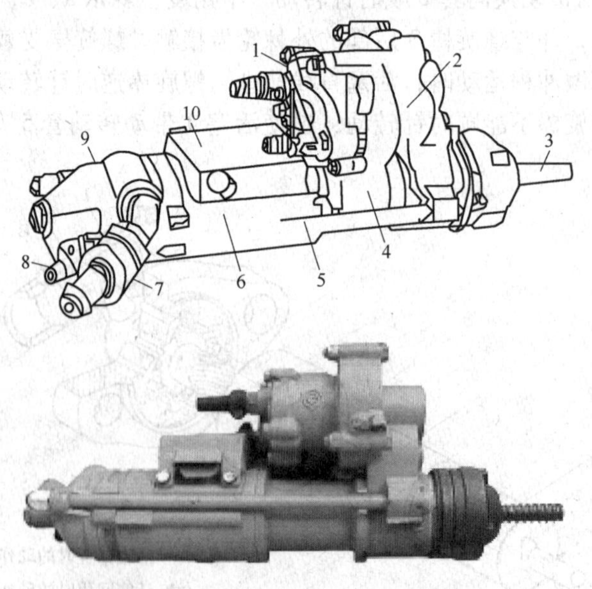

图1-62　YGZ90型外回转凿岩机的外形

1—气动马达；2—减速器；3—钎尾；4—机头；5—长螺杆；6—缸体；7—气管接头；
8—水管接头；9—柄体；10—排气罩

1、减速器 2、机头 4、缸体 6 和柄体 9 五个主要部分组成。机头、缸体、柄体用两根长螺杆 5 连接成一体，气动马达和减速器用螺栓固定在机头上，钎尾 3 由气动马达经减速器驱动。

YGZ90 型凿岩机的结构如图 1-63 所示。钎尾 40 插入机头 36 内，用卡（掐）套 2 掐住钎尾凸起的挡环（钎耳），由转动套 34 驱动卡套及钎尾旋转，导向套 1 和钎尾套 35 则控制钎尾往复运动的方向。机头 36 用机头盖 38 盖住，外有防水罩 39，可防止向上凿岩时，泥浆污染机头。钎尾前端有左旋波状螺纹，钎杆用连接套拧接在钎尾上。在机头上装有齿轮式气动马达和减速器。当气动马达旋转时，通过马达输出轴的小齿轮（41 左）带动大齿轮 8 转动，大齿轮 8 借月牙形键将动力传递给轴齿轮 6，又通过惰性齿轮 5 驱动转动套 34，使钎尾 40 回转。

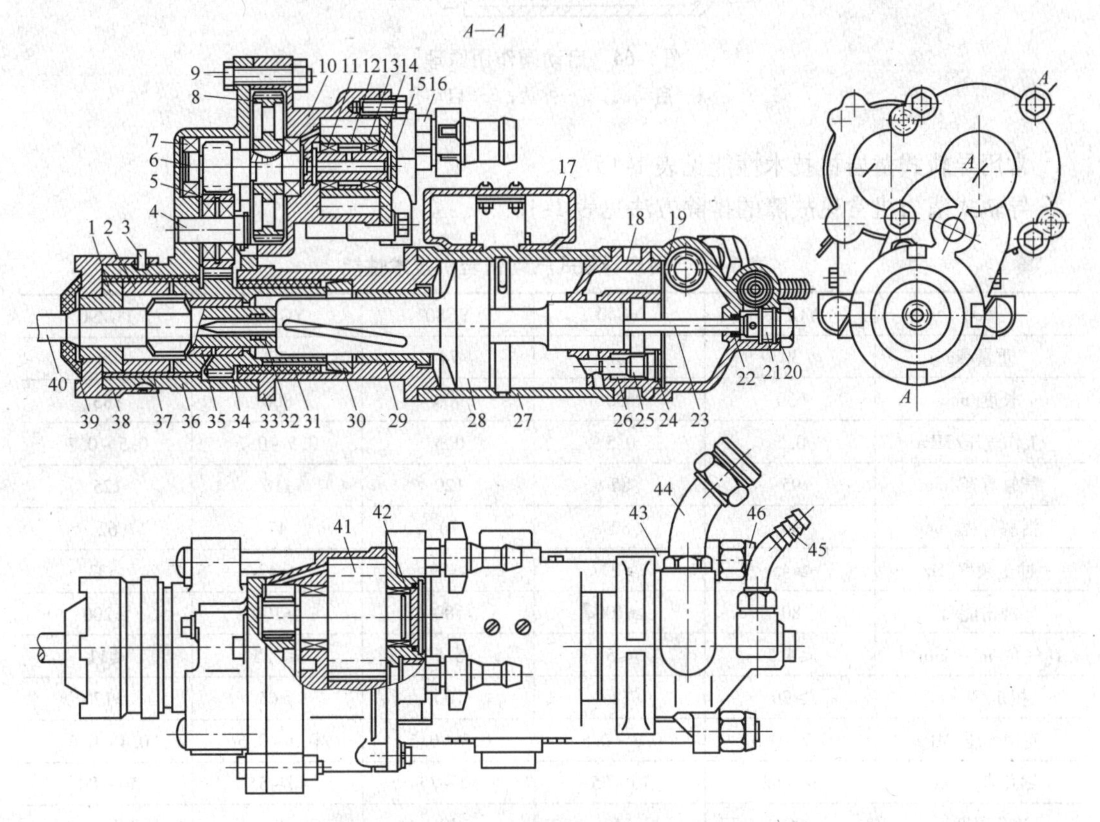

图 1-63　YGZ90 型外回转凿岩机的结构

1—导向套（衬套）；2—卡套（掐套）；3—弹簧卡圈；4—芯轴；5—惰性齿轮；6—轴齿轮；7—单列向心球轴承；8，13—齿轮；9—螺栓；10—气动马达体；11—滚针轴承；12—隔圈；14—销轴；15，42—盖板；16，44—气管接头；17—排气罩；18—配气体；19—柄体；20，32—密封圈；21—进水螺塞；22—水针胶垫；23—水针；24—挡圈；25—启动阀；26—弹簧；27—气缸；28—活塞；29—铜套；30—垫环；31，37—衬套；33—连接体；34—转动套；35—钎尾套；36—机头；38—机头盖；39—防水罩；40—钎尾；41—气动马达的双联齿轮；43—长螺杆；45—水管接头；46—螺母

冲击配气机构属无阀式配气类型，与 YTP26 型凿岩机的相似。为了防止活塞可能停在关闭进、排气口的死点位置，使凿岩机无法启动，在柄体内的配气体上安装了一个启动阀，其工作原理如图 1-64 所示。当启动凿岩机，且活塞处于死点位置时，压气由配气体后室进气孔道的环形空间经启动孔 3 进入气缸后腔，推动活塞向前（左）运动，离

开死点位置。与此同时，由于启动阀1前后端面积大小不等，启动阀在压力差的作用下，克服弹簧2的张力向左移动，关闭启动孔3。当凿岩机冲击工作停止时，启动阀1两端压力差随之消失，启动阀1在弹簧2的作用下右移，打开启动孔3，为下一次启动做好准备。

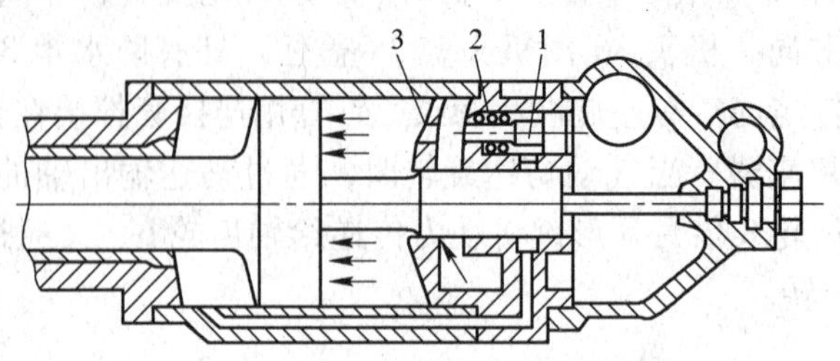

图1-64　启动阀作用原理

1—启动阀；2—弹簧；3—启动孔

常用导轨式凿岩机技术性能见表1-15。

导轨式凿岩机常见故障的排除方法见表1-16。

表1-15　国产导轨式气动凿岩机技术性能

型号	YGP28	YG40	YG80	YGZ70	YGZ90
重量/kg	30	36	74	70	90
长度/mm	630	680	900	800	883
工作气压/MPa	0.5	0.5	0.5	0.5~0.7	0.5~0.7
气缸直径/mm	95	85	120	110	125
活塞行程/mm	50	80	70	45	62
冲击频率/Hz	≥45	≥27	≥29	≥42	≥33
冲击能/J	80	≥100	180	≥100	≥200
耗气量/$m^3 \cdot min^{-1}$	≤4.5	≤5	8.5	≤7.5	≤11
扭矩/N·m	≥30	38	100	≥65	≥120
使用水压/MPa	0.2~0.3	0.3~0.5	0.3~0.5	0.4~0.6	0.4~0.6
钻孔直径/mm	38~62	40~55	50~75	40~55	50~80
钻孔深度/m	6	15	40	8	30
钎尾尺寸/mm×mm	ϕ22×108	ϕ32×97	ϕ38×97	ϕ25×159	ϕ38×97

表1-16　导轨式凿岩机常见故障的排除方法

故障现象	原　因	排 除 方 法
机器漏风	壳体结合处不严，一般是密封圈损坏	修理或更换密封圈
	长螺杆未拉紧	拉紧长螺杆
工作气压低	管路压气低	检查后调节气压
	气路管径不符合规格	更换不符合规格的管径
	负荷过大，即同时使用气压的机器过多，从而造成气压降低	减小负荷，即减少同时工作的机器台数

续表1-16

故障现象	原 因	排 除 方 法
转速加快，但不进尺寸，孔中不出岩粉	钎头磨钝或合金片破碎、掉片	更换钎头
	钎杆折断或套管脱口	更换钎杆
	推进气动机、推进丝杠等出故障	检查后处理故障
凿速突然下降，转钎不正常	棘爪或螺旋棒、棘齿等磨钝，小弹簧损坏，使别爪、齿不起作用	更换磨损的零件
	花键母、螺旋母的键槽磨宽	更换花键母和螺旋母
	钎杆、钎头损坏，脱片或碎片	更换钎杆和钎头
	无油润滑，使运动零件产生干摩擦	注润滑油
机器声音不正常	紧固螺丝松动或拧紧力量不均匀	均匀紧固螺母
	活塞、气缸等轻微研卡	修理活塞或气缸
一个方向不转	滑套或换向套损坏、卡滞，不能向另一端运动，可扳动换向操作阀，细听柄体中有无活动的声音	检查更换滑套或换向套
	棘爪磨损、折断	更换棘爪
返水或排气口结冰	钎尾胶圈损坏	更换胶圈
	水针头部缺欠或磨损	更换水针
	压气中含水量过高	减少压气中的含水量
不回转，但能冲击	长螺杆拉力不匀，回转部分被卡	均匀拉紧螺杆
	滑套或柄体损坏、卡滞，不能向两端运动，可扳动转向操作阀细听柄体内有无动作的声音	检修或者更换滑套或柄体
	换向套、棘爪、螺旋棒、花键母太高，长螺杆拉紧压死不转，放松长螺杆，间隙加大后即转	检查更换不符合规格要求的零件
	棘爪、小弹簧或螺旋棒损坏，不起止逆作用，这种现象往往是转速逐渐变慢，最后停止转动	检查、更换零件
	花键母、螺旋母键槽全部磨损，这种现象往往是转速逐渐变慢，最后停止转动	检查、更换零件
	花键母、螺旋母松脱，发生卡滞或花键母、螺旋母滑扣，不能带动钎具回转	检查、修理花键母或螺旋母
	拆卸钎尾套时，将回转套端面打毛，回转时卡滞	将毛刺修平
	活塞打断，此时冲击功显著变小，钎具不转，不久冲击也停止	更换打断的活塞
活塞不冲击（换向阀在中间位置）	长螺杆松紧不一致，活塞不能运动	均匀拉紧螺杆
	气缸、活塞、导向套、花键母不同心，或螺旋棒与阀套之间的配合太紧，如安装时已按要求检查过，可排除此原因	检查更换不符合要求的零件
	安装阀时忘记放定位销	放上定位销
	阀变形，安装时手摇阀，阀片不跳动	检查后，更换阀
	阀内油太多或无油	检查后，更换阀，调节注油器
	阀内进入污物，污物来源：风（气）管中带入；先关气后关水，先将污物倒灌入阀内，风（气）管弯头中卡环折断吹入阀中	清洗
	气缸气孔堵塞等	清洗

1.5　地下潜孔钻机

地下潜孔钻机钻凿炮孔原理与露天潜孔钻机相同，是以冲击作用为主、回转作用为辅的冲击回转式凿岩机械。各种地下潜孔钻机的构造及工作原理基本相同，都由钻具、回转供风机构、推进调压机构、操纵机构、凿岩支柱等组成。按行走方式，地下潜孔钻机可分为非自行式潜孔钻机和自行式潜孔钻机。

1.5.1　QZJ-100B 型潜孔钻机

QZJ-100B 型潜孔钻机为低气压非自行式潜孔钻机，是我国仿制、改进定型的支架式潜孔钻机，其结构如图 1-65 所示。

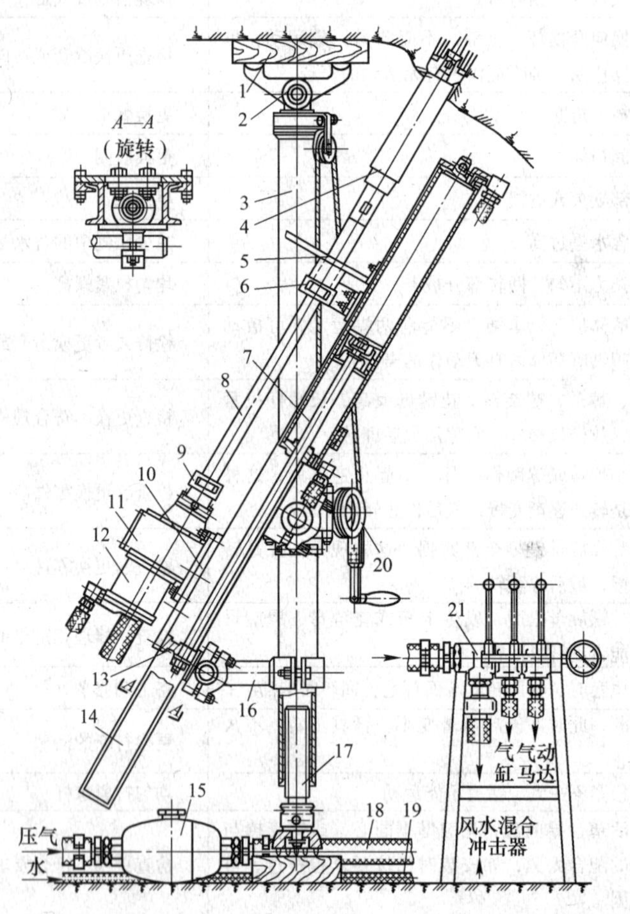

图 1-65　QZJ-100B 型潜孔钻机

1—垫木；2—上顶盘；3—支柱；4—冲击器；5—挡板；6—托钎器；7—推进气缸；8—钻杆；9—卸杆器；10—滑板；11—减速箱；12—气动马达；13—支架；14—滑架；15—注油器；16—横轴；17—升降螺柱；18—气管；19—水管；20—手摇绞车；21—操纵阀

(1) 回转供风机构。它由气动马达 12、减速箱 11、风接头和钻杆接头等组成。气动马达直接与减速箱连接。减速箱采用四级圆柱直齿轮减速，其输出轴为空心轴。空心轴前端用螺栓与钻杆接头连接，把回转扭矩传给钻具。空心轴内部安装不随空心轴转动的供气管道，由操纵阀来的气、水混合物经此进入钻杆直达冲击器。采用气动马达作为回转机构的原动机，可以无级调速，有利于提高钻孔效率。

（2）推进调压机构。推进调压机构由推进气缸 7、滑板 10、支架 13、滑架 14 组成。用螺栓将回转供风机机构和支架连接在滑板上。压气通过管道进入气缸作用于活塞上，活塞杆通过支架带动滑板，使回转供风机构沿滑架向前滑动，钻具则以一定的轴压（推）力作用于孔底，实现钻孔作业。调节气缸的进气压力，便可实现在合理轴推力下钻孔。QZJ-100B 型采用单气缸推进并调压，取消了链条传动机构，因而机构更简单、体积小、重量轻，便于井下搬运，易于制造和维修。

（3）操纵阀。操纵阀 21 上有三个手柄。左手柄控制回转用气动马达，有正、反、停三个位置；中间手柄控制 推进气缸的往复运动，有进、退、停 3 个位置；右手柄控制开、停冲击器的气水混合物，有开、闭两个位置。供水量由水阀来控制，在操纵阀进气的前方装有注油器 15。

（4）凿岩钻架。凿岩钻架由上顶盘 2、支柱 3、横轴 16、升降螺柱 17、手摇绞车 20 等组成。使用时根据硐室高度调整升降螺柱，使支柱紧顶在顶板和底板上。横轴由三件组成，组合起来使用，用以适应不同的孔向（可旋转 360°），升高或降低钻机则由手摇绞车操纵。

地下支架式潜孔钻机也可以架设在台车上进行钻孔作业。

1.5.2 DQ-150J 型潜孔钻机

我国在 20 世纪 80 年代初试制的 DQ-150J 履带式高气压潜孔钻车，尺寸和性能与瑞典的 ROC306 潜孔钻车相同，其结构如图 1-66 所示。它由钻具、回转供风机构、推进机构、变幅机构和行走机构等组成。为了控制和操作这几个机构，设置了液压系统和操纵系统。

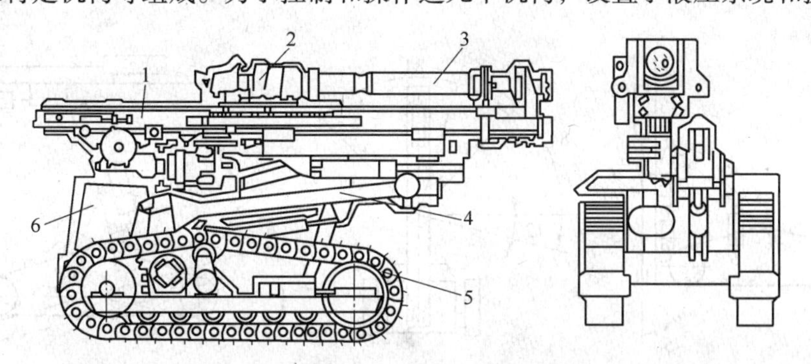

图 1-66 DQ-150J 履带式高气压潜孔钻机

1—链式推进器；2—回转供风机构；3—钻具；4—变幅机构；5—履带；6—操纵等系统

回转供风机构如图 1-67 所示。它由气动马达 1、行星减速器 2 和头部箱体 3 组成。链式推进器 1（见图 1-66）由气动马达、行星减速器、蜗轮蜗杆减速器和套筒滚子链组成。气动马达通过减速器和链条推进钻具，并施加轴向推力。

变幅机构由钻架、起落油缸、仰俯油缸、摆角油缸等组成，用这些部件可以完成钻架的前后摆动、推进器俯仰摆动及侧向扇形摆动等运动，运动幅度如图 1-68 所示。图 1-68

(a) 中的尺寸 A 表示推进器通过行程补偿油缸在推进器长度方向上的伸缩位移，图 1-68 (b) 表示钻架在起落油缸控制下的起落运动，图 1-68 (c) 和 (d) 分别表示推进器的前后摆动和侧向摆动；图 1-68 (e) 表示履带对机身的纵向摆动。

行走机构由气动马达、行星减速器、链传动系统及履带架、履带和调平装置等组成。左右两条履带分别由两个行走马达驱动，同时用两个履带平衡油缸自动调节。该机由于都是气动马达驱动和油缸链条推进，因此噪声较大，能量利用率较低，所以未能得到推广。

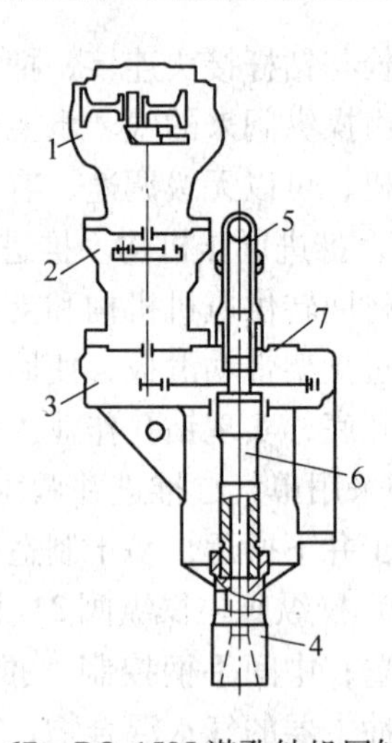

图 1-67　DQ-150J 潜孔钻机回转供风机构工作原理

1—气动马达；2—行星减速器；3—头部箱体；4—钻杆接头；5—压气进气口；6—中空主轴；7—排气阀

1.5.3　Simba260 系列潜孔钻机

国内外地下矿广泛使用轮胎自行式潜孔钻机。轮胎自行式潜孔钻机较履带行走优点是机动灵活，方便，机重轻。被地下矿山广为使用的阿特拉斯·科普

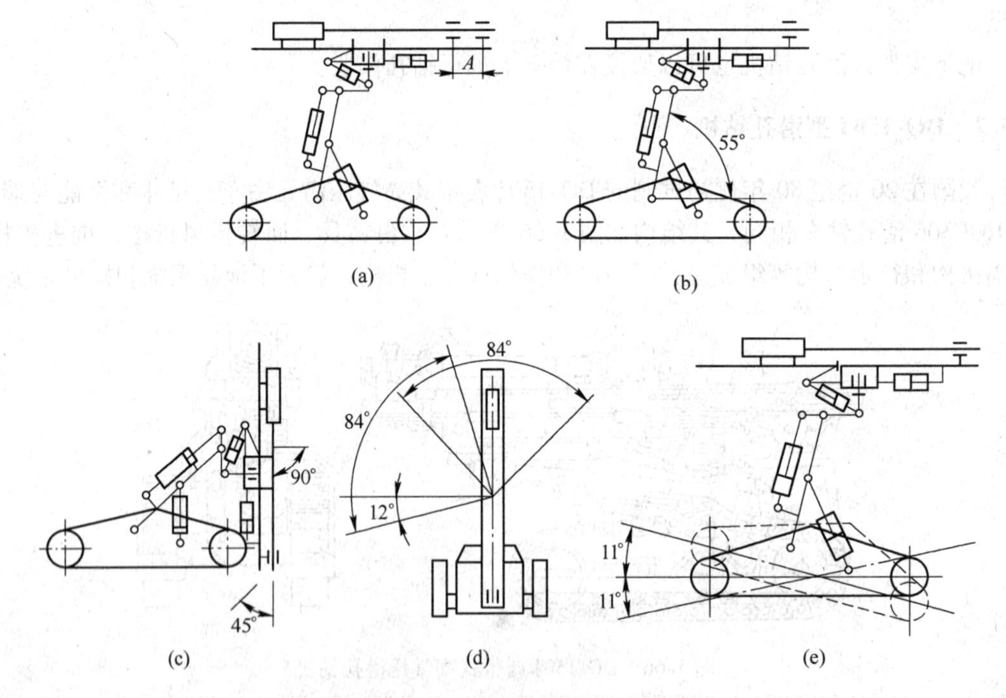

图 1-68　DQ-150J 潜孔钻机变幅范围

(a) 推进器伸缩运动；(b) 钻架上下摆动；(c) 推进器前后摆动；(d) 推进器侧向摆动；(e) 履带纵向摆动

柯公司生产的 Simba260 系列潜孔钻车（机）适用于阶段崩落法、分段崩落法、阶段矿房法采矿及其他大孔采矿作业。它能钻出扇形孔、环形孔和平行孔等多种布孔方式。Simba260 系列钻机均是用该公司的标准模块组装，大大提高了机器的可靠性和适应性。图 1-69为 Simba260 系列钻机的正视图。

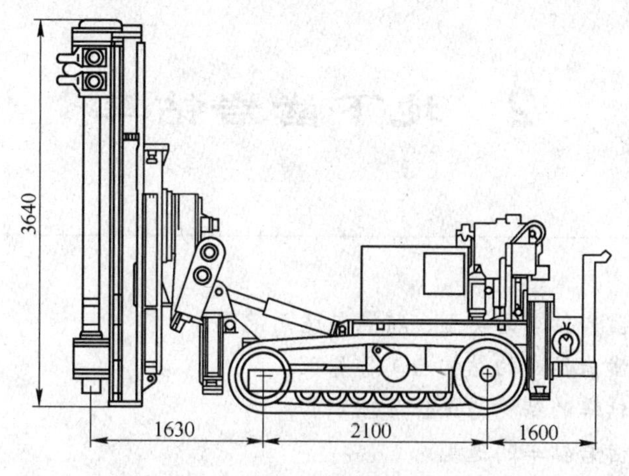

图 1-69 Simba260 系列钻机的正视图

Simba260 系列钻机可以安装在履带式或轮胎式底盘上。这两种底盘均可配备电动液压式或内燃液压式牵引系统。Simba260 系列钻机设计工作压力高达 2.7MPa，可大大提高生产能力，并降低生产成本。该系列钻机还可配数据记录系统、遥控系统、机械式钻管装卸系统。

复习思考题

1-1 画简图，简述冲击回转式凿岩机的工作原理。

1-2 简述球齿型钎头的特点。

1-3 简述钎具的能量传输原理。

1-4 简述 YT23 型凿岩机冲击配气机构的工作原理。

1-5 简述 YT23 型凿岩机转钎机构的工作原理。

1-6 画简图，简述 FT160 型气腿的支承与推进原理。

1-7 简述 YTP26 型凿岩机无阀式配气机构的工作原理。

1-8 简述液压凿岩机的优点。

1-9 简述后腔回油、前腔常压油型液压凿岩机的工作原理。

1-10 简述双面回油型液压凿岩机的工作原理。

1-11 地下潜孔钻机是如何分类的？各有什么特点？

1-12 地下潜孔钻机有几种行走方式？各有什么特点？

1-13 导轨式凿岩机的推进方式有几种？各有什么特点？

1-14 中深孔凿岩机常用钻架的形式有几种？优缺点是什么？

2 地下凿岩钻车

【学习要求】

(1) 了解地下凿岩钻车的类型、特点与适用范围。

(2) 了解掘进凿岩钻车的结构与工作原理。

(3) 了解采矿钻车的结构与工作原理。

(4) 掌握采矿凿岩钻车的选型。

(5) 掌握掘进凿岩钻车的选型。

2.1 地下凿岩钻车概述

凿岩钻车（过去也称凿岩台车）是近40年发展起来的先进凿岩设备。尽管早期的凿岩钻车只是简单的钻臂、气动凿岩机加上遥控装置，但却为巷道掘进和采矿作业引进了一门崭新的技术。

2.1.1 地下凿岩钻车的类型

凿岩钻车类型很多，按其用途分为露天凿岩钻车和地下凿岩钻车。地下凿岩钻车又可分为掘进钻车、采矿钻车、锚杆钻车等。

掘进钻车按凿岩机动力分为气动掘进钻车和液压掘进钻车（由于钻车的调幅定位也由液压动力控制，因此后者也称全液压掘进钻车）；按行走底盘分为轨轮式、轮胎式、履带式和门架式四种（门架式仅用于大断面隧道掘进）；按钻臂的运动方式分为直角坐标式、极坐标式、复合坐标式和直接定位式四种；按钻臂数目分为单臂钻车、双臂钻车和多臂钻车。

采矿钻车按凿岩方式分为顶锤式钻车和潜孔式钻车；按钻孔深度分为浅孔凿岩钻车和中深孔凿岩钻车，国外部分浅孔或中深孔采矿凿岩钻车与掘进凿钻车通用；按配用凿岩机台数分为单机（单臂）钻车和双机（双臂）钻车；按钻车行走方式分为轨轮式、轮胎式、履带式采矿钻车；按动力源分为液压钻车、气动钻车和气动液压钻车；按钻车有无平移机构可分为有平移机构钻车和无平移机构钻车。

国产地下凿岩钻车型号采用“类别+型别+特性代号”进行标识。类别代号为C，型别代号包括轨轮式（G）、履带式（L）、轮胎式（T）三种，特性代号包括采（C）、掘（J）、锚（M）、切（Q）、联（L）五种。例如：CGC表示轨轮式采矿钻车，CGJ表示轨轮式掘进钻车，CGM表示轨轮式锚杆钻车；CLC表示履带式采矿钻车，CLJ表示履带式掘进钻车，CLQ表示履带式切割钻车，CLM表示履带式锚杆钻车；CTC表示轮胎式采矿钻车，CTJ表示轮胎式掘进钻车，CTM表示轮胎式锚杆钻车，CTL表示轮胎式联合钻车。

2.1.2　地下凿岩钻车的特点

凿岩钻车是将凿岩机和推进装置安装在钻臂（架）上进行凿岩作业的设备，是以机械代替人扶凿岩机的钻孔设备。它可安装一台或多台轻、中、重型凿岩机，实现快速、高效凿岩。凿岩钻车还可与装载机或转载设备等运输设备配套使用，组成掘进机械化作业线，实现生产过程的自动化。

采用凿岩钻车既能够精确地钻凿出一定角度、一定孔深和孔位的钻孔，又可以钻凿较大直径的中深孔、深孔，而且还能提供最优的轴推力。操作人员可远离工作面，一人可操纵多台凿岩机，不仅可明显改善作业条件，而且钻孔质量高，显著提高凿岩效率。液压凿岩机与钻臂配套使用可实现凿岩机械化和自动化。在平巷掘进中，采用凿岩钻车比手持气腿式单机作业掘进工效提高1~4倍。在采矿钻孔中，采用全液压机械化凿岩钻车的钻孔效率是手持气腿式单机凿岩的4~12倍。

液压凿岩钻车的缺点是液压设备的元器件要求加工精密。

2.1.3　地下凿岩钻车的适用范围

凡是能使用凿岩机钻孔而且巷道断面允许时，均可采用凿岩钻车钻孔。

掘进钻车以轮胎式和轨轮式居多，大部分为双机或多机钻车，主要用于矿山巷道和硐室的掘进以及铁路、公路、水工涵洞等工程的钻孔作业。有的掘进钻车还可用于钻凿采矿炮孔、锚杆孔等。

采矿钻车是为回采落矿钻凿炮孔的设备，采矿方法及回采工艺不同，需要钻凿炮孔的方向、孔深、孔径也不同，炮孔的布置也多种多样。采矿钻车一般为轮胎式和履带式，国内多为双机或单机作业，配套重型、中型导轨式凿岩机，一般钻孔直径不大于115mm。当孔深超过20m时，接杆凿岩能量损失大，效率显著降低。

2.2　掘进凿岩钻车

2.2.1　掘进凿岩钻车的组成

掘进凿岩钻车虽然类型较多，但主要部件大都包括推进器、钻臂、回转机构、平移机构及托架、转柱、车体、行走装置、操作台、凿岩机和钻具。有的钻车还装有辅助钻臂（设有工作平台，可以站人进行装药、处理顶板等）和电缆、水管的缠绕卷筒等，钻车功能更加完善。CGJ-2Y型轨轮式全液压凿岩钻车的结构组成如图2-1所示，轮胎式凿岩钻车的结构组成如图2-2所示。

（1）推进器。推进器的作用是在凿岩时完成推进或退回凿岩机的动作，并对钎具施加足够的推力。

（2）钻臂。钻臂9是支撑托架、推进器、凿岩机进行凿岩作业的工作臂，它的前端与托架铰接（十字铰），后端与转柱11相铰接。由支臂缸29、摆臂缸15、仰俯角缸30及摆角缸7四个油缸来执行钻臂和推进器的上下摆角与水平左右摆角运动，其动作符合直角坐标原理，因此称为直角坐标钻臂。支臂缸使钻臂做垂直面的升降运动，摆臂缸使钻臂做水

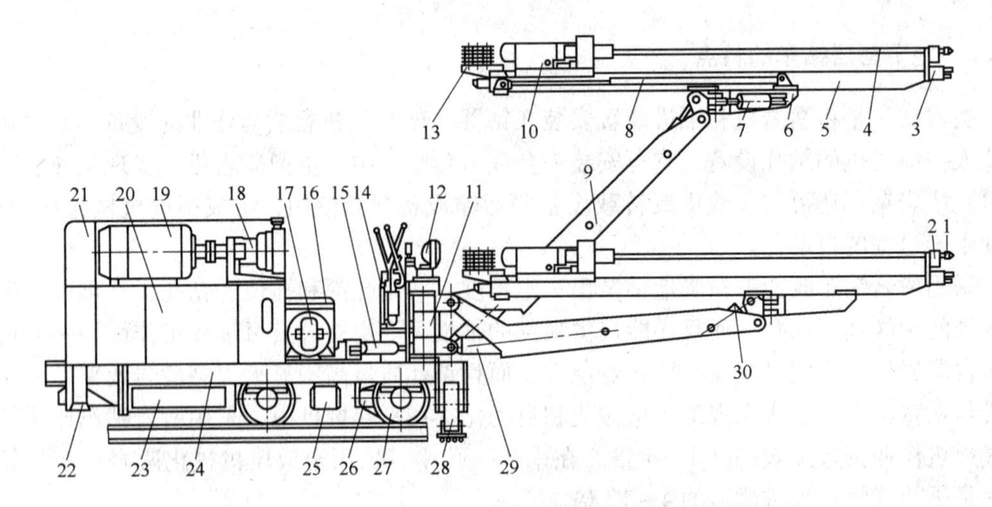

图 2-1　CGJ-2Y 型轨轮式全液压凿岩钻车的结构组成

1—钎头；2—托钎器；3—顶尖；4—钎具；5—推进器；6—托架；7—摆角缸；8—补偿缸；9—钻臂；10—凿岩机；11—转柱；12—照明灯；13—绕管器；14—操作台；15—摆臂缸；16—座椅；17—转钎油泵；18—冲击油泵；19—电动机；20—油箱；21—电器箱；22—后稳车支腿；23—冷却器；24—车体；25—滤油器；26—行走装置；27—车轮；28—前稳车支腿；29—支臂缸；30—仰俯角缸

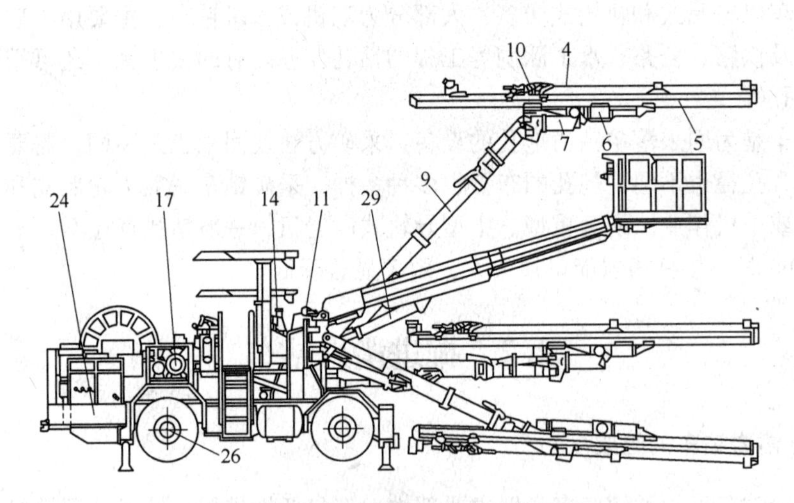

图 2-2　轮胎式凿岩钻车的结构组成

（所标注部分的名称同图 2-1 中相应各项所注）

平面的左右摆臂运动；仰俯角缸使推进器做垂直面的仰俯角运动，摆角缸使推进器做水平摆角运动。

(3) 补偿机构。补偿缸 8 联系着托架和推进器，其一端与托架铰接，另一端与推进器铰接，组成补偿机构。这一机构的作用是使推进器做前后移动，并保持推进器有足够的推力。钻臂是以转柱的铰接点为圆心做摆动的机构，当它做摆角运动时，推进器顶尖与工作面只能有一点接触（即切点），随着摆角的加大，顶尖离开接触点的距离也增大。凿岩时必须使顶尖保持与工作面接触，因此必须设置补偿机构。通常采用油缸或气缸来使推进器做前后直线移动。补偿缸的行程由钻臂运动时所需的最大补偿距离而定。

（4）托架。托架6是钻臂与推进器之间相联系的机构，它的上部有燕尾槽托持着推进器，左端与钻臂相铰接，依靠摆角缸7、仰俯角缸30的作用可使推进器做水平摆角和仰俯角运动。

（5）转柱。转柱11安装在车体上，它与钻臂相铰接，是钻臂的回转机构，并且承受钻臂推进器的全部重量。

（6）车体。车体24上布置着操作台、油箱、电器箱、油泵、行走装置和稳车支腿等，还有液压、电气、供水等系统。车体上带有动力装置。车体对整台钻车起着平衡与稳定的作用。

2.2.2 掘进凿岩钻车的结构与工作原理

2.2.2.1 推进器机构

目前凿岩钻车有多种，其推进器的结构形式和工作原理各异，较为常用的有以下3种。

（1）油（气）缸-钢丝绳式推进器。这种推进器如图2-3（a）所示，主要由导轨1、滑轮2、推进缸3、调节螺杆4、钢丝绳5等组成。其钢丝绳的缠绕方法如图2-3（b）所示，两根钢丝绳的端头分别固定在导轨的两侧，绕过滑轮牵引滑板9带动凿岩机运动。钢丝绳的松紧程度可用调节螺杆4进行调节，以满足工作牵引要求。

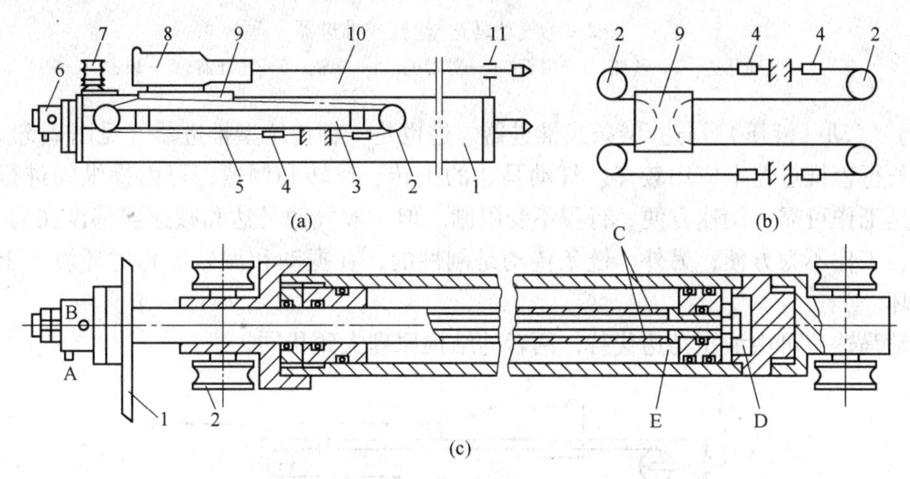

图2-3 油（气）缸-钢丝绳式推进器

（a）推进器组成；（b）钢丝绳缠绕方式；（c）推进缸结构

1—导轨；2—滑轮；3—推进缸；4—调节螺杆；5—钢丝绳；6—油管接头；7—绕管器；8—凿岩机；9—滑板；10—钎杆；11—托钎器

图2-3（c）所示为推进缸的基本结构。它由缸体、活塞、活塞杆、端盖、滑轮等组成。活塞杆为中空双层套管结构，其左端固定在导轨上。缸体和左右两对滑轮可以运动。当压力油从A孔进入活塞的右腔D时，左腔E的液压油从B孔排出，缸体向右运动，实现推进动作；反之，当压力油从B孔进入活塞的左腔E时，右腔D的低压油从A孔排出，缸体向左运动，凿岩机退回。

这种推进器的特点是推进缸的活塞杆固定，缸体运动。由推进缸产生的推力经钢丝绳滑轮组传给凿岩机。据传动原理可知：作用在凿岩机上的推力等于推进缸推力的1/2；而凿岩机的推进速度和移动距离是推进缸推进速度和行程的两倍。这种推进器的优点是结构简单、工作平稳可靠、外形尺寸小、维修容易，因而应用广泛；缺点是推进缸的加工较困难。

推进动力也可使用压气。但由于气体压力较低、推力较小，而气缸尺寸又不允许过大，因此气缸推进仅限于使用在需要推力不大的气动凿岩机上。

(2) 气动马达-丝杠式推进器。这是一种传统型结构的推进器（见图2-4）。输入压缩空气，则气动马达通过减速器、丝杠、螺母、滑板带动凿岩机前进或后退。这种推进器的优点是结构紧凑、外形尺寸小、动作平稳可靠。其缺点是长丝杠的制造和热处理较困难、传动效率低，在井下的恶劣环境下凿岩时，水和岩粉对丝杠、螺母磨损快，同时气动马达的噪声也大，所以目前的使用量日趋减少。

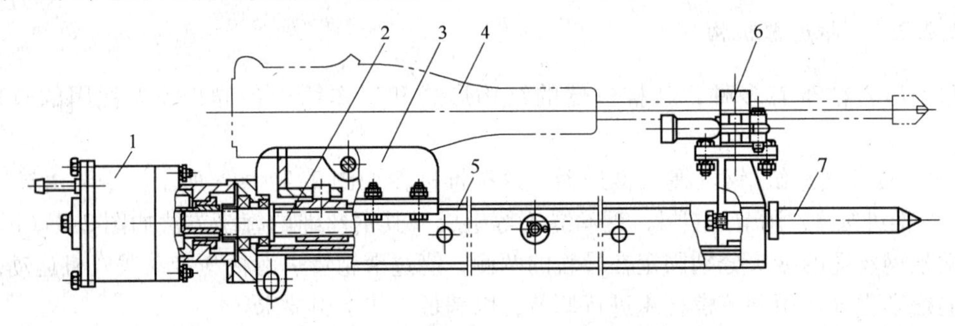

图2-4　气动马达-丝杠式推进器

1—气动马达；2—丝杠；3—滑板；4—凿岩机；5—导轨；6—托钎器；7—顶尖

(3) 气动（液压）马达-链条式推进器。这也是一种传统型推进器（见图2-5），在国外一些长行程推进器上应用较多。气动马达的正转、反转和调速，可由操纵阀进行控制。其优点是工作可靠，调速方便，行程不受限制。但一般气动马达和减速器都设在前方，尺寸较大，工作不太方便；另外，链条传动是刚性的，在振动和泥砂等恶劣环境下工作时，容易损坏。

气动马达也可由液压马达代替，两者的结构原理大致相同。

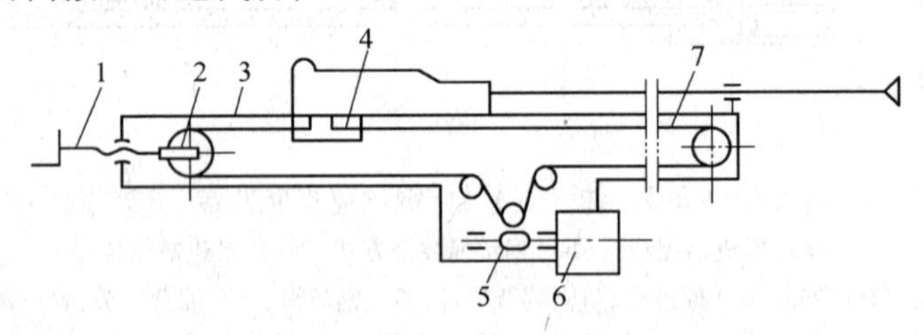

图2-5　气动（液压）马达-链条式推进器

1—链条张紧装置；2—导向链轮；3—导轨；4—滑板；5—减速器；6—气动马达；7—链条

2.2.2.2　钻臂机构

钻臂是支撑凿岩机进行凿岩作业的工作臂。钻臂的长短决定了凿岩作业的范围；其托架摆动的角度，决定了所钻炮孔的角度。因此，钻臂的结构尺寸、钻臂动作的灵活性与可靠性对钻车的生产率和使用性能影响都很大。

钻臂按其动作原理分为直角坐标钻臂、极坐标钻臂和复合坐标钻臂；按凿岩作业范围分为轻型、中型、重型钻臂；按其结构分为定长式、折叠式、伸缩式钻臂；按钻臂系列标准分为基本型、变形钻臂等。

（1）直角坐标钻臂。如图2-6所示，这种钻臂在凿岩作业中具有钻臂升降A、钻臂水平摆动B、托架仰俯角C、托架水平摆角D、推进器补偿运动E五种基本动作。

该传统形式的钻臂，结构简单、定位直观、操作容易，适合钻凿直线和各种形式的倾斜掏槽孔以及不同排列方式并带有各种角度的炮孔，能满足凿岩爆破的工艺要求，因此应用很广，国内外许多钻车都采用这种形式的钻臂。其缺点是使用的油缸较多，操作程序比较复杂，对一个钻臂而言，存在着较大的凿岩盲区。

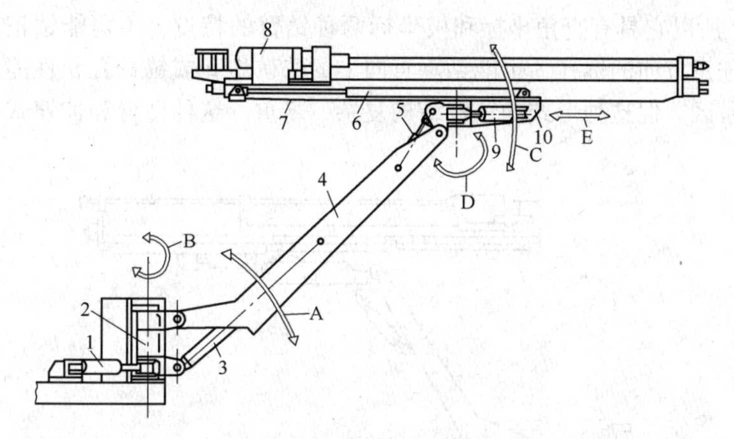

图2-6 直角坐标钻臂
1—摆臂缸；2—转柱；3—支臂缸；4—钻臂；5—仰俯角缸；6—补偿缸；7—推进器；
8—凿岩机；9—摆角缸；10—托架

（2）极坐标钻臂。如果不用转柱，而以齿条齿轮式回转机构代替，则钻臂运动的功能具有极坐标性质，组成极坐标形式的钻车。极坐标钻臂的凿岩钻车如图2-7所示。这种钻臂在结构与动作原理方面都大有改进，减少了油缸数量，简化了操作程序。因此，国内外有不少钻车采用极坐标形式的钻臂。

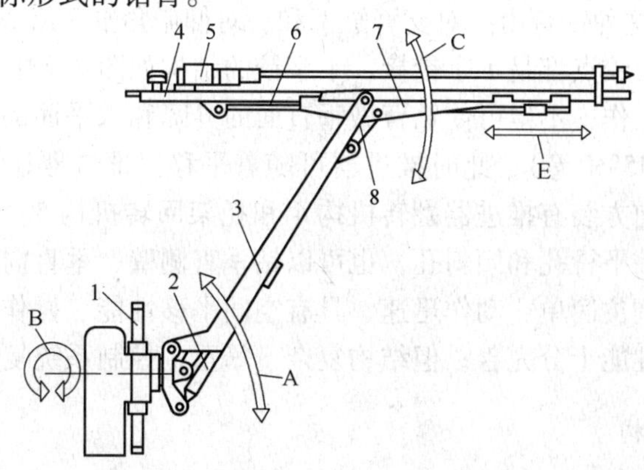

图2-7 极坐标钻臂
1—齿条齿轮式回转机构；2—支臂缸；3—钻臂；4—推进器；5—凿岩机；
6—补偿缸；7—托架；8—仰俯角缸

这种钻臂在调定炮孔位置时，只需做钻臂升降 A、钻臂回转 B、托架仰俯 C、推进器补偿 E 四种运动。钻臂可升降并可回转 360°，构成极坐标运动的工作原理。这种钻臂对顶板、侧壁和底板的炮孔，都可以贴近岩壁钻进，减少超挖量。钻臂的弯曲形状有利于减小凿岩盲区。

这种钻臂也存在一些问题，如不能适应打楔形、锥形等倾斜形式的掏槽炮孔；操作调位直观性差；对于布置在回转中心线以下的炮孔，司机需要将推进器翻转，使钎杆在下面凿岩，卡钎故障不能及时发现与处理；存在一定的凿岩盲区等。

(3) 复合坐标钻臂。图 2-8 所示的瑞典 BUT10 型钻臂即是一种复合坐标钻臂，它有一个主臂 4 和一个副臂 6，主副臂的油缸布置与直角坐标钻臂的相同，另外还有齿条齿轮式回转机构 1，所以它具有直角坐标和极坐标两种钻臂的特点，不但能钻正面的炮孔，而且还能钻两侧任意方向的炮孔，也能钻垂直向上的采矿炮孔或锚杆孔，性能更加完善，并且克服了凿岩盲区。但这种形式的钻臂结构复杂、笨重。这种钻臂和伸缩式钻臂均适用于大型钻车。

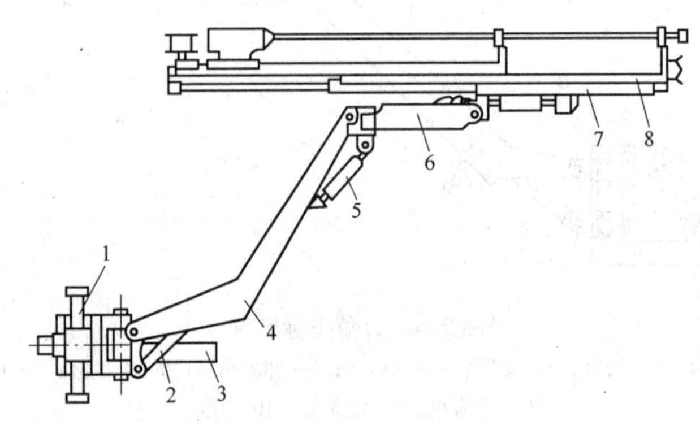

图 2-8　复合坐标钻臂

1—齿条齿轮式回转机构；2—支臂缸；3—摆臂缸；4—主臂；5—仰俯角缸；6—副臂；7—托架；8—伸缩式推进器

(4) 其他形式钻臂。图 2-9 所示为阿特拉斯·科普柯公司研制推广的新型复合坐标性质的 BUT30 型钻臂。这种钻臂由一对支臂缸 1 和一对仰俯角缸 3 组成钻臂的变幅机构和平移机构。钻臂的前、后铰点都是十字铰接，十字铰的结构如图 2-9 中 A 放大图所示。支臂缸和仰俯角缸的协调工作，不但可使钻臂做垂直面的升降和水平面的摆臂运动，而且可使钻臂做倾斜运动（如 45°角等），此时推进器可随着平移。推进器还可以单独做仰俯角和水平摆角运动。钻臂前方装有推进器翻转机构 4 和托架回转机构 5。这样的钻臂具有万能性质，不但可向正面钻平行孔和倾斜孔，也可以钻垂直侧壁、垂直向上以及带各种倾斜角度的炮孔。其特点是调位简单、动作迅速、具有空间平移性能、操作运转平稳、定位准确可靠、凿岩无盲区，性能十分完善；但结构复杂、笨重，控制系统复杂。

2.2.2.3　回转机构

回转机构是安装和支持钻臂、使钻臂沿水平轴或垂直轴旋转、使推进器翻转的机构。通过回转运动，钻臂和推进器的动作范围达到巷道掘进所需要的钻孔工作区的要求。常见的回转机构有以下几种结构形式。

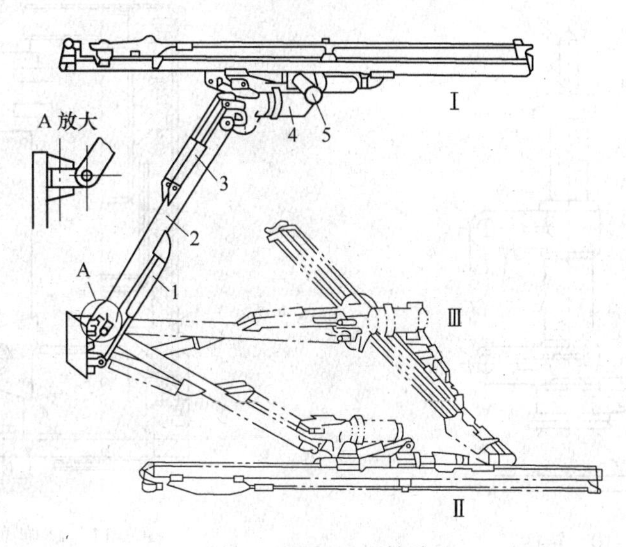

图2-9　BUT30型钻臂
（图中点划线为机构到达位置）
1—支臂缸；2—钻臂；3—仰俯角缸；4—推进器翻转机构；5—托架回转机构

（1）转柱。国产PYT-2C型凿岩钻车的转柱如图2-10所示。这是一种常见的直角坐标钻臂的回转机构，主要组成有摆臂缸1、转柱套2、转柱轴3等。转柱轴固定在底座上，转柱套可以转动，摆臂缸一端与转柱套的偏心耳环相铰接，另一端铰接在车体上，当摆臂缸伸缩时，由于偏心耳的关系，便可带动转柱套及钻臂回转。其回转角度由摆臂缸行程确定。

这种回转机构的优点是结构简单、工作可靠、维修方便，因而得到广泛应用。其缺点是转柱只有下端固定，上端成为悬臂梁，承受弯矩较大。许多制造厂为改善受力状态，在转柱的上端也设有固定支承。

螺旋副式转柱是国产CGJ-2型凿岩钻车的回转机构，如图2-11所示。其特点是外表无外露油缸，结构紧凑，但加工难度较大。螺旋棒2用固定销与缸体5固装成一体，轴头4用螺栓固定在车架1上。活塞3上带有花键和螺旋母。当向A腔或B腔供油时，活塞3做直线运动，螺旋母迫使与其相啮合的螺旋棒2做回转运动，随之带动缸体5和钻臂等也做回转运动。

这种形式的回转机构，不但用于钻臂的回转，更多的是应用于推进器具翻转运动。安装了这种螺旋副式翻转机构，不仅能使掘进钻车推进器翻转，而且能使凿岩机能够更贴近巷道岩壁和底板钻孔，减少超挖量。

（2）螺旋副式翻转机构。国产CGJ-2型凿岩钻车的推进器翻转机构如图2-12所示。它由螺旋棒4、活塞5、转动体3和油缸外壳等组成，其原理与螺旋副式转柱相似但动作相反，即油缸外壳固定不动，活塞可转动，从而带动推进器做翻转运动。图中推进器1的一端用花键与转动卡座2相连接。另一端与支承座7连接。油缸外壳焊接在托架上。螺旋棒4用固定销6与油缸外壳定位。活塞5与转动体3用花键连接。

当压力油从B口进入，推动活塞沿着螺旋棒向左移动并做旋转运动，带着转动体旋转，转动卡座2也随之旋转，于是推进器和凿岩机绕钻进方向做翻转180°运动；当压力油

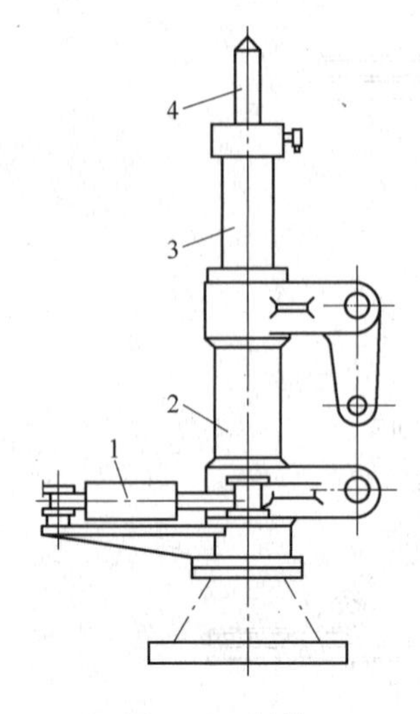

图 2-10　转柱

1—摆臂缸；2—转柱套；
3—转柱轴；4—稳车顶杆

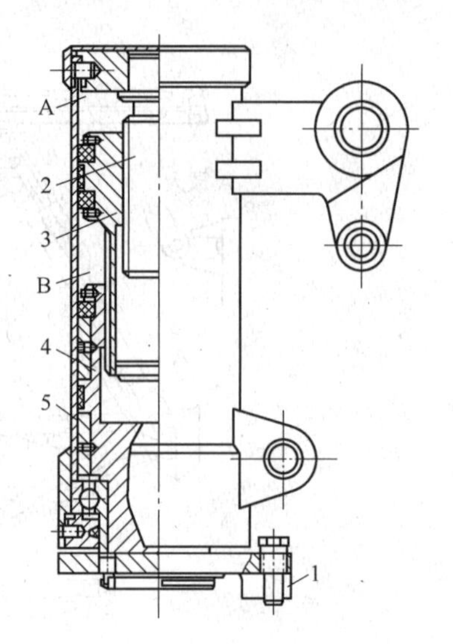

图 2-11　螺旋副式转柱

1—车架；2—螺旋棒；3—活塞（螺旋母）；
4—轴头；5—缸体

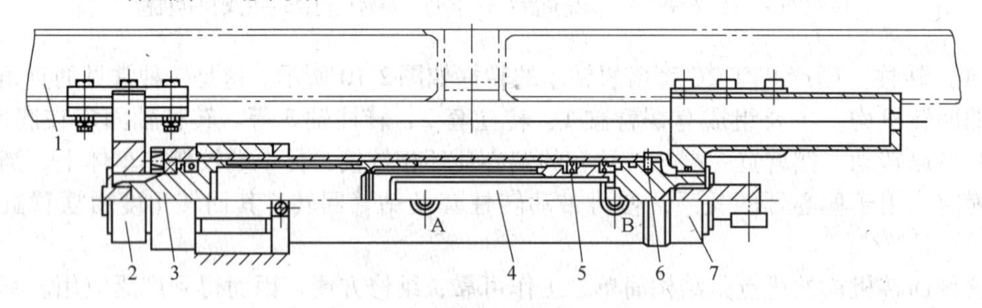

图 2-12　螺旋副式翻转机构

1—推进器；2—转动卡座；3—转动体；4—螺旋棒；5—活塞；6—固定销；7—支承座；A，B—进油口

从 A 口进入，则凿岩机反转到原来的位置。

这种机构的外形尺寸小、结构紧凑，适合做推进器的回转机构。图 2-9 中的推进器翻转机构 4、托架回转机构 5 均属这种结构形式的回转机构。

（3）钻臂回转机构。钻臂回转机构（见图 2-13）由齿轮 3、齿条 4、油缸 2、液压锁 1 和齿轮箱体等组成，它用于钻臂回转。齿轮套装在空心轴上，以键相连，钻臂及其支座安装在空心轴的一端。当油缸工作时，两根齿条活塞杆做相反方向的直线运动，同时带动与其相啮合的齿轮和空心轴旋转。齿条的有效长度等于齿轮节圆的周长，因此可以驱动空心轴上的钻臂及其支座，沿顺时针及逆时针各转 180°。

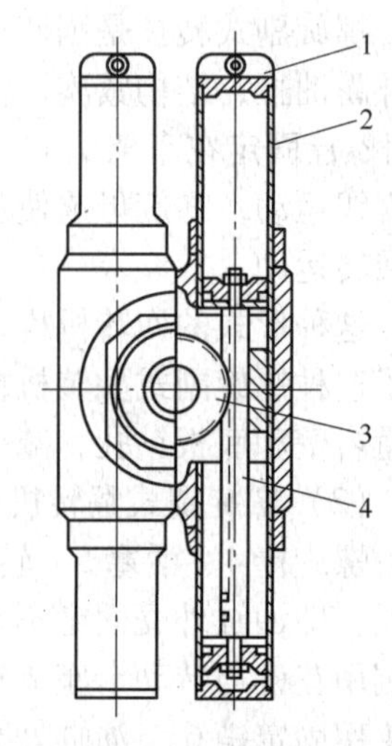

图 2-13　钻臂回转机构

1—液压锁；2—油缸；
3—齿轮；4—齿条

这种回转机构的尺寸和质量虽然较大，但都安装在车体上，与装设在托架上的推进器螺旋副式翻转机构相比较，减少了钻臂前方的质量，改善了钻车总体平衡。由于钻臂能回

转360°，便于凿岩机贴近岩壁和底板钻孔，减少超挖量，实现光面爆破，提高经济效益，因此，它成为极坐标钻臂和复合坐标钻臂实现回转360°的一种典型的回转机构。其优点是动作平缓、容易操作、工作可靠，但重量较大，结构复杂。

2.2.2.4　平移机构

几乎所有现代钻车的钻臂都装设了自动平移机构以满足爆破工艺的要求，提高钻凿平行炮孔的精度。凿岩钻车的自动平移机构是指当钻臂移位时，托架和推进器随机保持平行移位的一种机构，简称平移机构。

掘进钻车的平移机构概括有机械平移机构、液压平移机构、电-液平移机构3种类型。机械平移机构包括剪式平移机构、外四连杆式平移机构、内四连杆式平移机构、空间连杆式平移机构4种。液压平移机构包括有平移引导缸式平移机构和无平移引导缸式平移机构。

目前应用较多的是液压平移机构和机械四连杆式平移机构，尤其是无平移引导缸的液压平移机构，有进一步发展的趋势。剪式平移机构由于外形尺寸大，机构复杂，存在盲区较大，已趋于淘汰。电-液平移机构由于要增设电控-伺服装置，占用钻车较多的空间，钻车成本增高，因而尚未获得实际应用。

（1）机械平移机构。常用的有内四连杆式和外四连杆式两种。图2-14所示为机械内四连杆式平移机构。早期的国产CGJ-2型、PYT-2型凿岩钻车都装有这种平移机构。由于它的平行四连杆安装在钻臂的内部，故称内四连杆式平移机构。有些钻车的连杆装在钻臂外部，则称外四连杆平移机构。

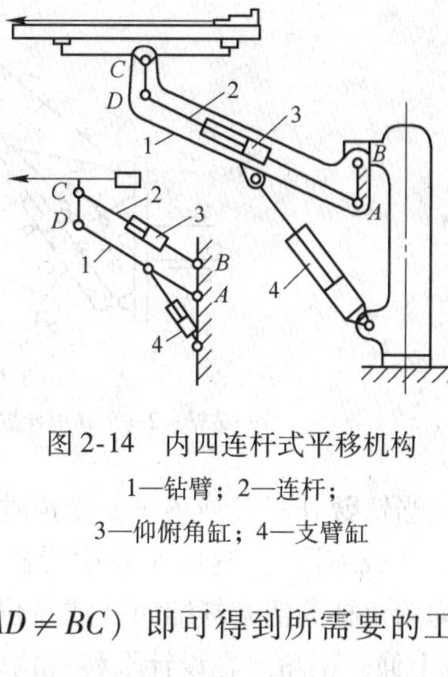

图2-14　内四连杆式平移机构
1—钻臂；2—连杆；
3—仰俯角缸；4—支臂缸

钻臂在升降过程中，$ABCD$四边形的杆长不变，其中$AB=CD$，$BC=AD$，AB边固定而且垂直于推进器。

根据平行四边形的性质，AB与CD始终平行，也即推进器始终做平行移动。

当推进器不需要平移而钻带倾角的炮孔时，只需向仰俯角缸一端输入液压油，使连杆2伸长或缩短（$AD \neq BC$）即可得到所需要的工作倾角。

这种平移机构的优点是连杆安装在钻臂的内部，结构简单、工作可靠、平移精度高，因而在小型钻车上得到广泛的应用。其缺点是不适应于中型或大型钻臂及伸缩钻臂。

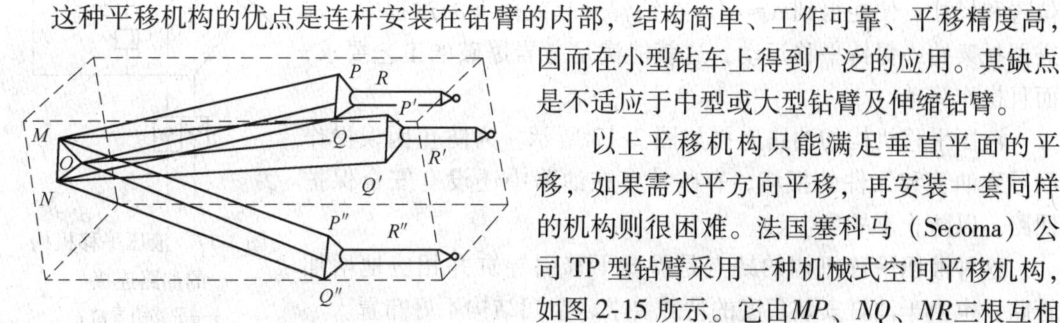

图2-15　空间平移机械原理

以上平移机构只能满足垂直平面的平移，如果需水平方向平移，再安装一套同样的机构则很困难。法国塞科马（Secoma）公司TP型钻臂采用一种机械式空间平移机构，如图2-15所示。它由MP、NQ、NR三根互相平行而长度相等的连杆构成，三根连杆前后都用球形铰与两个三角形端面相连接，构成一个棱柱体型的平移机构，其实质是立体的四连杆平移机构，这个棱柱体就是钻臂。当钻臂升降时，利用棱柱体的两个三角形端面始终保持平等的原理，推进器始终保持空间平移。

（2）液压平移机构。液压平移机构是20世纪70年代初开始应用在钻车上的新型平移机构，目前国内外的凿岩钻车广泛应用这种机构，如国产CGJ-3型和CTJ-3型钻车、瑞典的BUT15型钻臂、加拿大的MJM-20M型钻车等。其优点是结构简单、尺寸小、重量轻、工作可靠，不需要增设其他杆件结构，只利用油缸和油管的特殊连接，便可达到平移的目的。

这种机构适用于各种不同结构的大、中、小型钻臂和伸缩式钻臂，便于实现空间平移运动，平移精度准确。其动作原理如图2-16所示。

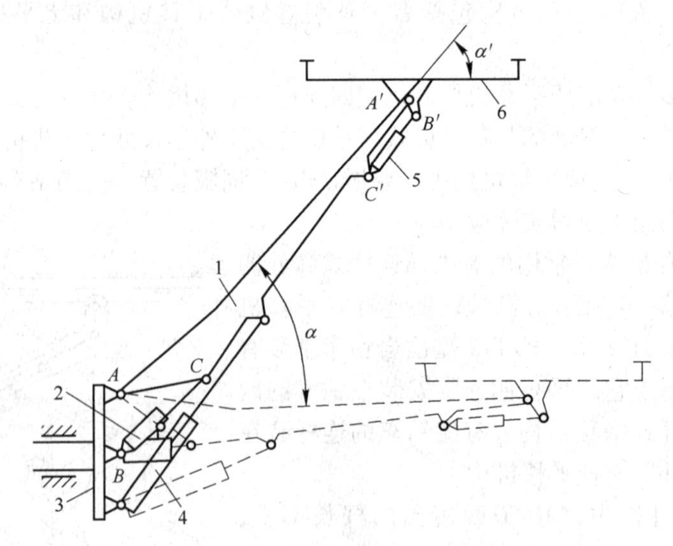

图2-16　液压平移机构工作原理

1—钻臂；2—平移引导缸；3—回转支座；4—支臂缸；5—仰俯角缸；6—支架

当钻臂升起（或落下）α角时，平移引导缸2的活塞被钻臂拉出（或缩回），这时平移引导缸的压力油排入仰俯角缸5中，使仰俯角缸的活塞杆缩回（或拉出），于是推进器、托架便下俯（或上仰）α'角。在设计平移机构时，合理地确定两油缸的安装位置和尺寸，便能得到$\alpha \approx \alpha'$，在钻臂升起或落下的过程中，推进器托架始终保持平移运动，这就能满足凿岩爆破的工艺要求，而且操作简单。

液压平移机构的油路连接如图2-17所示。为防止因误操作而导致油管和元件的损坏，有些钻车在油路中还设有安全保护回路，以防止事故发生。

这种液压平移机构的缺点是需要平移引导缸并相应地增加管路，也由于油缸安装角度的特殊要求，空间结构不好布置。

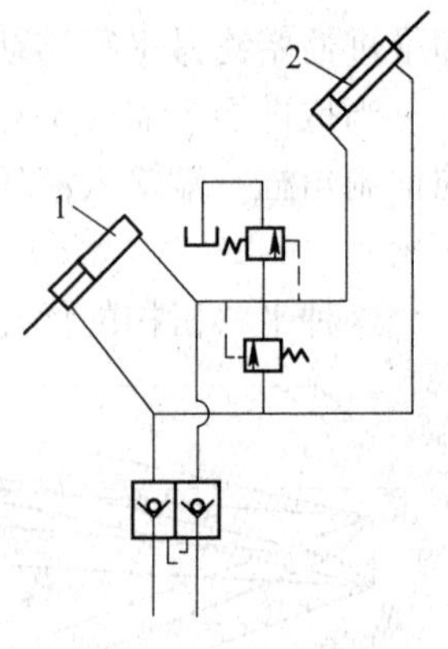

图2-17　液压平移机构的油路连接

1—平移引导缸；2—仰俯角缸

无平移引导缸的液压平移机构能克服以上的缺点，只需利用支臂缸与仰俯角缸的适当比例关系，便可达到平移的目的，因而显示了它的优越性。国外有些钻臂如瑞典的 BUT15 型钻臂，就是这种结构。

2.3 采矿凿岩钻车

2.3.1 采矿凿岩钻车的基本动作

（1）钻车行走。地下采矿钻车一般都能自行移动，行走方式有轨轮、轮胎、履带，行走驱动可由液压马达或气动马达提供。

（2）炮孔定位与定向。钻车要能够满足采矿钻凿要求的炮孔位置、方向与深度，而炮孔的定位与定向动作由钻臂变幅机构和推进器的平移机构完成。

（3）推进器补偿运动。推进器前后移动又称补偿运动，一般都由推进器具的补偿油缸完成。

（4）凿岩机推进。凿岩时，必须对凿岩机施加轴向推进力（又称轴压力），以克服凿岩机工作时的反弹力，使钻头能紧压炮孔底部岩石，提高钻凿速度。凿岩机的推进动作是由推进器完成的。推进器的推进方法有 3 种：液压推进、液压马达（气动马达）-链条推进、液压马达（气动马达）-螺旋（又称丝杆）推进。

（5）凿岩钻孔。这是钻车最基本最重要的动作，由凿岩机系统完成。

除上述 5 种基本动作外，还有钻车的调整水平、稳车、接卸钻杆、夹持钻杆、集尘等辅助动作，各由其相应机构完成。

2.3.2 采矿凿岩钻车组成机构

（1）底盘。底盘用来完成转向、制动、行走等动作。钻车底盘的概念一般将原动机也包括在内，是工作机构的平台。国外钻车底盘基本采用通用底盘。

（2）工作机构。工作结构用来完成钻孔的定位、定向、推进、补偿等动作。钻车的工作机构由定位系统和推进系统组成。

（3）凿岩机与钻具。凿岩机与钻具用于完成凿岩钻孔作业。凿岩机有冲击、回转、排渣等功能。凿岩机包括液压凿岩机和气动凿岩机。钻具由钎尾、钻杆、连接套、钻头组成。

（4）动力装置。动力装置一般分为柴油机、电动机、气动机三类。

（5）传动装置。传动装置一般分为机械传动、液压传动、气压传动三类。部分钻车同时具有液压传动和气压传动两套装置。

（6）操纵装置。操纵装置可分为人工操纵、计算机操纵两种。人工操纵又可分为直接操纵和先导控制两种。一般大中型采矿凿岩钻车因所需操纵力过大，都采用了先导控制，先导控制又可分为电控先导、液控先导和气控先导。凿岩钻车由计算机程序控制又称凿岩机器人，是目前最先进的操纵方式。

2.3.3 采矿凿岩钻车的结构与工作原理

如图 2-18 所示，CTC-700 型采矿凿岩钻车由推进机构、叠形架、行走机构、稳车装置（气顶及前后液压千斤顶）、液压系统、压气和供水系统等组成。

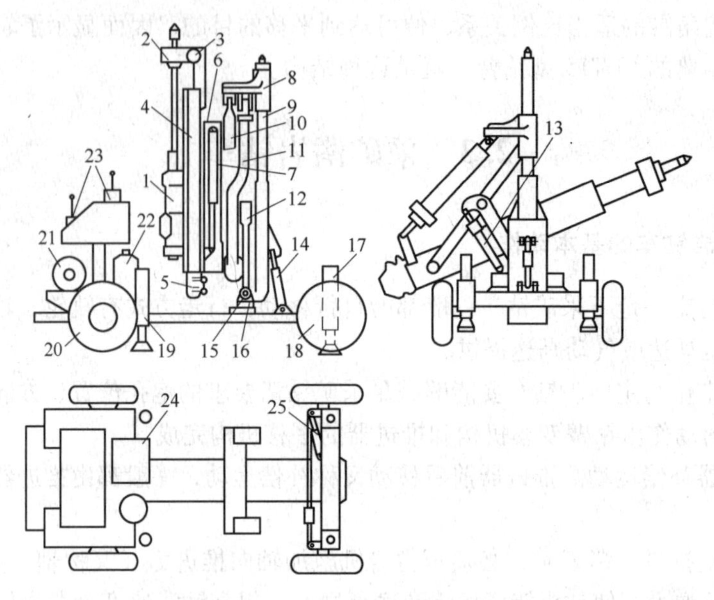

图 2-18　CTC-700 型凿岩钻车

1—凿岩机；2—托钎器；3—托钎器油缸；4—滑轨座；5—推进气动马达；6—托架；7—补偿机构；8—上轴架；9—顶向千斤顶；10—扇形摆动油缸；11—中间拐臂；12—摆臂；13—侧摆油缸；14—起落油缸；15—销轴；16—下轴架及支座；17—前千斤顶；18—前轮对；19—后千斤顶；20—后轮对；21—行走气动马达；22—注油器；23—液压控制台；24—油泵气动马达；25—转向油缸

钻车工作时，首先利用前液压千斤顶 17 找平并支承其重量，同时开动气顶 9 把钻车固定。然后根据炮孔位置操纵叠形架对准孔位，开动推进器油缸（补偿器）使顶尖抵住工作面，随即可开动凿岩机及推进器，进行钻孔工作。

2.3.3.1　推进机构

推进机构包括推进器、补偿器及托钎器等。

（1）推进器。如图 2-19 所示，凿岩机 6 借助 4 个长螺杆 4 紧固在滑板 5 上。滑板下部装有推进螺母 3 并与推进丝杆 11 组成螺旋副。当丝杆由 TM1B-1 型气动马达带动向右或向左旋转时，凿岩机则前进或后退。

（2）补偿器。补偿器又称延伸器或补偿机构。如图 2-19 所示，补偿器由托架 7 和推进油缸 9 等组成。在顶板较高（向上钻孔时）或工作面离机器较远时，推进器的托钎器离工作面较远，开始钻孔时会引起钎杆跳动，这时可使推进油缸 9 右端通入高压油，左端回油，推进油缸活塞杆 8 便向左运动，带动推进器滑块 19 沿导板 18 向左滑动，而使装在滑块 19 上的推进器向工作面延伸，从而使托钎器靠近工作面。其最大延伸行程为 500mm，延伸距离可在此范围内依需任意调节。补偿器只是在钻孔开眼时使用，正常钻孔凿岩时仍退回原位。

为承受滑架座 23 返回时的凿岩反作用力，在滑架 10 后部装有挡铁 20，在托架 7 上装有挡块 21，它们在滑架退回时互相接触而停止，同时还防止滑架座 23 退回时碰坏气动马达 1。

（3）托钎器。如图 2-20 所示，托钎器由托钎器座 1、托钎器油缸 2、左卡爪 3 和右卡爪

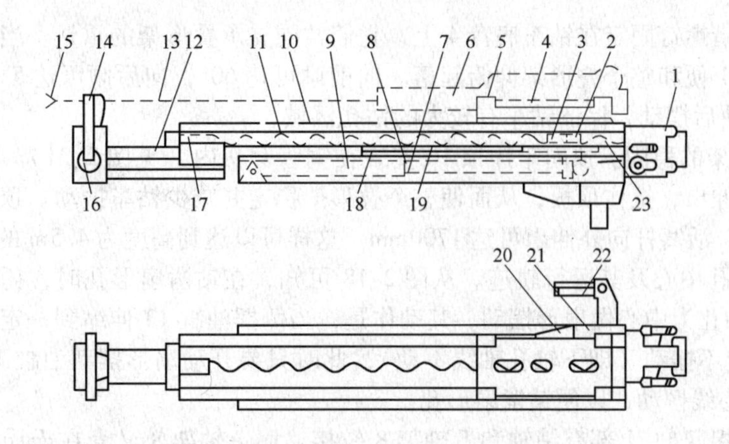

图 2-19　CTC-700 型凿岩钻车推进器

1—推进气动马达；2，17—减振器；3—推进螺母；4—长螺杆；5—滑板；6—凿岩机；7—托架；8—推进油缸活塞杆；9—推进油缸；10—滑架；11—推进丝杆；12—托钎器座；13—钎杆；14—卡爪；15—钎头；16—托钎器油缸；18—滑块导板；19—滑块；20—挡铁；21—挡块；22—扇形摆动油缸活塞杆；23—滑架座

6 组成。左右卡爪借销轴 4 装在托钎器座 1 上，卡爪下端与托钎器油缸缸体及活塞杆借销轴 8 铰接，当托钎器油缸活塞杆伸缩时，左右卡爪便夹紧或松开钎杆，满足其工作要求。

2.3.3.2　叠形架

如图 2-18 所示，叠形架由上轴架 8、顶向千斤顶 9、下轴架及支座 16、摆臂 12、中间拐臂 11 以及扇形摆动油缸 10 等组成。它的作用是稳固钻车、调整钻孔角度以及安装凿岩机。它是保证钻车正常工作的重要部件。

（1）叠形架的俯仰动作。如图 2-21 所示，下轴架 1 装在支座 3 上，并可绕轴 2 回转。起落油缸 6 下端借销轴 7 与其支座 8 铰接，上端与下轴架耳板孔铰接。起落油缸支座 8 和

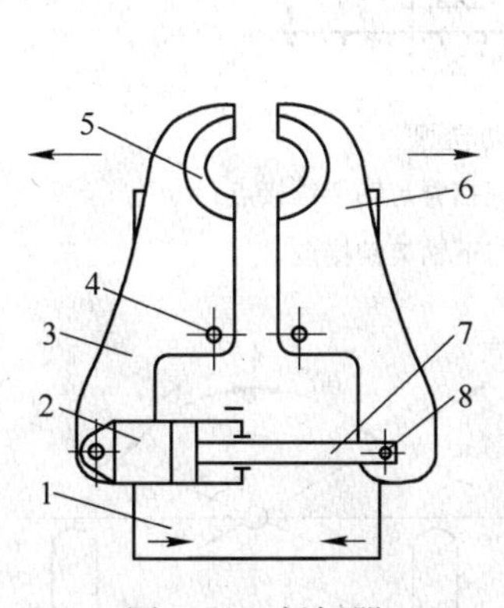

图 2-20　托钎器

1—托钎器座；2—托钎器油缸；3—左卡爪；4，8—销轴；5—钎套；6—右卡爪；7—活塞杆

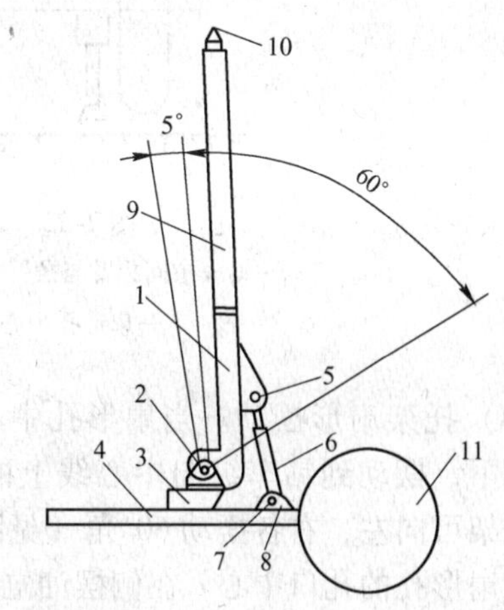

图 2-21　叠形架俯仰动作

1—下轴架；2—轴；3—下轴架支座；4—底盘；5，7—销轴；6—起落油缸；8—起落油缸支座；9—铜管套；10—顶向千斤顶；11—前轮

下轴架支座 3 借螺钉固定在钻车底盘 4 上，它们共同支承叠形架的重量。当起落油缸 6 伸缩时，下轴架 1 便和整个叠形架仰俯起落。向前倾可达 60°，向后倾可达 5°，即叠形架可在 65°范围内前后摆动，保证钻车有较大的钻孔区域。

（2）叠形架的稳固。顶向千斤顶 10 安装在铜管套 9 内（见图 2-21）。凿岩时，顶向千斤顶活塞杆伸出，抵住顶板，从而使整个叠形架稳定并减少钻车振动。顶向千斤顶的推力约为 2800N。活塞杆向外伸出可达 1700mm。这样可以达到高度为 4.5m 的顶板。

（3）扇形孔中心及其运行轨迹。从图 2-18 可知，在钻凿扇形孔时，托架 6 是以中间拐臂 11 的下轴孔为中心做扇形摆动。其动作是，当侧摆油缸 13 伸缩到一定程度时，中间拐臂 11 便固定不摆动（即下轴孔轴线不动），此时只要开动扇形摆动油缸 10 便可使托架 6 绕下轴孔中心线摆动，以便钻凿扇形孔。

由于中间拐臂 11 上部有销轴和上轴架 8 铰接，而上轴架 8 又套在千斤顶的铜管套外面并可上下移动。因此，中间拐臂 11 在上轴架 8 上下移动的过程中做扇形摆动，扇形孔中心的摆动是复摆。

扇形孔中心 c 的运动轨迹如图 2-22 所示。它是一条曲率半径较大的上凸曲线。

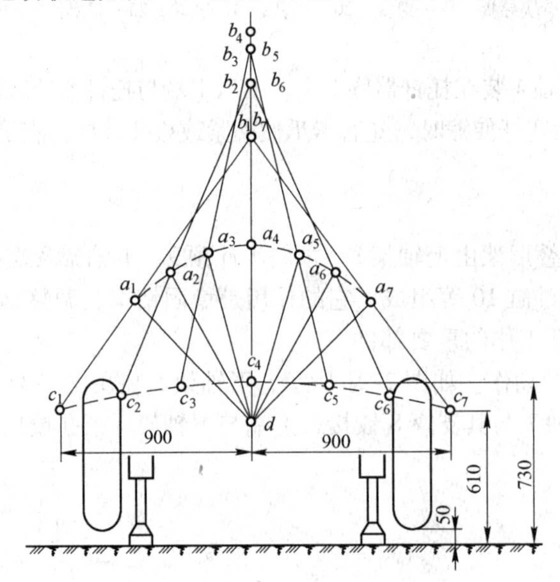

图 2-22　扇形孔中心 c 的运动轨迹

$a_1 \sim a_7$—中间拐臂与摆臂铰接点；$b_1 \sim b_7$—中间拐臂与轴架铰接点；
$c_1 \sim c_7$—扇形孔中心运动轨迹；d—摆臂与下轴架铰接点

（4）托架扇形摆动。当扇形孔中心在侧摆油缸作用下，摆动到钻车纵向中心线上的位置 c_4 点时，托架可向左、右各摆动 60°角（见图 2-23）。

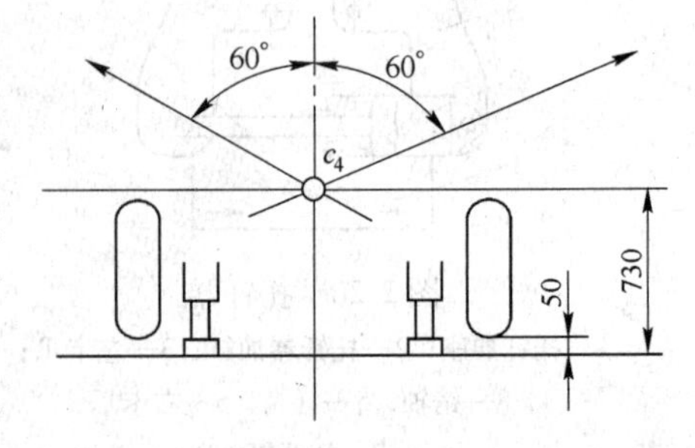

图 2-23　扇形孔中心 c 在中心时炮孔范围

当扇形孔的孔口中心 c 在侧摆油缸作用下，摆动到左、右极限位置时，则托架摆幅达 100°，可钻凿左右各下倾 5°的炮孔，如图 2-24 所示。

（5）托架的平动。为了适应钻凿平行炮孔的需要，采矿钻车也必须有平动机构，其动作原理如

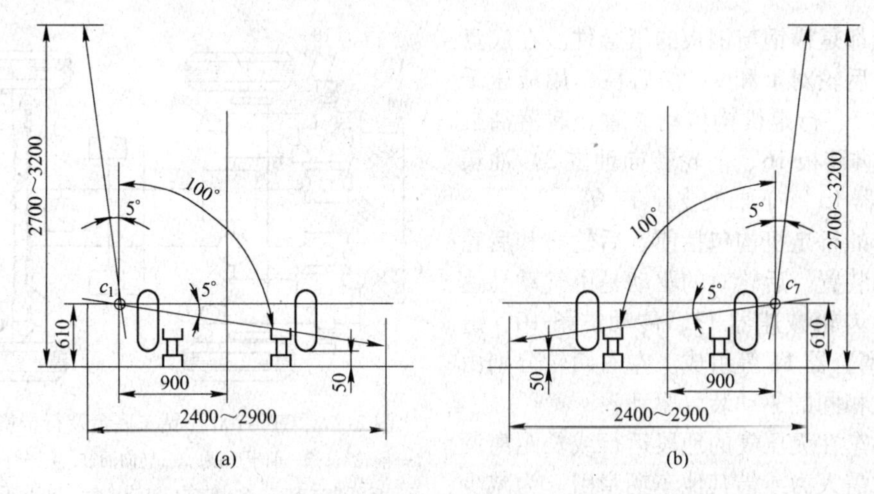

图 2-24 扇形孔中心 c 在左、右极限位置时扇形炮孔范围

（a）向右钻凿扇形孔范围；（b）向左钻凿扇形孔范围

图 2-25 所示。当调整扇形摆动油缸 2 的伸缩量使$AC=BD$、$AB=CD$时，$ABCD$为一平行四边形，托架处于垂直位置。这时如使 BD 长度保持不变，并操纵侧摆油缸 5，则可使托架 6 平行移动，这样安装在托架推进器上的凿岩机便可钻凿出如图 2-26 所示的垂直向上的平行炮孔。

如果操纵起落油缸，使顶向千斤顶在其起落范围内任意位置固定后，也可操纵扇形摆动油缸 2 使$ABDC$成一平行四边形。这时开动侧摆油缸 5，即可钻凿与顶向千斤顶方向一致的倾斜向上的平行炮孔。

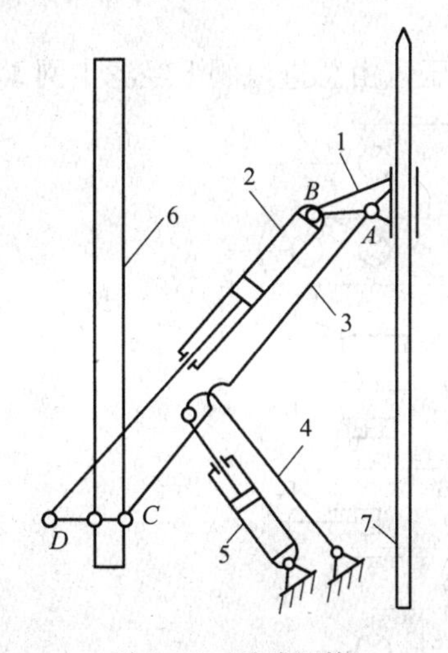

图 2-25 平动机构

1—上轴架；2—扇形摆动油缸；3—拐臂；4—摆臂；5—侧摆油缸；6—托架；7—顶向千斤顶

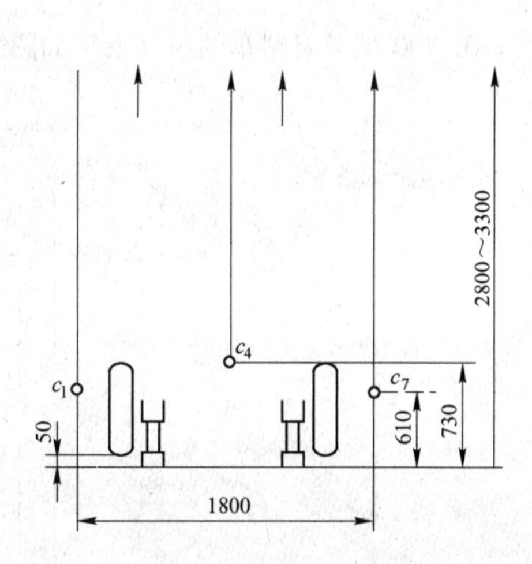

图 2-26 垂直向上炮孔范围

2.3.3.3 底盘与行走机构

CTC-700 型凿岩钻车的底盘如图 2-27 所示。钻车底盘是由 1 根纵梁和 3 根横梁焊接而

成，各梁都是槽钢与钢板的组合件。在底盘上装有前后轮对 1 和 9、前后稳车用液压千斤顶 2 和 7、行走机构传动装置、起落油缸支座 5、脚踏板 16、前轮转向油缸 3、油箱 8 及注油器 15 和下轴架支座 17 等。

钻车的行走机构包括前、后轮对和后轮对的驱动装置。后轮对的驱动是由气动马达 14、两级齿轮减速器 13、传动链条 10、链轮 12 和离合器 11 等组成。左右两轮分别由两套完全相同的驱动装置驱动。

当钻车在无压气的地段运行或长距离调动时，常需人力或借其他车辆牵引。为减少气动马达、减速器的磨损，应操纵离合器 11 使主动链轮与减速器的输出轴脱开。离合器 11 是一个由弹簧控制的牙嵌离合器，根据需要可使行走机构的主动链轮与减速器输出轴合上或脱开。

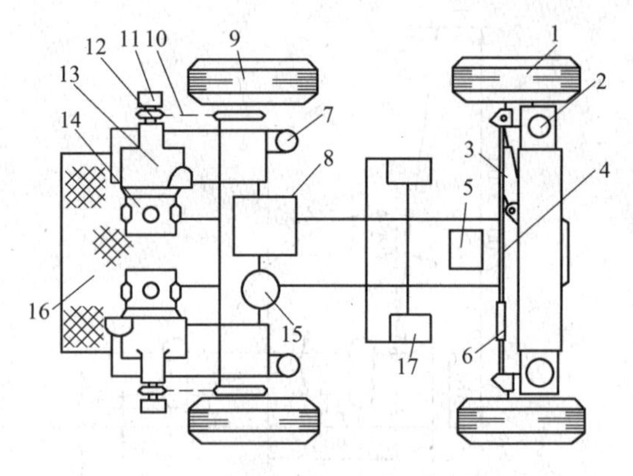

图 2-27　CTC-700 型钻车底盘及行走机构

1—前轮对；2—前千斤顶；3—转向油缸；4—转向拉杆；5—起落油缸支座；6—转向拉杆连接套；7—后千斤顶；8—油箱；9—后轮对；10—传动链条；11—离合器；12—链轮；13—行走气动马达减速器；14—行走气动马达；15—注油器；16—脚踏板；17—下轴架支座

钻车的前进和后退可利用气动马达的正向或反向旋转来实现。

钻车的转向装置可使前轮对 1 同时向左或向右转动一个角度，从而使钻车向右或向左转弯。钻车转向装置由转向油缸 3、转向拉杆 4 和连接套 6 等部件构成；连接套供调平前轮对时使用。

2.3.3.4　风动系统

CTC-700 型凿岩钻车的风动系统如图 2-28 所示。压风由总进风阀 1 经滤尘网 2 和注油

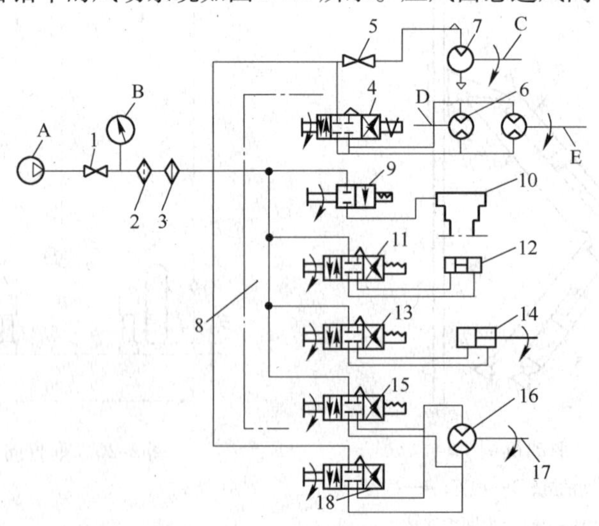

图 2-28　凿岩钻车风动系统

A—风源；B—风压表；C—油泵轴；D—左轮轴；E—右轮轴；1—2″总进风阀；2—滤尘网；3—注油器；4—行走机构操作阀；5—3/4″给风阀门；6—行走气动马达；7—油泵气动马达；8—风动操作阀组；9—凿岩机操作阀；10—凿岩机；11—凿岩机换向操作阀；12—凿岩机换向机构；13—顶向千斤顶操作阀；14—顶向千斤顶；15—推进气动马达操作阀；16—推进气动马达；17—推进丝杠；18—推进气动马达辅助操作阀

器3，然后分成三路。一路进入行走操作阀4及油泵给风阀门5以开动两个行走气动马达6及油泵气动马达7。一路进入风动操作阀组8，经过凿岩机操作阀9开动凿岩机10；经过凿岩机换向操作阀11开动凿岩机换向机构12，使钎杆正反转，实现机械化接卸钎杆；经过顶向千斤顶操作阀13开动顶向千斤顶14，使顶向千斤顶活塞杆伸出顶住顶板，以稳定钻车及其叠形架；通过推进气动马达操作阀15，开动推进气动马达16。还有一路经过推进气动马达辅助阀18，也可开动推进气动马达16。推进气动马达辅助操作阀18安装在操作台前面并靠近凿岩机的一边，在接卸钎杆时，司机站在推进器旁侧，可以就近利用这个辅助阀来开动推进器气动马达，从而实现单人单机操作钻车。

2.3.3.5 液压系统

CTC-700型凿岩钻车液压系统由一台CB-10F型齿轮油泵供油。油泵由21kW的TM1-3型后塞式气动马达驱动。油泵气动马达与油泵之间用弹性联轴节连接。油泵设在油箱内。压力油由总进油管进入两个操作阀组的阀座内，再经过9个液压操作阀进入10个液压油缸，分别完成驱动钻车的各种动作。各油缸的回油分别经操作阀回到阀座，由总回油管经滤油器过滤污物后流回油箱。除两个前千斤顶油缸共用一个操作阀驱动和彼此联动外，其他各缸均各由一个操作阀驱动，油泵出油口装有一个单向阀。其液压系统如图2-29所示。

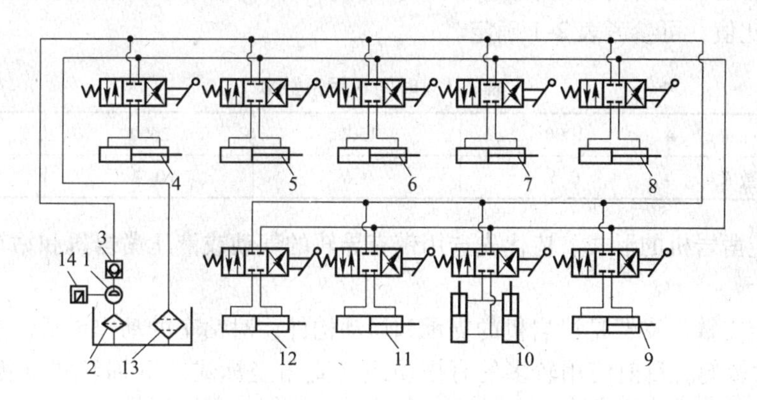

图2-29 凿岩钻车液压系统

1—齿轮油泵；2—滤油器；3—单向阀；4—托钎器油缸；5—推进器油缸；6—扇形摆动油缸；7—起落油缸；8—侧摆油缸；9—左后千斤顶油缸；10—前千斤顶油缸；11—前轮转向油缸；12—右后千斤顶油缸；13—滤油器；14—气动马达

2.3.3.6 供水系统

CTC-700型凿岩钻车的供水系统很简单，即水从水源以3/4″胶管引入工作面后，分为两路：一路用闸阀控制供凿岩机用水；另一路则供冲洗钻车等用。

钻车供水压力视凿岩机需用冲洗水压而定。CTC-700型钻车使用水压为0.3～0.5MPa。

2.4 凿岩钻车的选型

2.4.1 选型原则

影响凿岩钻车设备选型的因素很多，选型时要根据设备性能、用途和具体使用条件确定。如掘进钻车首先要依据巷道规格和要求的凿岩速度、孔径、孔深，采矿钻车还要依据开采工艺要求的回采速度等多种因素综合分析后确定。选用的钻车既要满足生产要求，又要凿岩效率高，操作简便，安全可靠，力求技术先进，经济效益好。

2.4.2 选型步骤

（1）确定生产率。凿岩机的生产率应满足生产的需要。其生产率一般用每班钻孔长度表示：

$$L = KvTn/100$$

式中 L——凿岩机的生产率，m/班；

n——一台凿岩钻车上同时工作的凿岩机台数，也等于支臂的数量；

T——每班工作时间，min；

v——凿岩机的技术钻进速度，cm/min；

K——凿岩机的时间利用系数，为凿岩机纯工作时间与每个循环中凿岩工作时间的比值，可参考表 2-1 确定。

表 2-1 时间利用系数 K

推进器行程/mm	1000	1500	2000	2500
时间利用系数 K	0.5	0.6	0.7	0.8

（2）确定凿岩机的形式。应优先选用带有导轨的气动或液压凿岩机和钻车配套，以提高凿岩效能。

（3）确定支臂。支臂是凿岩机的支承和运动构件，对钻车的动作灵活性、可靠性及生产效率有较大影响。目前使用较多的有摆动式（直角坐标式）和回转式（极坐标式）两大类。

1）支臂的类型。

①摆动式支臂：在工作时可使钻臂在水平和垂直方向移动，按直角坐标方式确定炮眼的位置，因此又称为直角坐标式支臂。其特点是结构简单、通用性好、操作直观性好，适合各种炮眼排列方式，但在确定炮眼位置时，操作程序多、所需时间长。轻型钻车可采用此种支臂。

②回转式支臂：在工作时可使整个支臂绕其根部回转机构的轴线做360°回转。支臂同时可实现升降，通过升降运动和回转运动，以极坐标方式确定炮眼的位置，因此又称为极坐标式支臂。该种支臂的特点是动作灵活、炮眼定位操作程序少，所需时间短，便于打周边炮眼，但结构比较复杂。各种形式的凿岩钻车均可采用此种支臂。

2）支臂数量。支臂用以支承凿岩机，每条支臂上安装一台凿岩机，所以凿岩机的台数即等于支臂的数量。支臂的数量 n 可按下式确定：

$$n = \frac{100\,Zh}{KTv}$$

式中 Z——工作面所需炮眼数；

h——工作面炮眼的平均深度，m。

也可根据断面的大小确定支臂的数量。

（4）确定推进器。推进器使凿岩机移近或退出工作面，并提供凿岩工作时所需的轴推力。

1）推进器的类型。推进器的类型主要由炮眼深度 h 决定：当 $h \leqslant 2500$mm 时，应选用结构简单、外形尺寸小、动作平稳可靠的螺旋式推进器。当 $h > 2500$mm 时，应选行程较大的链式推进器或油缸-钢丝绳式推进器。

2）推进器行程。选择推进器行程时，应考虑以下两种情况：

①一根钎杆一次钻成炮眼全深时，推进器的推进行程 H 由炮眼深度 h 决定，即

$$H \geqslant h + h'$$

式中 h'——凿岩机回程时，钎头至顶尖的距离，一般为 50 ~ 100mm。

②接钎凿岩时，推进器的行程应不小于接钎长度，即

$$H \geqslant h_j + h'$$

式中 h_j——接钎长度，mm。

3）推进力。推进器的推进力应能在一定范围内调节，以满足最优轴推力的需要。平巷掘进时的推进力 P 为：

$$P = K_b R_b$$

式中 K_b——备用系数，1.1 ~ 1.3；

R_b——最优轴推力。

凿岩机在最优轴推力下工作，才能获得最佳凿岩效能。

（5）确定推进器平动机构。推进器平动机构用以保证支臂在改变位置时，推进器始终和初始位置保持平行，从而钻凿平行炮眼，实现直线掏槽法作业。其选用方法为：

1）当使用强度不大的轻型支臂时，可选择结构简单、制造简易、动作可靠的四连杆式平动机构。

2）当支臂较长或使用伸缩支臂和旋转支臂时，应选用尺寸小、重量轻的液压自动平行机构。

3）在要求炮孔平行精度高的场合，可采用电液自动平行机构，通过角定位伺服控制系统控制支臂液压缸和俯仰角油缸的伸缩量，实现推进器托盘的自动平行位移。

（6）确定行走机构。

1）轮胎式行走机构。其特点是调动灵活、结构简单、重量轻、操作方便，翻越轨道时不会受损，也不会轧坏水管或电缆；但轮胎寿命短，需经常更换，维修费用高，钻车高度大。在大断面巷道中使用的大型钻车可采用此种行走机构。

2）轨轮式行走机构。其特点是结构简单、工作可靠、轨轮寿命长、钻车高度小，但调动不灵活、增加辅助作业的时间。在小断面和采用轨道运输的巷道中应采用此种行走机构。

3）履带式行走机构。其特点是牵引力大、机动性好、对底板的比压小，机器的工作稳定性好。和履带式装载机相配合可组成高度机械化作业线。但机器的高度尺寸和重量较大，多在中等以上的巷道断面中使用。

（7）确定外形尺寸及通过弯道的曲线半径。所选用钻车的外形尺寸要受巷道断面的限制，主要取决于运输状态时的最小工作空间尺寸。对于单轨运输巷道，在运输状态时要保证钻车和两侧臂壁间有一定的安全距离：钻车的运行高度应比电机车架线低250mm。选用钻车时，还应根据本地矿井的情况，使钻车允许通过的最小曲率半径小于工作巷道的最小弯道半径，以使所选用的钻车能顺利调动、正常工作。

选用钻车时，可参考下面几种情况：

1）巷道掘进、硐室开挖、铁路公路等隧道工程施工选用掘进钻车，断面大要求掘进速度快，应选用多机自动化程度高，如全液压掘进钻车。

2）中小矿山小断面巷道掘进，可选用国产掘进钻车，并与装载运输设备配套组成掘进机械化作业线。这样设备购置费用较低，维修方便，也可以取得较好的技术经济效益。

3）采矿凿岩钻车主要是根据采矿方法、回采工艺、产量，凿岩爆破参数要求选用，力求凿岩效率高、费用低、作业环境好。

4）采用无底柱分段崩落法采矿，在进路掘进、拉切割槽、回采凿岩可选用同一型号凿岩钻车。进路断面为2.8m×2.8m～3m×3m可选用单臂钻车；进路断面为3.0m×3.0m～4m×5.5m可选用双臂钻车，又能钻凿上向平行孔。

5）液压凿岩钻车优点突出，是凿岩设备发展方向之一，应优先考虑。凿岩钻车在设计时一般不设备用，但矿山应不少于2台。钻车用凿岩机按要求备用。

复习思考题

2-1　简述露天凿岩钻车的特点。

2-2　简述掘进凿岩钻车油（气）缸-钢丝绳式推进器的工作原理。

2-3　画简图，说明掘进凿岩钻车液压平移机构的工作原理。

2-4　简述采矿钻车的基本动作。

3 地下装载机械

【学习要求】

(1) 了解地下装运机的分类与应用。

(2) 了解地下铲运机的分类、使用条件与工作原理。

(3) 掌握地下铲运机的结构。

(4) 掌握地下铲运机的选型。

(5) 掌握电耙的组成、结构与技术参数。

(6) 了解常用装渣机械。

装载作业是整个采掘生产中最繁重的工作之一，无论是露天采矿还是地下采矿，这一工作环节上的劳动量占整个掘进（采矿）循环的30%~50%。因此，大力推广和使用装载机械，不断提高装载作业的机械化水平，对提高劳动生产率、解除工人繁重的体力劳动、促进整个采矿工业的发展都有着十分重大的意义。

矿用装载机械的类型很多，按使用场所分为露天装载机和井下装载机两大类；按装载矿岩的工作机构分为铲斗式、耙爪式和耙斗式等几种；按行走方式分为轨轮式、履带式和轮胎式等；按所使用的动力源分有电动、气动和内燃驱动等。

在采矿工业中，挖掘机除少数用于直接剥离表土外，大多数都是用于装载或转运已爆破下来的矿岩，其实质上也是一种装载机械。

20世纪中期，装岩机在我国地下矿曾被广泛使用，主要用于掘进及回采装矿（岩）。到20世纪中后期，随着矿山技术发展及设备不断更新，装岩机逐渐被铲运机、装运机取代，其应用范围也逐渐缩小。

装运机是自身带有铲斗、储矿仓和轮胎行走的具备装、运、卸多功能的矿山装载设备，主要用于采场出矿，也可用于巷道掘进装岩。按运矿方式不同，装运机分为车厢式及铲斗式两大类。车厢式装运机（简称装运机）用铲斗铲取矿岩装入车厢，车厢装满后自行运到溜井卸载。铲斗式装运机（简称铲运机）有一铲斗，用铲斗铲取矿岩，兼作运搬容器，自行运到溜井卸载。

近些年来，随着无轨自行设备的发展，如铲运机、装运机以及振动放矿机的广泛使用和推广，电耙的应用范围已渐缩小。在西方国家，虽然许多矿山已采用无轨化开采，广泛使用铲运机出矿，但也不乏使用电耙出矿的矿山。

3.1 地下装运机

20世纪60年代，我国从瑞典引进装运机，随后国内厂家研制生产了装运机。同装岩机相比，装运机装运能力强，行走速度快，机动灵活，效率高，20 世纪 70 ~ 80 年代时曾在我国地下矿山广为应用，主要用在冶金、化工等矿山的无底柱分段崩落法、充填采矿法采场运搬及掘进出渣等。随着矿山机械设备的发展，我国引进和研制生产了铲运机。同装运机相比，铲运机优点很多，新建的矿山和曾经使用装运机的矿山大部分改用铲运机。但是，装运机还有一定的优点，故在小型矿山及部分充填法采场有一定的优势，仍有应用。

目前的装运机都采用轮胎行走，其动力主要有压气和柴油机两种。气动装运机由于其储矿仓配置在行走部分上，与其他类型的装运机相比，工作时所需的巷道高度较大。因以压气为动力，其运输距离和装载能力都受到限制，故气动装运机一般只生产小型的，其最大斗容量为 0.5m^3，最大储矿仓容积为 2.2m^3，主要用于短距离（60 ~ 120m）的装运卸作业，行走速度不大于 5km/h。柴油机驱动的内燃装运机克服了气动装运机的运距小、车速慢、生产能力有限等缺点，具有功率较大、机动性好、行走速度高等优点，当运距一定时，其生产能力高于气动装运机。但其废气净化问题未彻底解决。

装运机按卸载方式分为翻转后卸式、底卸式、翻转前卸式及推卸式装运机等多种。本节主要是讲述翻转后卸式装运机，以下简称装运机。

装运机的特点为：

（1）实现了无轨作业，设备轻巧，使用比较灵活。

（2）可自行一定距离，减少了溜井和漏斗的开凿安装工作量。

（3）采场底部结构简单，易于在出矿工作面处理大块。

（4）维修工作较大，维修费用较高。

（5）轮胎消耗量较大，轮胎消耗费用较高。

（6）受拖曳风管的限制，运距较短，机动灵活性不太高。

（7）铲斗容积小，生产能力受限制。

装运机的适用范围为：

（1）无底柱分段崩落法、分层崩落法、上向水平分层充填法、下向水平分层充填法、房柱法、全面法等采矿方法的回采出矿。

（2）采场生产能力中等以下。

（3）矿石和围岩中等稳固以上为好。

（4）装运矿岩块度在 500 ~ 600mm 以下。

3.1.1　气动装运机

气动装运机是以压气为动力的翻转后卸式装运机，在 20 世纪 60 ~ 90 年代是我国非煤地下矿回采及掘进中曾经广泛使用的装运设备，主要机型有 C-30、CG-12 型。这两个机型虽然规格不同，但结构大体相同。本节介绍的是 C-30 型（早期称 ZYQ-14 型）装运机的基本结构及工作原理。

C-30 型装运机基本结构主要由动力部分、行走部分、装卸部分和操纵部分组成。C-30 型装运机基本结构如图 3-1 所示。

装运机的动力部分分别与有关传动减速箱连接在一起。行走部分主要指机器的下部，包括机架、行走减速器、行走轮以及转向机构等。装卸部分主要包括位于机器最前部的铲装机构、上部的储矿车厢及车厢下面的卸料装置。操纵部分位于装运机前进方向的左侧，

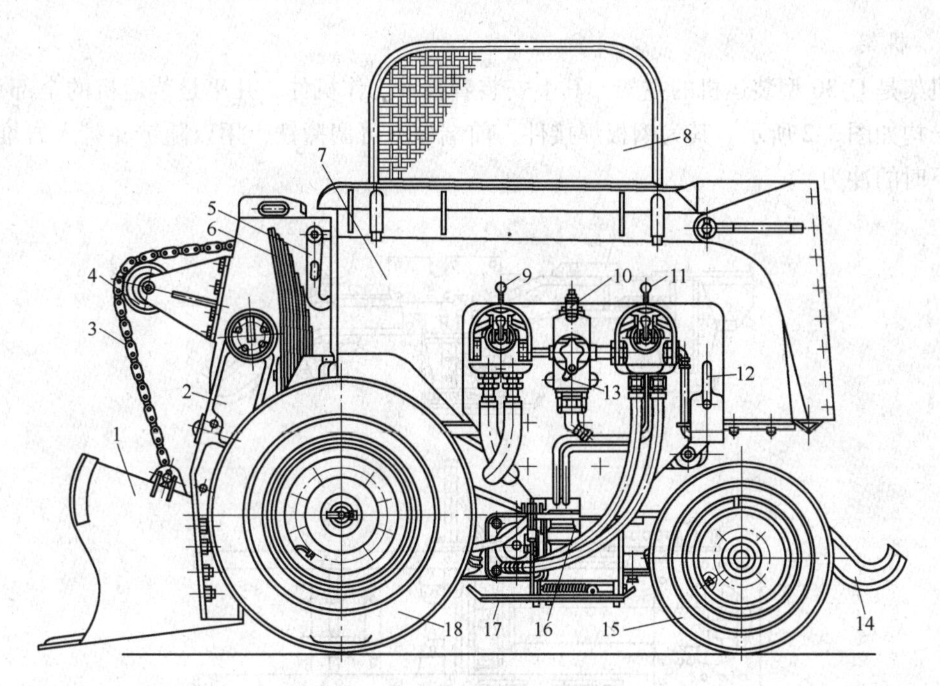

图 3-1 C-30 型装运机基本结构

1—铲斗；2—斗柄；3—链条；4—支承滚轮；5—挂钩；6—缓冲弹簧；7—车厢；8—安全网；9—铲斗提升操纵阀；10—主供气阀；11—行走转向操纵阀；12—车厢卸料操纵阀；13—总开关手柄；14—道轨；15—转向轮；16—卸料踏板；17—工作踏板；18—驱动轮

由主供气阀和操纵阀等组成。

C-30 型装运机的工作循环如下：工作时，首先依靠机器的自重和行走机构的冲力，使铲斗插入已爆破的矿岩堆中。铲斗装满后，提升铲斗把矿岩向后卸到储矿车厢内，同时使装运机后退一定距离，再落下铲斗进行下一次的铲装。待车厢装满矿岩后，开动机器行驶到卸载地点，卸料气缸推动车厢沿道轨向后下滑并倾翻，将矿岩卸掉，然后使车厢复位，装运机返回至装载地点，开始下一个工作循环。

3.1.1.1 动力部分

C-30 型装运机使用的动力机是以压缩空气为动力的气动机，其形式多为叶片式。该装运机使用 3 个气动机，分别带动铲斗提升、机器行走和转向对应功率分别为 14.7kW、10.25kW 和 0.66kW。

由于气动机废气的气压仍未消尽，如果直接排出，体积突然膨胀，就会发出很响的噪声。为了减轻排气噪声，改善劳动条件，提高生产率，装运机上设有消声器，使废气经消声器后再排出。C-30 型装运机有两个消声器，铲斗提升气动机用一个消声器，行走和转向气动机合用一个消声器。

3.1.1.2 行走部分

行走部分由机架、行走减速箱、行走轮、转向机构等组成。

A　机架

机架是 C-30 型装运机的主架。其上安装着各种工作机件，几乎是装运机的全部重量。机架结构如图 3-2 所示。其为钢板焊接件，前端焊有可调撞铁，用以随铲斗铲入岩堆和承受落下时的冲力。

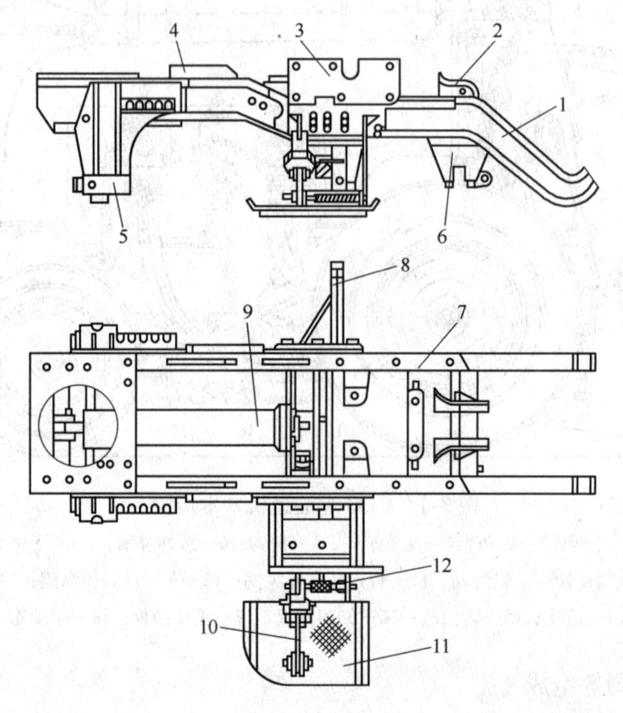

图 3-2　机架结构

1—道轨；2—限位板；3—操纵板底座；4—凸台；5—可调撞铁；6—转向轮枢轴定位器；7—道轨板；8—卸料控制杆底座；9—卸料气缸；10—脚踏板支杆；11—工作踏板；12—卸料踏板

撞铁为套筒式结构，如图 3-3 所示。销轴 3 插入 3 个不同位置的销孔，可改变撞铁的伸出长度，调节铲斗离地高度。

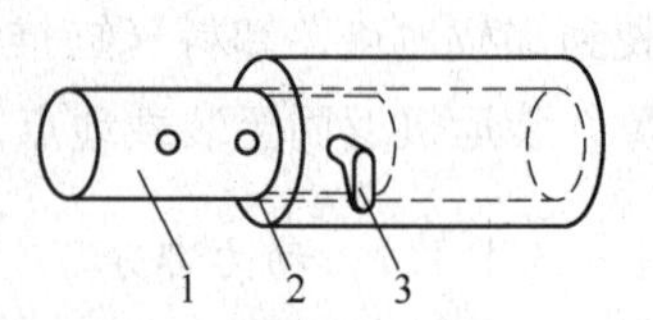

图 3-3　可调撞铁

1—撞铁；2—套筒；3—销轴

机架前部下端铰接着车厢卸料气缸。机架前部上面及下面分别用来装置铲斗提升机构及行走机构。机架右侧是车厢卸料控制杆底座。机架左侧用螺栓紧固着操纵板底座，上面安装支座、油箱、操纵板和工作踏板。

工作踏板供司机站立用，司机操作时必须站在上面，以保证安全和提高生产率。工作踏板铰接在操纵板底座上，铰接处装有复位弹簧，在装运机不工作时，弹回原来位置。为了使踏板稳定牢靠，除踏板支杆外，在操纵板底座中间还装有钢板加强筋，加强筋一直延伸到机架另一侧，并和机架用螺栓紧固。为防止站立时脚滑动，踏板面选用网状花纹钢板。

机架后部是道轨，供车厢卸料用。道轨后部向下弯曲成 45°，最后一段往上翘，用以挡住滚轮，使其不再继续下滚，车厢停止下滑。道轨上水平一段，用螺钉固定着平直的道轨板，以使车厢滚轮滚动良好，另外道轨板磨损后也便于更换。

机架上方焊有两个限位板，是车厢卸料时车厢后移的限位装置。当卸料气缸活塞杆碰到限位板时，车厢被迫停止后移。限位板中间的孔是装卸气缸活塞杆销子用的。

机架上焊有凸台，车厢复位时，车厢滚轮撞到凸台后即停止滚动。机架后部分安装着转向机构。机架后部下面的转向轮枢轴定位器用来铰接转向轮枢轴。

B　行走减速箱

装运机的行走传动系统如图3-4所示。行走气动机通过减速箱带动驱动轮回转，装运机即行走。操纵气动机正转或反转，使装运机前进或后退。

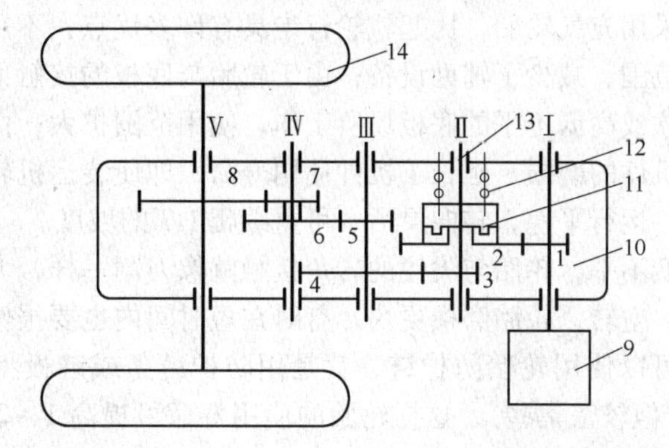

图3-4　C-30型装运机行走传动系统

1~8—行走减速箱传动齿轮；9—行走气动机；10—行走减速箱；
11—行走离合器；12—弹簧；13—离合器手柄；14—驱动轮

行走减速箱是整体式结构，用螺栓固定在机架前下部。减速箱为四级圆柱齿轮减速机构，总速比为160。

行走气动机通过4个螺钉安装在减速箱箱体的一边，并通过牙嵌式联轴节和减速箱轴连接。当装运机行走负载最大时，行走气动机的输出功率也最大，从气动机的特性曲线上得知，此时气动机转速为2200r/min。经过行走减速箱的减速，驱动轮的行走速度为0.7m/s，转速为13.7r/min，装运机的运行速度2.48km/h。按同样的方法，可以计算出装运机在各种情况下的行走速度，装运机的平均运行速度为3.6~4.32km/h。

从以上可以看出，装运机的行走速度主要与负载情况、气压、底板平整情况等有关。在空载、气压足、底板又平整时，运行速度最快。

减速箱体为铸钢件，具有良好的刚性，能保证在工作时不变形。箱体是安装传动轴、齿轮的基座，为了保证齿轮轴线相互位置的正确，箱体上轴承孔加工得很精确。箱体上方有加油螺堵，上面焊有油尺，用于检查箱体内润滑油量。有的装运机没有油尺，通过箱体侧壁的油位螺堵来检查油位。当松开螺堵时，必须有油渗出。箱体底部通过螺钉紧连着盖板，盖板上有放油和清理减速箱用的磁性螺堵，用以吸取油污里的铁屑。

减速箱上方的通气孔用以排除由气动机漏进减速箱的压气，同时也使随着工作使箱内温度升高而受热膨胀的空气能自由排出箱外。通气孔做成油杯形状，上面是无孔盖子，盖子下方及四周有许多小孔，这样既当加油杯又是通气孔，既通风又防尘。

C　行走轮

装运机的行走轮包括一对驱动轮和一对转向轮。行走轮由轮胎、轮辋、轮毂、轮轴及充气嘴等组成。装运机前部的一对大轮胎是驱动轮，充气压力较低。轮轴和轮毂由一个大键连接，轮毂和轮辋通过 10 个螺栓连接，轮毂盖封住了轮轴，起保护作用。

转向轮位于机器的后部，是一对小轮胎，充气压力较高，它除了能转动外，还能绕转向节上销轴摆动一个角度，以实现机器的转向。凸出的轮毂盖除用作配重外，还能围住转向节能起保护作用。轮毂和轮辋也是用螺栓连接。

轮胎由内胎、外胎、衬垫、充气嘴等组成。充气嘴一端固定在内胎上，另一端穿过轮辋露出在外，便于充气。轮辋承受重载荷，由高强度材料制成。

装运机的行走轮采用充气轮胎，比起轨轮行走具有许多优点：不用敷设铁轨，实现无轨作业，扩大了作业范围，减少了辅助设备；由于轮胎与底板的接触面大，压强小，通过性高，能在井下较松软或高低不平的底板场所工作，使用范围扩大；由于充气轮胎有良好的缓冲作用，减轻了机件的磨损，延长了机件使用寿命，即使装运机轮胎碾压住风管也不会有危险，生产安全；运行平稳，转向灵活，可重载爬 1:7 的坡度。

由于井下底板高低不平，轮胎与尖锐的岩角接触就像刀割一样，尤其当司机操作不熟练，铲装时轮胎打滑、空转，轮胎磨损更快，有时在短时间内也要报废一对轮胎。为了延长轮胎的使用寿命，可以使用轮胎防护链，就是用防护链条或链板将轮胎紧紧地包起来(像汽车防滑链那样，但较密集些)，这样轮胎的使用寿命可提高 1～2 倍：同时由于能很好防滑，牵引力增加，因此装载效果更好。加装防护链时，应将轮胎内压气放尽，装好链条后再充气。防护链条或链板最好选用合金钢材料，这样更加耐磨。

D　转向机构

机构安装在机架的后部，主要由转向气动机、联轴节、齿轮油泵、油缸以及一套传动杠杆和转向轮等组成。转向机构传动系统如图 3-5 所示。转向机构的结构如图 3-6 所示。

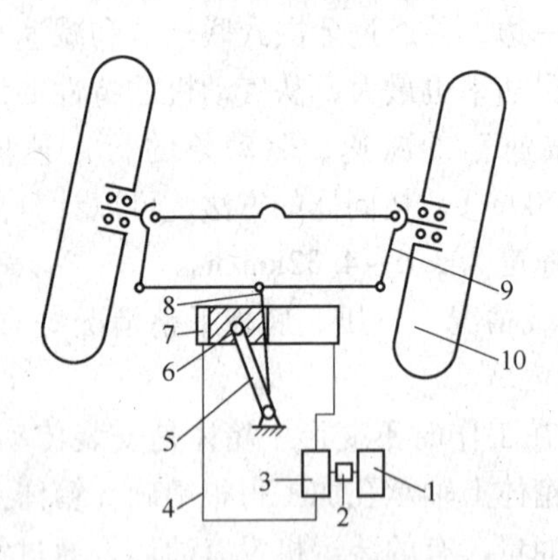

图 3-5　气动-液压转向传动系统

1—转向气动机；2—联轴节；3—齿轮油泵；4—油管；5—摆臂；6—油缸活塞；7—油缸；8—摆杆；9—转向杠杆机构；10—转向轮

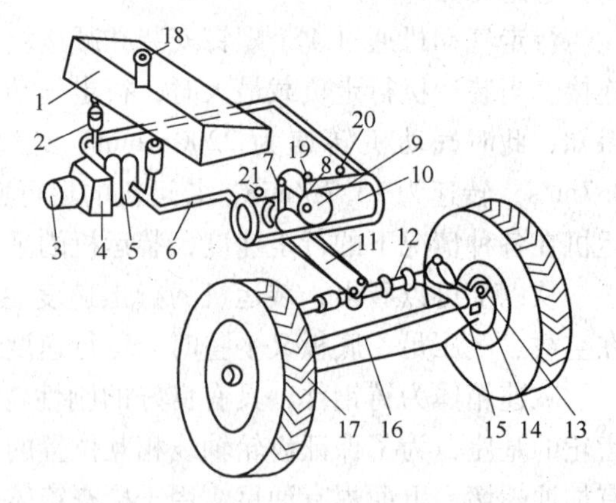

图 3-6　转向机构的结构

1—油箱；2—单向阀；3—转向气动机；4—支座；5—油泵；6—油管；7—立轴；8—摆臂；9—油缸活塞；10—油缸；11—摆杆；12—横拉杆；13—销轴；14—转向节；15—转向节臂；16—枢轴；17—转向轮；18—通气孔；19—油缸加油螺堵；20，21—油缸排气螺堵

转向气动机和油泵用螺钉分别紧固在支座的两边。支座和油箱用螺钉紧装在操纵板底

座上。转向气动机通过联轴节，带动齿轮油泵转动，油泵压为为 2.5MPa。

油箱的加油口伸出在操纵板外面，以便加油。油箱底部有放油螺堵供清理用。油箱上部的加油管帽上有通气孔。在油箱往齿轮油泵输油的两管道中，分别装有单向阀（见图 3-7），用以控制供油的流向。

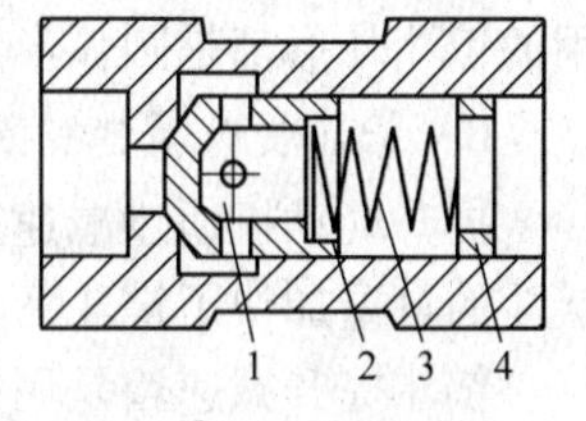

图 3-7 单向阀结构
1—柱塞；2—阀体；
3—弹簧；4—弹簧座

单向阀保证给齿轮油泵单向供油，以满足左转弯或右转弯的要求。当齿轮油泵正转时，在油泵入口处压力降低，这时油箱里的油顶开油泵入口处一侧单向阀的柱塞，和回路中的油一起流往油泵入口处。而油泵出口处的油，由于压力提高，把另一侧单向阀顶住，使出口处的油不能流入油箱，只能流往油缸，这样使活塞朝一个方向移动，使装运机朝一个方向转弯。当转向气动机反转时，油泵也反转，装运机就朝另一个方向转弯。

转向油缸通过 4 个螺钉安装在机架上。缸体为铸钢件，两端各有一个进油或排油口。中间上方有加油螺堵，底下有清理用的放油螺堵。缸体两端上方的螺堵用来加油排气。油缸的缸套为无缝钢管。活塞由合金钢铸成，中间侧边开一槽，以使与其铰接的摆臂摆动。摆杆和垂直立轴通过花键连接，用螺母锁紧。

在油压作用下，活塞沿缸套移动（其行程左右各为 50mm），带动摆臂，通过立轴和油缸底下的摆杆，经横拉杆和转向节臂，使转向节摆动一角度，车轮转向。

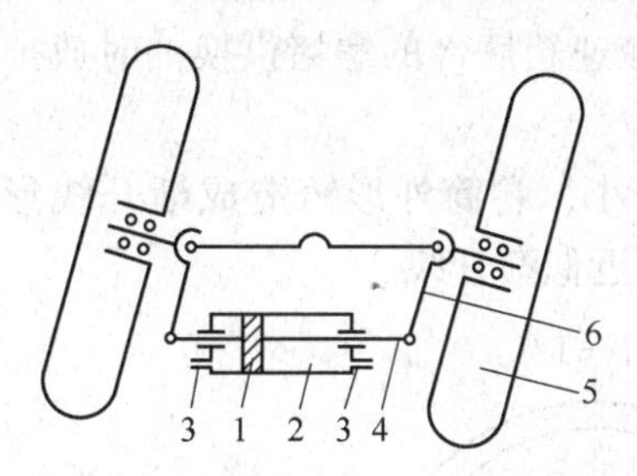

图 3-8 气动式转向机构传动原理
1—活塞；2—气缸；3—进排气口；
4—活塞杆；5—转向轮；6—杠杆机构

这种气动-液压转向机构的转向性能虽较好，但结构复杂、加工量大、维修也困难。随后人们又研制成功了另外一种转向机构——气动式转向机构。经矿山较长时间使用证明，气动式转向机构性能良好，与气动-液压式相比，气动式省掉了转向气动机、齿轮油泵、单向阀等大量零部件，结构简单紧凑、维修方便、转向灵活。如图 3-8 所示，气动式转向机构主要由转向气缸、杠杆机构及转向轮等组成。当操纵转向手柄时，压气使转向气缸内的活塞运动，通过一套杠杆，使转向轮绕转向节摆动一个角度，完成装运机的转向运行。

转向气缸是双作用活塞杆式气缸，其上焊有卡箍，它套在气缸支架上，该支架用螺钉固定在柜轴上。气缸通过卡箍在支架里可以摆动。

3.1.1.3 装卸部分

装运机的装卸部分由铲斗及斗柄、铲斗提升减速箱及箱座、车厢、卸料装置等组成。

A 铲斗及斗柄

铲斗及斗柄位于装运机最前面，是装运机直接工作部分。铲斗为钢板焊接件。斗唇由锰钢制成，焊接在下壁前部，过度磨损后可以拆换或堆焊。铲斗下壁上还焊有 5 条加强筋，以增加其刚度。铲斗的宽度与轮距相等，这样装运机能为自身开辟前进道路，并且保护了驱动轮胎。铲斗上部有一耳孔，用来铰接铲斗提升链条。铲斗和斗柄用两排螺栓连接。

铲斗的外形对其铲装阻力和装满程度有很大影响，尤其是斗唇及侧壁的形状。目前采用的铲斗外形都是圆弧形，下壁铲装刃唇状。这样铲装阻力较小，且易装满铲斗。

B　铲斗提升减速箱及箱座

提升气动机通过减速箱带动卷筒旋转，操纵气动机正转或反转，使铲斗提升或下落。铲斗的自重加快了铲斗下落速度。

铲斗提升减速箱是用螺栓固定在机架前部的箱座上。减速箱为三级圆柱齿轮减速机构，减速比为37。

铲斗装满开始提升时，提升链受力最大，提升气动机输出功率也最大。从气动机的特性曲线中得知，此时气动机转速为2550r/min，经过提升减速箱后，链条卷筒的转速为69r/min。提升过程中由于链条不断缠绕在卷筒上，使其回转半径逐渐增大，因此提升链的速度也在0.47～0.87m/s范围内变动。

铲斗提升过程中，链条的速度由小变大，到碰撞缓冲器之前速度最大。如果加大卷筒直径，链条提升速度增大，其末速度更大。这样铲斗和缓冲器的碰撞更有力，铲斗往车厢抛料距离也远些，这样使铲斗卸料干净，车厢装料也均匀。但是卷筒直径不能过大，它受气动机功率等因素的限制。另外卷筒直径过大，链条提升速度太猛，对链条、缓冲器等机件损坏也大，且易发生危险。因此卷筒直径需经过分析和计算后确定。

减速箱体为铸钢件，前面的箱盖为焊接件。箱盖下部凸出部分是加油滤清器，里边装有滤网及磁棒，用以吸取杂质及铁屑。加油滤清器侧面的螺堵用于检查减速箱润滑油位。箱盖上部的螺堵卸下后也可加油，但润滑油必须很洁净。减速箱底部的螺堵供换油时放掉污油。

卷筒为铸钢件。为了使链条缠绕平稳、受力好、冲击小，卷筒外形铸造成渐开线形状，如图3-9所示。图上*ABCDEF*曲线为四圆心渐开线，它近似渐开线。

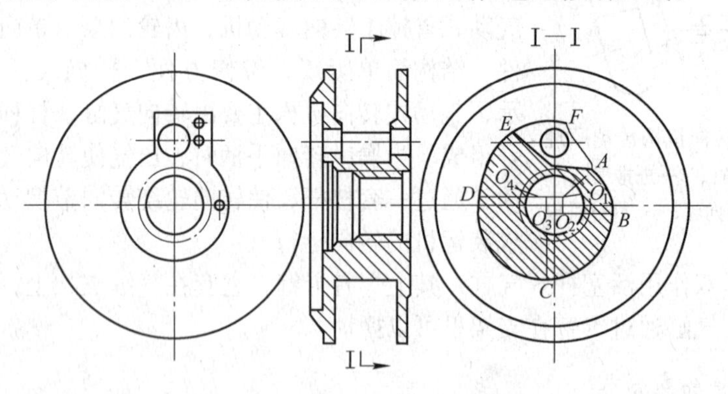

图3-9　链卷筒

链条由链片、轴销、接头组成。链片由高强度高韧性的钢板冲制成，节距为45mm。链条一端接头用轴销装在卷筒上，另一端与铲斗铰接。

支承滚轮位于铲斗落下位置和卷筒之间，用来支承提升链条。支承滚轮为铸钢件，表面光滑。它通过一对滚动轴承安装在心轴上，心轴用螺钉紧固在滚轮架上。滚轮架通过橡胶块和箱座弹性连接，以减缓对链条减速箱轴及齿轮的冲击。

箱座是钢板焊接件，用螺栓连接在机架上。箱底压板上端伸出，盖在驱动轮上面，起挡泥板作用。箱座左侧的挂钩，用以钩住斗柄上的钩销。箱座内安装提升减速箱，两边安装斗柄及板弹簧缓冲器。板弹簧用两根长螺栓紧装在箱座的压板内。板弹簧是由多片不同长度的弹簧钢板叠合成，用来减缓铲斗往车厢卸料时的冲击。板弹簧坚固耐用，易更换，但结构显得庞大。

C　车厢

车厢是储料仓，由钢板焊接而成。为了加强车厢的刚度，使其装满矿石后不变形，在车厢上部四周和底部以及后挡板上均焊有加强筋。车厢后挡板铰接在车厢后部两侧，卸料时由于卸料控制杆的作用自行开启，如图3-10所示。弧形控制杆由钢板切割而成，一端和后挡板的侧边铰接，另一端铰接在机架上的控制杆底座上。

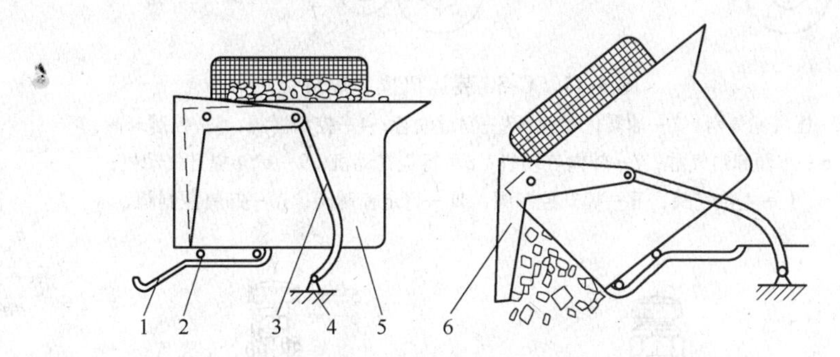

图3-10　后挡板自行开启

1—机架道轨；2—车厢滚轮；3—卸料控制杆；
4—控制杆底座；5—车厢；6—后挡板

车厢底部有4个滚轮，通过滑动轴承安装在滚轮架上。卸料时滚轮沿着机架道轨后滚、下滑。滚轮架和车厢底部间垫有减振橡胶块，并用螺钉弹性连接。车厢底部还焊一轴销座，用来铰接卸料气缸。车厢底部和机架之间连一链条，以防卸料时，车厢掉入溜井。

车厢前上边有一缺口，使铲斗卸料时不至碰撞车厢。车厢前面两侧凹进一块，这是受轮胎位置所限，另外也使车厢不留死角，卸料干净。为了防止铲斗往车厢装料时，矿石崩出伤人，车厢靠操纵板一侧装有安全网。

D　卸料装置

装运机的卸料装置主要是车厢卸料气缸，为双作用活塞式气缸。气缸水平装置在车厢底下，一端通过耳环铰接在机架前端，另一端活塞杆耳环和车厢底部轴销铰接。

3.1.1.4　操纵部分

装运机的操纵部分由主供气阀、3个操纵阀、车厢卸料踏板等组成。主供气阀及各操纵阀均用螺钉固定在操作板上，装运机操纵原理如图3-11所示。

A　主供气阀

主供气阀的作用是将压缩空气过滤后，随同雾化后的润滑油供给气动机及气缸并起总开关的作用。C-30型装运机主供气阀的作用、原理、结构如图3-12所示。主供气阀内的滤清器和化油器是一个组合件。

装运机开始工作时，先把主供气阀手柄2扳到开的位置，此时压缩空气由进气管18

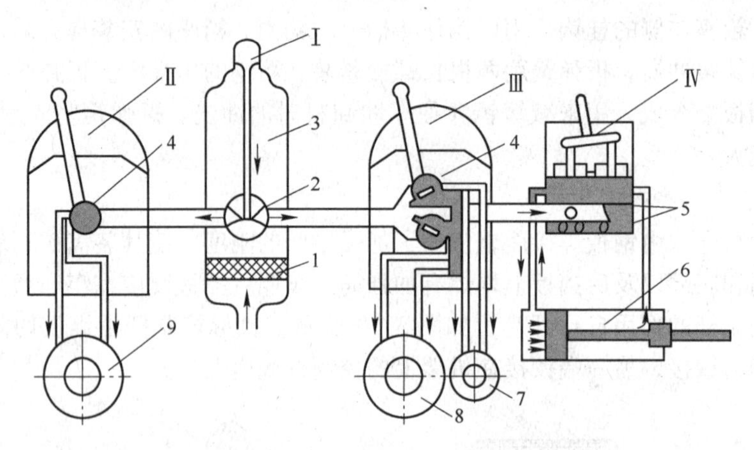

图 3-11　C-30 装运机操纵原理

1—压气滤气网；2—油雾化喉管；3—润滑油管；4—控制滑阀；5—控制球阀；6—车厢卸料气缸；7—转向气动机；8—行走气动机；9—铲斗提升气动机；Ⅰ—主供气阀；Ⅱ—提升控制阀；Ⅲ—行走控制阀；Ⅳ—卸料控制阀

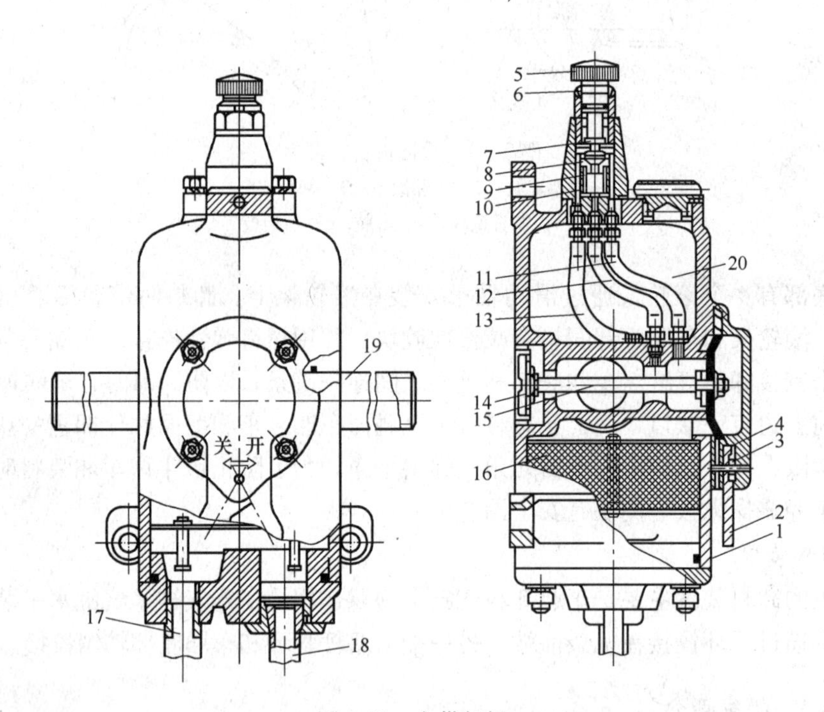

图 3-12　主供气阀

1—阀体；2—总开关手柄；3—弹簧片；4—塑料隔膜；5—调节旋钮；6—螺母；7—调节螺钉；8—油垫；9—滴油嘴；10—视油管；11 ~13—塑料管；14—垫片；15—阀杆；16—滤网；17—排气管；18—进气管；19—供气管；20—油室

进入阀体 1 经滤网 16 把塑料隔膜 4 压向右边（图中隔膜为未被压开时的位置），同时把与塑料隔膜 4 连在一起的阀杆 15 拉向右边，固定在阀杆左端的垫片 14 就把阀体左端的气孔堵死，压气即由隔膜缝隙进入供气管 19 并分配到提升及行走操纵阀。同时，压气通过塑料管 11 进入化油器的油室，油面受压后润滑油即经塑料管 13 上升，流向毛毡油垫 8 上。

松开螺母6，转动调节旋钮5，带动调节螺钉7改变油垫的受压程度，控制滴油嘴9滴油的快慢（每分钟80~90滴，可从视油管10中观察到）。油滴经塑料管12通向喉管，此处断面缩小，压气流经此处时，速度加快而形成低压，将油管中的油吸出后即形成雾状，随同压气进入各操纵阀、气动机及气缸。

当总开关手柄扳到关的位置时，塑料隔膜处于图3-12的位置，将进气口堵死，阀杆左端的垫片将阀体左端的排气孔打开，废气即由此排出。此时油室因不与压气相通而无油滴下。

在排气管17的下部接一风管，就可以引出压缩空气来吹洗整个机器。

B　操纵阀

装运机的操纵阀是组合式控制阀，它控制装运机前进、后退、转向、铲斗提升及下放。

C　车厢卸料踏板

为了保证安全，避免作业时不慎碰动卸料操纵阀，发生车厢卸矿的危险，特装设一个卸料踏板。卸料踏板是一个棘轮控制机构。卸料时，在操纵卸料阀之前，先踩下卸料踏板，此时棘轮挡板朝箭头方向回转一角度，脱开车厢底部滚轮，然后再操纵卸料阀，使车厢倾斜卸料。

3.1.2　柴油装运机

柴油装运机由工作和动力两部分组成。工作部分包括铲斗、储料仓、闸门及卸载机构；动力部分包括柴油机、液力变矩器、油泵、油箱及驾驶室等。工作部分和动力部分分别设置在前后车架上，前后车架分别有一对轮轴支承，车架之间采用铰接式连接。

柴油装运机生产能力大大高于气动装运机，在国外，其发展速度仅次于井下前端式铲运机。但由于废气污染严重等问题，目前我国很少使用柴油装运机。

国外的柴油装运机有底卸型（如JoyTL45、JoyTL-55等）、倾翻卸料型（如JoyYL-110、CavoD-110等）、推卸型（如$JoyEC_2$、HG-120型等）。

3.1.2.1　底卸式柴油装运机

JoyTL-55型底卸式柴油装运机功率为100kW，有效载重量6t，自重11t，装运时间45~75s；机器全长8.08m，全宽2.36m，全高2.18m；最大车速37km/h；工作空间最小高度为2.73m。

JoyTL-55型柴油装运机工作过程如图3-13所示。装载时底卸闸门关闭，铲斗放落地面，装运机前进铲取物料：装运机插入料堆后停止前进，操纵转斗油缸动作，通过提升钢绳拉动铲斗向上回转到卸料位置，将矿石卸入料仓，如图3-13（a）所示。经过多次铲装，才能将料仓装满，并铲取最后一斗物料，然后转入运输位置，驶往卸载地区，如图3-13（b）所示。卸载时装运机停在卸载溜井上方，操纵卸载油缸，将底卸闸门打开，料仓矿石即卸入溜井中，如图3-13（c）所示。闸门复位后装运机返回铲装地点，开始下一工作循环。

国外某矿采用这种装运机在运距为287m时，生产能力为188t/h；在运距为358m时，生产能力达122t/h。我国孝义铝矿也有类似的生产工艺。

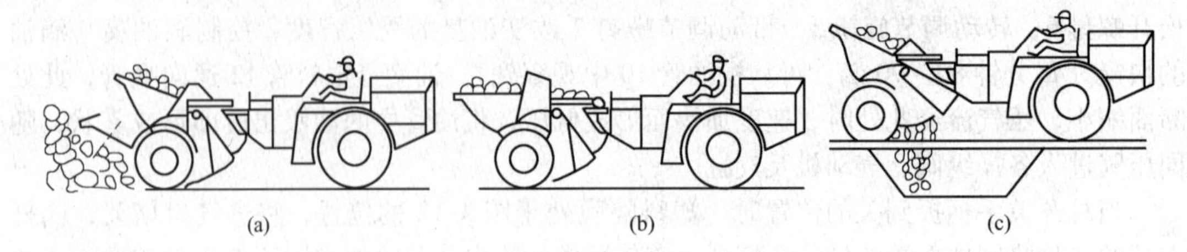

图 3-13　JoyTL-55 型柴油装运机工作过程

（a）装运机铲装矿石；（b）装运机向溜井运送矿石；（c）装运机向溜井卸矿

3.1.2.2　倾翻卸料柴油装运机

倾翻卸料柴油装运机运输距离较底卸式的长，装运能力较大，可用于大型采矿场回采出矿，也可用于干线运输。装运机带有用于铲装的铲斗和向前倾翻卸料的料仓。这种装运机实质上是一种能自行装载的坑内自卸汽车。

国外生产的 JoyTL-110 型倾翻式柴油装运机应用较广。其铲斗容积为 1.72m^3，料仓容积为 8.36m^3，有效载重 15t；机器全长 8.66m，全宽 3.21m，全高 2.5m；柴油机功率为 150kW，最大速度 32km/h，工作巷道断面在 12m^2 以上。

某矿采用这种装运机，运距 1064m，2.5min 装满料仓，运输时间为 5min，卸载时间为 0.75 ~ 1min，平均工效为 550 ~ 570t/(工·班)。

JoyTL-110 型柴油装运机工作过程如图 3-14 所示。

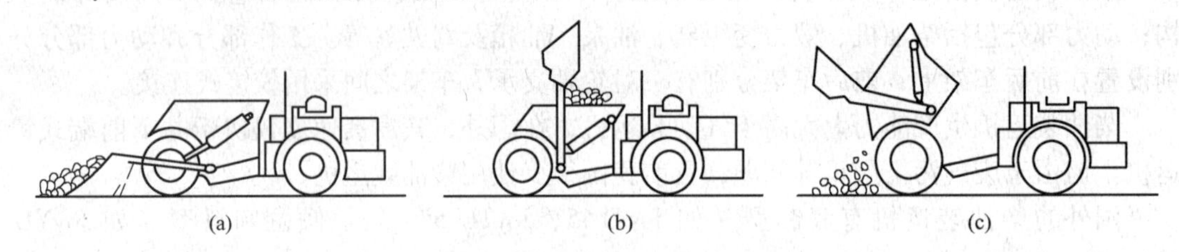

图 3-14　JoyTL-110 型倾翻卸料柴油装运机工作过程

（a）铲斗插入矿岩堆；（b）铲取并往料仓装载；（c）装运机卸载

3.1.2.3　推卸式柴油装运机

推卸式柴油装运机有 JoyEC$_2$ 型。铲斗容积 1 ~ 1.6m^3，车厢容积为 8.7m^3，有效载重 15t，最大车速 31km/h；机器全长 9.89m，全宽 2.92m，全高 2.52m；柴油机功率为 150kW。

JoyEC$_2$ 型推卸式柴油装运机组成如图 3-15 所示，装运机的储料仓采用能伸缩的活动结构，它由两节料仓组成。后料仓 18 套合在前料仓 17 里面，可以沿前料仓向铲斗方向伸出。后料仓内有一块卸料推板 19，靠在料仓后板上。一个推卸油缸 5 布置在料仓的中心线上。装矿时，油缸拉动卸料推板向后缩，保证矿石均匀装满料仓；卸料时，推卸油缸将推板推出，矿石被全部推卸出料仓，即使黏性矿石亦可推卸干净。一对转斗油缸 12 分别安装在动臂 16 的外侧，油缸活塞杆 14 铰接在铲斗 15 上，推动铲斗 15 围绕动臂铲斗销轴 13 向上回转。一对举升油缸 9 分别布置在前料仓前端的外侧，使动臂 16 绕动臂销轴 10 升举到卸载位置。

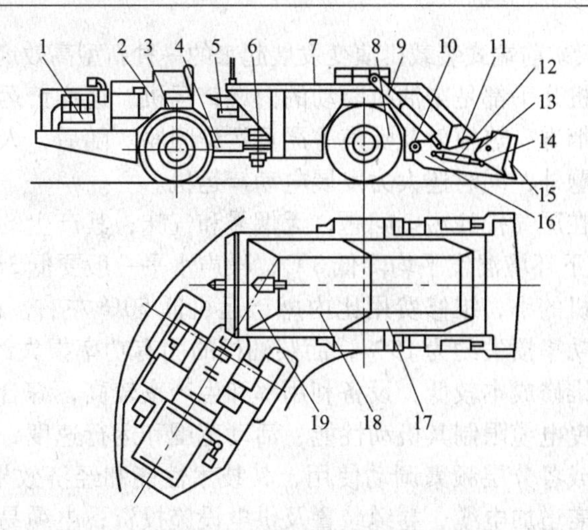

图 3-15 JoyEC$_2$ 型推卸式柴油装运机

1—柴油机；2—操纵室；3—后驱动轮；4—转向油缸；5—推卸油缸；6—转向铰接装置；7—料仓；8—前驱动轮；9—举升油缸；10—动臂销轴；11—卸载闸门；12—转斗油缸；13—动臂铲斗销轴；14—转斗油缸活塞杆；15—铲斗；16—动臂；17—前料仓；18—后料仓；19—推板

JoyEC$_2$ 型装运机的工作过程如图 3-16 所示。JoyEC$_2$ 装运机适于中、长距离大运量装运卸作业。在载重 17t、速度 24km/h、每班工作 6h、设备利用率为 70% 的条件下，当单程运距为 500m 时，装运机每班平均生产能力为 500t，工作顺利时可达 715t。

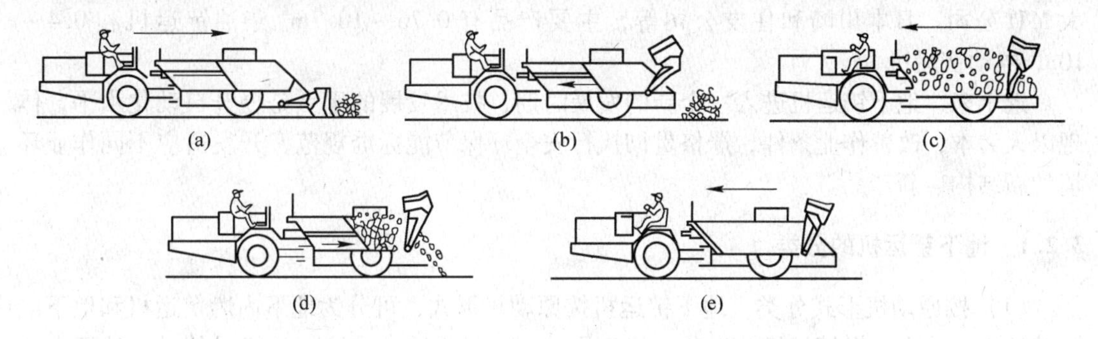

图 3-16 JoyEC$_2$ 型装运机的工作过程

（a）插入料堆；（b）装载；（c）运输；（d）推卸；（e）空车返回

3.2 地下铲运机

“地下铲运机”一词系参考英文“LHD unit”（load-haul-dump unit），即装-运-卸设备演绎而来。它与露天矿使用的“铲运机”是截然不同的两种设备。地下铲运机是以柴油机或以拖曳电缆供电的电动机为原动机、液压或液力-机械传动、铰接式车架、轮胎行走、前端前卸式铲斗的装载、运输和卸载设备。

随着采矿业国际竞争日益加剧，一些发达国家纷纷将先进的露天开采技术运用到地下矿生产中，使地下矿劳动生产率成倍甚至十几倍提升，矿石成本大幅度下降，其主要特点之一是无轨化开采，采矿设备朝无轨化、液压化、节能化、自动化方向发展。地下铲运机就是在这种背景下，由露天矿前端式装载机演变发展起来的一种新型高效地下无轨装运卸设备。

开初使用的铲运机几乎都是柴油机驱动的内燃铲运机。这样铲运机虽有许多突出的优点，但也存在废气、烟雾、热辐射及噪声等严重污染问题。随后，人们除了继续解决内燃铲运机排放污染等问题外，同时还大力发展电动铲运机。

电动铲运机不存在尾气排放污染问题，无烟雾和气味；其产生的热量不到同级内燃铲运机的30%，可使地下环境温度平均降低3℃；噪声水平一般要低3dB左右；无额外通风要求；维修量比柴油机的小，维修费用比内燃铲运机低50%左右，而设备完好率高20%左右；电动机的固有功率损失约为15%，而柴油机的固有功率损失约为25%。总的来说，电动铲运机的作业和维修成本较低，设备利用率和生产率较高，综合经济性能较好。电动铲运机的缺点是，拖曳电缆限制其机动性能、活动范围和运行速度，在运距较长或矿点分散时，必须在各采场或各分层频繁调动使用，其技术性能和经济效果还不如内燃铲运机。此外，电动铲运机还需增加电缆、卷缆装置及供电设施投资；电缆易磨损和损坏，需定期更换，并需加强检查和保护。

电动铲运机虽有其局限性，但因有明显优越性而得到迅速推广。几乎每一家铲运机生产厂都生产电动铲运机，并形成系列产品。但因电动铲运机本身的缺点，其销售量比例还不大，还无法动摇内燃铲运机在地下矿山使用多年的统治地位。

目前，国内外制造地下铲运机的大公司逾20多家，主要有瑞典阿特拉斯·科普柯·瓦格纳（Atlas Copco Wagner）公司、芬兰山特维克·汤姆洛克（Sandvik Tamrock）公司、美国卡特皮勒（Cater Pillar）公司、德国G. H. H公司、波兰布马尔（BUmar）公司、加拿大MTI公司、日本川崎和住友公司等，主要产品有0.76～10.7m^3柴油铲运机和0.4～10m^3电动铲运机。

近年来，地下铲运机进入一个新的发展时期，技术发展的重点是提升自动化水平，体现以人为本，改善作业条件，严格贯彻执行安全环保节能标准规范，开发适应不同作业环境的新结构、新产品。

3.2.1　地下铲运机的分类

（1）按原动机形式分类。地下铲运机按原动机形式，可分为地下内燃铲运机和地下电动铲运机。地下内燃铲运机是以柴油机为原动机，采用液力或液压、机械传动。地下电动铲运机是以电动机为原动机，采用电动或液压、机械传动。它们均是采用铰接车架、轮胎行走、前装前卸式的装载、运输、卸载设备。

（2）按额定斗容 V_H 分类。$V_H \leqslant 0.4m^3$ 为微型地下铲运机；$V_H = 0.75 \sim 1.5m^3$ 为小型地下铲运机；$V_H = 2 \sim 5m^3$ 为中型地下铲运机；$V_H \geqslant m^3$ 为大型地下铲运机。

（3）按额定载重量 Q_H 分类。$Q_H < 1t$ 为微型地下铲运机；$Q_H = 1 \sim 3t$ 为小型地下铲运机；$Q_H = 4 \sim 10t$ 为中型地下铲运机；$Q_H > 10t$ 为大型地下铲运机。

（4）按传动形式分类。地下铲运机按传动形式，可分为液力-机械传动、全液压传动、电传动、液压-机械传动等4种地下铲运机。

为简便起见，本节中所使用的“铲运机”一词，均指“地下铲运机”。

3.2.2　地下铲运机的特点

地下铲运机的优点为：

（1）简化了井下作业。铲运机采用中央铰接，无须铺轨架线，机动灵活；四轮驱动，前进后退双向行驶，一般都有相同的速度挡次和效率，可快速自行到达工作场所，一台设备完成铲、装、运、卸作业。

（2）活动范围大，适用范围广。铲运机能自行，外形尺寸小，转弯半径小，适合小断面巷道行驶和作业，广泛用于采场出矿、出渣。铲斗既可向低位溜井卸载，又能向较高的矿车或运输机卸载，还可用运送辅助材料及设备，用途十分广泛。

（3）生产能力大，效率高，是地下矿山强化开采的重要设备之一。

（4）结构紧凑坚固，耐冲击与振动。

（5）改善了工作条件，司机座位侧向安装，视野前后相同，而且舒适。

地下铲运机的缺点为：

（1）柴油铲运机排出的废气污染井下空气。柴油铲运机必须配置废气净化器与消声器，若废气净化问题尚未很好解决，需辅以强制通风，加大了通风费用。

（2）轮胎消耗量大，轮胎消耗费用占装运费的10%~30%。每台铲运机年消耗轮胎数多至数十个，与路面条件和操作水平有关。

（3）维修工作量大，维修费用高，且需熟练的司机和装备良好的保养车间，维修费随设备使用时间的延长而急剧增加。

（4）基建投资大，设备购置费用高，且要求巷道规格较大。

3.2.3 地下铲运机的使用

（1）适用范围。

1）可取代装运机和装岩机，简化了作业工序，既能向低位的溜井卸矿，又能向较高的矿车或运输车卸矿，广泛用于出矿和出渣作业，还可运送辅助原材料。

2）适合规模大、开采强度大的矿山。

3）适用矿岩稳固性较好的矿山。

4）备品配件来源方便，有足够的维护、维修能力的矿山。

（2）使用条件。铲运机为无轨自行设备，一般设置斜坡道供其上、下通行。设置斜坡道是无轨化开采必备的条件之一。无斜坡道的矿山，通过井上拆解、井下组装的方式，或通过辅助井筒（或专用设备井）解决铲运机到达井下作业场所。

3.2.4 地下铲运机的工作过程

铲运机工作过程由5个工况组成。

（1）插入工况。首先开动行走机构，动臂下放，铲斗设置于底板（地面），斗尖触地，铲斗底板与地面呈现30°~50°倾角，开动铲运机，铲斗借助机器牵引力插入矿（岩）等物料堆。

（2）铲装工况。铲斗插入矿（岩）堆后，转动铲斗使其装满，并将铲斗口翻转至近水平。

（3）重载运行工况。将铲斗回转到运输位置（斗底距底板高度不小于设备最小允许离地间隙），然后开动行走机构驶向卸载点。

（4）卸载工况。在卸载点操纵举升臂使铲斗至卸载位置，然后转斗，铲斗向前翻转卸载。铲运机一般是向溜井或矿车卸载，矿（岩）石卸完后，将铲斗下放到运输位置。

（5）空载运行工况。卸载结束后铲运机返回装载点，然后进行第二次铲装，如此进行铲、装、运、卸的循环作业。

3.2.5　地下铲运机的基本结构

如图 3-17 所示，地下铲运机由动力系统、传动系统、制动系统、工作机构、液压系统、转向系统、行走系统、电气系统等组成。若为电动铲运机，还包括卷缆系统。

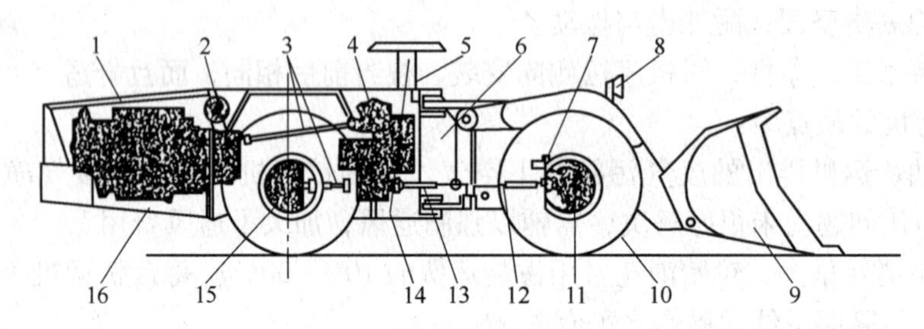

图 3-17　地下铲运机的基本结构

1—柴油机（或电动机）；2—变矩器；3，12—传动轴；4—变速箱；5—液压系统；6—前车架；7—停车制动器；8—电气系统；9—工作机构；10—轮胎；11—前驱动桥；13—中心铰销；14—驾驶室；15—后驱动桥；16—后车架

3.2.5.1　动力系统

地下铲运机动力源有电动机与柴油机两种。电动机的电源有 380V、550V 及 1000V 3 种，频率为 50Hz。柴油机有风冷柴油机与水冷柴油机。它们的结构分别如图 3-18、图 3-19 所示。

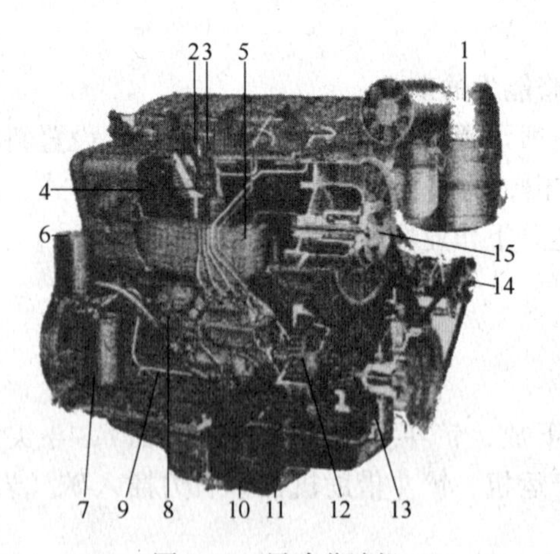

图 3-18　风冷柴油机

1—空气滤清器；2—喷油器；3—加热器；4—涡流室；5—机油冷却器；6—燃油滤清器；7—机油滤清器；8—调速器；9—油标尺；10—燃油泵；11—喷油泵；12—正时齿轮；13—机油泵；14—皮带轮；15—冷却风扇

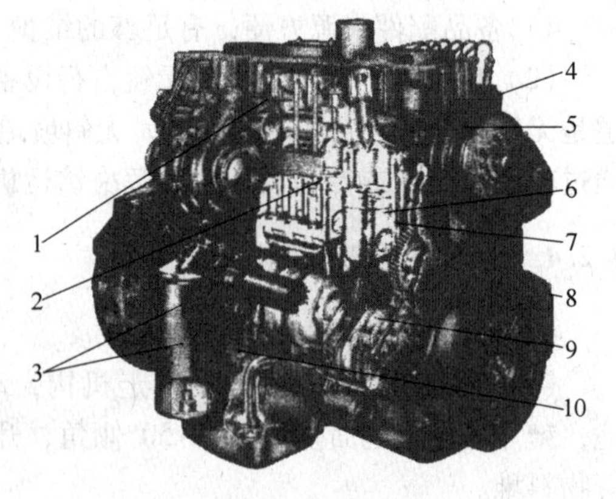

图 3-19　水冷柴油机

1—缸头；2—燃烧系统；3—润滑油系统；4—燃油喷射系统；5—皮带传动；6—活塞组件；7—湿式缸套；8—齿轮传动；9—曲轴；10—刚体

风冷柴油机冷却系统简单，维修方便，特别适合沙漠、缺水地区、严寒地区使用，不会产生发动机过热和冻结故障，不需要水箱。大缸径的风冷发动机冷却不够均匀，缸盖及有关零件负荷大，其重要部分散热困难，对风道布置要求高。风冷柴油机尺寸大，油耗高，噪声大，排放较高，价格较贵。

水冷柴油机冷却均匀可靠，散热好，气缸变形小，缸盖、活塞等主要零件热负荷较低，可靠性高，能很好地适应大功率发动机的冷却要求，发动机增压后也可采取增加水箱和泵量等方法加强散热。其优点是尺寸小，油耗低，噪声低，排放低，价格相对低，但冷却系统复杂，维修相对困难。

过去主要采用风冷柴油机，现在已趋向采用水冷柴油机。

3.2.5.2 传动系统

传动系统将动力系统的动力传递给车轮，推动铲运机向前、向后、转向运动。它主要有液力机械传动系统和静液压传动系统两种，结构分别如图 3-20 和图 3-21 所示。

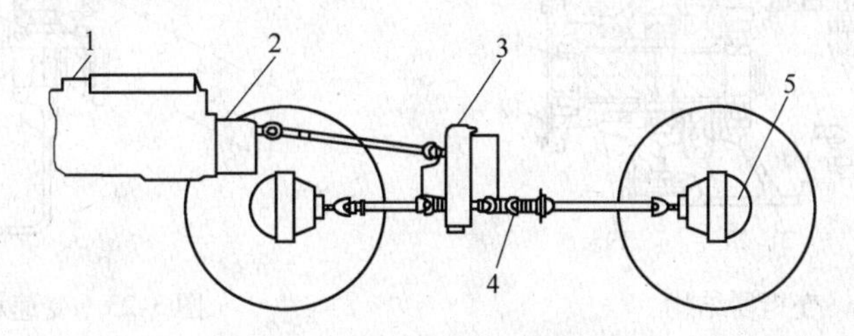

图 3-20 液力机械传动结构

1—柴油机；2—液力变矩器；3—变速箱；4—传动轴；5—驱动桥油泵

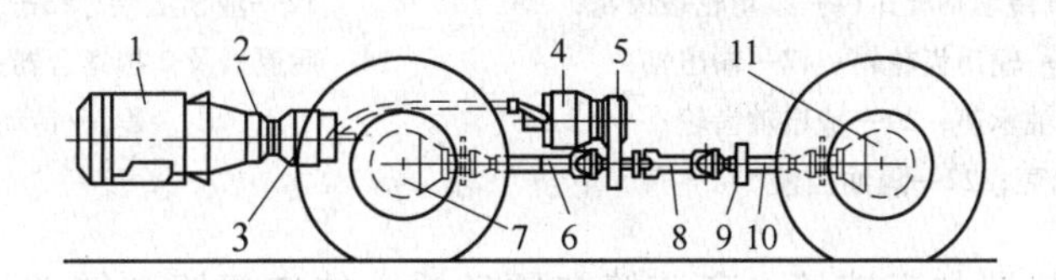

图 3-21 静液压传动结构

1—动力机（柴油机或电动机）；2—主泵及辅助泵分动箱；3—高压变量油泵；4—变量油液压马达；5—分动箱；6—后传动箱；7—后桥；8—中间传动；9—前传动轴支承座；10—前传动轴；11—前桥

液力机械传动系统使铲运机具有自动适应性，能够提高其通过性、舒适性和使用寿命，简化操作，但传动效率低，成本较高，适用于大中型铲运机。

静液压传动系统尺寸小，重量轻，零部件数目少，布置方便，启动、运转平稳，能自动防止过载，能在较大范围内实现无级调速，发动机低速时，牵引力大，但对液压油的清洁度要求高，高压柱塞油泵和液压马达维修困难，目前适用 1.5m^3 以下铲运机。

目前用得最多的是液力机械传动铲运机。液力机械传动由变矩器、变速箱、传动轴、驱动桥组成。

变矩器的泵轮接收发动机传来的机械能，并将其转换成液体动能，涡轮则将液体的动能转换成机械能输出，其结构如图 3-22 所示。

变速箱改变原动机与驱动桥之间传动比，改变车辆方向，使车辆在空挡启动或停车，起分动箱作用，其结构如图 3-23 所示。

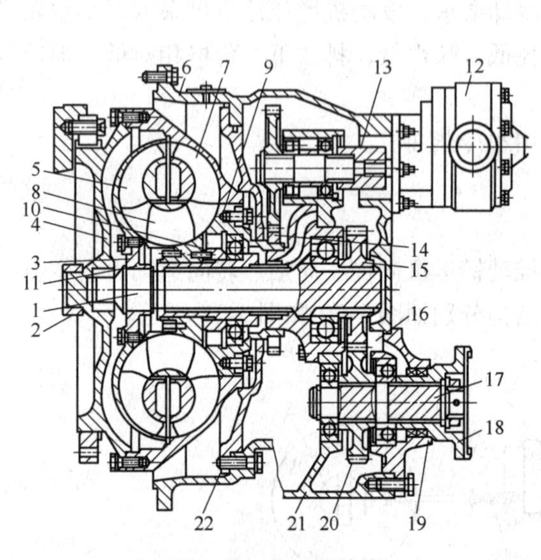

图 3-22　变矩器结构

1—涡轮轴；2—罩轮套环；3—涡轮轮毂；4—罩轮；5—涡轮；6—铸铁外壳；7—泵轮；8—导轮；9—泵轮轮毂；10—导轮隔套；11—导轮支轴套组件；12—补油泵；13—补油泵传动轴套；14—泵轮轮毂齿轮；15—涡轮轴齿轮；16—输出齿轮箱；17—输出轴；18—联轴节；19—轴承座；20—输出轴齿轮；21—齿轮箱壳；22—隔油挡板

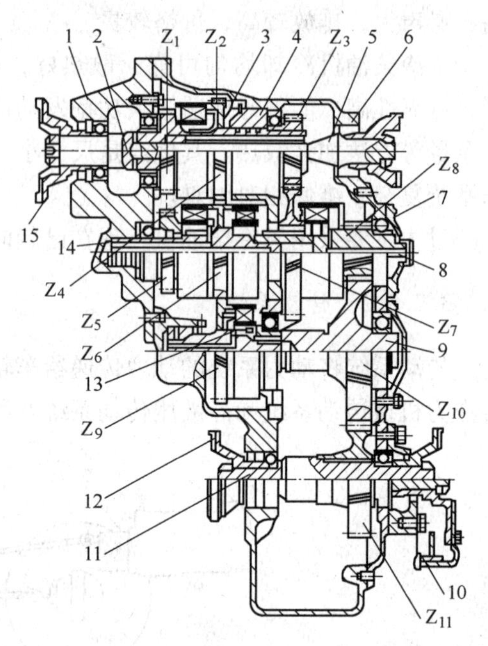

图 3-23　变速箱结构

1—前盖；2—输入齿轮轴；3—前进挡离合器；4—活塞环；5，11—输出轴；6—箱体；7—后盖；8—1 挡离合器；9—惰轮；10—停车制动器；12—输出法兰；13—3 挡离合器；14—后退挡及 2 挡离合器；15—输入法兰；Z_1 ~ Z_{11}—传动齿轮

传动轴连接变矩器与变速箱、变速箱与驱动桥，传递扭矩与转速，其结构如图 3-24 所示。

驱动桥可增大扭矩和改变扭矩传递方向，使左右车轮产生速度差，把车辆重量传递给车轮，把地面反力传递给车架，在其上安装行车与停车制动器。驱动桥的结构如图 3-25 所示。

由于地下铲运机的大小不同，采用的变矩器、变速箱、驱动桥、传动轴的型号不同，上述结构也有差别，但原理基本相同。在驱动桥中，一个很重要的零件就是主传动。由于地下作业条件十分恶劣，路况也差，因此为了增加铲运机的牵引性能，驱动桥采用了带不同差速器的主传动。

带普通差速器的主传动结构如图 3-26 所示。这种主传动牵引性能、动力性能、通过性能差、轮胎磨损大，但工艺性好、受力状况好、价格低，一般用于中、小型铲运机后桥和大型铲运机前桥。

带自锁式防滑差速器的主传动结构如图 3-27 所示。这种主传动牵引性能、动力性能、

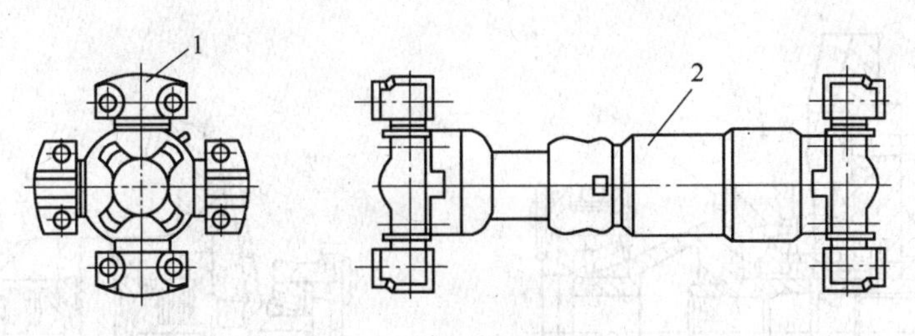

图 3-24　传动轴结构

1—万向节；2—传动轴

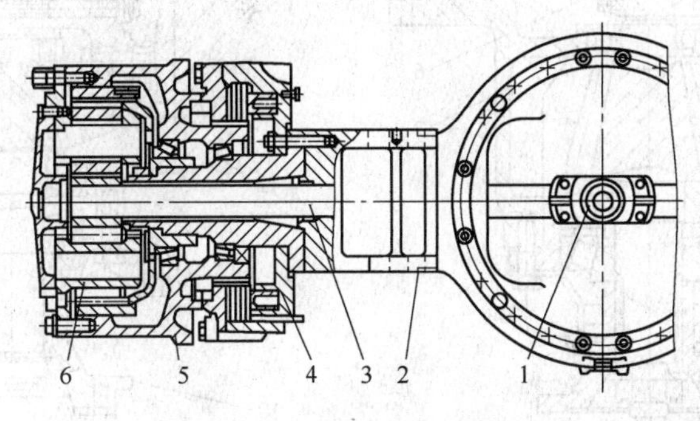

图 3-25　驱动桥结构

1—主传动；2—桥壳；3—半轴；4—行车制动器；5—轴毂；6—轮边减速器

通过性能最好，轮胎磨损小，但受力状况、制造工艺性最差，价格最贵，一般用于中、小型铲运机前桥和大型铲运机后桥。

带防滑差速器的主传动结构如图 3-28 所示。这种主传动处在前两种主传动之间，凡是采用普通差速器的地方都可用此差速器。

3.2.5.3　制动系统

制动系统包括行车制动器、工作制动器、紧急制动器。制动系统中最关键的零部件是行车制动器。

蹄式制动器的结构如图 3-29 所示。这种制动器制动力矩小，维护、调节、更换困难，寿命一般 500 ~ 700h，只在小型、微型铲运机上使用。

钳盘式制动器的结构如图 3-30 所示。这种制动器制动力矩比蹄式大，沾水和泥后制动力矩减小，维护简单，更换容易，寿命可达 1500 ~ 2000h，用在小型、微型铲运机上。

半轴制动器的结构如图 3-31 所示。工作制动与行车制动都处在桥中央的驱动桥壳内，由于制动半轴，因此制动力矩小，结构简单、紧凑，制动时温升

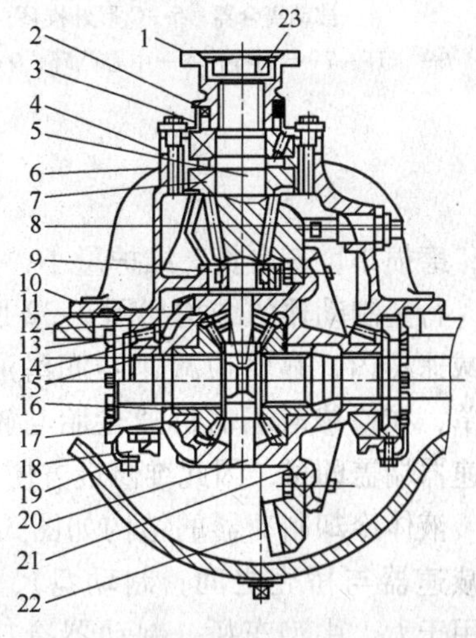

图 3-26　带普通差速器的主传动结构

1—输入法兰；2—油封；3—密封盖；4—调整垫片；5—主动锥齿轮；6—轴承套；7，9，14—轴承；8—止动螺栓；10—托架；11—圆锥齿轮；12—行星锥齿轮；13—调整螺母；15—差速器左壳；16—半轴齿轮；17—半轴齿轮垫片；18—轴承座；19—锁紧片；20—十字轴；21—差速器右壳；22—从动锥齿轮；23—端螺母

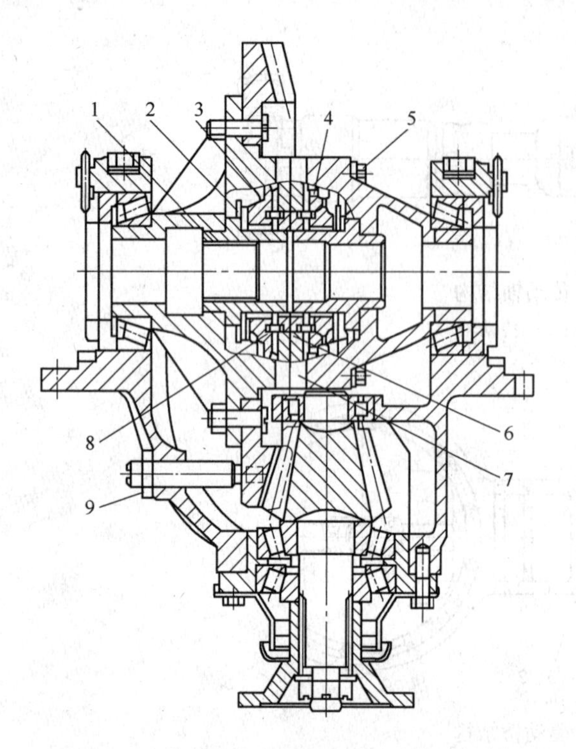

图 3-27　带自锁式防滑差速器的主传动结构

1—半轴齿轮；2—弹簧座；3—弹簧；4—被动离合器；5—C 形外推环；6—卡环；7—十字轴；8—中心凸环；9—螺母

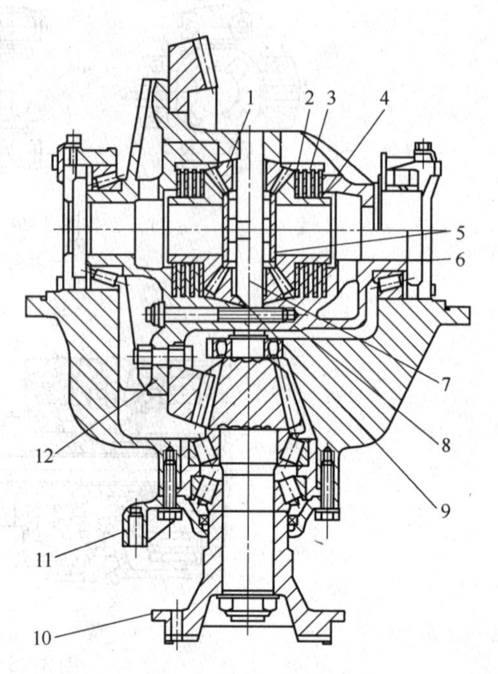

图 3-28　带防滑差速器的主传动结构

1—行星锥齿轮；2—外离合器盘；3—内离合器盘；4—半轴锥齿轮；5—止推盘；6—蝶形弹簧；7—十字轴；8—右差速器壳；9—滚针轴承；10—制动盘安装法兰；11—停车制动器托架；12—左差速器壳

小，磨损小，寿命长，维护量小，大、中、小型铲运机都有采用。

行星制动器的结构如图 3-32 所示。制动器处在轮边减速器内，靠轮边减速器润滑油冷却与润滑，结构简单，在检修时不需拆掉轮胎与轮毂，只需拆除轮边减速器端盖即可，因此维修最方便。

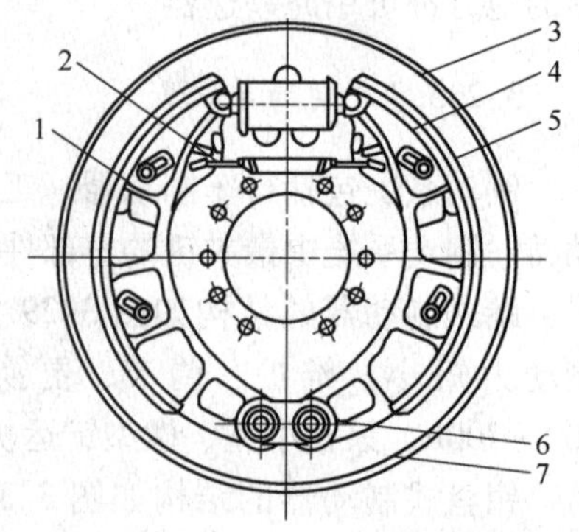

图 3-29　蹄式制动器结构

1—限位片；2—回位弹簧；3—底板；4—制动蹄；5—摩擦衬片；6—偏心销；7—卡圈

液体冷却制动器的结构如图 3-33 所示。它装在轮边减速器与桥壳之间，制动盘尺寸大，制动力矩大，适用于大、中型车桥。制动器冷却有强制冷却与油池冷却两种，分别适用一般与频繁制动的制动器。液体冷却制动器结构较复杂，但很少维修，寿命长，可达 10000h 以上。

液体冷却弹簧制动器的结构如图 3-34 所示。其特点基本上同于液体冷却液压制动器，但更安全可靠，且工作制动与停车制动合二为一，结构简单，但需要一个手动松闸油泵等附件。这是当前较先进、较安全的一种制动器。

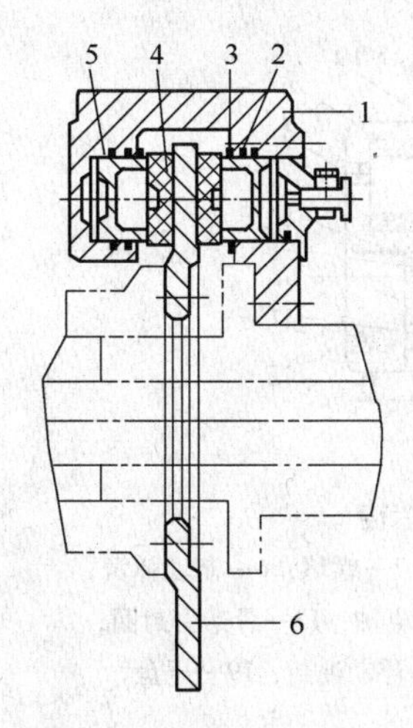

图 3-30　钳盘式制动器结构

1—制动钳；2—矩形油封；3—防尘圈；
4—摩擦片；5—活塞；6—制动盘

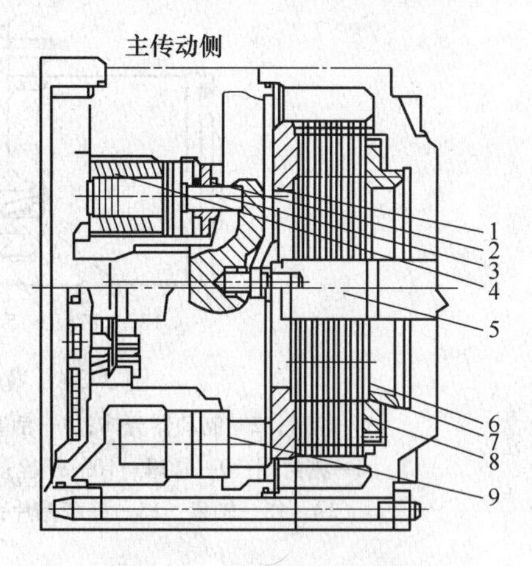

图 3-31　半轴制动器结构

1—制动压板；2—密封；3—手制动缸（2 个）；
4—弹簧；5—半轴；6—动摩擦片；
7—摩擦片间隙调整装置；8—静摩擦片；
9—行车制动缸（3 个，均布）

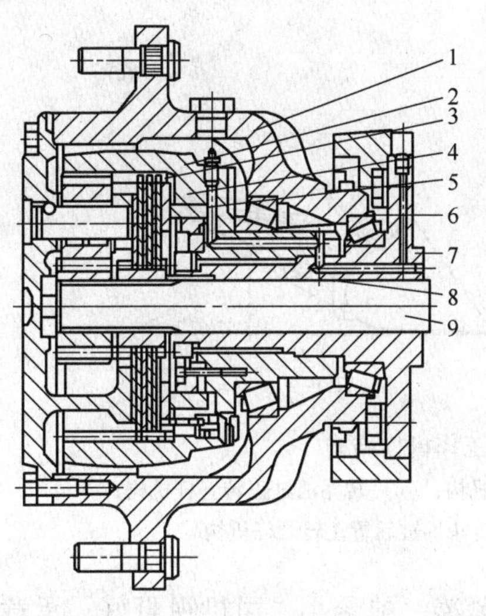

图 3-32　行星制动器结构

1—轮毂；2—内齿圈；3—静摩擦片；4—制动压板；
5—制动油缸活塞；6—动摩擦片；7—空心主轴；
8—内外花键套；9—半轴

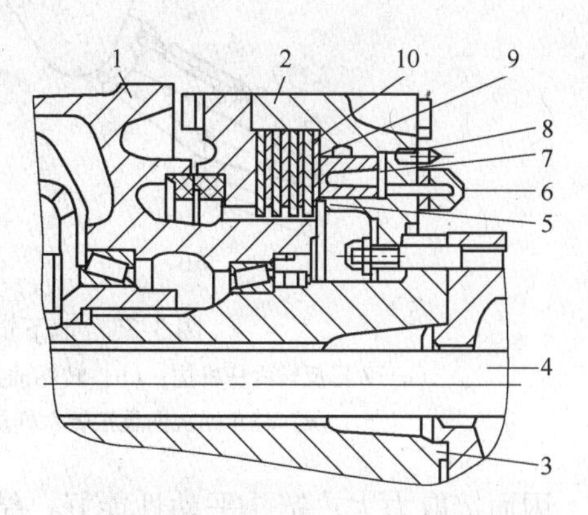

图 3-33　液体冷却制动器结构

1—轮毂；2—制动器；3—空心主轴；4—半轴；
5—浮动油封；6—间隙调节装置；7—制动活塞；
8—放气螺塞；9—静摩擦片；10—动摩擦片

3.2.5.4　工作机构

铲运机的工作机构包括铲斗、大臂、摇臂、连杆及相关销轴，用于铲、装、卸物料。其结构和性能直接影响整机的工作尺寸和性能参数。地下铲运机常用工作机构有多种类型，如图 3-35 所示。

(1) Z 形反转六杆机构（见图 3-35a）：转斗油缸大腔进油，连杆倍力系数可设计较

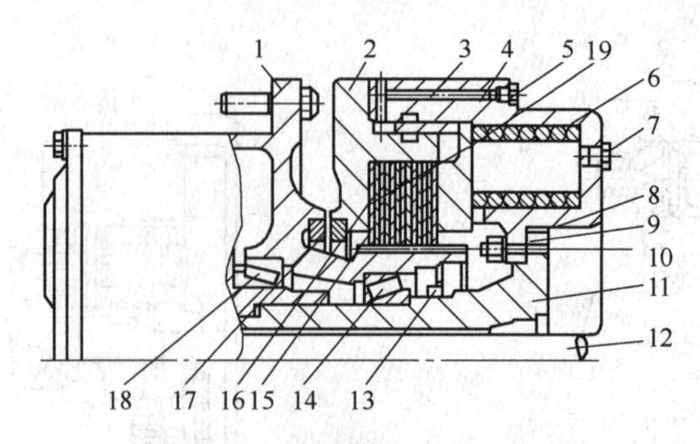

图 3-34　液体冷却弹簧制动器结构

1—轮毂；2—制动器壳体；3—活塞油封；4—活塞；5，7—螺堵；6—制动弹簧；8—密封圈；9—螺母；10—螺栓；11—空心主轴；12—半轴；13—骨架密封圈；14，18—轴承；15—静摩擦片；16—动摩擦片；17—浮动油封；19—压盘

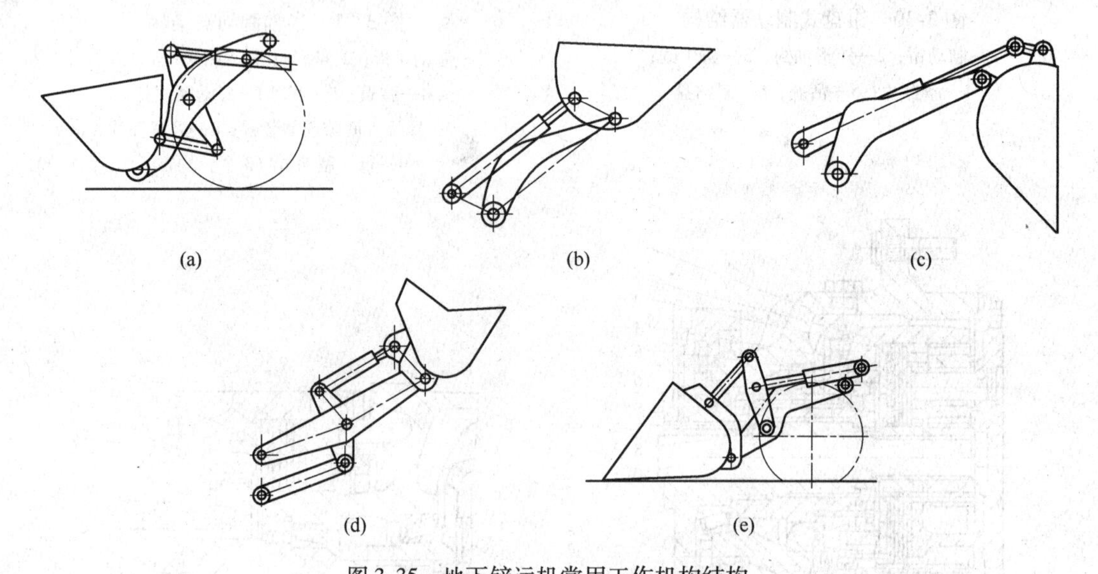

图 3-35　地下铲运机常用工作机构结构

（a）Z 形反转六杆机构；（b）转斗油缸正转四杆机构；（c）转斗油缸正转五杆机构；（d）转斗油缸前置正转六杆机构；（e）转斗油缸后置正转六杆机构

大，因而铲取力大；铲斗平动性能好，结构十分紧凑，前悬小，司机视野好；承载元件多，铰销多，结构复杂，布置困难；适用于坚实物料（矿石）采掘。

（2）转斗油缸正转四杆机构（见图 3-35b）：转斗油缸小腔进油，连杆倍力系数设计较大，铲取力大。转斗油缸活塞行程大，铲斗不能实现自动放平，卸料时活塞与铲斗相碰，故铲斗做成凹型，既增加了制造困难，又减小了斗容，但结构简单，在地下铲运机有一定应用。

（3）转斗油缸正转五杆机构（见图 3-35c）：为了克服正转四杆机构活塞杆易与铲斗相碰的缺点，增加了一个小连杆，其他的特点同正转四杆机构。

（4）转斗油缸前置正转六杆机构（见图 3-35d）：由两个平行四边形组成，因而铲斗平动性好，司机视野好。缺点是转斗油缸小腔进油，铲取力小，转斗油缸行程长。由于转斗油缸前置、工作机构前悬大，影响整机稳定性，因此不能实现铲斗的自动放平。

（5）转斗油缸后置正转六杆机构（见图3-35e）：与转斗油缸前置比较，前悬较大，传动比较大，活塞行程短，有可能将动臂、转斗油缸动臂与连杆设计在一平面内，从而简化结构，改善动臂与铰销受力；但司机视野差，小腔进油，铲取力较小。

3.2.5.5 液压系统

液压系统包括工作液压系统、转向液压系统、制动液压系统、变速液压系统、冷却系统、卷缆液压系统（用于电动铲运机）。其作用分别是控制工作机构铲、装、卸物料，车辆转向，车辆换挡和换向，制动器冷却，控制电缆的收放。

（1）工作液压系统。工作机构液压系统（见图3-36）是地下铲运机一个很重要的液压系统。地下铲运机大都采用先导工作液压系统。先导操纵可实现单杆操纵，且手柄操作力及行程比机械式小得多，大大降低了驾驶员的劳动强度，增加了操作舒适性，从而也大大提高了作业效率。

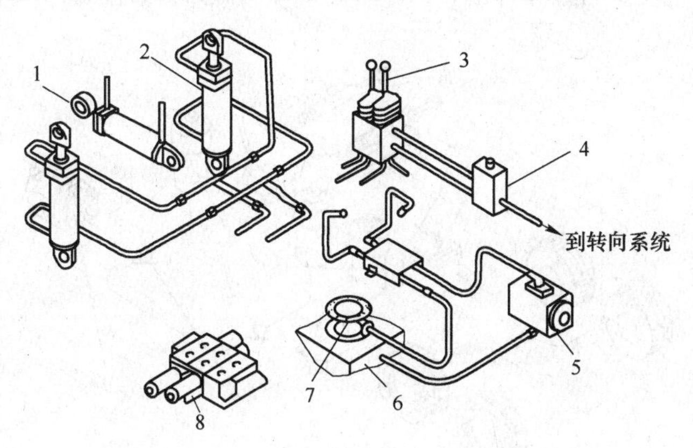

图3-36 工作液压系统组成及工作原理

1—铲斗油缸；2—举升油缸；3—先导阀；4—减压阀；5—工作油泵；6—液压油箱；7—回油过滤器；8—换向阀

（2）转向液压系统。转向液压系统有两种，一种是转向器转向液压回路（见图3-37a），另一种是转向阀转向液压回路（见图3-37b）。转向器操作轻便灵活，结构简单，尺寸紧凑，重量轻，性能稳定，保养方便，发动机油泵出现故障后，仍可人工转向。由于转向阀转向液压系统是单杆操作，操作力小，转向反应快，很适合地下狭窄的巷道采矿车辆使用，但结构稍复杂。在地下铲运机的转向液压系统中，两者都有广泛的应用。

（3）制动液压系统。制动液压系统有两种。一种是双回路液压系统，适用于封闭多盘湿式制动器（即LGB制动器）；另一种是单回路液压系统，适用于弹簧制动、液压松开制动器（即posi-stop制动器）。

双回路液压系统的两个系统是独立的。当一个车轮的制动液压系统出故障时，另一个制动液压系统仍可制动，从而保证车辆的安全。单回路液压系统即前后两车轮共用一个回路，当液压系统出现故障，压力下降，4个车轮在各自制动弹簧作用下，一起制动，从而使车辆更加安全。

图3-38中液压回路是制动液压回路与转向液压回路合在一起用一个变量柱塞泵。还有一种是两个液压回路各自独立，分别由各自的齿轮油泵驱动。

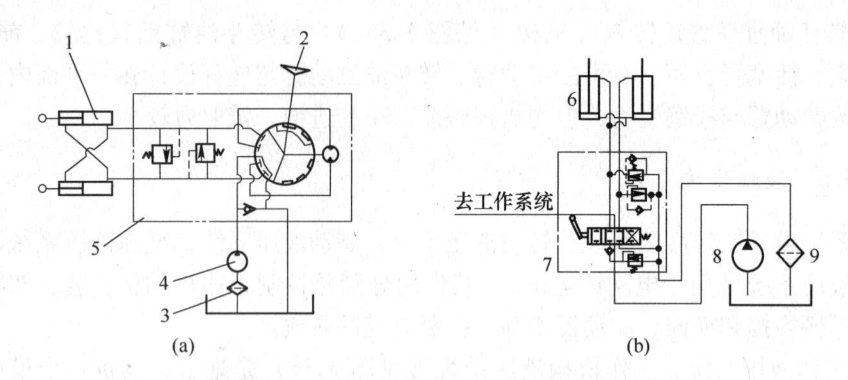

图 3-37　转向液压系统组成及工作原理

（a）转向器转向液压回路；（b）转向阀转向液压回路

1，6—转向油缸；2—方向器；3—滤清器；4—齿轮油泵；

5—全液压转向器；7—转向阀；8—转向油泵；9—过滤器

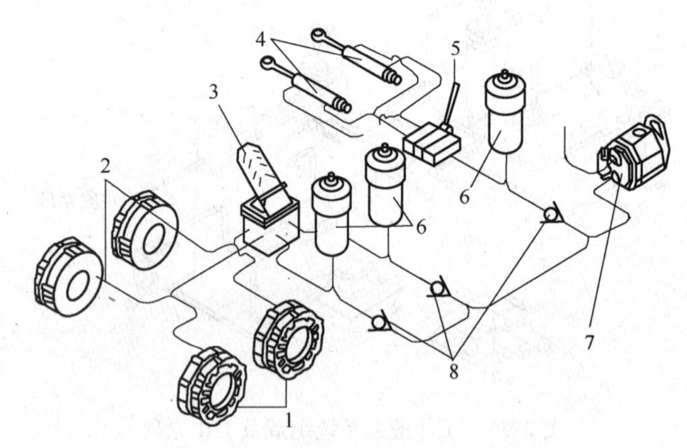

图 3-38　制动液压系统组成及工作原理

1—全封闭油冷工作制动器；2—独立的双回路工作制动器；3—制动器踏板；4—转向油缸；

5—转向杆；6—转向阀蓄能器；7—转向/制动变量柱塞泵；8—单向阀

（4）变速液压系统。该系统由两路组成：一路是变矩器液压回路，它为变矩器提供所需流量及一定的补偿压力；另一路是变速箱回路，它主要控制车速挡位和前进后退的方向。换挡的方式，目前用得最多的是手工换向，操纵力大，需要两个操纵杆，另外一种是操纵电磁阀换挡，如图 3-39 所示，单杆操作，操作简单，操作力小，布置方便。

（5）冷却液压系统。冷却液压系统如图 3-40 所示，主要是冷却工作制动器工作时所产生的摩擦热，用于制动器强制冷却。

（6）卷缆液压系统。卷缆阀的作用主要是控制电缆转筒的收缆与放缆。其液压系统如图 3-41 所示。当机器朝着动力源方向运动时，则电缆卷筒转绕电缆，油压打开单向阀，进入液压马达，马达将产生力矩带动电缆开始收缆。当机器离开动力源时，也就是电缆从转筒上拉出电缆，卷缆阀开始换向进行放卷，电缆拉着卷筒反向转动，这样液压马达变成了油泵，其压力由系统内的低压溢流阀控制。随着放缆，电缆产生张力，并且不管机器运行速度如何，电缆始终拉紧。电缆的张力由溢流阀的调整压力来控制，即放缆时由低压溢流阀调整，收缆时，由高压溢流阀调整。所有卷缆与放缆都是自动进行的，无需司机操作。

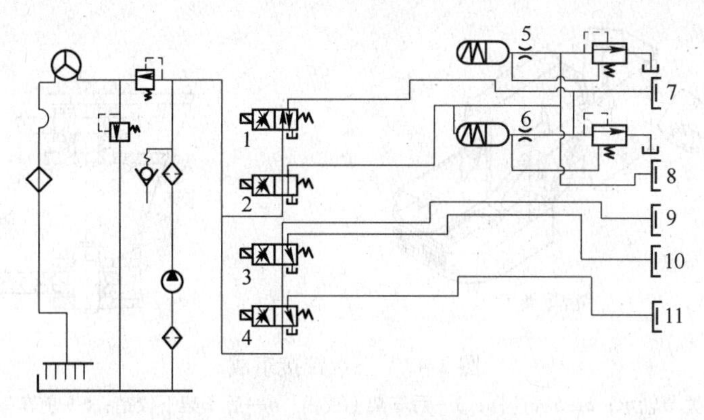

图3-39　变速液压系统组成及工作原理

1～4—电磁换向阀；5—后退挡调节阀；6—前进挡调节阀；7—后退离合器；8—前进离合器；9—3挡离合器；10—2挡离合器；11—1挡离合器

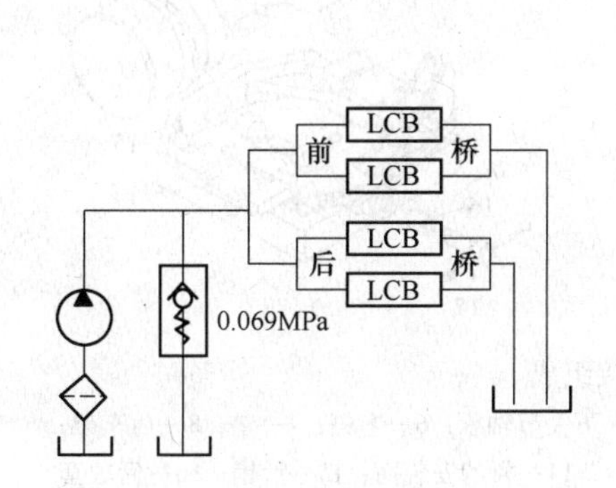

图3-40　冷却液压系统组成及工作原理

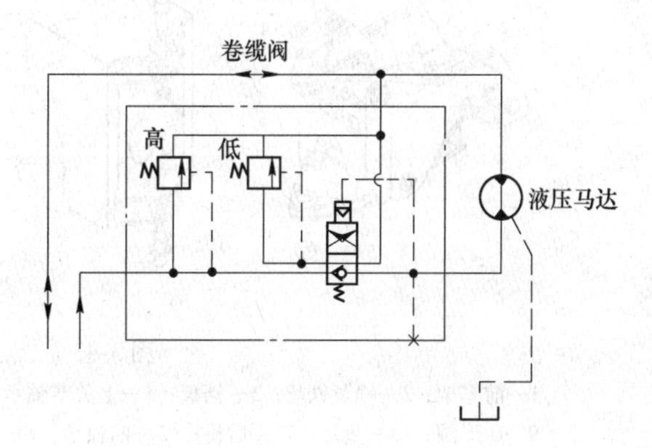

图3-41　卷缆液压系统组成及工作原理

3.2.5.6　转向系统

转向系统由前车架、后车架、摆动车架、上/下铰销、转向油缸及相应操纵机构组成，其作用是使前后车架绕中心铰接销轴折腰转向。

（1）车架。车架可采用采用三点铰接或二点铰接。采用三点铰接时，如图3-42所示，前、后车架通过三点铰销和一个连杆相连，不仅可在水平方向转动，而且还可以在垂直方向上下做一定的摆动，保证4个车轮同时着地，从而稳定性好。前后桥分别刚性连接在前后车架上。

采用二点铰接时，如图3-43所示，前、后车架通过上、下两个铰销连接，车架只能在水平方向转动，不能上下摆动，为了实现四轮着地，只能依靠摆动车架，通过两个纵向铰销同后车架相连，后桥与摆动车架刚性连接，并一起上下摆动。尽管结构复杂，但被绝大多数铲运机所采用。

（2）中间铰接中间铰接有轴销式和锥轴承式两种，如图3-44所示。轴销式铰接结构简单，强度高，装配方便，使用维修费用低。锥轴承式铰接转向灵活，既能承受水平力，又能承受垂直力，垫片用来调节预紧力，但结构复杂，成本高。

（3）转向油缸。转向油缸分为单缸转向和双缸转向两种，如图3-45所示。单缸转向

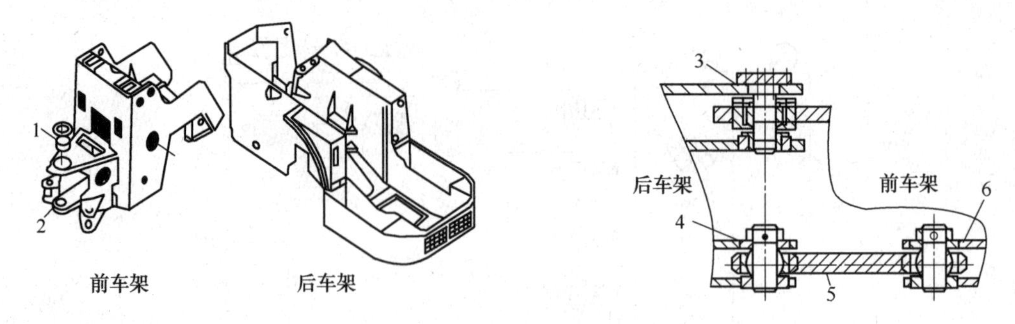

图 3-42　三点铰接组成

1—中心关节轴承；2，5—连杆；3—后车架上铰销；4—后车架下铰销；6—前车架下铰销

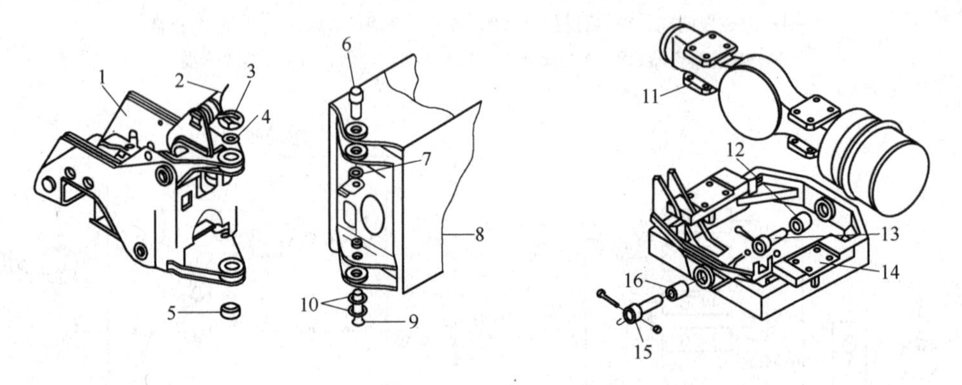

图 3-43　二点铰接组成

1—前车架；2—锁紧铁丝；3—挡板；4—上关节轴承；5—下关节轴承；6—上销；7—垫；8—后车架；9—O 形圈；10—垫片；11—后桥；12—前轴承；13—前销；14—桥的安装面；15—后销；16—后轴套

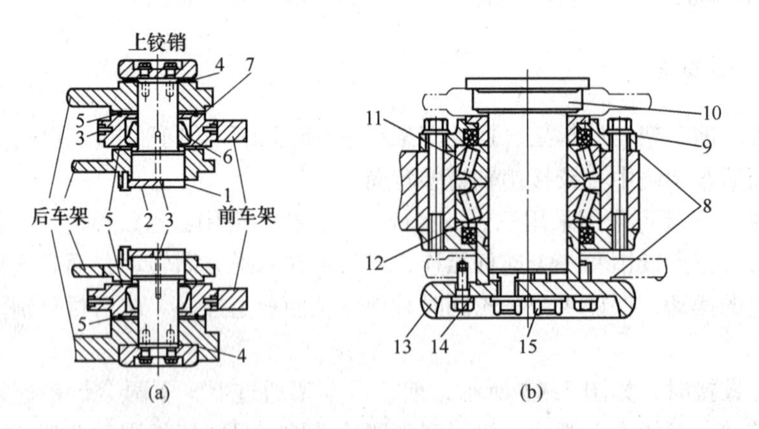

图 3-44　中间铰接组成

（a）销轴式；（b）锥轴承式

1—铰销；2—压板；3—油嘴；4—垫片；5，9—密封圈；6—球头；7—球碗；8—调节垫片；10—销轴；11，12—轴承；13—压盖；14—垫圈；15—螺钉

油缸通常布置在中央上铰销附近，可避免油缸及管路受地面水、泥污染和矿岩破坏，结构简单，但要采用较大的油缸直径。双缸转向油缸通常布置在中央下铰销附近，易受地面

水、泥污染与矿岩破坏，左右转向力相等，缸径较小，对称布置油缸，结构复杂，但应用最广。

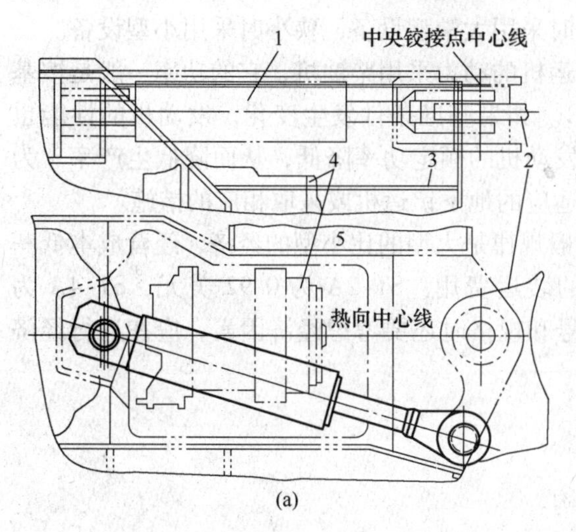

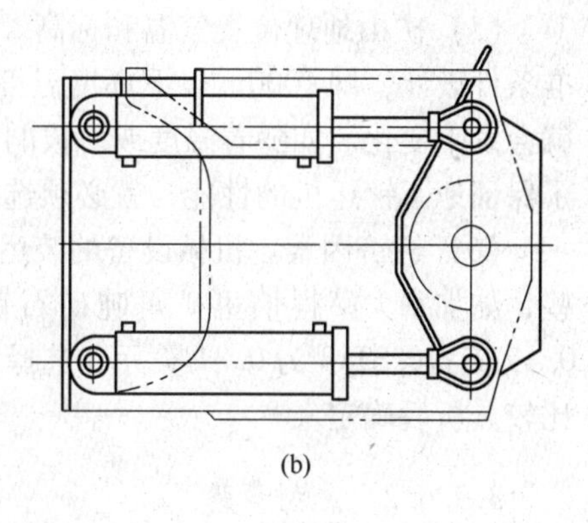

图 3-45 转向油缸组成

（a）单缸转向；（b）双缸转向

1—转向油缸；2—前车架铰接板；3—后车架铰接板；4—变速箱；5—驾驶室

3.2.6 地下铲运机的选型

3.2.6.1 选型原则

（1）运输距离。运距是选择铲运机的主要条件。据国外矿山生产实践，柴油铲运机经济合理单程运距为 150~200m，电动铲运机为 100~150m。在经济合理的单程运距内，还要结合矿山及采场的生产能力进行设备选型。有条件的选用大型铲运机，产量小、运距较短的选用小型铲运机。

（2）铲运机的类型。柴油铲运机有效运距长、机动灵活、适用范围广，其缺点是废气净化效果不理想，若增大井下通风风量则通风费用比较高，而且比电动的维修量大。电动铲运机没有废气排放问题，噪声低、发热量少、过载能力大，相对而言，结构简单、维修费用低、操作运营成本低，但灵活性差，转移作业地点困难一些，电缆昂贵且易受损，存在漏电危险，用于通风不良、运距不长、不需频繁调换的工作面。应该指出，自电动铲运机出现后，电动铲运机与柴油铲运机谁优谁劣意见不一。以拖曳电缆为代表的电动铲运机近些年确有较大的发展，市场占有率不断提高，但柴油铲运机仍占大多数，特别是在西方地下矿山。这与一些矿山一开始就大量采用柴油铲运机并形成一套与之相适应的通风、配套设施，有了成熟的使用管理经验有关，这些矿山一般情况下不会改用电动铲运机。而一开始就采用电动铲运机为主要出矿设备的矿山，一般也不会轻易改用柴油铲运机。总之，电动铲运机在装卸点相对固定、运距不大的情况下，仍会继续得到发展。预计在今后相当长时间内，两种类型铲运机将相辅相成，共同发展，也给用户有更多的选择范围。

（3）出矿（岩）量。巷道掘进每次爆破量有限，一次出渣量少，一般不宜采用大中型设备。但国外一些矿山，为减少设备台数或管理方便，加之基建期往往使用生产期的设备，也有采用中型设备的。就生产矿山而言，主要作业如采场出矿一般采用大中型设备，辅助作业一般采用中小型设备。设备选型与矿山生产能力相适应。

（4）作业场地空间。作业场地空间较大时采用大中型设备，狭小时采用小型设备。

（5）矿山地理位置气温和标高。内燃铲运机的动力采用柴油机，它的功率一般是按基准条件设计，即1000m以下环境温度在25℃。如果基准条件发生变化，发动机的性能也就会发生变化。如随着温度或海拔的增加，发动机的额定功率降低，从而降低生产率。为了保证地下铲运机的性能，就必须选与之相适应的地下铲运机或采取相应的措施。

（6）经济因素。机械设备的装运费用一般规律是大型的比小型的经济，经营成本低一些，如加拿大萨得伯里矿每吨矿石铲运机的装运费用：ST-2A为0.92美元，ST-4A为0.49美元，ST-8为0.31美元。选择设备型号和规格时还要考虑经济因素，应在进行经济比较分析后确定。

3.2.6.2　选型步骤

首先要确认铲运机的出矿方式和出矿结构。

A　铲运机出矿方式

根据铲运机出矿所在作业地点不同，其出矿方式可分为以下三种：

（1）铲运机在采场底部结构中长时间固定在一条或几条装运巷道中铲装和运输矿石，如留矿法、分段法、阶段矿房法、有底柱分段崩落法、阶段崩落法等采矿方法的回采出矿。

（2）铲运机在采场进路中铲装和运输矿石，如无底柱分段崩落法、分层崩落法、进路式上向水平分层充填法、下向水平分层充填法等采矿方法的回采出矿。

（3）铲运机在采场内多点不固定的铲装和运输矿石，如全面法、房柱法、上向水平分层充填法等采矿方法的回采出矿。

B　铲运机出矿结构。

依据采场出矿（放矿）方式的不同，铲运机出矿结构分为下面几种情况。

（1）铲运机在有采场底部结构中的出矿结构。这种出矿结构由集矿堑沟、出矿巷道、装矿进路、运输平巷、出矿溜井等构成。

集矿堑沟为连接装矿进路与上部采场的受矿结构，且平行于出矿巷道。集矿堑沟在采场中的条数根据采场宽度确定：当采场宽度小于20m时，采用单堑沟；当采场宽度大于20m时，采用双堑沟。集矿堑沟的斜面倾角一般采用45°~55°。

出矿巷道为平行于集矿堑沟与装矿进路连接的巷道。当采场垂直矿体走向布置时，该巷道为穿脉巷道，且位于间柱中。当采场沿矿体走向布置时，该巷道沿矿体走向布置于矿体下盘或上盘围岩中。

装矿进路是连接出矿巷道与集矿堑沟的巷道。该巷道的布置与采场尺寸、铲运机的外形尺寸、矿岩的稳固程度和运输巷道的布置有关。装矿进路可与出矿巷道斜交，交角一般为45°~50°。装矿进路间距一般为10~15m。间距过小，不能保证出矿结构的稳定性；间距过大，进路间难以装运出的三角矿堆损失过大。因此，装矿进路支护后可以采场底部总暴露面积不超过采场水平面积的40%为参考。铲运机在直线位置上铲装效率高，机械磨损小。因此，该巷道长度一般不小于设备长度与矿堆占用长度之和。装矿进路布置形式与采场宽度有关：当采场宽度小于12m时，有用单堑沟单侧装矿进路的布置形式；当采场宽度为12～20m时，采用单堑沟双侧装矿进路的布置形式，一般两侧进路错开布置；当采场宽度大于20m时，采用双堑沟双侧装矿进路的布置形式，两侧进路可对称布置，也可错开布置。

运输平巷为与出矿巷道连接的巷道。当采场垂直矿体走向布置时，该巷道沿矿体走向布置于上、下盘围岩或矿体中；当采场沿矿体走向布置时，该巷道与出矿巷道合二为一。

出矿溜井可沿运输平巷或出矿巷道布置。当沿出矿巷道布置时，一个采场设置一条；当沿运输平巷布置时，几个采场设置一条。其间距根据铲运机经济合理单程运距确定。

铲运机在采场底部结构中的出矿结构实例见表3-1。随着遥控铲运机的出现，平底结构遥控铲运机出矿方式也随之出现。它与出矿结构相似，装矿进路既可单侧布置，也可双侧布置。但采场底部不开堑沟，而是按采场全宽拉底。一般在采场出矿到最后阶段，遥控铲运机从装矿进路进入采场空区中进行三角矿堆的装运。这种方式不仅简化底部结构且可减小损失。凡口铅锌矿及大厂锡矿VCR法及大孔阶段矿房法中采用的是装矿进路单侧布置出矿结构。

表3-1 铲运机在采场底部结构中的出矿结构实例

国家	矿山名称	采矿方法	出矿结构				
			集矿堑沟	出矿巷道	装矿进路	运输平巷	出矿溜井
中国	寿王坟铜矿	分段凿岩的阶段矿房法，矿体厚度大于20m时，矿房垂直矿体走向布置，矿房宽35m、长50m，间柱宽15m，底柱厚11～14m，采用LK-1和TORO-100型铲运机出矿	为单堑沟，堑沟斜面倾角50°，堑沟底部宽度10～14m，位于矿房中央最底部	平行于集矿堑沟，且位于间柱中央	与出矿巷道斜交，交角为50°，采用单堑沟双侧进路布置形式，两侧装矿进路对称布置，长为13～17m，间距为15m	沿矿体走向布置在矿体下盘15～17m处	沿出矿巷道布置，每一采场一条，断面规格为2.5m×2.5m
	金山店铁矿	平底结构的自然崩落法，沿矿体走向布置，矿房长度80m，矿房宽度为矿体厚度，采用LK-1型铲运机出矿		沿矿体布置，且位于围岩中、上下盘围岩中各布置一条	与出矿巷道直交，为双侧进路布置形式，两侧装矿进路对称布置，间距为10m	与出矿巷道合二为一	沿出矿巷道布置，间距为80m，平均运距40～50m
	中条山有色金属公司铜矿峪铜矿	有底柱阶段崩落法，垂直矿体走向布置，采场长100m、宽16m，采用架线式和LK-1型铲运机出矿		垂直矿体走向布置，且位于矿体中	与出矿巷道斜交，交角为45°，为单侧进路布置形式	沿矿体走向布置在矿体下盘围岩中	沿运输平巷布置

续表 3-1

国家	矿山名称	采矿方法	出矿结构				
			集矿堑沟	出矿巷道	装矿进路	运输平巷	出矿溜井
中国	柿竹园多金属矿设计	分段凿岩的阶段矿房法，盘区布置，矿房长 64m、宽 20m，底柱厚 14m，分段高 22m，采用 ST-5 型铲运机出矿	为单堑沟，堑沟斜面倾角为50°，堑沟底宽 4m，位于矿房中央最底部	平行于集矿堑沟，且位于间柱中央	与出矿巷道斜交，交角为 50°，采用单堑沟双侧进路布置形式，两侧装矿进路错开布置，长为 12m，间距为 15m	为盘区平巷与出矿巷道直交，且位于盘区矿柱中	为矿山主溜井，间距为 150m，溜井规格为 ϕ3m（最大出矿块度为 750mm）
美国	Pilot Knob	分段凿岩的阶段矿房法，盘区布置，矿房宽度大于 30m，间柱和盘区矿柱宽为 9m，采用 ST-5 型铲运机出矿	为双堑沟，位于矿房最底部	平行于集矿堑沟，且位于间柱中央	与出矿巷道斜交，采用双堑沟双侧进路布置形式，间距为 15m		
加拿大	Madeleine	分段凿岩的阶段矿房法，矿房垂直矿体走向布置，矿房宽 18m，间柱宽 12m，底柱高 12m，采用 ST-4A 型铲运机出矿	为单堑沟，位于矿房中央最底部	平行于出矿堑沟，且位于间柱中央	与出矿巷道斜交，交角为 50°，单堑沟双侧进路布置形式，两侧装矿进路错开布置，长度为 19m 左右，间距为 15m	沿矿体走向布置，且位于矿体下盘围岩中，与出矿巷道直交	沿运输平巷布置，两个采场共用一条，铲运机平均运距为 84m
赞比亚	Rokana Mindola	分段法，阶段高度 76m，分段高度 15m，不分矿房矿柱沿矿体走向连续回采	为单堑沟，位于矿房中央最底部	与运输平巷合二为一	与运输平巷直交，单堑沟单侧进路布置形式，长度为 20m 左右，距矿体 6m 外有一条下盘通风平巷，连接各装矿进路，装矿进路间柱为 9m	位于矿体下盘围岩中，距矿体 24m	沿运输平巷布置，间距 76m，断面规格为 ϕ1.8m
	Mufulira	分段法，阶段高度 76m，分 3 个分段，分段间有 6m 厚的斜矿柱，沿矿体走向布置采场，采场长度为 24m，间柱宽 6m，采用 Cat 950 铲运机出矿	为单堑沟，堑沟斜面倾角 55°，且位于矿房中央最底部	与分段运输平巷合二为一	与分段运输平巷直交，单堑沟单侧进路布置形式，间距为 10m，长度 8.5m	位于矿体的下盘与矿体的交接处	沿分段运输平巷布置，间距为 90m

（2）铲运机在采场进路中的出矿结构。这种出矿结构由回采进路、分段（分层）平巷和出矿溜井等构成，且位于分段（分层）的底部水平。

分段（分层）平巷是与回采进路连接的巷道，一般沿矿体走向布置于靠下盘或靠上盘的矿体中；在矿体极不稳固时，可布置在上盘或下盘的围岩中。当回采进路沿矿体走向布置时，分段（分层）平巷与回采进路合二为一。一般分段高度为 10～15m，分层高度为 2.8～3.5m。上下分段（分层）平巷应错开布置。

出矿溜井沿分段（分层）平巷布置，且位于下盘或上盘围岩中，一般 1～2 个采场布置一条。

采场进路中的回采出矿结构实例见表 3-2。

表 3-2 铲运机在采场进路中的出矿结构实例

矿山名称	采矿方法	出矿结构		
		回采进路	分段平巷	出矿溜井
寿王坟铜矿	无底柱分段崩落法，垂直矿体走向布置，4～5 条回采进路一个采场，采场宽度为 50～60.5m，分段高度为 47m，采用 LK-1 型铲运机出矿	垂直矿体走向布置，与分段平巷直交，回采进路间距为 12.5m，长度为矿体厚度	沿矿体走向布置在脉外 15～17m 处的下盘围岩中	沿分段平巷布置，间距为 25～37.5m，溜井规格为 2.5m×2.5m
大厂矿务局铜坑锡矿	无底柱分段崩落法，垂直矿体走向布置，5 条回采进路一个采场，采场宽度为 50m，分段高度 12m，采用 LF-4.1 型铲运机出矿	垂直矿体走向布置，与分段平巷直交，回采进路间距为 10m	沿矿体走向布置在下盘围岩中，当矿体厚度较大时，在矿体上、下盘围岩中各布置一条分段平巷	沿分段平巷布置，每个采场布置一条，间距为 50m，平均运距 50～100m，溜井规格 2m×2m
丰山铜矿	无底柱分段崩落法，垂直矿体走向布置，采场宽度 50m，分段高度为 10m，采用 WJ-2 和 LK-1 型铲运机出矿	垂直矿体走向布置，与分段平巷直交，间距为 10m，上下分段错开呈菱形布置	沿矿体走向布置在围岩中	沿分段平巷布置，间距为 80～100m，平均运距为 60～70m，溜井规格为 ϕ3m
中条山有色金属公司篦子沟铜矿	无底柱分段崩落法，垂直矿体走向布置，分段高度为 10m，采用 LK-1 型铲运机出矿	垂直矿体走向布置，与分段平巷直交，间距为 10m	沿矿体走向布置在靠上盘的矿体中	沿分段平巷布置，间距为 30m，平均运距在 70m 以内
符山铁矿	无底柱分段崩落法，垂直矿体走向布置，5 条进路一个采场，采场宽度为 50m，分段高度 10m，采用 LK-1 型铲运机运矿	垂直矿体走向布置，与分段平巷直交，回采进路间距 8～10m	沿矿体走向布置在下盘围岩中，矿体厚度较大时，在矿体中间再布置一条分段平巷	沿分段平巷布置，一个采场布置一条，其间距为 50m，平均运距 80～120m

续表 3-2

矿山名称	采矿方法	出矿结构		
		回采进路	分段平巷	出矿溜井
梅山铁矿	无底柱分段崩落法，盘区布置，50～60m 划分为一个盘区，在盘区中每 60m 布置一个采场，分段高度为 12m，采用 LK-1 型铲运机出矿	垂直盘区平巷布置，与盘区平巷直交，其间距为 10m，其长度为 25～30m	为盘区平巷，且位于矿体中	沿盘区平巷布置，一个采场布置一条，其间距为 50～60m，平均运距 73m 左右
弓长岭铁矿	无底柱分段崩落法，垂直矿体走向布置，5～6 条进路一个采场，采场宽度为 50～60m，采用 LK-1 型铲运机出矿	垂直矿体走向布置，与分段平巷直交，间距为 10m	沿矿体走向布置矿体下盘的角闪岩中	沿分段平巷布置，一个采场布置一条，间距为 50～60m，平均运距为 50m
程潮铁矿	无底柱分段崩落法，垂直矿体走向布置，5 条进路一个采场，采场宽度为 50m，分段高度为 10～12m，采用 WJ-1.5 型铲运机出矿	垂直矿体走向布置，与分段平巷直交，间距为 10m	沿矿体走向布置在矿体上盘围岩中	沿分段平巷布置，一个采场布置一条，间距为 50m，平均运距为 110m
大冶尖林山铁矿	无底柱分段崩落法，垂直矿体走向布置，采场宽度 50m，分段高度为 10m，采用 LK-1 和 ZLD-40 型铲运机出矿	垂直矿体走向布置，与分段平巷直交，间距为 10m	沿矿体走向布置在下盘大理岩中	沿分段平巷布置，间距为 80m，平均运距为 75m

(3) 铲运机在采场内多点出矿的出矿结构。

1) 全面法和房柱法的出矿结构。铲运机可自由出入采场，出矿结构由出矿斜巷或平巷、运输平巷和出矿溜井等构成。出矿斜巷（平巷）一般位于矿体内，当矿体倾角小于 5°～6°时，该巷道布置呈现与矿体倾向一致的直斜巷（平巷）；当矿体倾角大于 5°～6°时，该巷道布置呈倾斜的直斜巷或折返斜巷。该巷道可作为矿石、人员、设备和材料运输的通道。当矿体厚度较大时，斜巷也可位于矿体下盘围岩中，用分层横巷与采场连接。运输平巷和溜井布置同前。铲运机在全面法和房柱法采场内多点出矿的出矿结构实例见表 3-3。

表 3-3　铲运机在全面法和房柱法采场内的出矿结构实例

矿山名称	采矿方法	出矿结构		
		斜巷	运输平巷	出矿溜井
Laisvall	房柱法，采用尾砂充填，矿房宽度 15m，采场中留 10m 圆柱，圆柱间距 29m，采用铲运机-自卸汽车出矿	位于矿体内的直斜巷，斜巷坡度为 3.5%～5.5%，作为矿石、人员、材料和设备的运输通道	为盘区平巷，与斜巷连接，且位于矿体内，沿矿体走向布置	采场不设出矿溜井，矿石用自卸汽车直接从采场工作面运至矿山装载矿仓，运距最大为 700m

续表 3-3

矿山名称	采矿方法	出矿结构		
		斜巷	运输平巷	出矿溜井
Krarnforp	房柱法，沿矿体走向每50m划分盘区，沿矿体倾向划分矿块，矿房宽11m，矿柱宽6m，采用装载机-自卸汽车出矿	位于矿体内即为盘区运输道，作为矿石、人员、设备和材料的运输通道	为盘区横巷，伪倾斜布置在矿体内，与盘区运输道连接	采场不设出矿溜井，矿石用自卸汽车直接从采场工作面运至矿山装载矿仓，最大运距为650m
Gaspe	房柱法，矿房宽度15m，矿柱 1.35m × 21m，采用电铲或铲运机-自卸汽车出矿	位于矿体下盘12m处，斜巷坡度为10%	从斜巷每距12m垂高掘分段横巷通向采场，作为矿石、人员、设备和材料的通道	采场不设出矿溜井，矿石用自卸汽车直接从采场工作面运至矿山装载站，运距约800m（上坡）
Rammelsberg	房柱法，垂直矿体走向布置，即自分段平巷沿矿体倾向布置矿房，矿房斜长20～30m	位于矿体走向长400m的中央矿脉内，斜巷坡度为1:10，为折返式	从斜巷每10m垂高在矿体内沿矿体走向布置分段平巷（运输平巷）	采场不设出矿溜井，小于12°矿体用ST-2B铲运机自采场直接出矿，12°～14°矿体，用电耙将矿石集中到分段平巷，再用铲运机在分段平巷出矿
Lovain	房柱法，矿房宽度5～6m，矿柱规格18～20m²，盘区布置，采用蟹爬式装载机或铲运机-自卸汽车出矿	无	沿矿体走向布置盘区运输平巷（两条），与矿山副斜巷连接	采场不设出矿溜井，小于400m用铲运机直接装运矿石，400～800m用蟹爬式装载机或铲运机-自卸汽车出矿
维什涅夫矿	房柱法，矿块沿矿体走向布置，长度180m，矿房宽度6.5～7.5m留规则矿柱，采用ПД-8型铲运机出矿	位于矿体内，呈伪倾斜直斜巷，斜巷坡度10°，为对角斜巷	无	沿斜巷布置，每一采场设置2条，一条位于采场下部，一条位于采场中部，铲运机平均运距80～100m

2）上向水平分层法的出矿结构。这种出矿结构由斜巷、分段平巷、出矿进路（采场联络道）和出矿溜井等构成。

斜巷一般位于矿体下盘围岩中，当矿体下盘围岩不稳固时，也可布置在矿体上盘围岩或矿体中，作为人员、设备和材料的运输通道。

分段平巷的布置为：当采场垂直矿体走向布置时，分段平巷一般沿矿体走向布置于下盘围岩中；当矿体下盘围岩不稳固时，可布置在上盘围岩或矿体中，且与斜巷连接。分段高度一般为2～3个分层高度，分层高度一般为3～5m，则分段高度为6～10m至9～15m。当采场沿矿体走向布置时，无需布置分段平巷，自斜巷每层开凿联络道通向采场。

采场联络道的布置为：当采场沿矿体走向布置时，每分层自斜巷布置联络道通向采场；当采场垂直矿体走向布置时，自分段平巷布置联络道通向采场。该巷道可自分段平巷布置两条（一条上坡，一条下坡）平面上错开的巷道通向采场，也可自分段平巷布置一条上坡的巷道通向采场，随分层的上采，将进路挑顶，由重车上坡逐渐变为重车下坡。

出矿溜井可布置在采场充填体内，一个采场至少一对。但由于支护工作复杂、劳动强度大、效率低且难以维护，因此目前广泛布置在矿体下盘的分段平巷中，几个采场共用一条。

铲运机在上向水平分层充填法采场内的出矿结构实例见表3-4。

表3-4　铲运机在采场底部结构中的出矿结构实例

矿山名称		采矿方法	出矿结构			
			斜巷	分段平巷	出矿联络道	出矿溜井
中国	凡口铅锌矿	上向水平分层胶结充填法，垂直矿体走向布置，矿房宽14m，间柱宽8m，底柱厚6m，采用LF-4.1和TORO-100DH型铲运机出矿	位于矿体下盘围岩中，作为人员，设备和材料的运输通道，斜巷坡度20%～25%，弯道半径8～12m，底板铺设0.2m厚的混凝土路面	沿矿体走向布置在距矿体10m的下盘围岩中，与斜巷连接，分段高度8m，分层高度4m（2条一充）	从分段平巷掘2条（一条+20%坡度，一条-20%坡度）平面上错开的出矿联络道通向采场	布置在采场充填体内（现改在下盘围岩中，沿分段平巷布置几个采场设置一条）每一采场设置一对
中国	红透山铜矿	上向水平分层尾砂充填法，沿矿体走向布置，矿房长度为100～180m，不留间柱，底柱厚度为6m，采用TORO-100DH，LK-1和LF-4.1型铲运机出矿	位于矿体下盘围岩中，呈折返式布置，作为人员、设备和材料的运输通道，斜巷坡度1:5	未设分段平巷，分层高度为3m	从下盘斜巷每分层掘联络道通向采场，作为人员、设备和材料的运输出入口	位于采场充填体内，用钢筋混凝土构筑，壁厚0.5m，每一个采场设置一对，间距15m，平均运距为10～60m，溜井断面规格为2m×2m
中国	铜绿山铜矿	上向水平分层点柱充填法，沿矿体走向布置，矿房宽度为32m，间柱宽4m，采场中沿矿体走向留1～2排柱，排距12～15m，每排1～2个点柱，采用WJ-76和WJ-1.5D电动铲运机出矿	位于矿体下盘围岩中，作为人员、设备和材料的运输通道	沿矿体走向布置，且位于矿体下盘围岩中，与斜巷连接，分层高度4～5m，分段高度8～10m	从分段平巷掘进2条（一条上坡，一条下坡）平面上错开的联络道通向采场	位于采场充填体内，每一采场设置一对，用混凝土构筑，壁厚0.4～0.6m，溜井断面规格1.8m×1.5m
加拿大	Brunswick	上向水平分层充填法，垂直矿体走向布置，矿房宽度为15m，间柱宽度12m，采用ST-4A型铲运机出矿	位于矿体下盘一端，呈螺旋形布置，斜巷坡度为20%，作为人员、设备和材料的运输通道	沿矿体走向布置于矿体下盘36m处的围岩中，与斜巷连接，分层高度5m，分段高度15m	从分段巷道掘一条倾斜的联络道通向采场，随分层上采逐渐挑顶，由重车上坡变成重车下坡	沿分段平巷布置于下盘围岩中，间距为60m
爱尔兰	Avoca	上向水平分段充填法，沿矿体走向布置，400m长作为一个采场，采用ST-5A型铲运机出矿	位于矿体下盘围岩中，沿矿体走向布置，呈折返式布置，斜巷坡度为20%	沿矿体走向布置于矿体内，用分段横巷与斜巷连接，分段高度为15m	从分段平巷掘出矿联络道与下盘出矿溜井连接	位于矿体下盘围岩中，每一采场设置不少于一对

续表 3-4

矿山名称		采矿方法	出矿结构			
			斜　巷	分段平巷	出矿联络道	出矿溜井
澳大利亚	Mount lsa	上向水平分层充填法，沿矿体走向布置，一个矿体作为一个采场，每个采场分2个采矿段，采用ST-5A铲运机出矿	斜巷只从采场底部的运输横巷至采场拉底水平相通，斜巷坡度为1:7	未设分段平巷，铲运机设备整体或分成3个部分，从采场中央的辅助天井（规格为3m×3.6m）进入采场，分层高度4m	从采场至出矿溜井用出矿联络道连接，随分层上采每隔4～4分层在溜井两侧交替掘凿	沿矿体走向布置于矿体下盘6m处的围岩中，间距为90～120m，但其中2条靠中央辅助天井
澳大利亚	Cobar	上向水平分层充填法，沿矿体走向布置，一个矿体作为一个采场，采用ST-5A和TL-55型铲运机出矿	位于矿体下盘围岩中，为折返式布置，斜巷坡度1:7，作为矿石、人员、设备和材料运输的通道	未设分段平巷，从矿体下盘斜巷每分层用横巷直接与采场连通，作为人员、设备和材料的运输出入口，分层高度4.5m	从矿体下盘溜井每分层开掘出矿联络道通向采场，上下分层联络道平面上错开布置	位于矿体下盘围岩中，每一采场放置一条，溜井下部与斜巷连接，溜井断面规格为2.4m×2.4m，平均运距为76m

3.3 电　耙

多年来，电耙广泛应用于国内外地下开采矿山中，其任务是将采场经漏斗流入电耙巷道的矿石耙运到溜井，或直接在采场工作面出矿，或在巷道、硐室掘进作业中出渣。

采用电耙出矿虽然没有铲运机等无轨自行设备生产能力高、灵活性强，但由于电耙结构简单、使用可靠、耐用、故障少、维护容易、维修费用低、设备造价低、基建投资少、出矿成本低，因此对于设备检修技术力量不强的地下开采小矿山，在条件适合时，电耙仍是主要的出矿方式之一。

随着矿山机械设备技术发展，我国的电耙逐渐集中为几个主要专业厂家生产，并有国家机械行业标准及耙矿绞车系列型谱。

国外耙矿绞车种类规格较多，一般可配2～3个不同功率和转速的电动机，以利于用户选择。绞车操纵系统采用电钮、实现远距离控制。耙矿绞车卷筒容绳量也较大。有的矿山使用130kW耙矿绞车配大容积耙斗，达到了很高的出矿生产能力。国外耙斗种类较多，耙斗容积也在加大。为了适应通过小断面巷道，有的耙斗采用组合式，便于分解拆开运输。

3.3.1　电耙结构

电耙设备由绞车、耙斗、滑轮和钢丝绳组成。

3.3.1.1　绞车

绞车是电耙的动力传递装置，耙斗的往复运动是通过它来实现的。目前，我国金属矿山使用最广的是JP系列的耙矿绞车。JP型耙矿绞车的结构如图3-46（a）所示。电动机1用螺栓固定在绞车的底座上，电动机轴穿入减速箱用键与齿轮2连接。齿轮3、4用键固定在同轴上，齿轮5、太阳齿轮8和16用花键与绞车主轴6连接，太阳齿轮8和16的外面各有三个与它们啮合的行星齿轮10和19。行星齿轮10和19的外侧分别与内齿圈13和20啮合，内齿轮圈的轮壳通过球轴承支承在机架12上。行星齿轮10和19通过球轴承分别安装在小轴9和17上，小轴9和17分别与行星轮架14和21固定。行星轮架14和21的一端通过球轴承支承在机架12上，另一端用平键分别与主卷筒7和副卷筒15固定，而主卷筒7、副卷筒15和主轴6分别通过球轴承支承在机架12上。在内齿圈13和20的外侧圆周上分别装有闸带11和18，闸带抱紧，内齿圈被固定，闸带放松，内齿圈可自由转动。绞车底座做成撬板形，使之便于移动。

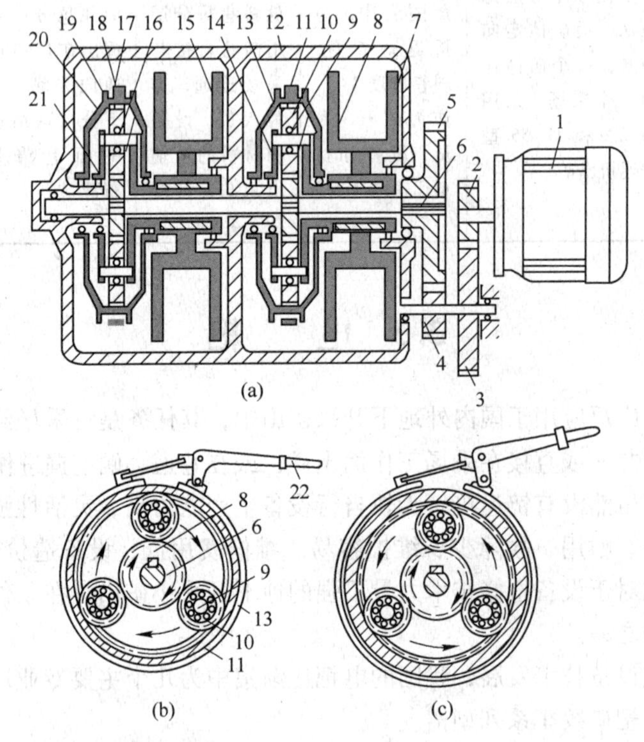

图3-46　JP型电耙绞车结构与工作原理

（a）耙矿绞车结构；（b）缠绕首绳牵引耙斗；（c）首绳停止或放出首绳

1—电动机；2～5—减速齿轮；6—主轴；7—主卷筒；8，16—太阳齿轮；

9，17—小轴；10，19—行星齿轮；11，18—闸带；12—机架；

13，20—内齿圈；14，21—行星轮架；15—副卷筒；22—闸把

JP型绞车的工作原理如图3-46（b）所示。电动机1经齿轮2～5二级减速后带动主轴6转动，在闸带抱紧和放松内齿圈时，行星轮机构的运动状态如下：当闸带口抱紧内齿圈13时，太阳齿轮8在主轴6带动下顺时针旋转，三个行星齿轮10在太阳齿轮带动下逆

时针旋转，因内齿圈13被闸带11抱紧不能转动，三个行星齿轮被迫沿内齿圈的齿面滚动，带动三根小轴9绕主轴6顺时针旋转。小轴9通过行星轮架14与主卷筒7连接，主卷筒就在小轴带动下绕主轴顺时针转动，从而缠绕首绳，牵引耙斗耙矿。当闸带11从内齿圈13上松开时，太阳齿轮8在主轴6带动下顺时针旋转，三个行星齿轮10在太阳齿轮带动下逆时针旋转，内齿圈13在三个行星齿轮带动下也逆时针转动。此时，小轴9和主卷筒7的运动有两种状态：

（1）当闸带11和18都松开时，主卷筒在耙斗和钢丝绳的阻力作用下停止不动，小轴9也停止不动。

（2）当闸带18抱紧内齿圈20时，因副卷筒15转动，缠绕尾绳拉动首绳，在首绳牵引下，主卷筒逆时针转动，放出首绳，此时通过行星轮架14，小轴9也绕主轴逆时针旋转，带动三个行星齿轮10在内齿圈13的齿面上滚动。

副卷筒在闸带抱紧和放松时，行星轮机构中各齿轮和小轴的运动状态与主卷筒完全相同。

JP型电耙绞车的主要技术性能列于表3-5中。

表3-5　JP系列电耙绞车的主要技术性能

型号	平均牵引力/kN		平均速度/m·s⁻¹		钢丝绳直径/mm		卷筒/mm		容绳量/m		电动机			外形尺寸/mm			总重量/kg
	主卷筒	副卷筒	主卷筒	副卷筒	主卷筒	副卷筒	直径	宽度	主卷筒	副卷筒	功率/kW	转速/r·min⁻¹	重量/kg	长	宽	高	
2JP-7.5 3JP-7.5	8.30	8.30	1.0	1.0	9.3	9.3	205	80	45	45	7.5	1450	90	1140① 1330②	538.5	474	400① 520②
2JP-13	14.00	11.00	1.5	1.5	12.5	11	225	125	80	100	13	1460	164	1409	641	580	660
2JP-28	24.00	17.00	—	—	14	12.5	280	160	100	120	30	1470	272	1650	975	695	1250
2JP-30 3JP-30	28.00	20.00	1.2	1.6	16	14	280	160	85	110	30	1470	272	1650① 2000②	820	695	1153① 1545②
2JP-55 3JP-55	49.00	33.00	1.2	1.6	18	16	350	180	85	55	55	1470	548	1975① 2520②	1010	845	2233① 2874②

①双卷筒绞车；②三卷筒绞车。

绞车的电动机及控制设备都采用非防爆式，电压为380V，满压直接启动，并具有失压保护线圈。

绞车电控原理如图3-47所示。接通三开关Q，按下启动按钮SB_1，电流通过磁力启动器线圈S，磁力启动器触头KA闭合，电动机M启动。按下停机按钮SB_2，磁力启动器线圈断电，触头跳开，电动机停机。三相铁壳开关内的熔断器起过载保护作用。

3.3.1.2　耙斗

耙斗是电耙设备中直接和矿岩发生作用的部分，矿岩的耙运是通过它来实现的。金属矿主要用耙式耙斗。耙斗可为铸造件，也可为焊接件，如图3-48所示。在耙运过程中，耙齿和耙斗的矿岩直接与耙运面接触，并沿耙运面移动，为了增加耐磨性，耙齿通常用高锰钢制造，焊接在耙斗尾帮上。为了改善耙运条件，耙齿与耙运面的交角，对于水平耙矿为55°，倾斜耙矿用65°。

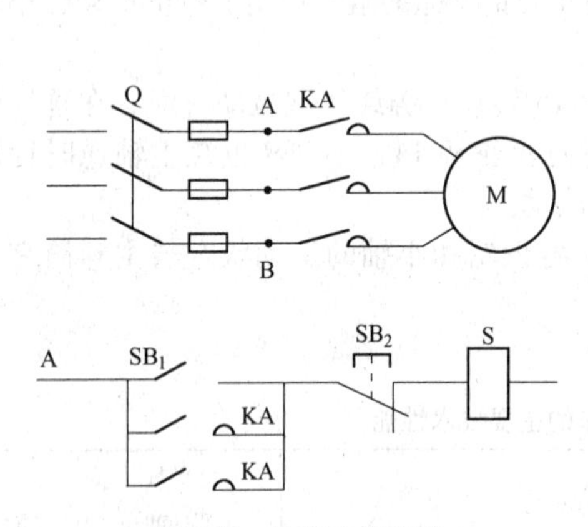

图 3-47　绞车电控原理

Q—三相铁壳开关；SB_1—启动按钮；
SB_2—停机按钮；S—磁力启动器线圈；
KA—磁力启动器触头；M—电动机

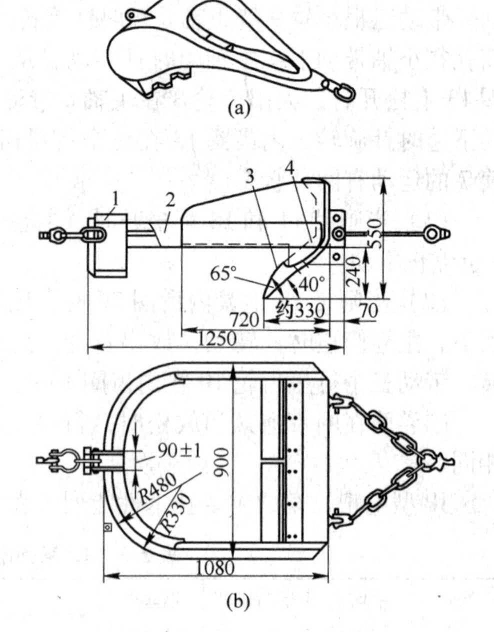

图 3-48　耙斗

（a）铸造耙斗；（b）焊接耙斗
1—碰头；2—斗柄；3—耙齿；4—尾帮

JP 系列绞车配备的耙斗和滑轮规格见表 3-6。

表 3-6　JP 系列绞车配备的耙斗和滑轮规格

绞车型号	耙　斗		滑　轮	
	代号	容积/m^3	代号	直径/mm
2JP-7.5 3JP-7.5	102A	0.1	Q311	150
2JP-13	Q803	0.25	Q311	150
2JP-30 3JP-30	Q305	0.4	Q312	200
2JP-55 3JP-55	Q284	0.6	Q312	250

3.3.1.3　滑轮

滑轮的作用是实现尾绳的转向。常用的电耙滑轮的结构如图 3-49 所示，滑轮套装在夹板内，滑轮轴用螺帽固定在夹板上，取下螺帽，抽出滑轮轴和夹板下端的两个销轴，滑轮可以从夹板内取出。

电耙滑轮在工作面的悬挂方法因情况不同而异。在岩石上，滑轮挂在带楔头的钢丝绳套内，安装方法如图3-50所示。先将钢丝绳带楔头的一端放入眼内，插入紧楔，使其前端压住楔头并用力打紧，滑轮的挂钩在钢丝绳套内。拆卸时，用锤子从侧面敲打紧楔，将其震松，楔子即可取出。若工作面较宽，可在两侧的岩石中打入固定楔，在两个固定楔之间装一根链条，滑轮可挂在链条的不同地点，以改变耙运方向。若工作面有支架，可用链条或钢丝绳将滑轮挂在支架上，此时要用撑木撑紧支架，以防倒塌。

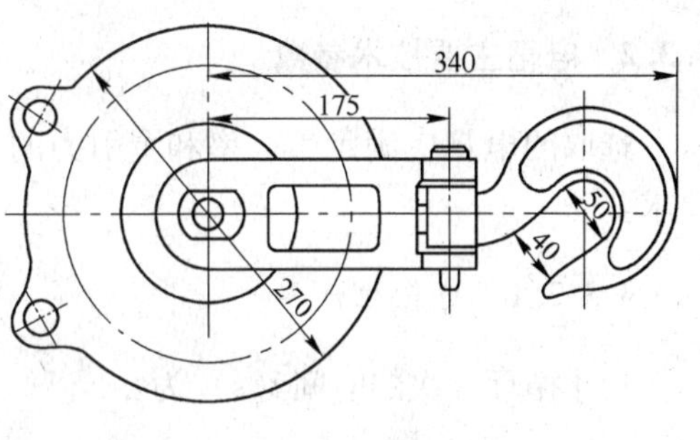

图3-49 滑轮

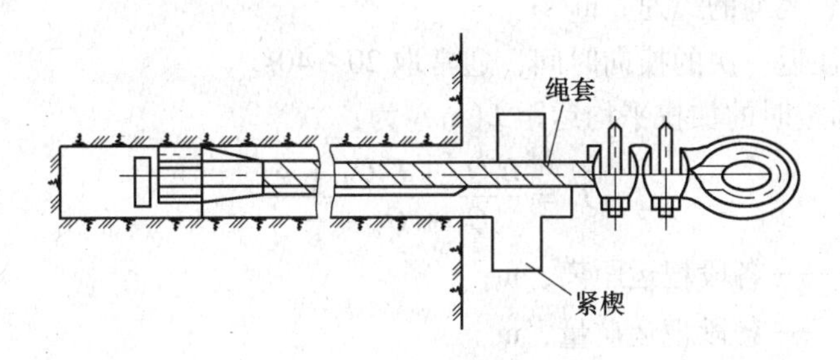

图3-50 固定楔

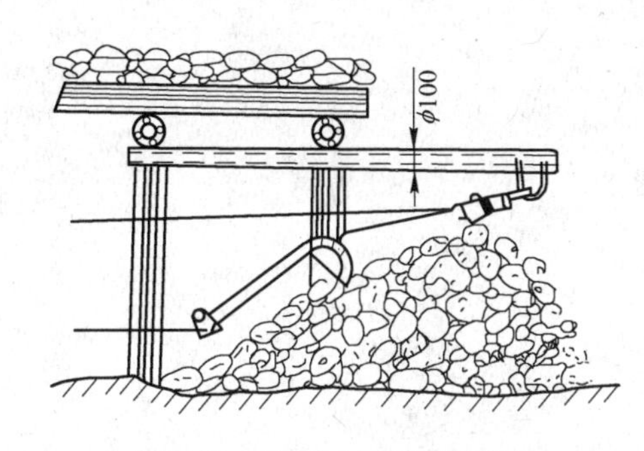

图3-51 崩落区耙矿悬挂滑轮

若在崩落区耙矿，不允许人员进入危险地带悬挂滑轮，可用悬杆送入滑轮，悬杆用链条固定在支架上，如图3-51所示。

3.3.1.4 钢丝绳

钢丝绳是电耙设备的一个重要组成部分，它直接关系电耙的正常生产。钢丝绳是由一定数量的细钢丝捻成股，再由若干个股围绕绳芯捻成绳。钢丝的编绕方法通常有平行编绕和交叉编绕两种。平行编绕的钢绳，绳股内的钢丝绕向与绳股绕向相同；交叉编绕的钢绳则二者绕向不同。平行编绕钢绳的表面比较光滑，柔曲性较好，但有自旋性，容易扭曲，不宜用于运输，但对耙矿影响不大。

钢丝绳与耙斗的连接方法如图3-52所示。钢丝绳末端绕过一个带槽的嵌环，折回200~250mm，用绳卡夹紧，也可以将打回部分用软钢丝缠紧，但折回部分的长度为400mm左右。

新钢丝绳绕上绞车卷筒之前，应将钢丝绳沿卷道拉开整直，把绳头穿入卷筒的绳孔，用楔子楔紧，然后慢慢开动绞车，使钢丝绳顺序绕在卷筒上。在工作中，若钢丝绳磨损破断，可将断头用编结方法接上。禁止用扣结法连接，因为扣结既不牢固，又易卡住滑轮。

电耙钢丝绳的工作条件恶劣，为了延长钢丝绳使用寿命，耙运路线尽可能平直，在必须拐弯处要安装导向托轮。

3.3.2　电耙主要技术参数

选取的电耙应满足生产率和牵引力的要求。

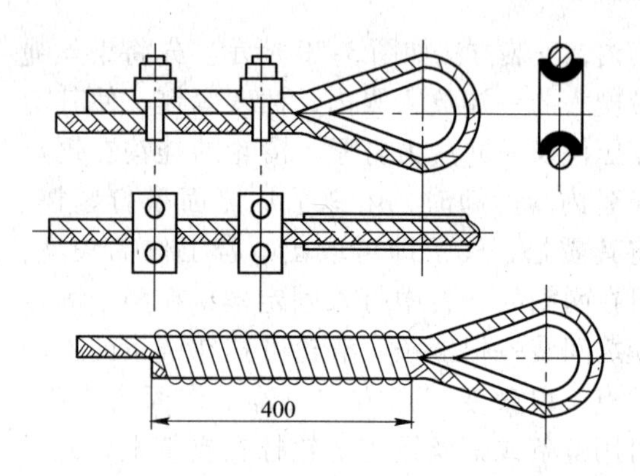

图 3-52　钢丝绳与耙斗的连接方法

3.3.2.1　电耙生产率

耙斗循环一次的时间 t(s) 为:

$$t = \frac{L}{v_1} + \frac{L}{v_2} + t_0$$

式中　L——平均耙运距离，m;

v_1，v_2——首绳、尾绳的绳速，m/s;

t_0——耙斗往返一次的换向时间，通常取 20 ~40s。

耙运距离不固定时的加权平均运距 L(m) 为:

$$L = \frac{L_1 Q_1 + L_2 Q_2 + \cdots}{Q_1 + Q_2 + \cdots}$$

式中　L_1，L_2，…——各段耙运距离，m;

Q_1，Q_2，…——各段耙运矿量，m^3。

耙斗的循环次数 n（次/h）为:

$$n = \frac{3600}{t}$$

电耙生产率 η_h(m^3/h) 为:

$$\eta_h = nVK_q K_\beta$$

式中　V——耙斗容积，m^3;

K_q——耙斗装满系数，一般为 0.6 ~0.9;

K_β——电耙时间利用系数，一般为 0.7 ~0.8。

3.3.2.2　电耙出矿时间

电耙出矿时间 t_p 为:

$$t_p = \frac{QE}{\eta_h}$$

式中　Q——爆落的原矿体积，m^3;

η_h——电耙生产率，m^3/h;

E——矿石松散系数，耙运时一般取 1.5。

3.3.2.3　绞车牵引力

耙矿绞车的牵引力必须大于耙矿总阻力。耙矿总阻力包括：耙斗及耙斗内矿石的移动阻力；为了控制放绳速度，对放绳卷筒做轻微制动产生的阻力；耙斗插入矿堆进行装矿时的阻力；钢丝绳沿耙运面的移动阻力和绕滑轮的转向阻力；某些额外阻力，如耙斗拐弯阻力、耙运面不平产生的阻力等。在一般情况下，前两种阻力是主要的，其他阻力较小，不必一一计算，只需将这两种阻力之和乘上一个大于1的附加系数来代表它们即可。

当耙斗沿倾角为β平面耙运时，耙斗及耙斗内矿石的移动阻力F_1(N) 为：

$$F_1 = G_0 g(f_1\cos\beta \pm \sin\beta) + Gg(f_2\cos\beta \pm \sin\beta)$$

式中 G_0——耙斗质量，kg；

G——耙斗内矿石质量，kg；

g——重力加速度，9.8m/s^2；

f_1——耙斗与耙运面的摩擦系数，通常取0.5～0.55；

f_2——矿石与耙运面的摩擦系数，通常取0.7～0.75。

式中向上耙运时取"+"号，向下耙运时取"-"号。

耙斗内矿石的质量m(kg) 为：

$$m = VK_q\gamma$$

式中 V——耙斗容积，m^3；

K_q——耙斗装满系数，计算牵引力时为了从最困难情况考虑，一般将耙斗作为装满处理，即取$K_q=1$；

γ——松散矿石的密度，kg/m^3。

为了避免放绳过快，造成钢丝绳弯垂过度或打结，可对放绳卷筒轻微制动，由此产生的阻力F_2在计算时可取600～1000N。

其他阻力用附加系数α表示，通常α取1.3～1.4。

绞车主卷筒的牵引力F(N) 为：

$$F = \alpha(F_1 + F_2)$$

绞车电动机所需功率P(kW) 为：

$$P = \frac{Fv_1}{1000\eta}$$

式中 v_1——首绳速度，m/s；

η——绞车机械效率，一般取0.8～0.9。

当沿倾斜底板向下耙运时，因所需牵引力较小，绞车不一定能拖动空耙斗向上运行，因此需要校核耙斗向上空行程时电动机的功率是否满足要求。此时绞车电动机所需功率P'(kW) 为：

$$P' = \frac{F'v_2}{1000\eta}$$

式中 F'——耙斗向上空行程时，绞车副卷筒的牵引力，N；

v_2——尾绳速度，m/s。

在P和P'中取较大值选取电动机。

F'的计算方法与F相似，但不包括耙斗内矿石的移动阻力。考虑耙斗向上运行时会刮动矿石，使阻力增加，附加系数α应取为2。

在电耙计算时，需要知道主绳和尾绳速度。绞车不同，绳速也不相同，因此计算前需要根据工作条件初选一种绞车，然后通过计算检验。若检验不符合要求，应重选重算，直至符合要求为止。

3.4　掘进装渣机械

掘进装渣机械是在井巷施工中对岩石或矿石等松散物料完成铲装作业的设备。它按使用动力分为电动装载机、气动装载机、内燃机驱动装载机；按行走方式可分为轨轮式装载机、轮胎式装载机、履带式装载机；按铲装方式分为铲斗装载机、扒爪类装载机、挖斗式装载机和耙斗式装载机。

3.4.1　铲斗装载机

铲斗装载机利用机械前进使铲斗插入岩堆铲起渣石，通过铲斗的提升和翻转，将渣石卸入矿车或转载设备中，是间歇式非连续装载机。它由铲斗、行走底盘、提升机构、回转机构、动力及操作机构等部分组成。装渣时，依靠自身质量和运动速度所具有动能将铲斗插入岩堆，铲满后将渣石卸入矿车内或料仓内由运输机构卸入转载机，然后铲斗回到铲取位置，开始下一铲装循环。铲斗装载机按卸载方式分为后卸式铲斗装载机和侧卸式铲斗装载机两类。

3.4.1.1　后卸式铲斗装载机（装岩机）

后卸式铲斗装载机通称装岩机，它是正铲后卸的轻型装载机。装岩机利用机体前方的铲斗铲起岩块，经机体上方将岩块倒入机后的矿车内，然后铲斗在横梁缓冲弹簧的反作用下，自动下放到铲取位置。装岩机按行走方式分为轨轮式装岩机、履带式装岩机和轮胎式装岩机，如图 3-53 所示。国产装岩机的行走方式大多为轨轮式。装岩机按动力分为电动和气动两类。电动装岩机又分为隔爆式装岩机、非隔爆式装岩机。电动装岩机的优点是能源输入简单、方便，能量利用率高，使用操作容易、维修简便等。但它的控制元件多，地下涌水量较大时易烧电机，在有沼气的工作面需使用防爆型装岩机。气动装岩机可以自行调速，装渣时的插入力和铲取力均可自行调节，缓冲性能较好，使用安全，但压气输入不方便，能量利用率低，维修较麻烦。气动式装岩机适用于涌水量较大的岩巷工程。

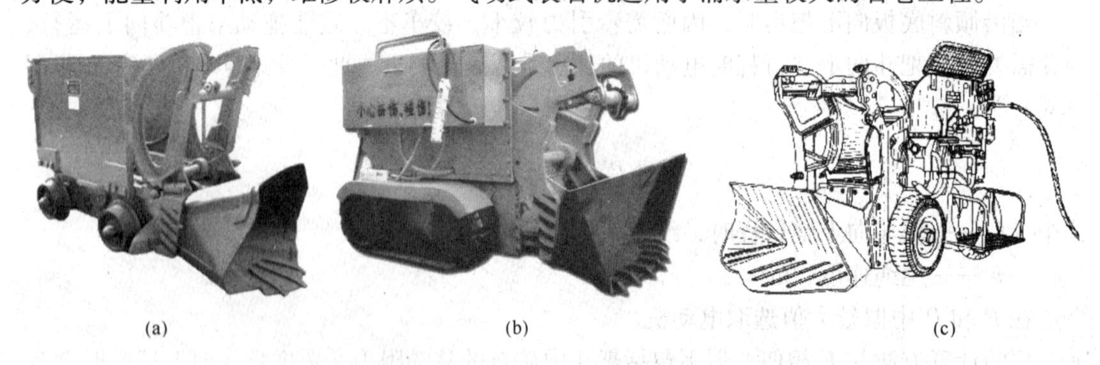

(a)　　(b)　　(c)

图 3-53　装岩机

(a) 轨轮式电动装岩机；(b) 履带式电动装岩机；(c) 轮胎式气动动装岩机

ZYC-20B(Z-20B) 型电动装岩机是我国应用最早的地下装渣机械，也是目前岩巷掘进中应用最多的装渣机械。它的构造如图 3-54 所示。

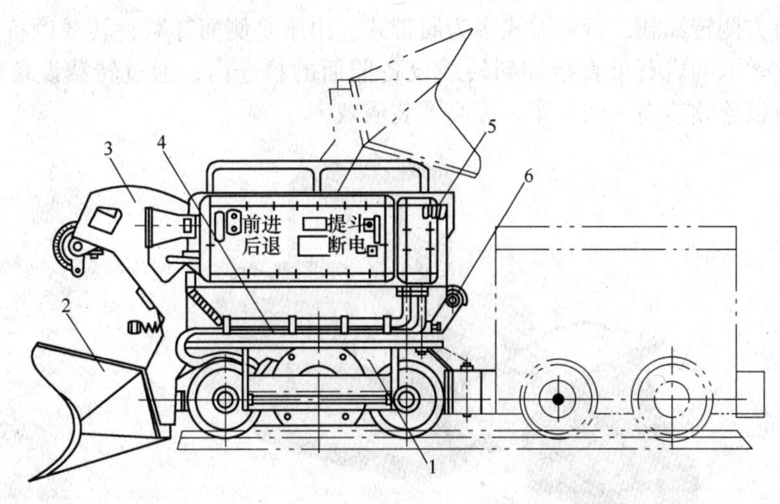

图 3-54 ZYC-20B 型电动装岩机的构造

1—行走机构；2—铲斗；3—斗臂；4—回转台；5—缓冲弹簧；6—提斗机构

装岩机的型号及规格见表 3-7。装岩机具有结构简单、适应性强、工作可靠、操作维修简便等特点，装渣时可同时进行凿岩，互相干扰小，可实现装渣与凿岩平行作业。但其工作宽度一般只有 1.7～3.5m，工作长度较短，轨轮式装岩机需要随时将轨道延伸至岩堆，斗容量小，且一进一退间歇装渣，生产率较低。装岩机主要适用于小断面岩巷及倾角小于 8°的斜巷掘进装渣。它是目前国内岩巷掘进中应用最广泛的装载机。

表 3-7 装岩机的主要技术参数

指 标	电 动 型			气 动 型	
	Z-17B（ZCZ-17）	ZYC-20B（Z-20B）	ZYC-28	ZQ-13（ZCQ-13）	ZZQ-26（ZCZ-26）
铲斗容积/m^3	0.17	0.20	0.20	0.13	0.26
装载宽度/mm	1700	2200	2200	1700	2700
效率/$m^3 \cdot h^{-1}$	25～30	30～40	30～45	15～20	50
岩石最大尺寸/mm	500	400	—	300	750
最小断面（$b \times h$）/mm × mm	1800×1800	3000×2500	—	1800×1800	3000×2500
轨距/mm	550，600	600	600，900	600	600，762
行走速度/$m \cdot s^{-1}$	1.0	0.79	0.97	1.02～1.40	1.20
装机功率/kW	2×10.5	10.5+13	13+15	2×8.5(hp)	(20+12)(hp)
外形尺寸（长×宽×高）/mm×mm×mm	2175×1040×1750	2372×1604×2192	2370×1604×2145	2000×970×1600	2375×1010×2290
质量/t	1.75	4.88	5.16	2.00	2.70

3.4.1.2 侧卸式铲斗装载机

侧卸式铲斗装载机的基本构造（见图 3-55）与装岩机相似，也是在正面铲取岩石，但在设备的前方侧转卸载，行走方式多为履带式。由于是侧面卸载，转载设备布置在它卸载的一侧。它铲取的岩石可直接卸到转载设备前面的料仓内，通过转载设备转卸到矿车中。这样就可以连续装满一列矿车，提高了装渣效率。

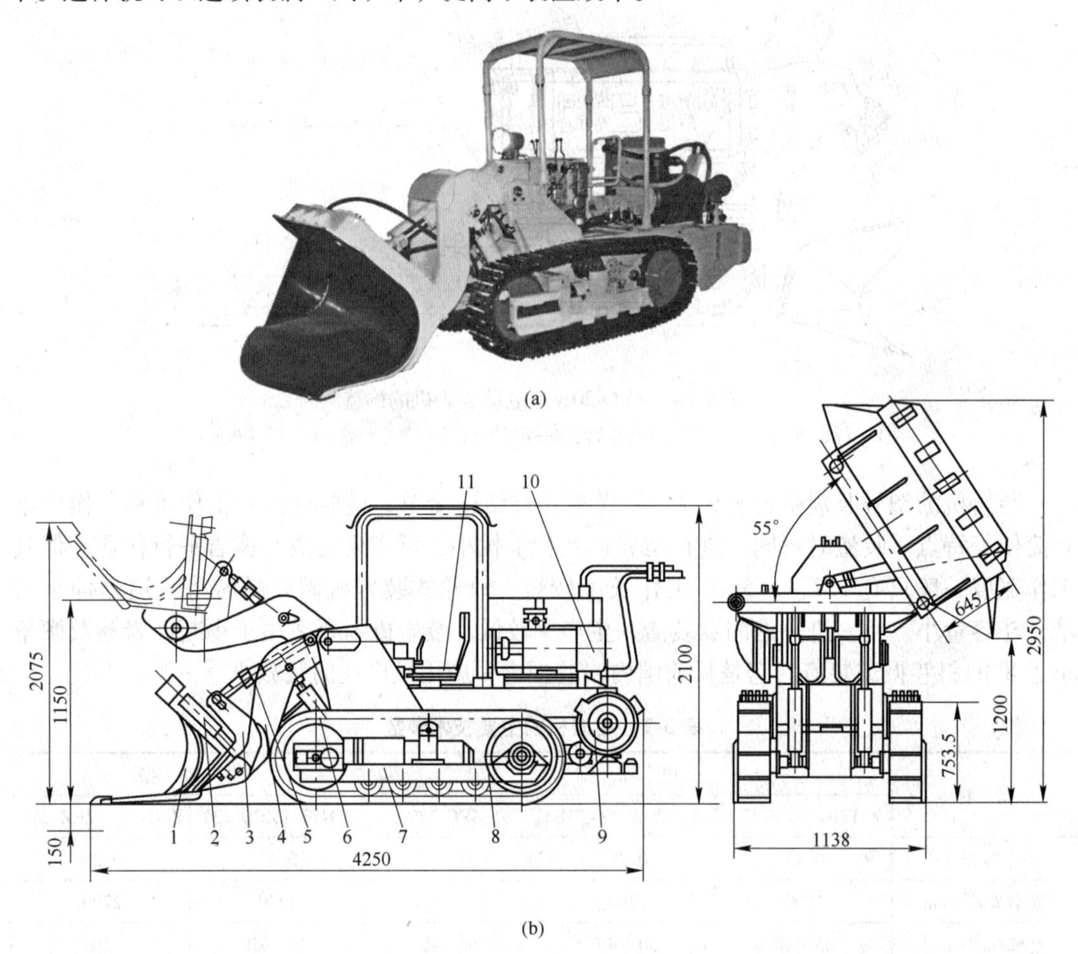

图 3-55　ZLC-60 型全液压侧卸式铲斗装载机

（a）外形图；（b）结构示意图

1—铲斗；2—侧卸液压缸；3—铲斗座；4—大臂；5—拉杆；6—提升液压缸；7—行走机构；8—主动链轮；9，10—电动机；11—司机座

侧卸式铲斗装载机的特点是铲斗比机身宽，容积大；铲斗的侧壁很低，通常一边无侧壁，因此插入阻力小，容易装满铲斗；不受岩石块度、硬度限制，更有利于装载硬岩；功率大，提升和翻转的行程较短，装渣生产率高；履带行走机动性好，装渣宽度不受限制；铲斗还可兼作活动平台，用于挑顶和安装锚杆等。它适用于大断面岩巷的装渣。

3.4.2　扒爪类装载机

扒爪类装载机的前面有一对耙爪，耙爪将岩石耙取到后面的带式（刮板或链板）输送机上，再转运到运输车辆内。扒爪类装载机是一种连续装渣机械，其装载宽度大、生产效率高，适用于断面较大的岩巷装渣。扒爪类装载机按耙爪及其动作原理可分为蟹爪装载机、立爪装载机和蟹立爪装载机。

3.4.2.1 蟹爪装载机

蟹爪装载机在前方倾斜的铲板上设置一对蟹爪形耙爪，耙爪交替扒取岩石，并通过设备本身的运输机构将岩石转运到后面运输车辆的装载机。目前应用较多的是履带行动的电动蟹爪装载机。蟹爪装载机主要由蟹爪装载机构、转载输送机、行走底盘、液压和电控系统及喷水降尘系统等组成，如图3-56所示。它在底盘前端装有可升降的楔形集料板，其前端的铲板上装有一对蟹爪，由液压马达或电动机驱动，连续以180°相位差交替地扒取岩石。转载输送机是通用的刮板输送机，有的前段采用刮板输送机，后段搭接胶带输送机。部分国产蟹爪装载机的型号及性能见表3-8。

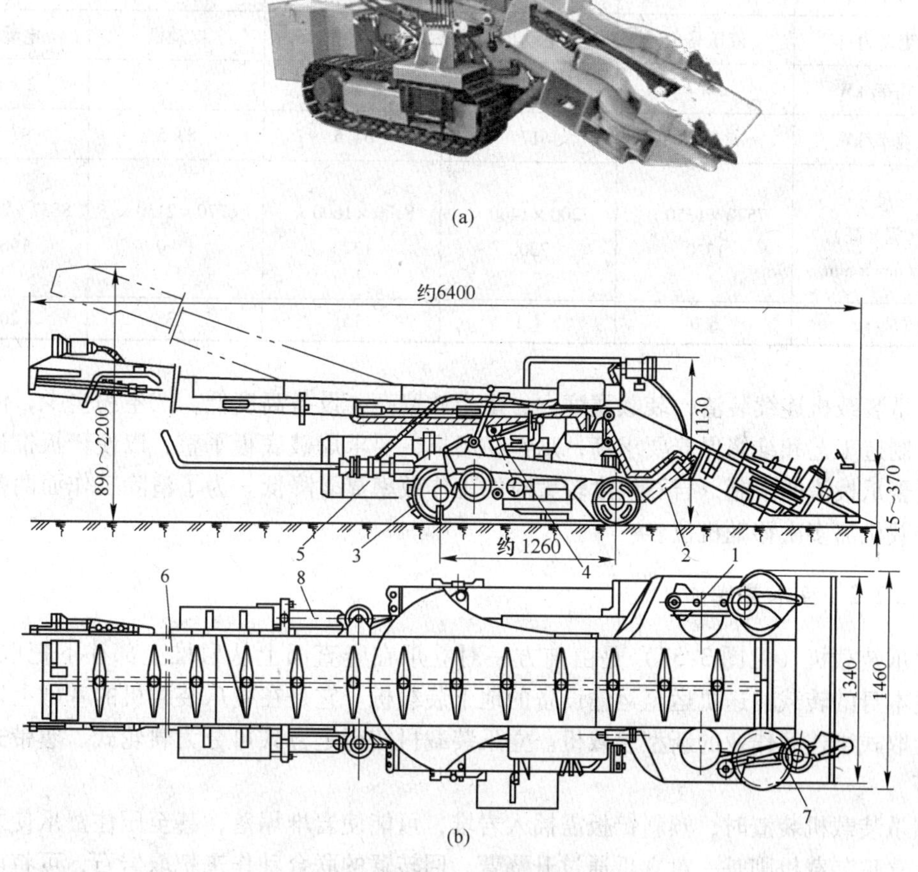

图3-56 ZMZ2A-17型蟹爪装载机

(a) 外形图；(b) 结构示意图

1—蟹爪；2—铲板升降液压缸；3—履带行走装置；4—转载机升降液压缸；5—电动机；6—转载输送机；7—铲板；8—转载机摆动液压缸

表 3-8　蟹爪装载机主要技术参数

指　标	ZS-60	ZMZ2A-17	ZXZ60	LB-150	ZB-1
生产率/$m^3 \cdot h^{-1}$	60	40	60	150	150 ~ 180
岩石适合块度/mm	350 ~ 600	300	—	600 ~ 700	500 ~ 600
铲板宽度/mm	1350	1590	1600	2150	2220
耙爪动作频率/次 · min^{-1}	35	45	31.8	35	35
行走速度（插入/调动）/$m \cdot s^{-1}$	0.1/0.37	—/0.29	0.208/—	0.163/0.595	0.16/0.316
转载机尾摆角/(°)	±30	±45	±30	±30	—
机头动力	液压马达	电动机	电动机	电动机	电动机
机头功率/kW	—	—	2×13	2×13	2×15
行走动力	液压马达	电动机	电动机	电动机	电动机
行走功率/kW	2×7	—	30	2×13	2×15
装机功率/kW	32	17	64.5	83.5	97.5
外形尺寸（长×宽×高）/mm×mm×mm	7570×1350×1720	7200×1460×2200	8100×1600×1770	8770×2150×1790	8837×2290×1960
质量/t	6.0	4.1	15	23	20

蟹爪装载机连续装渣，装载宽度大、生产效率高，设备高度低，产生粉尘少，但结构复杂，制造工艺和维修保养要求高，爪齿易磨损，要求爆破底板平整，以便铲板推进。此外，受蟹爪拨渣的限制，岩石块度较大时的工作效率显著降低。为了清除工作面两帮的岩石，装载机需多次移动机位。

3.4.2.2　立爪装载机

立爪装载机（见图 3-57）是由前方一对立爪在竖直面上从岩堆上部往下耙取岩石，并通过本身的转载输送机运至运输设备的地下装载机。它是在蟹爪装载机的基础上发展的一种上取式半连续作业的新型装载机。立爪装载机按行走方式可分为轨轮式、履带式、轮胎式等。

蟹爪装载机装渣时，倾斜铲板需插入岩堆，可能使岩堆塌落，甚至压住蟹爪使之不能工作。立爪装载机则是一对立爪通过升降臂、回转臂的联合动作来耙取岩石，可将前方和两侧的岩石扒到铲板上。由于在上部耙取渣石的插入阻力比从下部耙取小，因而要求的动力较小。立爪装载机产品的主要技术参数应符合《立爪挖掘装载机》（JB/T 5503—2004）的规定，见表 3-9。

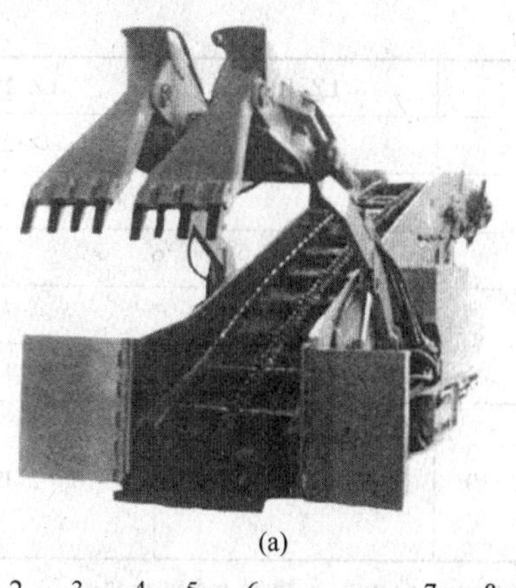

(a)

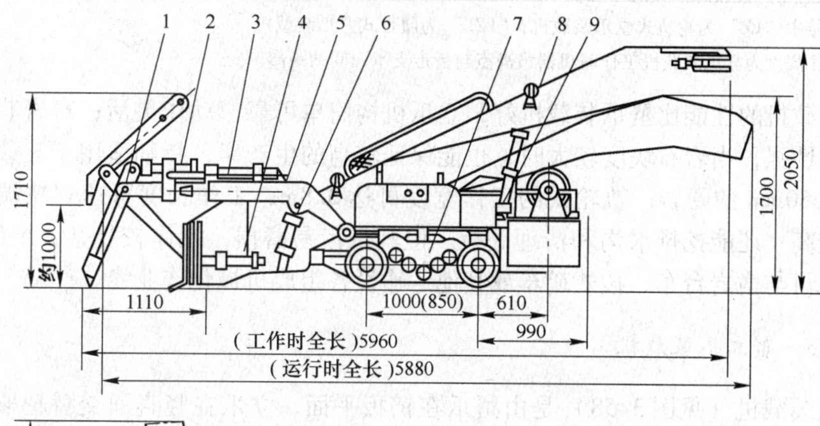

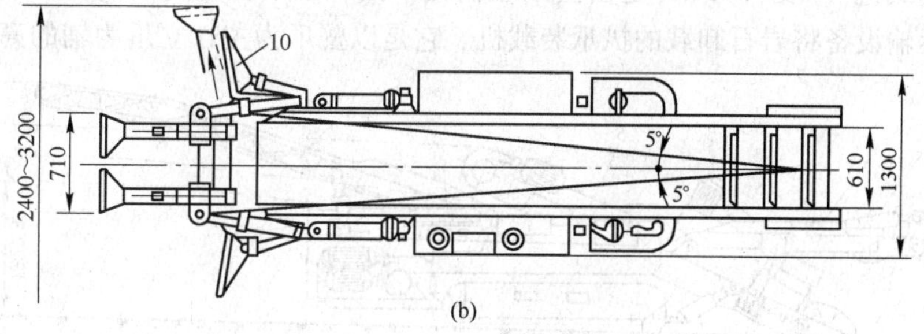

(b)

图 3-57 LA-60 型立爪装载机

（a）外形图；（b）结构示意图

1—立爪；2—耙取液压缸；3—回转液压缸；4—集渣液压缸；5—工作大臂；6—大臂液压缸；7—行走底盘；8—刮板输送机；9—支撑液压缸；10—集渣门

表 3-9 立爪装载机产品的主要技术参数

指 标	LZ-80	LZ-100	LZ-120	LZL-120
装载能力/$m^3 \cdot h^{-1}$	80	100	120	
耙取宽度/mm	≥2650		≥2900	
装载宽度/mm	≥3800（转槽）		≥4000（转槽）	任意
工作高度/mm	≤2300		≤2500	≤3200
耙取高度/mm	≥1300		≥1345	

续表 3-9

指　标	LZ-80	LZ-100	LZ-120	LZL-120
耙取深度/mm	≥200	≥250		
卸载高度/mm	≥1400			
最小转弯半径/m	7	9		≤5.9
电机总功率/kW	45			55
质量/t	≤9.4		≤11.7	≤14.5
运输最大外形尺寸（长×宽×高）/m×m×m	5.70×1.80×2.10	6.40×1.95×2.30	7.10×2.10×2.50	9.10×2.40×3.20

注：1. 型号中“LZ”为轮轨式立爪装载机；“LZL”为履带式立爪装载机；
2. 工作高度为立爪装载机工作时机器最高点与行走支承面间的距离。

立爪装载机的性能比蟹爪装载机好，立爪机构简单可靠、动作灵活；对岩巷断面和岩石块度适应性强，当岩石块度较大时，也能保证较高的生产率，特别适用于装载岩石块度小于500～650mm的硬岩；轨轮式的工作宽度可达3.8m，工作长度可达到轨端前方3m，生产效率较高；还能挖排水沟和清理底板。但其爪齿易磨损，操作较复杂，维修要求高。立爪装载机可与凿岩台车、梭式矿车或其他运输设备组成机械化作业线。

3.4.2.3　蟹立爪装载机

蟹立爪装载机（见图3-58）是由蟹爪在铲板平面、立爪在竖直面交替耙取物料，并通过本身的运输设备将岩石卸载的扒爪装载机。它是以蟹爪为主、立爪为辅的高效连续作

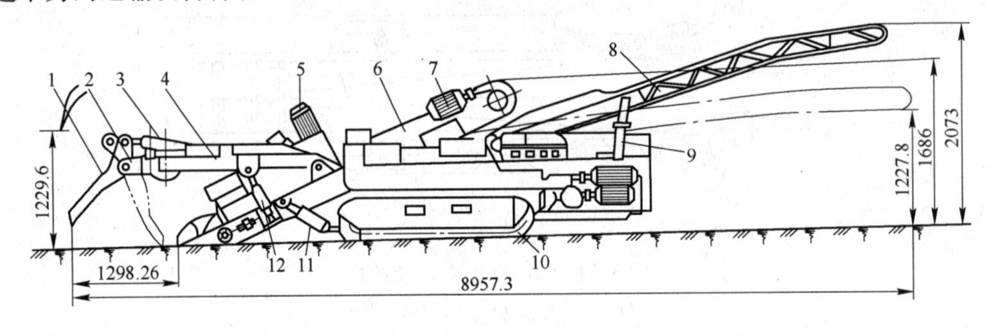

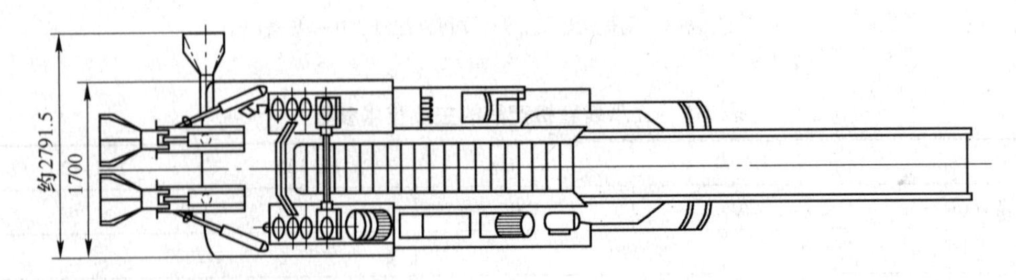

图 3-58　蟹立爪装载机

1—立爪；2—小臂；3—立爪液压缸；4—大臂；5—蟹爪电动机；6—双链刮板输送机；7—刮板输送机电动机；8—胶带输送机；9—升降液压缸；10—履带装置；11—机头升降液压缸；12—大臂升降液压缸

业的新型装载机。立爪在竖直面交替扒集岩石并给蟹爪喂料，蟹爪则在铲板平面取料和送料。HG-120 型蟹立爪装载机的性能见表 3-10。

表 3-10 HG-120 型蟹立爪装载机的主要技术参数

指标	生产率 /$m^3 \cdot h^{-1}$	岩石适合块度/mm	耙装频率 /次·min^{-1}	耙装宽度 /mm	行走速度 /$m \cdot min^{-1}$	电机总功率 /kW	外形尺寸（长×宽×高）/m×m×m	质量/t
参数	120	400	13（立爪） 40（蟹爪）	1365	12	41	8.47×3.10×1.96	10

蟹立爪装载机克服了蟹爪装载机不能在有根底或高岩堆情况下扒集岩石、立爪装载机扒取岩石速度较慢并可能碰坏刮板的缺点。它的立爪既可将岩堆上的悬石耙下，也可将岩巷两侧的岩石喂给蟹爪，加大装载宽度，同时改善了蟹爪插入岩堆时阻力较大的不利工况，降低了对铲板插入深度的要求，保证了蟹爪的满载作业。当底板爆破留有根底、铲板无法插入岩堆时，由于立爪是超前铲板工作，因此也能正常装渣，并为二次爆破根底创造条件。

3.4.3 挖斗装载机

挖斗装载机简称挖装机，它是利用前端的反铲将渣石耙至集料斗，经自身的刮板输送机输送至尾部，将渣石卸入自卸汽车或梭式矿车等运输工具。挖装机由挖掘装置、回转装置、输送装置和行走装置组成。行走方式多为履带式，用于较小断面的还有轮轨式和轮胎式（见图 3-59）。它采用双动力系统，在进洞行走或洞外作业时使用柴油动力，在洞内装渣时采用电动全液压装置，从而可有效地减较少洞内空气的污染。

(a) (b)

图 3-59 挖斗装载机

（a）轨轮式挖装机；（b）轮胎式挖装机

国内隧道工程应用较多的挖装机为德国夏夫（Schaff）公司生产的 ITC312-H3 型履带挖装机（见图 3-60）。它的装渣能力为 3～3.5m^3/min，电动机功率为 90kW，柴油发动机功率为 112kW，重量为 27t，可用于掘进断面为 15～50m^2 的装渣。此外，夏夫公司还生产配有岩石击碎机的 TC312-H3 型、ITC420-E68 型大功率等挖装机，增加了清底和修凿断面轮廓的功能。

国产 WZ330 型挖装机是在 ITC312 型挖装机的基础上研制的，其主要技术参数见表 3-11。行业标准设有 LW-150、LWL-150、LWL-200、LWL-250 等型号。

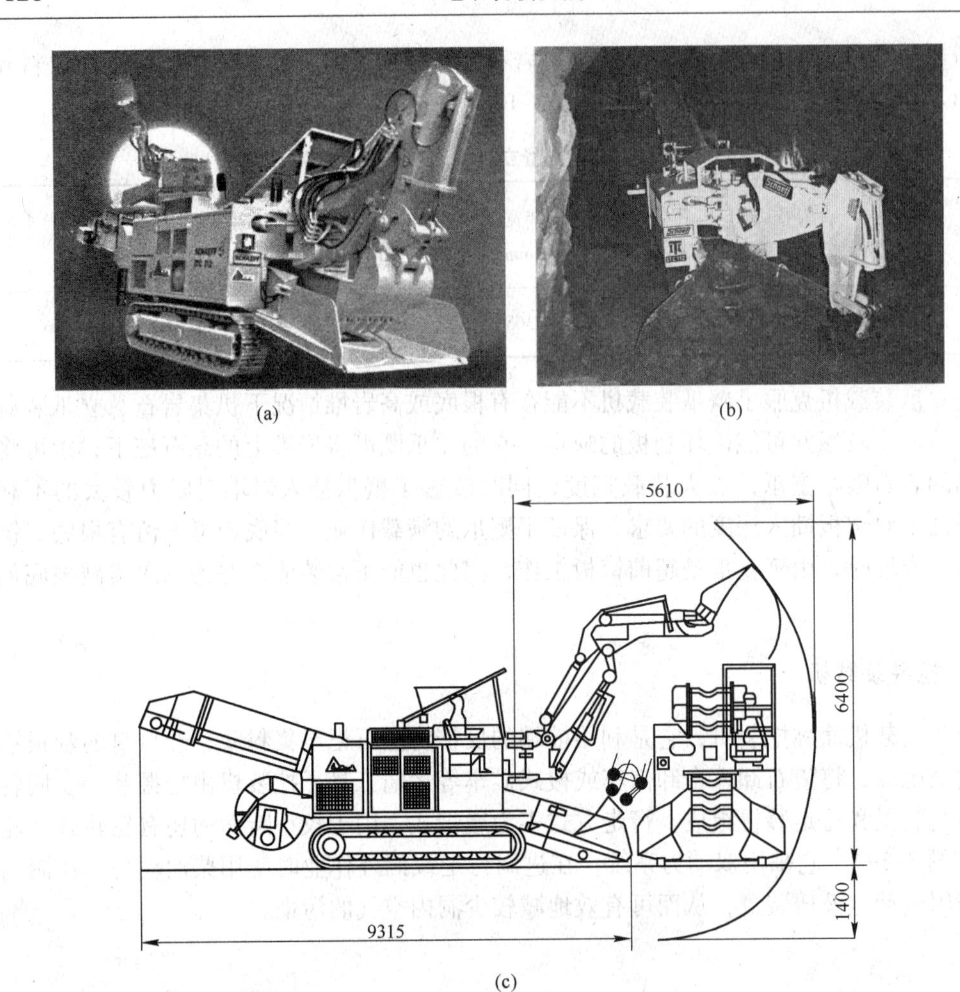

图 3-60　ITC312-H3 履带式挖装机
（a）外形图；（b）正在装渣作业；（c）结构示意图

表 3-11　WZ330 型挖装机的主要技术参数

指　标	参　数	指　标	参　数
装载能力/$m^3 \cdot h^{-1}$	330	电动机功率/kW	90
挖斗扒取宽度/mm	8500	柴油机功率/kW	132
挖斗扒取高度/mm	6500	整机质量/t	32
挖斗下挖深度/mm	1000	长（运输状态）/mm	15600
卸渣高度/mm	3500	宽（运输状态）/mm	2500
最小离地间隙/mm	250	高（运输状态）/mm	2700

3.4.4　耙斗装载机

耙斗装载机是用绞车和钢丝绳牵引耙斗往复运动来耙取破碎岩石，经装车台卸入矿车的地下装载机。它采用轨轮行走方式，需用机车牵引，电力驱动。如图 3-61 所示，耙斗装载机由扒矿机和装车台组成。扒矿机由耙斗、绞车、钢丝绳和滑轮组等组成。装车台由进料槽、中间槽、卸料槽和台车组成。

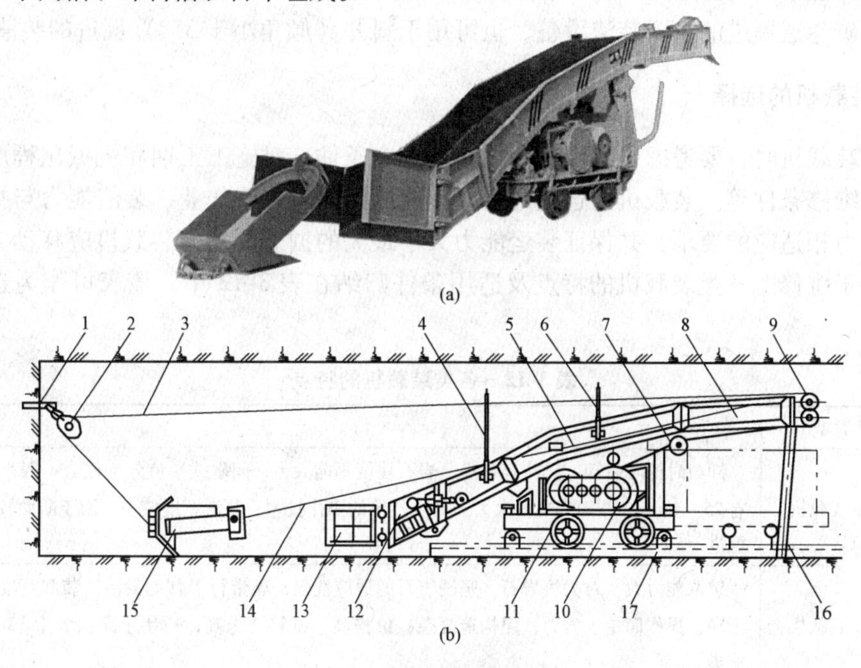

图 3-61　耙斗装载机

（a）外形图；（b）构造图

1—固定楔；2—尾轮；3—返回钢丝绳；4，6—钎子；5—中间槽；7—托轮；8—卸料槽；9—头轮；10—绞车；11—台车；12—进料槽；13—簸箕挡板；14—工作钢丝绳；15—耙斗；16—撑脚；17—卡轨器

在工作面上锚固尾滑轮的固定楔由楔体和紧楔组成，它分为硬岩用和软岩用两种，如图 3-62 所示。软岩用固定楔也能用于硬岩。

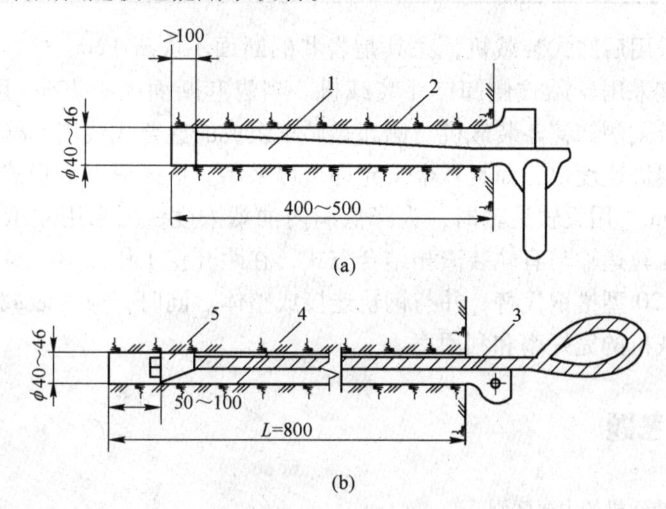

图 3-62　尾滑轮固定楔结构

（a）硬岩用固定楔；（b）软岩用固定楔

1—楔体；2—紧楔；3—钢丝绳；4—钢管；5—圆锥套

耙斗装岩机的生产率随耙渣距离的增加而降低，一般耙渣距离以 6～20m 为宜，大于 20m 时装渣效率将明显下降。耙斗装载机结构简单、制造和维修容易、搬运和操作简便，是我国煤矿巷道掘进的主要装渣设备，也可用于斜井（倾角小于 35°）掘进的装渣。

3.4.5　装载机的选择

选用装载机时，要考虑岩巷断面的规格和资金条件、对施工工期和机械化程度的要求及操作与维修条件等。装载机的选型配套，应能满足高效装渣作业、装渣能力与掘进能力及运输能力相适应的要求，并保证装运能力大于最大的掘进能力。装载机应移动方便、污染小、易于维修。各类装载机的特点及适用条件归纳在表 3-12 中，该表可作为选择装载机的参考。

表 3-12　各类装载机的特点

装载机类型	特　点
后卸铲斗装载机	卸载时扬斗后卸，铲斗容积小，岩石块度不能太大；间歇式装渣效率低，一般生产能力只有 25～40m^3/h；卸载时粉尘大；要求熟练的操作技术；装渣宽度较小；用于断面较小的岩巷掘进
侧卸铲斗装载机	铲取能力大，对大块岩石、坚硬岩石的适应性强；履带行走移动灵活，装载宽度大，清底干净；操作简单、省力；但构造复杂，价格高，维修要求高；适用于断面大于 12m^2 的岩巷掘进
蟹爪装载机、立爪装载机、蟹立爪装载机	连续装渣，可与大容积的运输设备或转载机械配合应用，生产效率高；但构造较复杂，价格高，蟹爪的铲板易磨损，若装坚硬岩石，对制造工艺与材料耐磨度要求较高
耙斗装载机	构造简单，操作和维修容易；但体积较大，移动不便，妨碍其他机械同时工作，耙齿和钢丝绳的损耗大，底板清理不干净，人工辅助工作量大，效率低；主要用于煤矿巷道、倾斜岩巷的掘进

当前，普遍采用后卸式装载机，尤其是岩巷的断面不大于 12m^2 时。当断面较大且采用无轨运输时，宜采用轮胎式侧卸铲斗装载机。当岩巷断面大于 12m^2 且长度大于 500m 时，也可采用履带式侧卸铲斗装载机与侧卸式矿车组成的混合式装渣运输系统。如果要求机械化程度高、掘进速度快，而且资金又允许，可采用立爪式或蟹立爪式装载机。当岩巷开挖长度大于 500m，用无轨运输时，为降低洞内油烟浓度，可采用立爪式轨行装载机装渣。此时，采用无轨运输与有轨装渣相结合方式，在距开挖工作面 70～80m 范围内铺设轨道，轨枕可采用 120 型槽钢代替，并与钢轨连接成整体。同时，应对装载机实行强制保养制度，以提高装载机的完好率和利用率。

复习思考题

3-1　简述铲运机与装运机的主要区别。

3-2　简述地下装运机的优缺点和适用范围。

3-3　简述 C-30 型装运机的工作循环过程。

3-4　简述地下铲运机的优缺点和适用范围。

3-5 简述地下铲运机的工作原理。

3-6 简述电耙设备的优缺点及其适用场合。

3-7 电耙设备由哪几部分组成?

3-8 电耙设备是如何分类的?

3-9 装渣机械是如何分类的?

3-10 简述装渣机械的铲取方式和特点。

3-11 简述装渣机械的行走方式和特点。

4 巷道运输机械

【学习要求】

(1) 了解牵引电机车的分类、电气设备与结构。

(2) 掌握常用矿车的结构特点与适用条件。

(3) 掌握轨道的结构、铺设与衔接。

(4) 了解巷道运输辅助设备的类型和用途。

4.1 牵引电机车

4.1.1 电机车的分类

电机车是我国金属地下矿的主要运输设备，通常牵引矿车组在水平或坡度小于30‰~50‰的线路上做长距离运输，有时也用于短距离运输或做调车用。

电机车按电源形式不同分为两类：从架空线取得电能的架线式电机车（见图4-1a）；从蓄电池取得电能的蓄电池式电机车（见图4-1b）。二者相比，架线式结构简单、操纵方便、效率高、生产费用低，在金属矿获得广泛应用；蓄电池式通常只在有瓦斯或矿尘爆炸危险的矿井中使用。

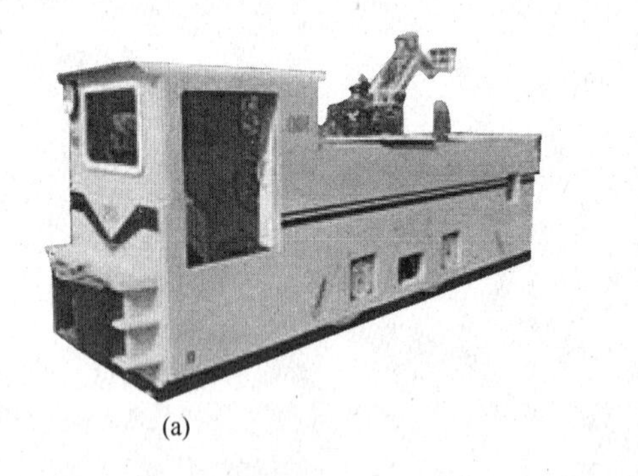

(a)

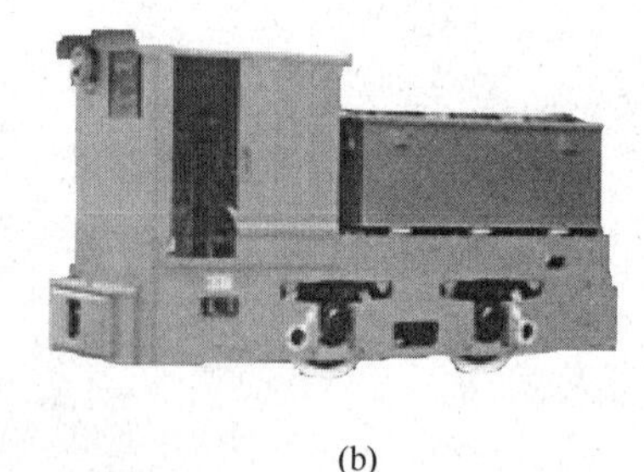

(b)

图4-1 电机车种类

(a) 架线式；(b) 蓄电池式

架线式电机车按电源性质不同，分为直流电机车和交流电机车两种。目前国内普遍使用直流电机车。交流电机车因供电简易、耗电较少、价格和经营费用较低，受到国内外重视。我国已研制成装有鼠笼电动机的可控硅变频调速交流电机车，为在地下矿使用交流电机车创造了条件，但还不可能在短时间推广。本章只介绍直流架线式电机车。

4.1.2　矿用电机车的电气结构

4.1.2.1　电机车的供电系统

直流架线式电机车的供电系统如图4-2所示。从中央变电所经高压电缆4输来的交流电，在牵引变电所1内，由变压器2降压至250V或550V，经整流器6将交流变为直流，用供电电缆7输送至架空线9。电机车通过本身装置的集电弓，从架空线获得电能，供给牵引电动机，驱动车轮运转。最后电流以轨道11和回电电缆5作为回路，返回变压器2。

近年来，大功率硅整流的发展，为电机车直流供电开辟了广阔前景，进一步扩大了直流电机车的使用范围。

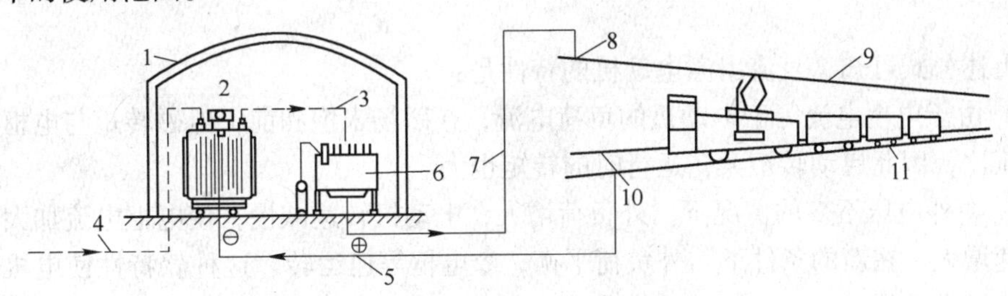

图4-2　直流架线式电机车的供电系统

1—牵引变电所；2—变压器；3—阳极电缆；4—从中央变电所来的高压电缆；5—回电电缆；6—整流器；7—供电电缆；8—供电点；9—架空线；10—回电点；11—轨道

4.1.2.2　电机车的电气设备

矿用电机车的电气设备主要包括牵引电动机、控制器、电阻器和集电器。

A　牵引电动机

目前矿用电机车的牵引电动机绝大多数采用直流串激电动机。根据电工原理，直流串激电动机线路使用下列符号：U为外电压（V），E为电枢的感应电动势（V）；I、I_j、I_S分别为负荷电流、激磁电流、电枢电流（A）；R_j、R_S分别为激磁绕组电阻、电枢电阻（Ω）；B、Φ分别为激磁绕组的磁感应强度（T）及磁通（W_b）；l为电枢上相应于产生电动力F的导线长度（m）；r为电枢半径（m），S为磁通面积（m^2）；n为电枢转速（r/min）；v为电枢线圈的切线速度（m/s）；N、R_m为激磁绕组的匝数及磁阻（A·匝/Wb）。

电流　$$I_s = I_j = I$$

电动力　$$F = BIl = \frac{\Phi}{S}Il$$

电磁转矩　$$M = Fr = \frac{\Phi Ilr}{S} = \Phi IC_m$$

式中，电动力F单位为N；电磁转矩M单位为N·m；C_m为转矩常数，对已制成的电动机，C_m是常数。

在磁场未饱和前$\Phi = \dfrac{IN}{R_m}$，所以

$$M = I^2 \cdot \frac{NC_m}{R_m}$$

因为
$$E = Blv = \frac{\Phi}{S} \cdot l \cdot \frac{2\pi rn}{60} = \Phi nC_e$$

式中，C_e为电机常数，对已制成的电动机，C_e是常数。

$$U = E + I(R_s + R_j)$$

所以
$$I = \frac{U - E}{R_s + R_j} = \frac{U - \Phi nC_e}{R_s + R_j}$$

$$n = \frac{U - I(R_s + R_j)}{\Phi C_e} = \frac{U - I(R_s + R_j)}{\frac{IN}{R_m}C_e}$$

从上述公式可知，直流串激电动机的特性是：

(1) 由于电枢电流等于电动机的负荷电流，在磁场未饱和前，电磁转矩与电枢电流的平方成正比，因此启动转矩大，运行时的转矩也大。

(2) 在外电压不变的情况下，外负荷增大，电动机转速减慢，使电枢电流加大，电磁转矩迅速增大，在新的条件下与外负荷平衡，令电枢等速运转。这种软特性使电机车不会因外负荷增大而停车。

(3) 外负荷增大，电动机的电枢电流随之加大，但其增加幅度比负荷的变动要小得多，因此过负荷能力强。

(4) 外电压下降，电动机转速减慢，电枢电流基本保持不变，电磁转矩也基本不变，使电机车不会因外电压下降而停车。

(5) 用双电动机拖动时，两台电动机的负荷比较均匀。

上述特性对在困难条件下工作的电机车拖动，具有重大意义。

B　控制器

控制器安装在电机车驾驶室内，控制器顶部有主轴手柄和换向轴手柄。旋转主轴手柄可以实现：接通电源，启动电机车使之达到额定速度；对电机车调速；切断电源，对电机车进行能耗制动。旋转换向轴手柄可以实现：接通或切断电源；改变电机车的运行方向。

电机车通常使用凸轮控制器。单电机凸轮控制器的工作原理如图 4-3 所示，控制器主轴上装有若干个用坚固绝缘材料制成的凸轮盘 2，凸轮盘侧面装有接触元件，接触元件由活动触点 3 和固定触点 4 构成。活动触点在凸轮盘凸缘推动下，能与固定触点紧密接触，凸缘离开后，活动触点在弹簧作用下复位，两个触点分离。旋转主轴手柄 1 能使各个凸轮盘按顺序闭合或断开各个接触元件，将电阻串入电路或从电路内切除。在图中，手柄顺时针从“0”位向“8”位转动，电动机启动并不断提高速度；反之，逆时针从“8”位向“0”位转动，电动机不断减速，手柄转到“0”位，电源切断。若将手柄继续逆时针从“0”位转向Ⅵ位，电机车受能耗制动减速停车。

控制器换向轴上装有鼓轮 7，鼓轮上装有若干个活动触点。旋转换向轴手柄 6，可使这些触点与它们对应的固定触点闭合或断开。在图示位置，电枢绕组被正接入电路，电动机正转，电机车前进；将手柄 6 转到停车位置，电源切断，电动机停机；将手柄 6 转到后退位置，电枢绕组被反接入电路，电动机反转，电机车后退。

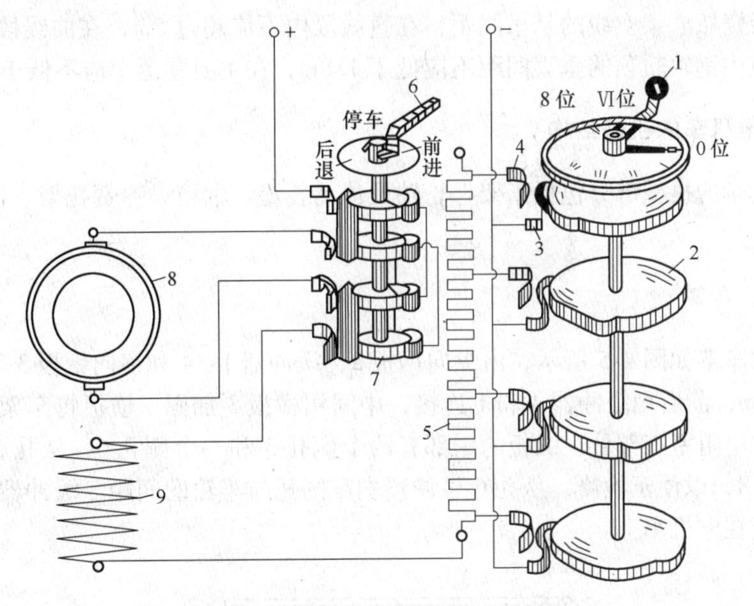

图4-3　单电机凸轮控制器工作原理

1—主轴手柄；2—凸轮盘；3—活动触点；4—固定触点；5—电阻；6—换向轴手柄；7—鼓轮；8—电枢；9—激磁绕组

C　电阻器

电阻器是牵引电动机启动、调速和电气制动的重要元件，放在电机车的电阻室内。目前主要使用带状电阻，它是一种用不同断面的高电阻康铜或铁铬镍合金金属带做成的螺旋状电阻。

D　集电器

架线式电机车利用集电器从架空线取得电能。目前常用图4-4所示的双弓集电器。底座1用螺栓固定在电机车的车架上，下支杆2与底座铰接，用弹簧4拉紧。上支杆3用绝缘材料制成，铰接在下支杆上，用弹簧5拉紧。上支杆上装有弓子6，在弹簧作用下，弓子紧靠在架空线上，并随架空线的高低而改变其升起高度。弓子用铝合金或紫铜制成，其顶部有一纵向槽，槽内充填润滑脂，随着电机车的运行，润滑脂涂在弓子和架空线表面，起润滑作用，并能减少弓子与架线之间产生火花。使用双弓可增大接触面积，减少接触电阻，并在一个弓子脱离架线时另一弓子可继续受电。弓子从架空线接受的电流，由电缆输送到控制器。弓子上装有绝缘环7，上面系有绳子，在驾驶室内拉动绳子，可使弓子脱离架空线。

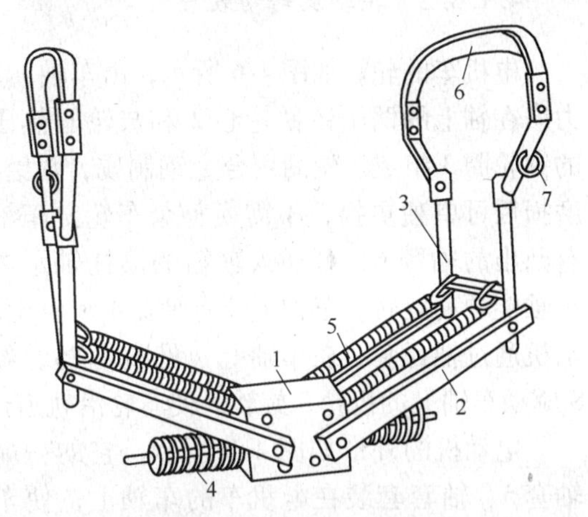

图4-4　双弓集电器

1—底座；2—下支杆；3—上支杆；4，5—弹簧；6—弓子；7—绝缘环

架空线用线夹夹紧后，用拉线悬吊在巷道壁或支架上，为了使架空线与巷道壁绝缘，

拉线中间应装瓷瓶。架空线的悬吊间距，在直线段内不应超过5m，在曲线段内为2~3m。架空线与巷道内钢轨轨顶的垂直间距不应低于1.8m，在主要巷道中应不低于2m。

4.1.3　矿用电机车的机械结构

矿用电机车的机械部分包括车架、轮轴及传动装置、轴箱、弹簧托架、制动装置和撒砂装置。

4.1.3.1　车架

电机车的车架如图4-5所示，由纵向钢板2，缓冲器1、4和横向钢板3等组或。纵板2厚30~60mm，前后用缓冲器4和1连接，中间用横板3加固。横板将车架分为驾驶室、行走机构室和电阻室三部分。纵板的中部有两个侧孔5和一个侧孔6，从孔5可看见轴箱7和弹簧托架8，以便于检修，从孔6可调整刹车闸瓦与车轮的间距。缓冲器上有连接器，可将矿车连接在电机车上。

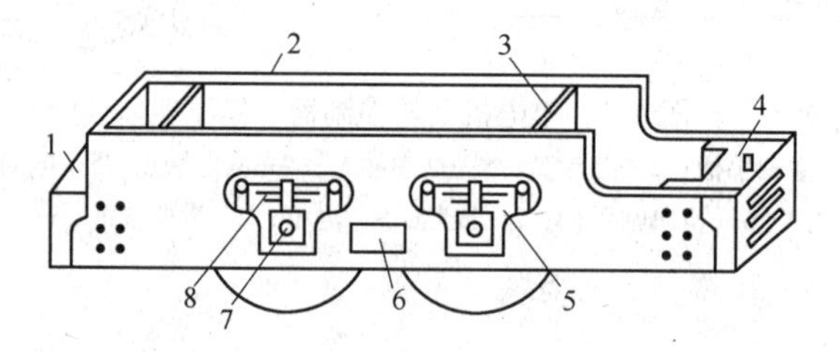

图4-5　电机车的车架

1，4—缓冲器；2—纵向钢板；3—横向钢板；5，6—侧孔；7—轴箱；8—弹簧托架

4.1.3.2　轮轴及转动装置

电机车的轮轴如图4-6所示，由车轴1、用压力嵌在轴上的两个铸铁轮心2和与轮心热压配合的钢轮圈3组成。轮圈用合金钢制成，耐磨性好，磨损后可单独更换，不需换整个车轮。车轴两端有凸出的轴颈6，可插入轴箱的滚柱轴承内，使车轴能顺利旋转。车轴上装有轴瓦4和齿轮5。电动机通过轴瓦套装在车轴上（见图4-7），经齿轮8驱动车轴上的齿轮5旋转，使车轮沿轨道运行。

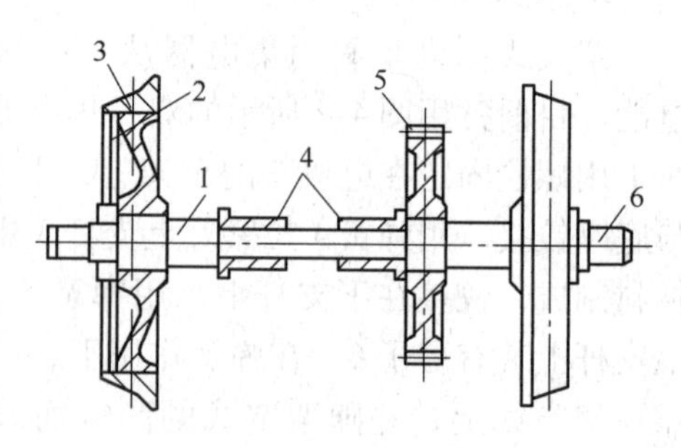

图4-6　电机车的轮轴

1—车轴；2—轮心；3—轮圈；4—轴瓦；5—齿轮；6—轴颈

电动机的外形如图4-8所示，它的一端装有轴套5，轴套套装在电机车的车轴上，使车轴在支承电动机的同时可以自由转动。从图4-7可知，电动机的另一端有挂耳2，通过弹簧4悬吊在车厢纵板上。这种安装方法结构紧凑，并保证在机车运行振动时，传动齿轮仍能正确啮合。

如图4-9所示，电机车的两根车轴4，各用一台电动机1，经齿轮2、3一级减速驱动。两个传动系统采用图示的顺序配置方式，以保证轴距不致过大，而电机车具有足够的稳定性。

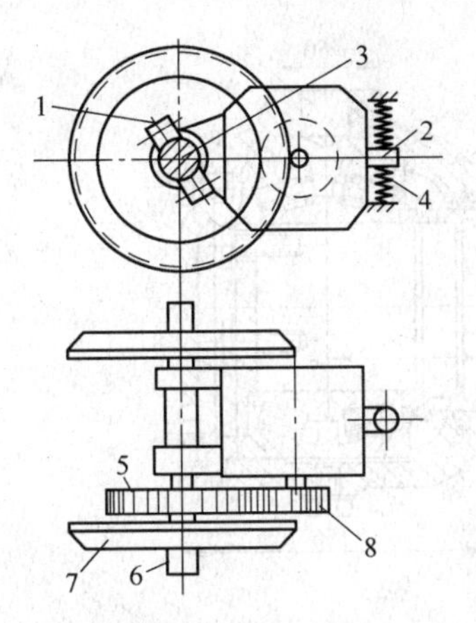

图 4-7 电机车的齿轮传动装置
1—电动机；2—挂耳；3—车轴；4—弹簧；
5，8—正齿轮；6—轴颈；7—车轮

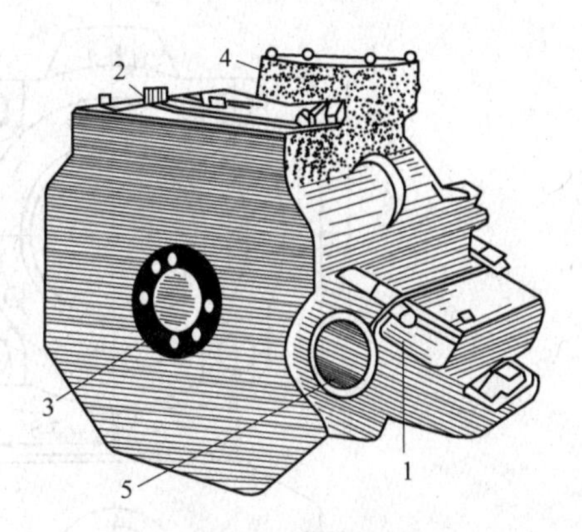

图 4-8 牵引电动机
1—螺栓；2—整流子检查孔；
3—轴承；4—接线盒；5—轴套

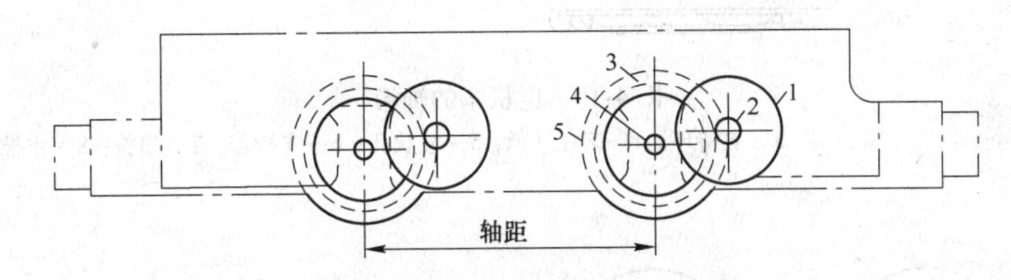

图 4-9 电机车双轴传动的配置
1—电动机；2，3—齿轮；4—车轴；5—车轮

4.1.3.3 轴箱

电机车的轴箱如图 4-10 所示，轴箱外壳 1 为铸钢件，箱内装有两个单列圆锥滚柱轴承 4，车轴两端的轴颈插入轴承的内座圈，用支持环 3 和止推垫圈 8 防止车轴做轴向移动。轴箱外侧装有支持盖 6，用来压紧轴承外座圆和承受轴向力，轴箱端面另用端盖 7 封闭。轴箱内侧装有毡垫密封圈 2，可防止润滑油漏出和灰尘侵入。为了便于检修，轴箱外壳 1 由两半合成，用四个螺栓连接。轴箱顶部有一个柱状孔 5，弹簧托架的弹簧箍底座就放在孔内，轴箱两端的凹槽卡在车架上，使轴箱固定。

4.1.3.4 弹簧托架

电机车的弹簧托架如图 4-11 所示，叠板弹簧 4 的中部用卡箍 3 箍紧，卡箍的底座插入轴箱 6 的顶部柱片孔内，电机车的车架用托架 5 悬吊在叠板弹簧的两端。

为了使车轮受力均衡，弹簧托架上装有均衡梁。图 4-11（a）是装有横向均衡梁的托架，车架的一端悬吊在弹簧托架 *C*、*D* 上，另一端通过横梁 2 支撑在弹簧托架 *A*、*B* 的外端，利用三点平衡原理，自动调整车轴的负荷。图 4-11（b）是装有纵向均衡梁的托架，前后两个弹簧托架的中间用纵梁 8 连接，纵梁的中点是车架的中部支点，通过纵梁使车轴负荷得到自动调整。

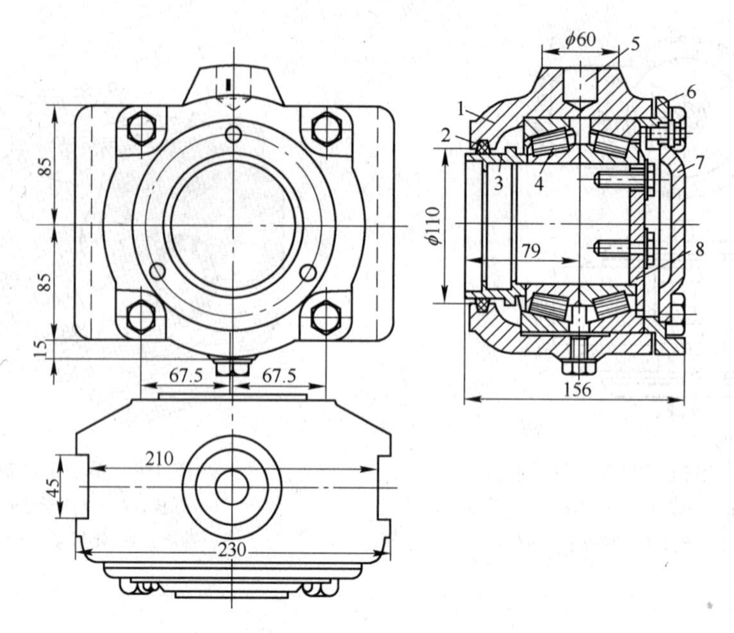

图 4-10　电机车的轴箱

1—铸钢外壳；2—密封圈；3—支持环；4—滚柱轴承；5—柱状孔；6—支持盖；7—端盖；8—止推垫圈

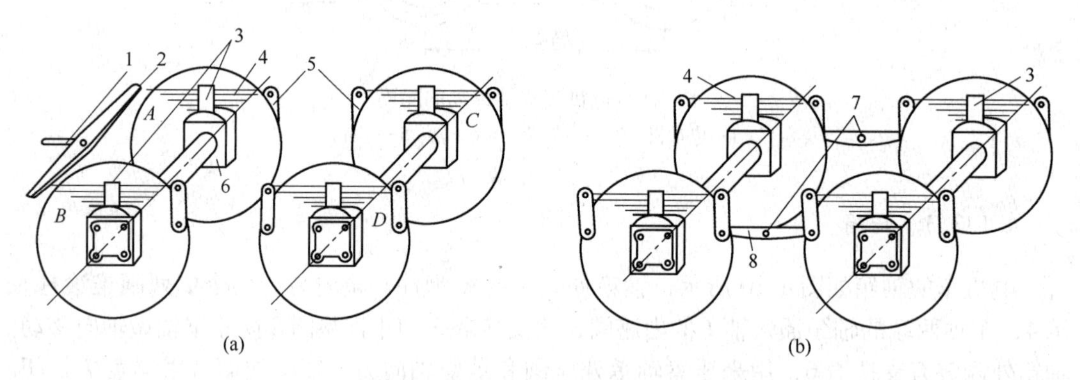

图 4-11　电机车的弹簧托架

1—横向均衡梁在车架上的支点；2—横梁；3—卡箍；4—叠板弹簧；5—托架；
6—轴箱；7—纵向均衡梁在车架上的支点；8—纵梁

4.1.3.5　制动装置

电机车的机械制动装置如图 4-12 所示。制动装置用驾驶室内的手轮 1 操纵，手轮装在螺杆 3 上，螺杆的无螺纹部分穿过车架横板上的套管 2，只能旋转不能移动，螺杆的螺纹拧入均衡杆 4 的螺母内。正向转动手轮 1，螺杆 3 拖动均衡杆 4 向左移动，经拉杆 5 拖动前后杠杆 6、7，使前后闸瓦同时刹住车轮。反向转动手轮，闸瓦松开。螺杆 10 的两端有正反扣螺纹，可调整闸瓦与车轮的间隙。

4.1.3.6　撒砂装置

为了增大车轮与钢轨的黏着系数，提高机车的牵引力和防止车轮打滑，电机车装有如

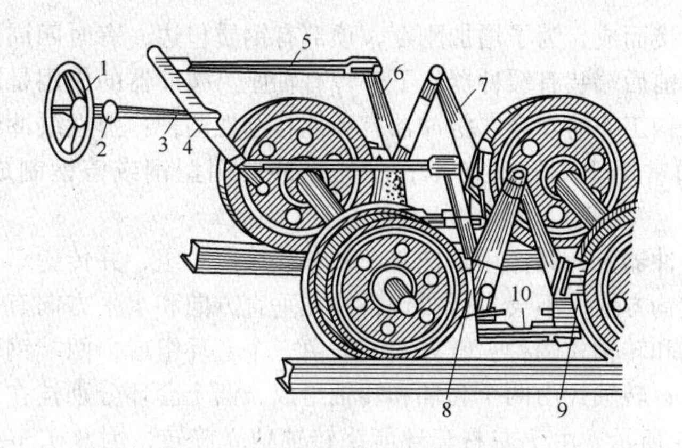

图 4-12　电机车的机械制动装置

1—手轮；2—套管；3—螺杆；4—均衡杆；5—拉杆；
6，7—前、后杠杆；8，9—前、后闸瓦；10—调节螺杆

图 4-13 所示的撒砂装置。在车架行走机构室的四个角上，各装一个砂箱，箱中装有干燥的细砂。扳动驾驶室内的撒砂手柄，通过杠杆系统打开砂箱，砂经撒砂管流到车轮前端的钢轨上。放松手柄，挡板在弹簧作用下复位，切断砂流。若机车反向运行，则反向扳动手柄，使另一端的砂箱撒砂。

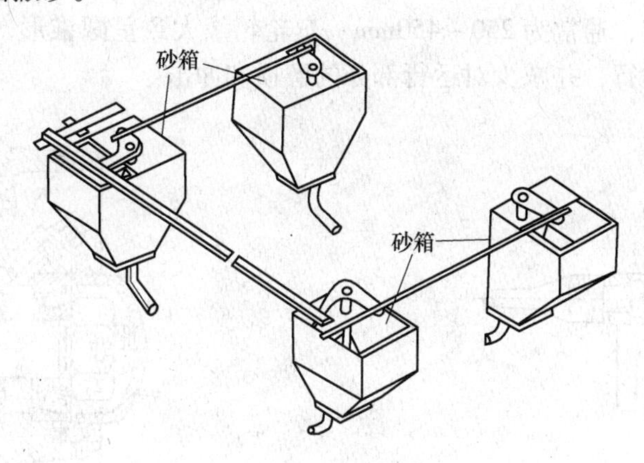

图 4-13　电机车的撒砂装置

4.2 矿　车

为了适应矿山工作的需要，矿用车辆种类很多，例如运货车辆（运送矿石和废石的矿车，运送材料和设备的材料车、平板车等）、运人车辆（平巷人车和斜巷人车）、专用车辆（炸药车、水车、消防车、卫生车等）。矿用车辆中，最主要数量最多的是运送矿石和废石的矿车。

4.2.1　矿车的结构

矿车由车厢、车架、轮轴、缓冲器和连接器组成。

车厢用钢板焊接而成，为了增加刚度，顶部有钢质包边，有时四周还用钢条加固。车架用型钢制成，其前后端装有缓冲器，下部焊有轴座。缓冲器的作用是承受车辆相互的碰撞力，并保证摘挂钩工作的安全。缓冲器有弹性和刚性两种：弹性缓冲器借助碰头推压弹簧起缓冲作用，通常用于大容积矿车；刚性缓冲器用型钢或铸钢制成，刚性连接在车架上。

连接器装在缓冲器上，其作用是把单个矿车连接成车组，并传递牵引力。连接器要有足够的强度，摘挂钩方便，不会自行脱钩，并在垂直方向和水平方向有一定活动余地。常用连接器有链环式和转轴式两种：链环式一般由三个套环组成，两端钢环分别挂在两个矿车缓冲器的插销上；转轴式由两个套环和转轴组成，两个套环分别挂在两个矿车缓冲器的插销上，如图 4-14 所示。由于左右套环能绕转轴独立旋转，因此矿车组不必摘钩，每个矿车能在翻车机内独立卸载。

常用轮轴的结构如图 4-15 所示。在轴 5 的外侧装有两个单列圆锥滚子轴承 3。轮毂 6 的孔内有凸肩，顶住两个轴承的外座圈，其内座圈借助轴的凸肩和螺母 7 压紧在轴上，并用开口销防松。轮毂内侧采用迷宫式密封，外密封圈点焊在轮毂上，内密封圈与轴肩的锥面结合。端盖 1 为冲压件，用螺钉固定在轮毂上。润滑脂经注油孔 2 注入，由于密封圈和油脂密封，灰尘和水不易浸入轴孔。轴上焊有挡环，防止车轴转动，但允许轴在轴座内做少量纵横向移动，以保证车轮同时着轨。车轮一般为铸钢件，轮缘经表面淬火处理。车轮直径由车厢容积决定，通常为 250 ~ 450mm。车轮轮缘大致呈圆锥形，锥度 1:20，使矿车能自动沿轨道中心运行，并减少对运行部分的磨损和冲击。

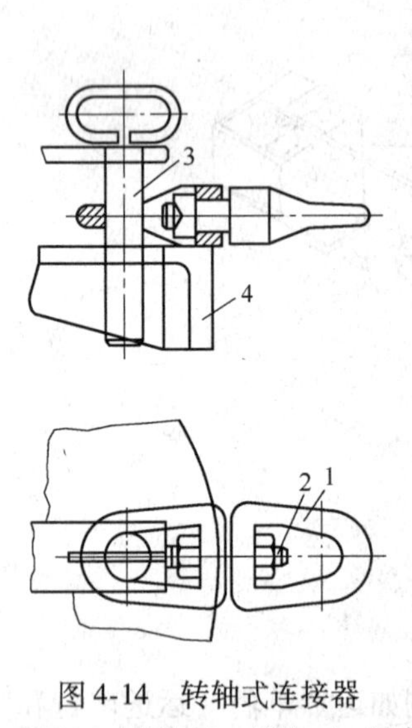

图 4-14　转轴式连接器

1—套环；2—转轴；3—插销；4—缓冲器

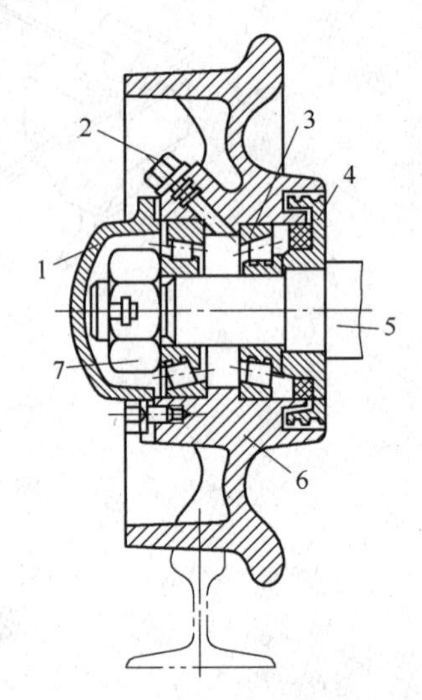

图 4-15　轮轴结构

1—端盖；2—注油孔；3—单列圆锥滚子轴承；4—迷宫式密封圈；5—轴；6—轮毂；7—螺母

4.2.2　矿车的类型

矿车按车厢结构和卸载方式不同，一般分为固定车厢式、翻转车厢式、曲轨侧卸式及底卸式等主要类型。各类矿车除车厢结构不同外，其他部分大体相似。

4.2.2.1 固定车厢式矿车

固定车厢式矿车如图4-16所示。车厢焊接在车架上，具有半圆形箱底，结构简单，坚固耐用，但必须使用翻车机卸载。

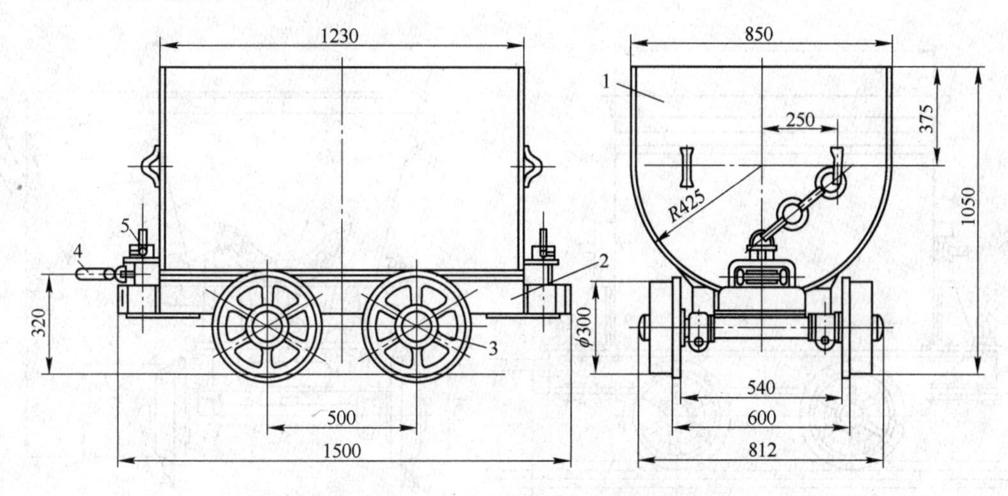

图4-16 YGC0.7（6）型固定车厢式矿车

1—车厢；2—车架；3—轮轴；4—连接器；5—插销

固定车厢式矿车的主要技术性能见表4-1。

表4-1 固定车厢式矿车的技术性能

矿车型号	车厢容积 /m³	装载质量 /kg	外形尺寸/mm			轨距 /mm	轴距 /mm	轮径 /mm	车厢长度 /mm	连接器高度 /mm	连接器最大拉力/kN	矿车质量 /kg
			长	宽	高							
YGC0.5（6）	0.5	1250	1200	850	1000	600	400	300	910	320	58.5	450
YGC0.7（6）	0.7	1750	1500	850	1050	600	500	300	1210	320	58.5	500
YGC0.7（7）	0.7	1750	1500	850	1050	762	500	300	1210	320	58.5	500
YGC1.2（6）	1.2	3000	1900	1050	1200	600	600	300	1500	320	58.5	720
YGC1.2（7）	1.2	3000	1900	1050	1200	762	600	300	1500	320	58.5	730
YGC2（6）	2	5000	3000	1200	1200	600	1000	400	2650	320	58.5	1330
YGC2（7）	2	5000	3000	1200	1200	762	1000	400	2650	320	58.5	1350
YGC4（7）	4	10000	3700	1330	1550	762	1300	450	3300	320	58.5	2620
YGC4（9）	4	10000	3700	1330	1550	900	1300	450	3300	320	58.5	2900
YGC10（7）	10	25000	7200	1500	1550	762	850	450	6780	430	78.4	7000
YGC10（9）	10	25000	7200	1500	1550	900	850	450	6780	430	78.4	7080

注：YGC10为四轴式，带有转向架，转向架轴距850mm，前后转向架最大轴距4500mm。

4.2.2.2 翻转车厢式矿车

翻转车厢式矿车如图4-17所示。车厢横断面呈U形，两端焊有圆弧形翻转轨3，翻转轨放在车架两端的平板状支座 2 上。装载和运行时，用车架上的斜撑（或销子）4 撑住翻转轨，使车厢固定。卸载时，移开斜撑（或拔出销子），在外力推动下，翻转轨沿支座滚动，翻转轨上的限位滚钉插入支座孔内，使车厢平稳翻转。卸载后反向推动车厢，使之复位，并用斜撑（或销子）固定。这种矿车卸载灵活，但坚固性较差，容积大时翻车费力。

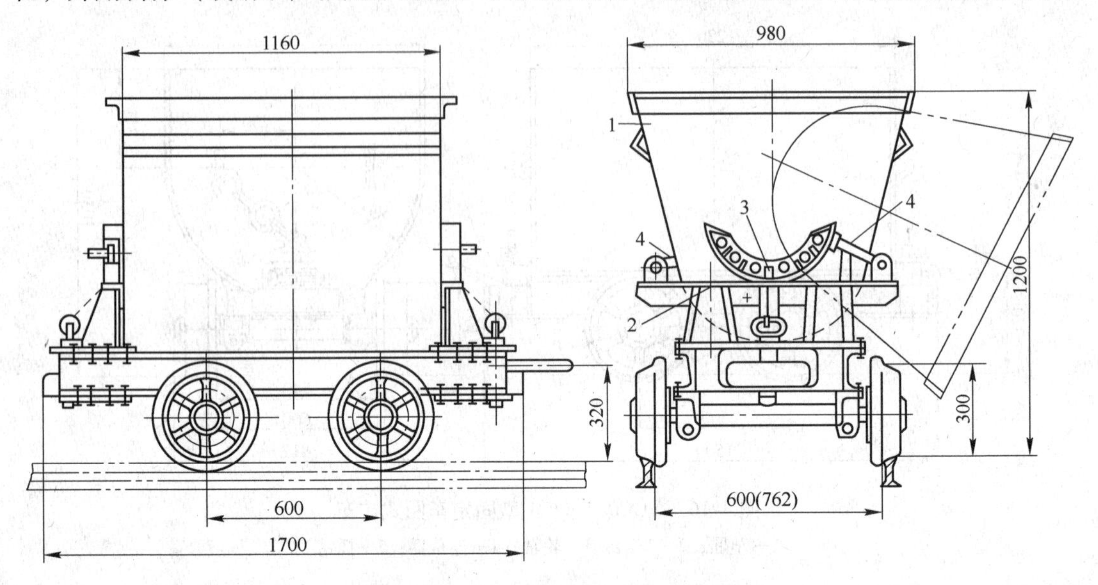

图 4-17　YFC0.7（6）型翻转车厢式矿车

1—车厢；2—平板状支座；3—圆弧形翻转轨；4—斜撑

翻转车厢式矿车的主要技术性能见表 4-2。

表 4-2　翻转车厢式矿车的技术性能

矿车型号	车厢容积 /m³	装载质量 /kg	外形尺寸/mm			轨距 /mm	轴距 /mm	轮径 /mm	车厢长度 /mm	连接器高度 /mm	连接器最大拉力 /kN	矿车质量 /kg
			长	宽	高							
YFC0.5（6）	0.5	1250	1500	850	1050	600	500	300	1110	320	58.5	590
YFC0.7（6）	0.7	1750	1650	980	1200	600	600	300	1160	320	58.5	710
YFC0.7（7）	0.7	1750	1650	980	1200	762	600	300	1160	320	58.5	720
YFC1.0（7）	1.0	2500	2040	1410	1315	762	900	300	—	320	58.5	—
V 型 1.2（7）	1.2	3000	2470	1374	1360	762	900	300	—	320	58.5	1419

注：上述矿车的卸载角均为 40°。

4.2.2.3　曲轨侧卸式矿车

曲轨侧卸式矿车如图 4-18 所示。车厢 1 用铰轴装在车架 8 上，车厢右侧板 4 用销轴 7 铰接在车厢上，当车厢在正常位置时，侧板 4 被挂钩 5 钩住关闭车厢侧板。卸载时，车厢侧面的滚轮 3 被曲轨 2 抬高，迫使车厢绕铰轴向右翻转，车架上的挡铁 6 将挂钩 5 顶开，矿岩即从车厢侧板卸入轨道侧面的溜井内。卸载后滚轮 3 沿曲轨 2 下降，车厢复位，侧板 4 被挂钩 5 钩住自动关闭。

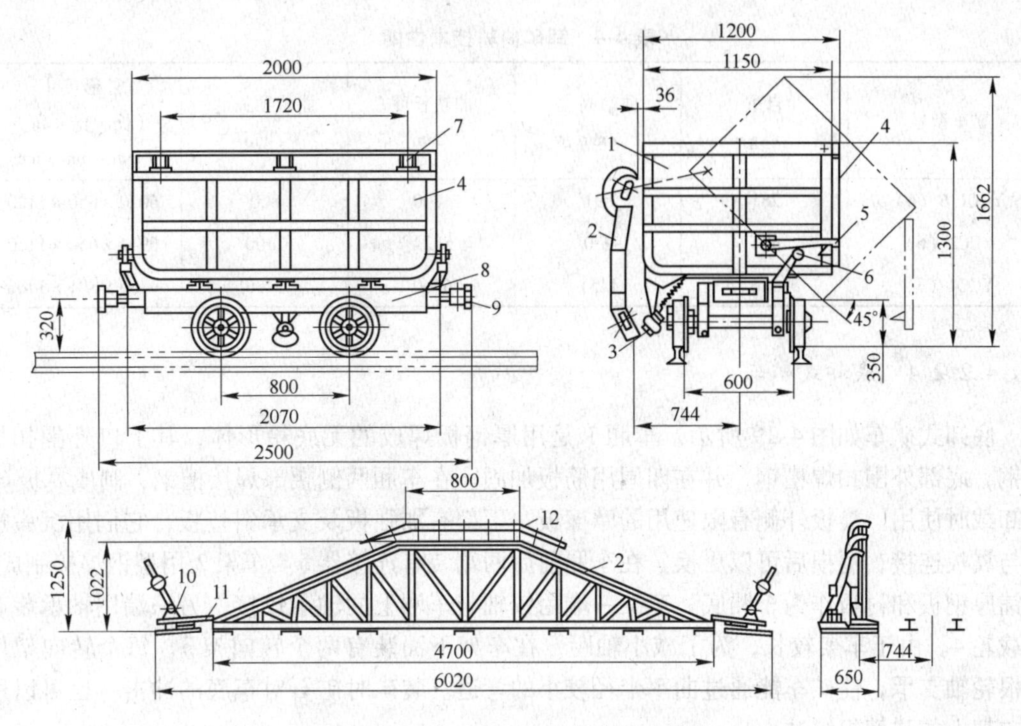

图 4-18　YCC1.6（6）型曲轨侧卸式矿车

1—车厢；2—曲轨；3—滚轮；4—侧板；5—挂钩；6—挡铁；7—销轴；
8—车架；9—碰头；10—转辙器；11—过渡轨；12—滚轮罩

卸载曲轨由曲轨 2、过渡轨 11、转辙器 10 和滚轮罩 12 组成。转辙器和过渡轨在曲轨两端各有一套，转动转辙器手柄，可使过渡轨的进口端前后移动。当进口端向前，电机车牵引矿车通过卸载站时，车厢上的滚轮被过渡轨引导，沿曲轨上升，使车厢翻转侧卸；当进口端向后，滚轮从曲轨侧面通过，不进入过渡轨和曲轨，矿车不翻转。曲轨顶部的滚轮罩用来控制矿车的倾斜角，防止矿车重心外移倾倒，并引导车厢复位。

曲轨侧卸式矿车坚固耐用，卸载方便，已被很多矿山采用。

曲轨侧卸式矿车的主要技术性能见表 4-3，卸矿曲轨的主要技术性能见表 4-4。

表 4-3　曲轨侧卸式矿车的技术性能

矿车型号	车厢容积 /m^3	载重质量 /kg	外形尺寸/mm			轨距 /mm	轴距 /mm	轮径 /mm	连接器高度 /mm	连接器最大拉力 /kN	车厢长度 /mm	矿车质量 /kg	卸载角 /(°)
			长	宽	高								
YCC0.7（6）	0.7	1750	1650	980	1050	600	600	300	320	58.5	1300	750	40
YCC1.2（6）	1.2	3000	1900	1050	1200	600	600	300	320	58.5	1600	1000	40
YCC1.6（6）	1.6	4000	2500	1200	1300	600	800	350	320	58.5	—	1363	42
YCC2（6）	2	5000	3000	1250	1300	600	1000	400	320	58.5	2500	1830	42
YCC2（7）	2	5000	3000	1250	1300	762	1000	400	320	58.5	2500	1880	42
YCC4（7）	4	10000	3900	1400	1650	762	1300	450	430	58.5	3200	3230	42
YCC4（9）	4	10000	3900	1400	1650	900	1300	450	430	58.5	3200	3300	42
YCC6（7）	6	15000	—	—	—	—	—	—	—	—	—	—	—
YCC6（9）	6	15000	—	—	—	—	—	—	—	—	—	—	—

注：YCC6 型待发展。

表 4-4　卸矿曲轨技术性能

矿车型号	自重/kg	曲轨高度/mm	曲轨长度/mm	曲轨顶长度/mm	外形尺寸（长×宽×高）/mm×mm×mm
YCC1.6（6）	281	891	4700	800	6020×650×1120
YCC2（6）	431	930	5624	1300	6944×650×1160
YCC4（7）	586	1151	6400	1460	9400×801×1406

4.2.2.4　底卸式矿车

底卸式矿车如图 4-19 所示，车厢 1 是用厚钢板焊成的无底箱形体，其上口外围扣焊角钢，底部外围扣焊槽钢，并在四周用筋板加固。在车厢两侧腰部焊接槽钢，制成翼板 6，供卸载时使用。翼板外侧有限速用的摩擦板，下部有加强板及支承斜垫板，它们用沉头螺栓与翼板连接，磨损后可以更换。在车厢前后两端装有连接器 5。车架 2 用型钢焊接制成，上铺厚钢板和衬板作为车厢底。车架一端用铰轴与车厢上的轴承铰接，另一端用轴承装有卸载轮 4。由于车架较长，为了减小轴距，在车架下面装有两个转向架 3，每个转向架用两根轮轴支承，使矿车能通过曲率半径较小的弯道。装矿时矿石对车底的冲击，也可以用转向架上的弹簧组缓冲。

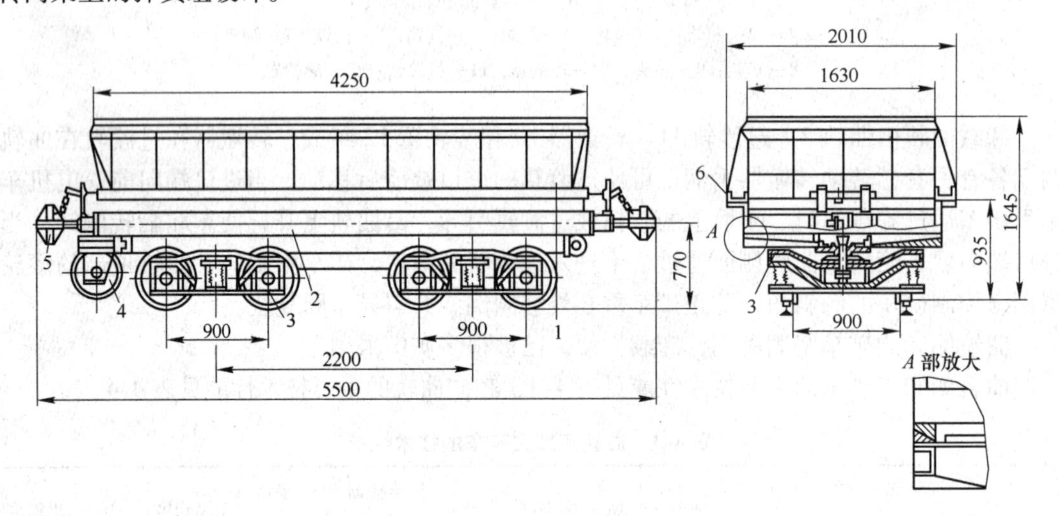

图 4-19　YDC6（7）型底卸式矿车
1—车厢；2—车架；3—转向架；4—卸载轮；5—连接器；6—翼板

底卸式矿车用电机车牵引至卸载站卸载，其卸载方式如图 4-20 所示。矿车进入卸载站因卸矿漏斗 9 上部的轨道中断，车厢 1 由其两侧翼板 2 支承在漏斗旁的两列托轮组 3 上，车架 4 由于失去支承，被矿石压开，连同转向架 5 一起通过卸载轮 6 沿卸载曲轨 7 运行，车底绕端部铰轴倾斜，矿石借自重卸出，经卸矿漏斗 9 进入溜井。卸矿曲轨 7 是一条弯曲钢轨，位于车厢的中轴线上，从卸矿漏斗的一端通向另一端，其下部用工字钢加固。

电机车 10 进入卸载站后同样由两侧翼板 2 支承在托轮组 3 上，因而失去牵引力。当靠近电机车的第一辆矿车的卸载轮处于卸载曲轨的左端卸载段时，由于矿石及车架的重力

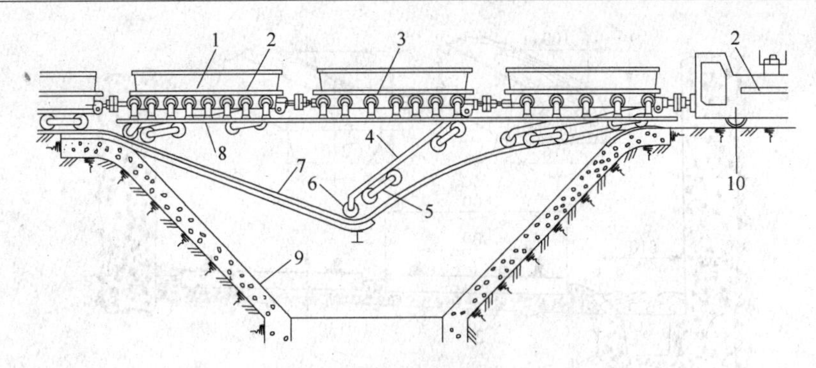

图4-20　底卸式矿车的卸载方式

1—车厢；2—翼板；3—托轮；4—车架；5—转向架；6—卸载轮；7—卸载曲轨；8—托轮座；9—卸矿漏斗；10—电机车

作用，曲轨对矿车产生反作用力，推动矿车前进。当第一辆矿车的卸载轮爬上曲轨右端的复位段时，第二辆矿车的卸载轮早已进入曲轨的卸载段，又产生推力推动列车前进。当最后一辆矿车的卸载轮沿曲轨复位段上爬时，虽无后续矿车的推力，但因列车的惯性和电机车已进入轨道产生牵引力，整个列车随即离开曲轨，驶出卸载站。

两列托轮组分别向车厢倾斜10°，车厢翼板下面的支承斜垫板放在托轮组上，使车厢保持水平并能自动对中。托轮的间距应保证车厢悬空时，每节车厢至少有三个托轮支承。在卸载过程中，由于矿车在卸载段不断产生推力，车速加快，当车速过大时，会出现矿石卸不净的现象。为保证卸净矿石，应设置限速器。限速器的闸板用气缸推动，使闸板上的夹布胶木闸衬与翼板外侧的摩擦板接触，以降低车速。用手动操纵阀控制气缸即可达到限速目的。

卸载曲轨的卸载段倾斜22°，其最低点按车底最大倾角45°确定。曲轨的复位段有凸凹曲线，以便卸净矿石。由于卸载时车底倾角大，以及矿石的流动冲刷，矿车无结底现象。

底卸式矿车的技术性能见表4-5。

表4-5　底卸式矿车的技术性能表

矿车型号	车厢容积 /m^3	装载质量 /kg	外形尺寸/mm			轨距 /mm	轴距 /mm	轮径 /mm	车厢长度 /mm	连接器高度 /mm	连接器最大拉力 /kN	矿车质量 /kg
			长	宽	高							
YDC4（7）	4	10000	3900	1600	1600	762	1300	450	3415	600	58.5	4320
YDC6（7）	6	15000	5400	1750	1650	762	800	400	4540	730	58.5	6320
YDC6（9）	6	15000	5400	1750	1650	900	800	400	4540	730	58.5	6380

注：YDC6为四轴式，带有转向架，转向架轴距800mm，前后转向架最大轴距2500mm。

4.3 轨　道

4.3.1 矿井轨道的结构

矿井轨道由下部结构和上部结构组成，如图4-21所示。

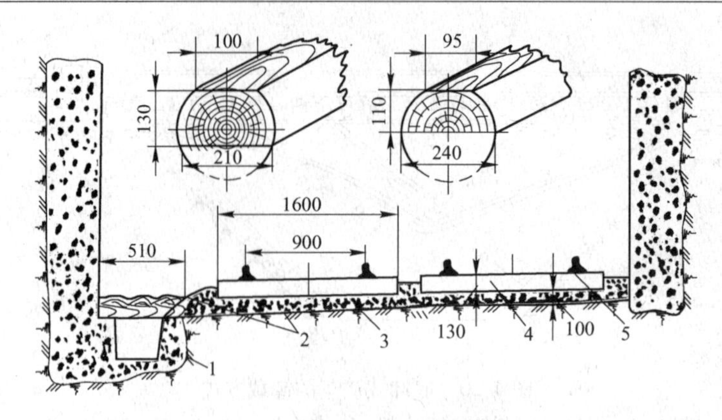

图 4-21　矿井轨道的结构

1—水沟；2—巷道底板；3—道砟；4—轨枕；5—钢轨

下部结构是巷道底板，由线路的空间位置确定。线路空间位置用平面图和剖面图表示：平面图说明线路的平面布置，包括直线段、曲线段的位置及其平面连接方式；纵剖面图说明线路坡度及变坡处的连接竖曲线；横剖面图说明线路在巷道内的布置情况。轨道线路应力求铺成直线或具有较大的曲线半径，纵向力求平坦，平巷沿重力方向有3‰的下向坡度，横向在排水沟方向稍有倾斜。

线路坡度，对斜巷用角度表示，对平巷用纵剖面图上两点的高差与其间距之比表示。设一条线路的起点、终点标高分别为 H_1、H_2（m），间距为 L（m），则

斜巷平均坡度
$$i_{平} = \arctan \frac{H_2 - H_1}{L}$$

平巷平均坡度
$$i_{平} = \frac{1000(H_2 - H_1)}{L} = \frac{1000(i_1 l_1 + i_2 l_2 + \cdots + i_n l_n)}{l_1 + l_2 + \cdots + l_n}$$

式中　$i_1, i_2, \cdots, i_n$——各段线路的坡度,‰；

$l_1, l_2, \cdots, l_n$——各段线路的长度，m。

上部结构包括道砟、轨枕、钢轨及接轨零件。

道砟层由直径 20～40mm 的坚硬碎石构成，其作用是将轨枕传来的压力均匀传递到下部结构上，并防止轨枕纵横向移动及缓和车轮对钢轨的冲击作用，还可以调节轨面高度。道砟层的厚度在倾角小于10°的巷道内不小于150mm，轨枕的2/3 应埋在道砟中，轨枕底面至巷道底板的道砟厚度不小于100mm；在倾角大于10°的巷道内，轨枕通常铺在专用地沟内，其深度约为轨枕厚度的2/3，沟内道砟层厚度不小于50mm，若采用钢钎固定轨枕，道砟层厚度与平巷相同。道砟层的宽度，对600mm 轨距，上宽1400mm，下宽1600mm；对900mm 轨距，上宽1700mm，下宽2000mm。

轨枕的作用是固定钢轨，使之保持规定的轨距，并将钢轨的压力均匀传递给道砟层。矿用轨枕通常用木材和钢筋混凝土制作。木轨枕有良好弹性、重量轻、铺设方便，但寿命短，维修工作量大，钢筋混凝土轨枕与之相反。在矿山推广使用钢筋混凝土轨枕，是节约木材的重要措施之一。

钢筋混凝土轨枕如图4-22 所示，制造时在穿过螺栓处留有椭圆孔，安装时钢轨用螺

栓通过压板压紧在轨枕上，为了有一定弹性，可在钢轨与轨枕间垫入胶垫。

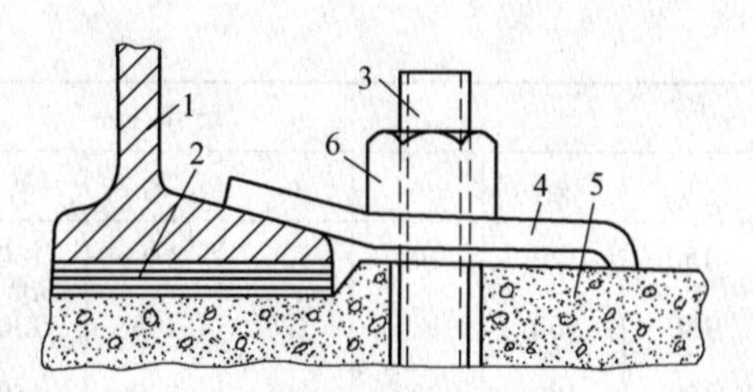

图 4-22　钢筋混凝土轨枕

1—钢轨；2—胶垫；3—螺栓；4—弹性压板；5—混凝土轨枕；6—螺帽

木轨枕的尺寸见图 4-21 及表 4-6。

钢筋混凝土轨枕的形状和尺寸见图 4-23 及表 4-7。

钢轨是上部结构最重要的部分，其作用是形成平滑坚固的轨道，引导车辆运行方向，并把车辆给予的载荷均匀地传递给轨枕。钢轨断面呈工字形，可保证在断面不大的情况下，具有足够的强度，而且轨头粗大，坚固耐用；轨腰较高，便于接轨；轨底较宽，利于固定在轨枕上。钢轨的型号用每米长度的质量（kg/m）表示，其技术性能见表 4-8。

表 4-6　木轨枕尺寸

钢 轨 型 号	轨枕厚 /mm	顶面宽 /mm	底面宽 /mm	轨枕长/mm	
				轨距 600mm	轨距 762mm
8kg/m	100	100	100	1100	1250
11kg/m，15kg/m，18kg/m	120	100	188	1200	1350
24kg/m	130	100	210	1200	1350
33kg/m	140	130	225	1200	1350

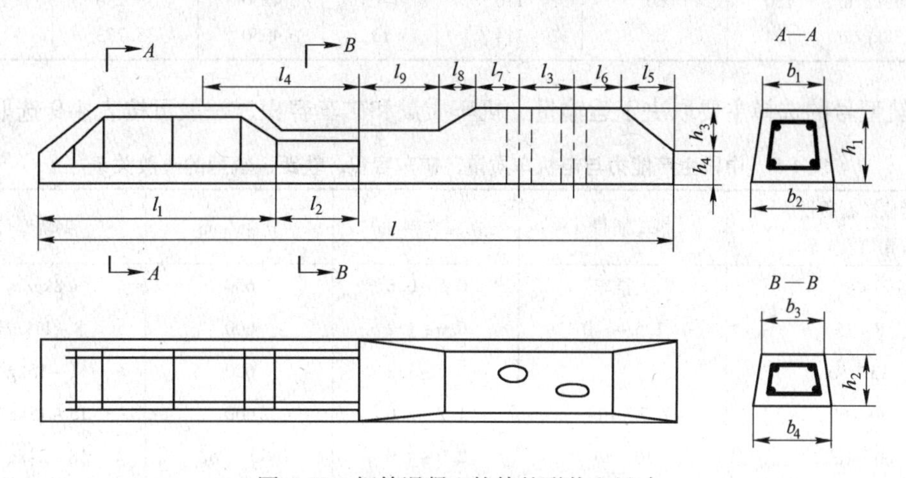

图 4-23　钢筋混凝土轨枕的形状和尺寸

表 4-7　钢筋混凝土钢枕尺寸

轨距 /mm	机车质量/t	钢轨 /kg·m⁻¹	枕距 /mm	尺寸/mm								
				l	l_1	l_2	l_3	l_4	l_5	l_6	l_7	l_8
600	3	11 ~ 15	700	1200	400	150	91	275	100	84	71	54
600	10	18	700	1200	400	150	94	275	100	81	75	50
762	10	18	700	1350	485	190	104	349	130	92	109	50
900	20	24	700	1700	—	—	—	—	—	—	—	—
900	20	38	700	1700	—	—	—	—	—	—	—	—

续表 4-7

尺寸/mm									钢　材		混凝土	
l_9	b_1	b_2	b_3	b_4	h_1	h_2	h_3	h_4	钢号	kg	m^3	标号
150	120	140	126	140	130	91	80	50	Q255	1. 57	0. 015	300
150	160	180	126	188	130	91	80	50	Q255	2. 25	0. 021	300
190	180	200	186	200	150	105	100	50	Q255	3. 88	0. 032	300
330	170	200	140	160	145	110	95	50	Q235	12. 85	68kg	300
330	170	200	140	180	145	110	95	50	Q235	13. 39	68kg	300

表 4-8　钢轨的技术性能

钢轨型号		高度/mm	轨头宽度/mm	轨底宽度/mm	轨腰厚度/mm	截面积/mm^2	理论质量/$kg \cdot m^{-1}$	长度/m
轻型	8kg/m	65	25	54	7	1076	8. 42	5 ~ 10
	11kg/m	80. 5	32	66	7	1431	11. 2	6 ~ 10
	15kg/m	91	37	76	7	1880	14. 72	6 ~ 12
	18kg/m	98	40	80	10	2307	18. 06	7 ~ 12
	24kg/m	107	51	92	10. 9	3124	24. 46	7 ~ 12
重型	33kg/m	120	60	110	12. 5	4250	33. 286	12. 5
	38kg/m	134	68	114	13	4950	38. 733	12. 5

钢轨型号的选择主要取决于运输量、机车质量和矿车容积，一般可按表 4-9 选取。

表 4-9　中段生产能力与电机车质量、矿车容积、轨距、轨型的一般关系

运输矿石质量 $(\times 10^4)/t \cdot a^{-1}$	机车质量/t	矿车容积/m^3	轨距/mm	钢轨型号
<8	人推车	0. 5 ~ 0. 6	600	8kg/m
8 ~ 15	1. 5 ~ 3. 0	0. 6 ~ 1. 2	600	8 ~ 11kg/m
15 ~ 30	3 ~ 7	0. 7 ~ 1. 2	600	11 ~ 15kg/m
30 ~ 60	7 ~ 10	1. 2 ~ 2. 0	600	15 ~ 18kg/m
60 ~ 100	10 ~ 14	2. 0 ~ 4. 0	600，762	18 ~ 24kg/m
100 ~ 200	10，14 双机牵引	4. 0 ~ 6. 0	762，900	24 ~ 33kg/m
>200	10，14，20 双机牵引	>6. 0	762，900	33kg/m

将钢轨固定在轨枕上的扣件和钢轨之间的连接件，统称接轨零件。钢轨与木轨枕用道钉连接（见图 4-24）；与钢筋混凝土轨枕用螺栓和压板连接（见图 4-22）。安装重型钢轨时，为了增加轨枕的承压面积，可在钢轨与轨枕之间垫入垫板。钢轨之间通常用鱼尾板连接（见图 4-24），鱼尾板上钻有四个椭圆形孔，钢轨两端也钻有与之对应的孔，接轨时先用两块鱼尾板夹住两根钢轨的轨腰，再穿入螺栓夹紧。采用架线式电机车运输时，钢轨是直流电回路，为了减少接轨处的电阻，通常在鱼尾板内嵌入铜片或铜线，也可在接轨处焊接导线。

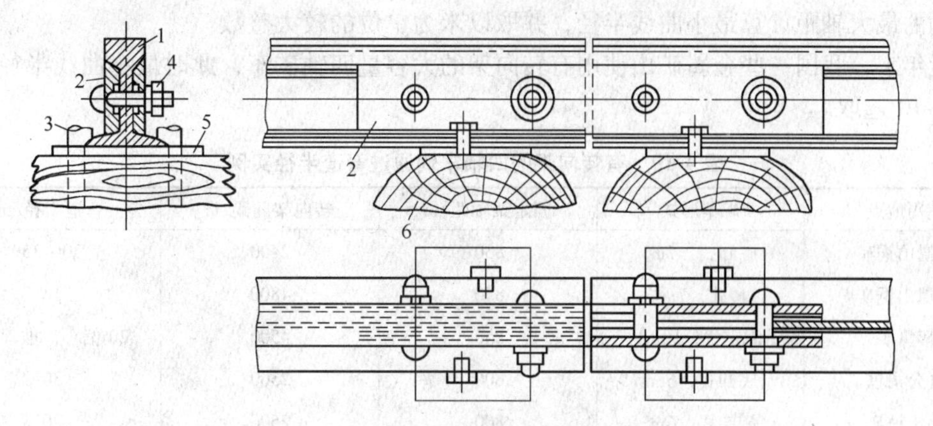

图4-24 用鱼尾板接轨

1—钢轨；2—鱼尾板；3—道钉；4—螺栓；5—垫板；6—轨枕

轨枕间距一般为0.7～0.9m。两根钢枕接头处应悬空，并缩短轨枕间距（见图4-24）。

在某些大中型矿山的箕斗斜井、主溜井放矿硐室等地，采用硫黄水泥将钢轨锚固在混凝土整体道床上，如图4-25所示。此时不用轨枕和道砟，在巷道底板沿线路浇灌混凝土，并留下预留孔。安装时，先在孔中填入10mm厚的砂子，再把加热混合的硫黄和水泥混合液（重量比1:1～1.5:1）灌入孔内，然后将加热的螺栓立即准确插入混合液，硫黄水泥快速凝固后，用螺帽和压板将钢轨固定在整体道床上。为了有一定弹性，可垫入胶垫。这种整体道床坚固耐用，但不宜用于地震区。

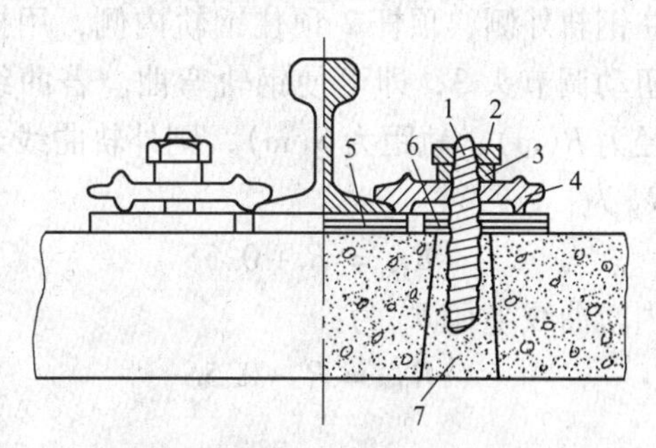

图4-25 硫黄水泥锚固整体道床

1—螺栓；2—螺帽；3—弹簧垫圈；4—压板；5，6—胶垫；7—硫黄水泥

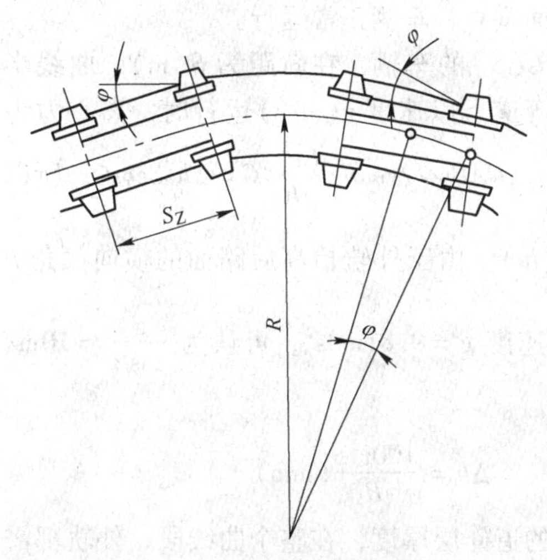

图4-26 矿车通过弯道

4.3.2 弯曲轨道

车辆在线路曲线段运行与在直线段运行不同，有若干特殊要求。

4.3.2.1 最小曲线半径

如图4-26所示，车辆在曲线段运行会产生离心力，而且车辆前后两轴不可能和曲线半径方向一致，因此车轮和钢轨将产生强烈摩擦，增大运行阻力。为了减少磨损和阻力，曲线半径不宜过小。通常运行速度小于1.5m/s时，最小曲线半径应大于车辆轴距的7倍；速度大于1.5m/s时，最小曲线半径应大于轴距的10倍；速度大于3.5m/s时，最小曲线半径应大于轴距的15倍。若通过弯道的车辆种类不同，应以车辆的最大轴距计算最小曲线半径，并取以米为单位的较大整数。

近年来，我国一些金属矿山使用有转向架的大容量四轴矿车，此时最小曲线半径可参考表4-10选取。

表4-10　有转向架的四轴车辆通过弯道半径实例

使用地点	矿车形式	固定架轴距/m	转向架间距/m	弯道半径/m
凤凰山铜矿	底卸式，$7m^3$	850	2400	30 ~ 35
凤凰山铜矿	梭式，$7m^3$	850	4800	16
落雪矿	固定式，$10m^3$	850	4500	20偏小，推荐25
三九公司铁矿	底卸式，$6m^3$	800	2500	30
梅山铁矿	侧卸式，$6m^3$	800	2500	20

曲线半径确定后，可在现场用弯轨器（见图4-27）弯曲钢轨。将弯轨器的铁弓钩住钢轨外侧，顶杆2顶住钢轨内侧，用扳手扭动调节头3，即可使钢轨弯曲。若曲线半径为R(m)，轨距为S(m)，则外轨曲线半径$R_{外}$为：

$$R_{外} = R + 0.5S$$

内轨曲线半径$R_{内}$为：

$$R_{内} = R - 0.5S$$

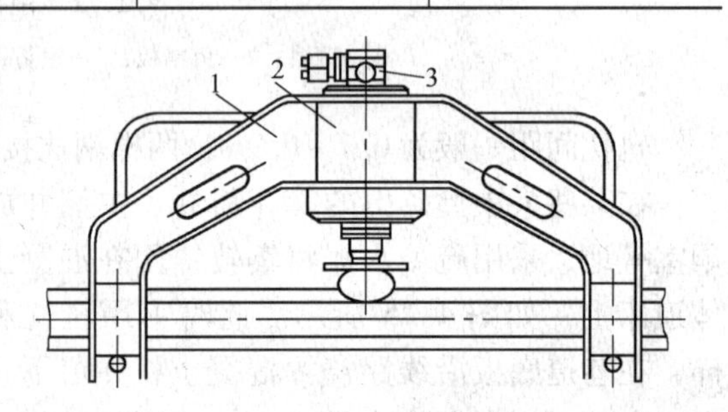

图4-27　弯轨器

1—铁弓；2—螺旋顶杆；3—调节头

4.3.2.2　外轨抬高

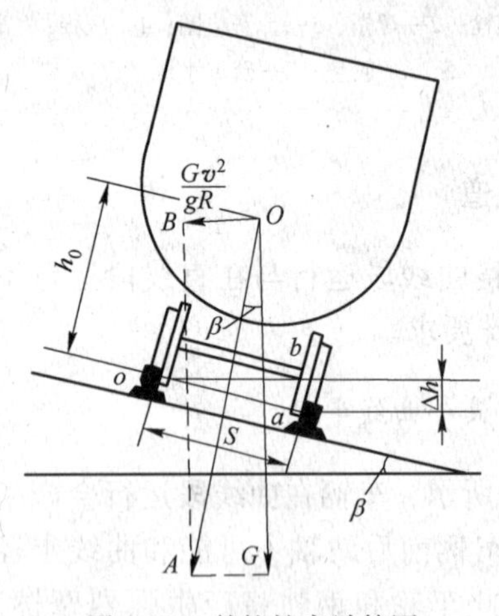

图4-28　外轨抬高计算图

为了消除在曲线段运行时离心力对车辆的影响，可将曲线段的外轨抬高（见图4-28），使离心力和车辆重力的合力与轨面垂直，车辆正常运行。

当重量为G(N)的车辆，在轨距为S(m)、曲线半径为R(m)的弯道上以速度v(m/s)运行时，离心力为$\frac{Gv^2}{gR}$(N)。因为$\triangle OAB \backsim \triangle oab$，$\frac{Gv^2}{gR}:G = \Delta h:S\cos\beta$，所以$\Delta h = \frac{v^2 S\cos\beta}{gR}$(m)。由于外轨抬高后路面的横向倾角$\beta$很小，重力加速度$g = 9.81m/s^2$，可认为$\frac{g}{\cos\beta} = 10m/s^2$；所以

$$\Delta h = \frac{100v^2 S}{R}(mm)$$

外轨抬高的方法是不动内轨，加厚外轨下面的道砟层厚度，在整个曲线段，外轨都需要抬高Δh(mm)。为了使外轨与直线段轨道连接，轨道在进入曲线段之前要逐渐抬高，这段抬高段称为缓和线。缓和线坡度为3‰ ~ 10‰，缓和线长度d(m)为：

$$d = \left(\frac{1}{10} \sim \frac{1}{3}\right)\Delta h$$

式中　Δh——外轨抬高值，mm；

$\frac{1}{10} \sim \frac{1}{3}$——缓和线坡度为3‰～10‰所取的值。

4.3.2.3　轨距加宽

为了减小车辆在弯道内的运行阻力，在曲线段轨距应适当加宽。轨距加宽值 ΔS（mm）可用经验公式计算：

$$\Delta S = 0.18\frac{S_Z^2}{R}$$

式中　S_Z——车辆轴距，mm；

R——曲线半径，mm。

轨距加宽时，外轨不动，只将内轨向内移动，在整个曲线段轨距都需要加宽 ΔS（mm）。为了使内轨与直线段轨道连接，轨道在进入曲线段之前要逐渐加宽轨距，这段长度通常与抬高段的缓和线长度相同。

4.3.2.4　轨道间距及巷道加宽

车辆在曲线段运行，车厢向轨道外凸出，为了保证安全，必须加宽轨道间距和巷道宽度。线路中心线与巷道壁间距的加宽值 Δ_1（mm）为：

$$\Delta_1 = \frac{L^2 - S_Z^2}{8R}$$

式中　L——车厢长度，mm；

S_Z——车辆轴距，mm；

R——曲线半径，mm。

对双轨巷道，两线路中心线间距的加宽值 Δ_2（mm）为：

$$\Delta_2 = \frac{L^2}{8R}$$

对双轨巷道，用电机车运输时，通常巷道外侧、两线路中心线和巷道内侧分别加宽300mm、300mm 和100mm。

4.3.2.5　两曲线连接

为了便于车辆运行，两曲线连接处必须插入一段直线。

两反向曲线连接，插入直线段长度 $S_{反}$（m）为：

$$S_{反} \geqslant d_1 + d_2 + S_Z$$

式中　d_1，d_2——两曲线外轨抬高所需缓和线长度，m；

S_Z——车辆轴距，m。

在特殊情况下 $S_{反}$ 可以缩短，但不能小于 S_Z 与两倍鱼尾板长之和。

两同向曲线连接，插入直线段长度 $S_{同}$（m）为：

$$S_{同} \geqslant d_1 - d_2$$

4.3.3　轨道的衔接

4.3.3.1　道岔

通常应用道岔把两条轨道衔接起来，使车辆从一条线路驶入另一条线路。如图4-29所示，道岔由岔尖2、基本轨3、过渡轨4、辙岔5、护轮轨6和转辙器7组成。

辙岔5位于两条轨道交叉处，包括翼轨8和岔心9，通常将这两部分焊接在铁板10上或浇铸成为整体。岔心的中心角α称辙岔角，是两条线路中心线的交角。辙岔的标号$M = 2\tan\dfrac{\alpha}{2}$。常用辙岔标号为1/2、1/3、1/4、1/5和1/6，可参考表4-11选取。

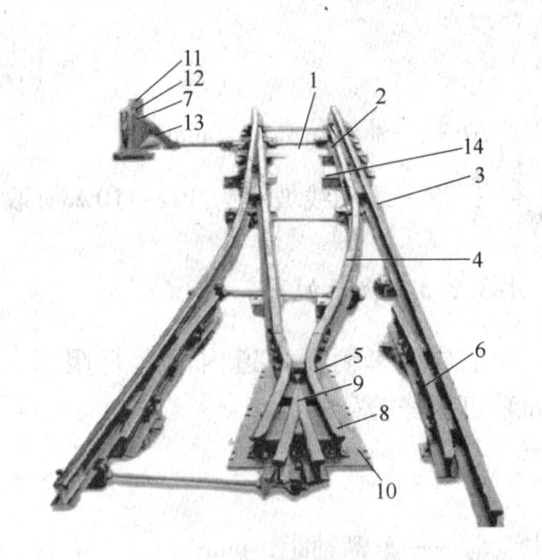

图4-29　道岔结构

1—拉杆；2—岔尖；3—基本轨；4—过渡轨；5—辙岔；6—护轮轨；7—转辙器；8—翼轨；9—岔心；10—铁板；11—手柄；12—重锤；13—曲杠杆；14—底座

表4-11　辙岔选择表

运输方式或机车质量/t	机车车辆要求的最小弯道半径/m	平均运行速度/m·s^{-1}	轨距/mm 600	762	900
			辙岔标号		
人推车	4	—	1/2	—	—
2.5以下	5	0.6~2	1/3	1/3	—
3~4	5.7~7	1.8~2.3	1/4	1/4	—
6.5~8.5	7~8	2.9~3.5	1/4	1/4	—
10~12	10	3.0~3.5	1/4	1/4	1/4
14~16	10~15	3.5~3.9	1/5	1/5	1/5
斜坡串车	—	—	1/4，1/5，1/6	1/4，1/5，1/6	1/5，1/6

过渡轨4是两根短轨，它的前后两端分别用鱼尾板与辙岔5和岔尖2连接。岔尖2是两根端部削尖的短轨，在拉杆1的带动下可左右摆动，分别与两侧的基本轨靠紧。控制岔尖位置，可按规定使车辆从一条线路转移到另一条线路。护轮轨6的作用是控制车轮凸缘的运动方向，使车轮凸缘从翼轨8和岔心9之间的沟槽中通过。转辙器的作用是带动拉杆移动岔尖，控制车辆的运行方向。

手动转辙器的结构如图4-29所示，底座14固定在轨枕上，座中装有曲杠杆13，转动手柄11，通过曲杠杆可带动拉杆1，使岔尖左右摆动。重锤12的作用是使岔尖紧靠在基本轨上，并使之定位。

岔尖的摆动还可以使用机械、压气或电磁自动控制。

根据线路的位置关系，道岔有单开道岔（左向或右向）和对称道岔两种基本类型。渡线道岔、三角道岔和梯形道岔则是它们的组合形式，如图4-30所示。

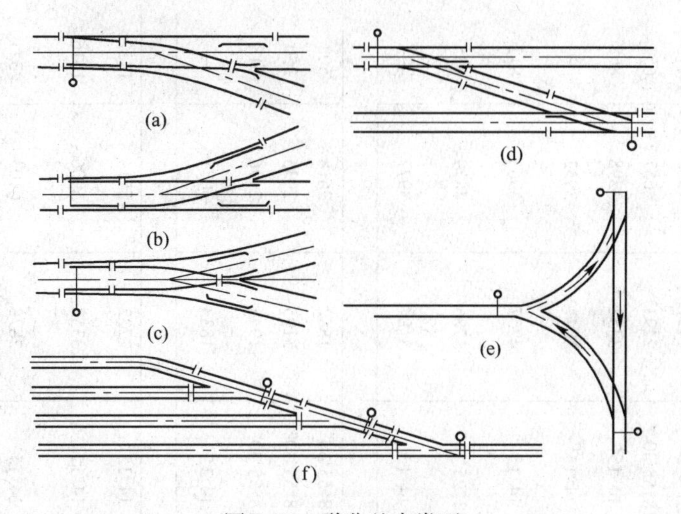

图 4-30 道岔基本类型

(a)，(b) 单开道岔；(c) 对称道岔；(d) 渡线道岔；(e) 三角道岔；(f) 梯形道岔

道岔在图中通常用单线表示，其各项数据见图 4-31 及表 4-12。表中道岔标号横线前的第一位数字表示轨距，第二、三位两个数字表示轨型，横线中间的数字表示辙岔标号，横线后的数字表示弯曲过渡轨的曲线半径，左（右）表示道岔为左（右）向。例如：618-1/4-11.5 右，表示道岔轨距 600mm，轨型 18kg/m，辙岔标号 1/4，弯曲过渡轨曲线半径 11.5m，右向。$\frac{762}{24}$-1/4-16 左，表示道岔轨距 762mm，轨型 24kg/m，辙岔标号 1/4，弯曲过渡轨曲线半径 16m，左向。

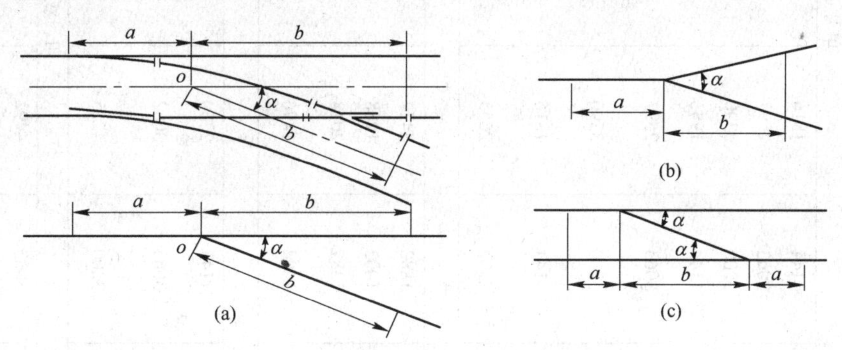

图 4-31 道岔单线表示

(a) 单开道岔；(b) 对称道岔；(c) 单侧渡线

4.3.3.2 分叉点的连接

(1) 单向分岔点连接。单向分岔点连接是曲线与单开道岔的连接。为了保证曲线段外轨抬高和轨距加宽，应在道岔与曲线段之间插入一直线段，其长度一般取外轨抬高递减距离。这样巷道长度和体积将增加，因此在井下线路设计中应尽量缩短插入直线段长度。可以在曲线本身的范围内逐渐垫高外轨和加宽轨距，但在道岔和曲线段之间也必须加入一最小的插入段 $d=200\sim300\text{mm}$。

表 4-12　道岔规格

道岔标号	辙岔角	主要尺寸/mm		质量	道岔标号	辙岔角	主要尺寸/mm		质量
	α	a	b	/kg		α	a	b	/kg
一、单开道岔（右向或左向道岔）									
608-1/2-4 右（左）	28°4′20″	1144	1816	150	618-1/4-11.5 右（左）	14°15′	2724	3005	413
608-1/3-6 右（左）	18°55′30″	3063	2597	351	624-1/2-4 右（左）	28°4′20″	1197	1863	475
611-1/4-12 右（左）	14°15′	3200	3390	518	624-1/3-6 右（左）	18°55′30″	2293	2657	652
615-1/2-4 右（左）	28°4′20″	1144	1956	344	624-1/4-12 右（左）	14°15′	3352	3298	868
615-1/3-6 右（左）	18°55′30″	3063	2597	597	$\frac{762}{15}$-1/4-16 右（左）	14°15′	3047	3952	—
615-1/4-12 右（左）	14°15′	3200	3390	670	$\frac{762}{18}$-1/4-15 右（左）	14°15′	4257	3963	812
618-1/2-4 右（左）	28°4′20″	1144	1816	317	$\frac{762}{18}$-1/5-15 右（左）	11°25′16″	3786	4879	835
618-1/3-6 右（左）	18°55′30″	2302	2655	490	$\frac{762}{24}$-1/4-16 右（左）	14°15′	3184	3977	—
二、对称道岔									
608-1/3-12	18°55′30″	1883	2427	213	615-1/3-12	18°55′30″	1882	2618	508
608-3/5-3.8	30°20′	1002	1288	139	618-1/3-11.65	18°55′30″	3195	2935	550
615-1/2-5	28°4′20″	1382	2018	440	624-1/3-12	18°55′30″	1944	2496	618
615-3/5-3.8	33°20′	1404	1496	405	$\frac{762}{24}$-1/4-16	14°15′	1833	3071	—
三、单侧渡线									
608-1/2-4 右	28°4′20″	1144	2250	278	618-1/4-12 右	14°15′	2722	5514	1752
608-1/3-6 左	18°55′30″	3063	3062	635	624-1/4-12 右（左）	14°15′	3352	5906	1616
615-1/4-12 右（左）	14°15′	3200	4725	1055	$\frac{762}{24}$-1/4-12 右（左）	14°15′	2878	6103	2371
四、双侧渡线（菱形道岔）									
615-1/3-6	18°55′30″	3063	4492	1509	624-1/4-12	14°15′	3352	5709	3356
615-1/4-12	14°15′	3200	5906	2619	$\frac{762}{15}$-1/4-16	14°15′	3160	7680	—
608-1/2-4	28°4′20″	1144	2242	677	$\frac{762}{24}$-1/4-12	14°15′	2878	7883	3923

如图 4-32 所示，若已知曲线半径 R，转角 β，道岔尺寸 a、b 及角 α，则各连接尺寸为：

$$\alpha_1 = \beta - \alpha,\ T = R\tan\frac{\alpha_1}{2}$$

若 $d = 200 \sim 300\text{mm}$，则连接是可能的，其连接尺寸为：

$$m = \alpha + \frac{(b + d + T)\sin\alpha_1}{\sin\beta}$$

$$n = T + \frac{(b + d + T)\sin\alpha}{\sin\beta}$$

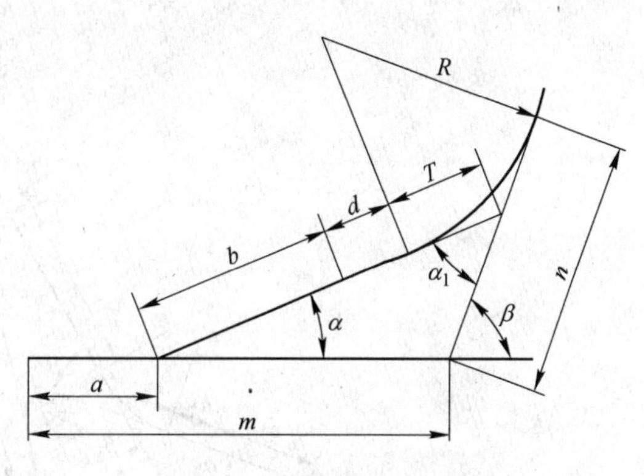

图 4-32　单向分岔点连接

（2）双线单向连接。双线单向连接是用单向道岔使双轨线路过渡成单轨线路。如图 4-33 所示，已知平行线路中心线之间的距离 S，道岔尺寸 a 、b 及角 α，曲线半径 R，则：

$$\alpha = \alpha_1,\ T = R\tan\frac{\alpha}{2}$$

$$d = \frac{S}{\sin\alpha} - (b + T)$$

若 $d \geqslant 200 \sim 300\text{mm}$，则连接是可能的，其连接尺寸为：

$$L = (a + T) + (b + d + T)\cos\alpha$$

按所得尺寸，便可绘出连接部分平面图。

（3）双线对称连接。如图 4-34 所示，其已知条件及要求与双线单向连接相同。

$$T = R\tan\frac{\alpha}{4},\ d = \frac{S}{2\sin\dfrac{\alpha}{2}} - (b + T)$$

若 $d \geqslant 200 \sim 300\text{mm}$，则连接是可能的，其连接尺寸为：

$$L = a + \frac{S}{2\tan\dfrac{\alpha}{2}} + T$$

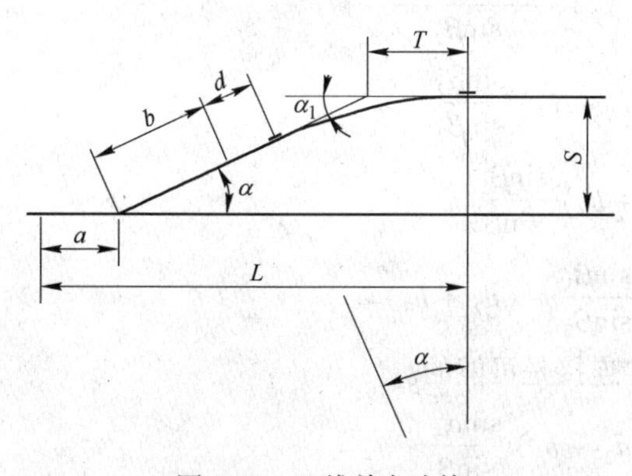

图 4-33　双线单向连接

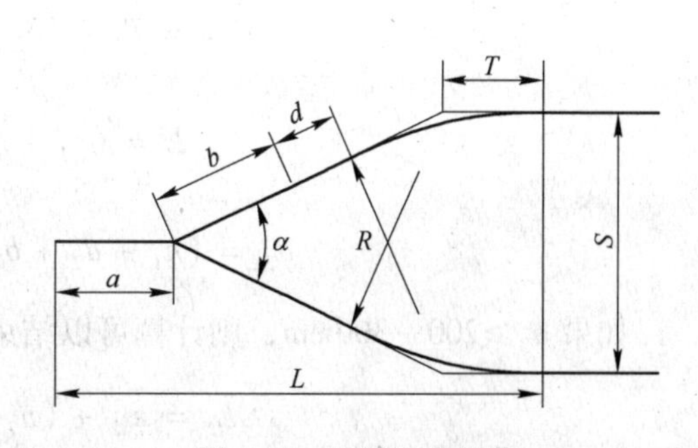

图 4-34　双线对称连接

（4）三角道岔连接。如图 4-35 所示，三角道岔的上部是对称道岔，且为任意数。若 β 等于 90°，则构成对称的三角道岔。

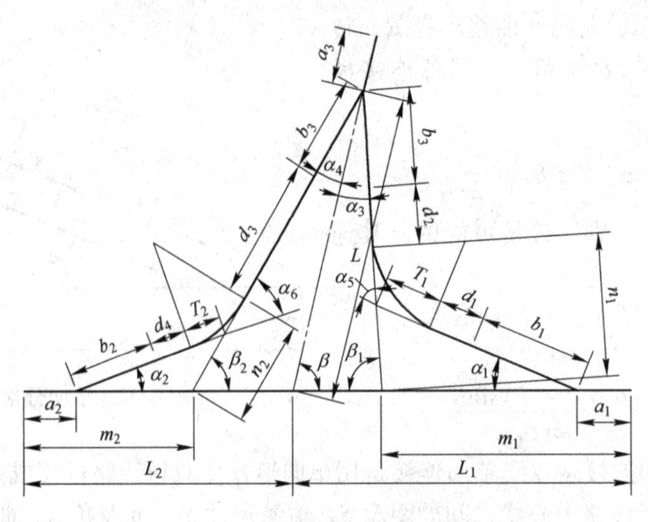

图 4-35　三角道岔连接

已知β角，曲线半径R，道岔尺寸a_1、a_2、a_3、b_1、b_2、b_3及角α_1、α_2、α_3、α_4，并取$d_1=d_2=d_4=200\sim300\text{mm}$，则：

$$\beta_1 = 180^\circ - (\beta + \alpha_3),\ \beta_2 = \beta - \alpha_1$$

$$\alpha_5 = \beta_1 - \alpha_1,\ \alpha_6 = \beta_2 - \alpha_2$$

$$T_1 = R\tan\frac{\alpha_5}{2},\ T_2 = R\tan\frac{\alpha_6}{2}$$

$$m_1 = \alpha_1 + (b_1 + d_1 + T_1)\frac{\sin(\beta_1 - \alpha_1)}{\sin\beta_1}$$

$$n_1 = T_1 + (b_1 + d_1 + T_1)\frac{\sin\alpha_1}{\sin\beta_1}$$

$$L_1 = m_1 + (n_1 + d_2 + b_3)\frac{\sin\alpha_3}{\sin\beta}$$

$$m_2 = a_2 + (b_2 + d_4 + T_2)\frac{\sin(\beta_2 - \alpha_2)}{\sin\beta_2}$$

$$n_2 = T_2 + (b_2 + d_4 + T_2)\frac{\sin\alpha_2}{\sin\beta_2}$$

$$L = (n_1 + d_2 + b_3)\frac{\sin\beta_1}{\sin\beta}$$

$$d_3 = (n_1 + d_2 + b_3)\frac{\sin\beta_1}{\sin\beta_2} - (n_2 + b_3)$$

如果$d_3 \geqslant 200\sim300\text{mm}$，则计算可以结束，连接是可能的。

$$L_2 = m_2 + (n_2 + d_3 + b_3)\frac{\sin\alpha_4}{\sin\beta}$$

如果$d_3 < 200\sim300\text{mm}$，则必须从左部开始重新计算，步骤同上。

（5）线路平移的连接。如图 4-36 所示，这种连接亦称反向曲线的连接。在反向曲线之间，必须插入的直线段d为车辆最大轴距S_Z加上两倍鱼尾板长度，以保证车辆平稳地通过反向曲线。

已知线路平移距离 S 和曲线半径 R，求连接尺寸。

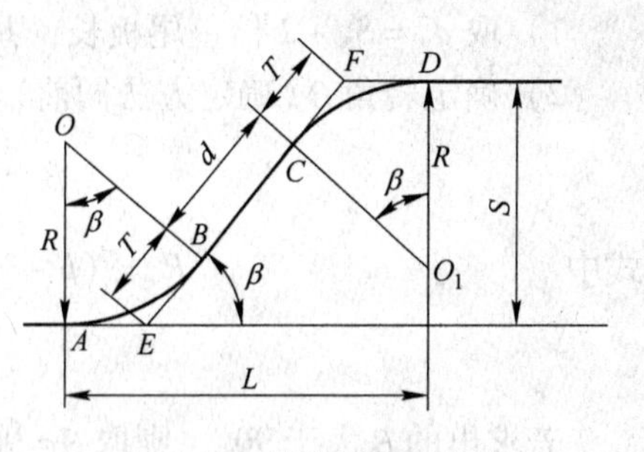

图 4-36　线路平移的连接

1）取 $d \geqslant S_Z + 2$ 倍鱼尾板长。

2）确定 β。向垂线上投影 $AOBCO_1D$ 线，并令向上为正，则：

$$R - R\cos\beta + d\sin\beta - R\cos\beta + R = S$$

令 $P = 2R - S$，则化简得：

$$2R\cos\beta - d\sin\beta = P$$

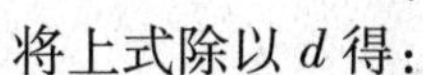

将上式除以 d 得：

$$\frac{2R}{d}\cos\beta - \sin\beta = \frac{P}{d}$$

导入辅助角 $\delta = \arctan\frac{2R}{d}$，用 $\tan\delta$ 代入上式，并将各项乘以 $\cos\delta$ 得：

$$\sin\delta\cos\beta - \sin\beta\cos\delta = \frac{P}{d}\cos\delta$$

或

$$\sin(\delta - \beta) = \frac{P}{d}\cos\delta$$

故

$$\beta = \delta - \arcsin\left(\frac{P}{d}\cos\delta\right)$$

β 角不得大于 90°，如大于 90°，则取 $\beta = 90°$。

3）确定连接长度。

$$L = 2R\sin\beta + d\cos\beta$$

$$T = R\tan\frac{\beta}{2}$$

求出 T，即可确定 E、F 点，连接 E、F 两点，截取 $\overline{EB} = \overline{CF} = T$，便可确定 B、C 点，这样即可绘图。

（6）分岔平移连接。如图 4-37 所示，已知平行线路中心距 S，曲线半径 R，道岔尺寸 a、b 及角 α，连接尺寸即可求出。

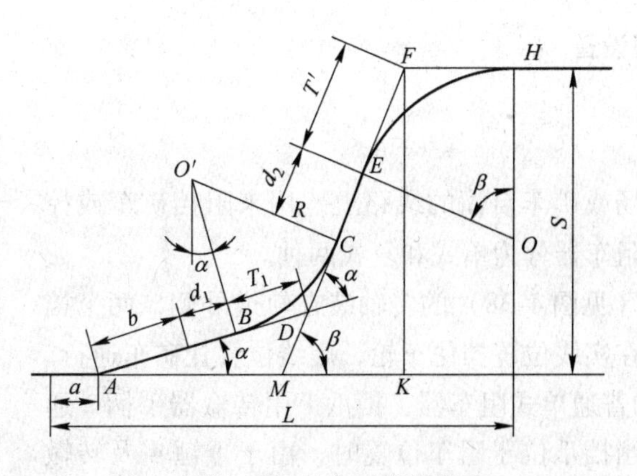

图 4-37　分岔平移连接

1）取 $d_2 = S_Z + 2$ 倍鱼尾板长，并取 $d_1 = 200 \sim 300\text{mm}$。

2）确定转角 β（确定方法同前）。

$$\beta = \delta - \arcsin\left(\frac{P}{d_2}\cos\delta\right)$$

式中

$$P = (b + d_1)\sin\alpha + R(1 + \cos\alpha) - S$$

$$\delta = \arctan\frac{2R}{d_2}$$

若求出的 β 大于90°，则取 $\beta = 90°$。

3）确定连接尺寸。

$$\alpha_1 = \beta - \alpha\ ,\ T_1 = R\tan\frac{\alpha_1}{2}$$

$$\overline{AD} = b + d_1 + T_1$$

$$\overline{AM} = \overline{AD}\frac{\sin\alpha_1}{\sin\beta} = (b + d_1 + T_1)\frac{\sin\alpha_1}{\sin\beta}$$

$$\overline{DM} = \overline{AD}\frac{\sin\alpha}{\sin\beta} = (b + d_1 + T_1)\frac{\sin\alpha}{\sin\beta}$$

$$\overline{MK} = \frac{S}{\tan\beta}$$

$$T' = R\tan\frac{\beta}{2}$$

$$L = a + \overline{AM} + \overline{MK} + T'$$

4）作图。自 H 点截取 $\overline{HF} = T'$，从 F 点作垂线得 K 点。按 $\overline{KM}$ 长得 M 点，连接 F 和 M 两点。按 $\overline{MD}$ 长得 D 点，按 $\overline{MA}$ 长得 A 点。自 D 及 F 点截取对应曲线的切点得 B、C 及 E 点，并作曲线，此曲线即为所求。

4.4　巷道辅助机械

巷道运输的辅助设备主要包括矿车运行控制设备、卸载设备和调度设备。这些设备多用于车场、装车站和卸载站，对实现运输机械化具有重要意义。

4.4.1　矿车运行控制设备

4.4.1.1　阻车器

阻车器安装在车场或矿车自溜的线路上，用来阻挡矿车或控制矿车的通过数量。阻车器分为单式和复式两种。

简易单式阻车器（见图4-38）的转轴装在轨道外侧，两个挡爪分别用人力扳动，在实线位置挡住车轮，虚线位置让矿车通行。图4-39所示为常用的普通单式阻车器，挡爪1用转辙器手柄2通过拉杆系统3联动。当挡爪位于阻车位置时，由于重锤4及转辙器上弹簧的作用，挡爪不会自行打开，提高了阻车的可靠性。

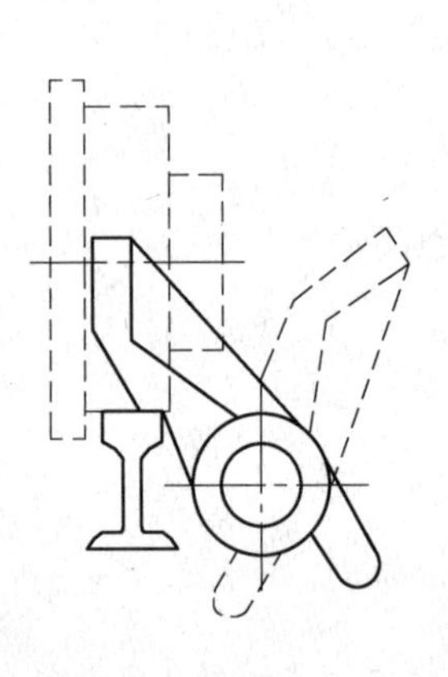

图4-38　简易阻车器

复式阻车器由两个单式阻车器组成，用一个转辙器联动，其中一个阻车器的挡爪打开时，另一个阻车器的挡爪关闭。复式阻车器用来控制矿车通过的数量，其工作原理如图 4-40 所示。图（a），前挡爪关闭，后挡爪打开，车组被前挡爪阻挡。图（b），前挡爪打开，后挡爪关闭，第一辆矿车自溜前进，后端车组被后挡爪阻挡。图（c），前挡爪关闭，后挡爪打开，车组自溜一段距离后，被前挡爪阻挡。重复上述过程，矿车就一辆一辆自溜前进。因此，只要反复扳动转辙器手柄，就能使矿车定量通过。每次通过的矿车数量，由前后挡爪的间距确定。

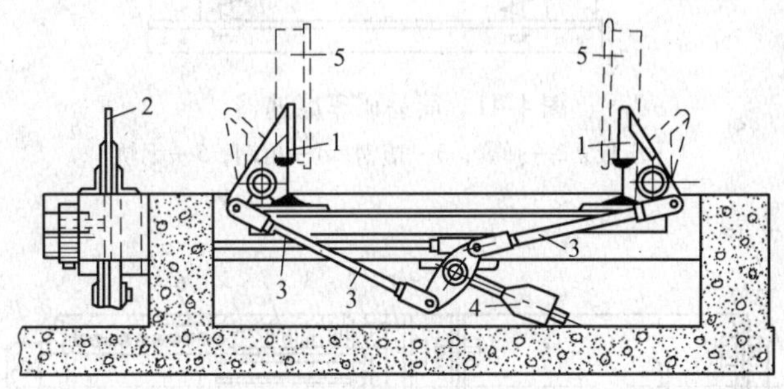

图 4-39 普通单式阻车器

1—挡爪；2—转辙器手柄；3—拉杆；4—重锤；5—车轮

4.4.1.2 *矿车减速器*

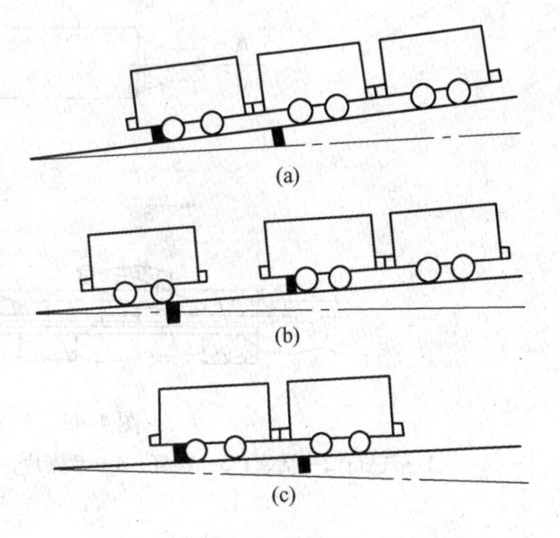

图 4-40 复式阻车器的工作原理

矿车减速器用来减慢矿车的自溜速度。

图 4-41 所示为简易矿车减速器。角钢制成的弯头压板 1 安装在钢轨 5 的两侧，借弹簧 2 的弹力压向钢轨，弹簧装在角钢 4 上，角钢 4 与钢轨 5 用螺栓与槽钢 3 连接。当矿车沿钢轨驶来，车轮从弯头处挤入，车轮摩擦压板，速度减慢。

图 4-42 所示为气动摇杆矿车减速器。摇杆 7 的轴上装有一组摩擦片 4，弹簧 6 通过环圈 5 压紧摩擦片。当矿车沿钢轨驶来，车轮推压摇杆使之摆动，摩擦片间的摩擦阻力使矿车减速。向气缸 1 通入压气，活塞 2 通过推杆 3 及环圈 5 推开弹簧 6，摩擦片间的摩擦力减小，对车轮的阻力随之减小，因此调节压气压力，可调节矿车的减速度。

4.4.2 矿车卸载设备

固定车厢式矿车卸载需要使用翻车机。翻车机通常分为侧翻式和前翻式两种。

常用的侧翻式圆筒翻车机如图 4-43 所示。用型钢焊成的圆形翻笼 1 支撑在两侧的主动滚轮 2 和支撑滚轮 3 上，主动滚轮和支撑滚轮用轴承装置在支架 4 上。电动机通过齿轮减速器带动主动滚轮旋转时，借助摩擦力，翻笼也随之转动。将重矿车推至翻笼的轨道上，车轮被阻车器、车厢角铁挡板固定，扳动手柄 7，拉杆使制动挡铁 5 离开翻笼上的挡块 6，同时电动机启动，翻笼旋转，矿石从矿车中卸出，沿溜板 8 溜入矿仓。矿车卸载后，

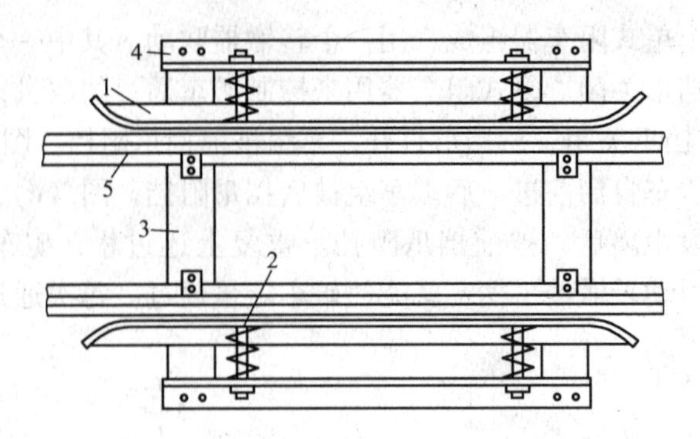

图 4-41　简易矿车减速器

1—压板；2—弹簧；3—槽钢；4—角钢；5—钢轨

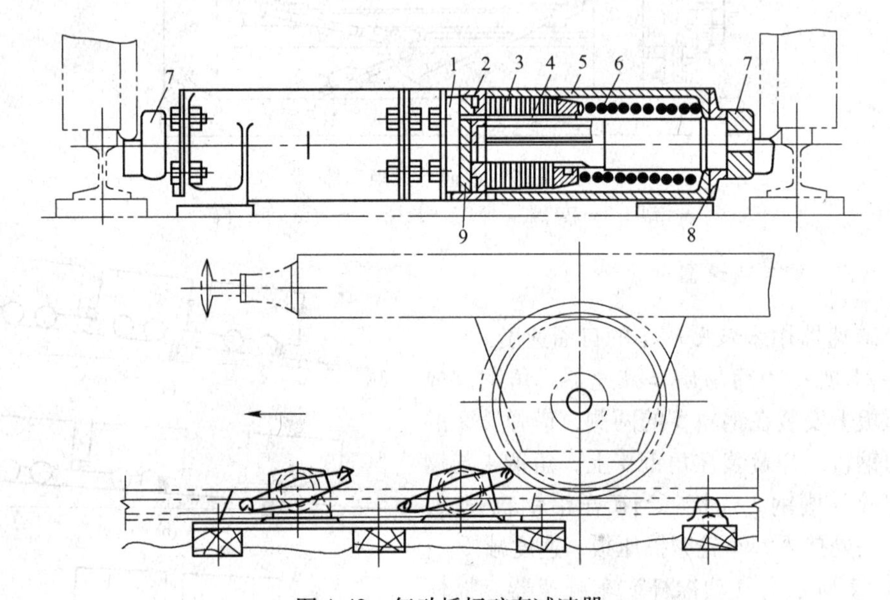

图 4-42　气动摇杆矿车减速器

1—气缸；2—活塞；3—推杆；4—摩擦片；5—环圈；6—弹簧；7—摇杆；8—轴套；9—轴承

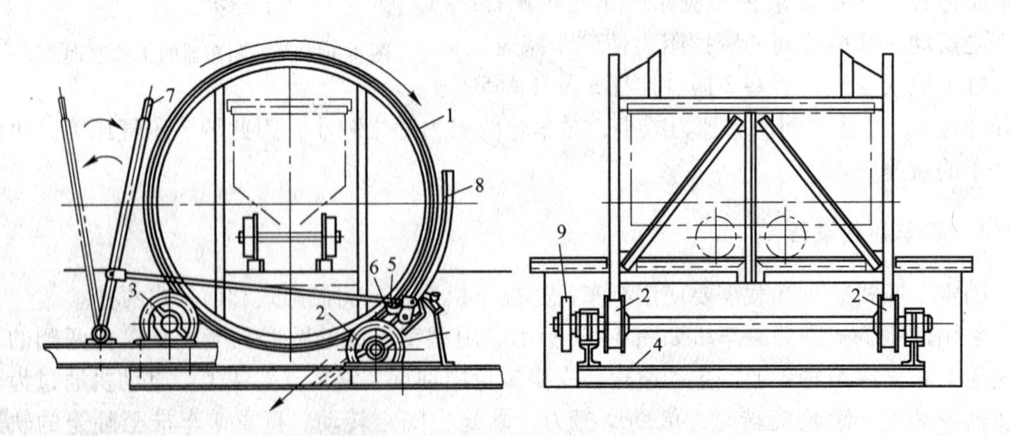

图 4-43　侧翻式圆筒翻车机

1—翻笼；2—主动滚轮；3—支撑滚轮；4—支架；5—制动挡铁；6—挡块；7—手柄；8—溜板；9—齿轮

将手柄扳回原位，电动机断电，翻笼靠惯性继续旋转，当挡块6被挡铁5挡住时停止转动。此时，翻笼内的轨道正好与外面的轨道对正，打开阻车器，即可推入重车，顶出空车，进行下一次翻车。为了提高卸载效率，可用电机车顶推矿车进出翻笼，卸载时列车不脱钩，列车卸完后，立即用电机车拉走。

简易的侧翻式翻车机可以不用动力，将翻笼内的轨道对翻笼偏心安装，并用闸带控制翻笼的运动。重车进入翻笼并固定后，松开闸带和挡铁，翻笼在自重作用下翻转卸载。卸载后，用闸带减速，当翻笼接触挡铁时停止转动。

简易的前翻式翻车机如图4-44所示。翻车机的底座1固定在卸载木架2上，底座上有圆轴3，活动曲轨4通过连接板6安装在圆轴上。设计时，应使重矿车进入曲轨后与曲轨的重心位于圆轴的左侧；若为空矿车，则空车与曲轨的重心位于圆轴的右侧。当重矿车沿轨道进入曲轨后，由于联合重心位于圆轴左侧，曲轨带着重车绕圆轴向前翻转。卸载后，由于重心位于圆轴右侧，曲轨带着空车绕圆轴向后翻转，当曲轨接触垫木5时，翻车机恢复原位。翻车时，矿车车轮套在曲轨内，矿车不会从翻车机内掉出。

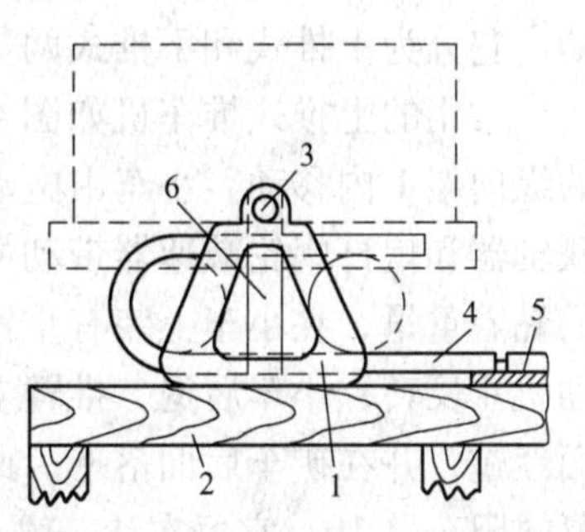

图4-44 前翻式简易翻车机

1—底座；2—木架；3—圆轴；4—活动曲轨；5—垫木；6—连接板

4.4.3 矿车调动设备

4.4.3.1 调度绞车

常用的JD型调度绞车如图4-45所示，电动机悬装在绞车卷筒外侧，传动机构装在卷筒内部，结构紧凑，外形尺寸小。电动机1通过齿轮2、3和齿轮5、6减速后，带动行星轮机构的太阳齿轮8旋转，再通过行星齿轮9带动内齿圈10转动。若用闸带16刹住内齿圈10，则行星齿轮9在内齿圈的齿面上滚动，其小轴12通过连接板13带动卷筒14转动。卷筒左侧的凸缘15上装有闸带17，可以控制卷筒的放绳速度。

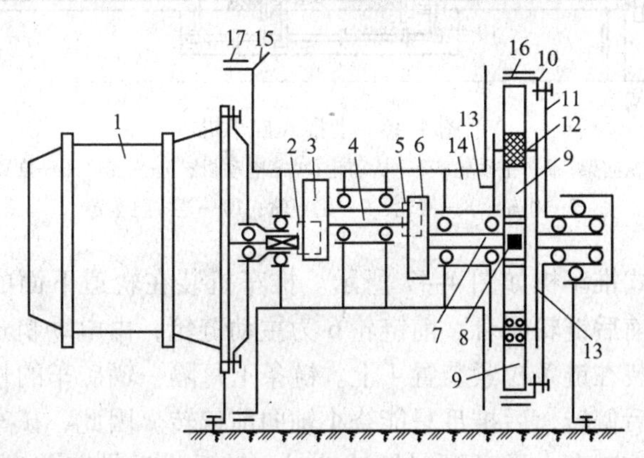

图4-45 JD型调度绞车

1—电动机；2，3，5，6—减速齿轮；4，7—轴；8—太阳齿轮；9—行星齿轮；10—内齿圈；11—板面；12—小轴；13—连接板；14—卷筒；15—卷筒凸缘；16，17—闸带

调度绞车用钢绳牵引车组，可使车组在调车区域移动。

4. 4. 3. 2　推车机

推车机用于短距离推送矿车，可把矿车推入罐笼或翻车机，也可使矿车在车场中移动。它分为上推式和下推式两类。

常用的上推式推车机如图 4-46 所示。它是一个带推臂 6 的自行小车，可在槽钢制成的纵向架 1 内移动。小车由电动机、减速器、行走轮和重锤等组成。启动电动机 4，通过联轴器和蜗杆蜗轮减速器带动主动轮 2 转动，小车用推臂 6 顶推矿车前进。为了增加小车的黏着重量，在小车上装有重锤 5。当推车机将矿车推入罐笼，小车即扳动返程开关，电动机 4 反转，小车后退，推臂上的滚轮 8 沿副导轨 9 上升，使推臂抬高，从待推的矿车上面经过，并在矿车后面落下。此时，小车返回原位，电动机自动断电。图中钢轨的下面是复式阻车器 10，它每次让一辆矿车通过。当扳动转辙器手柄，使阻车器前面的挡爪打开，后面的挡爪关闭时，电动机随之启动，推车机开始工作。

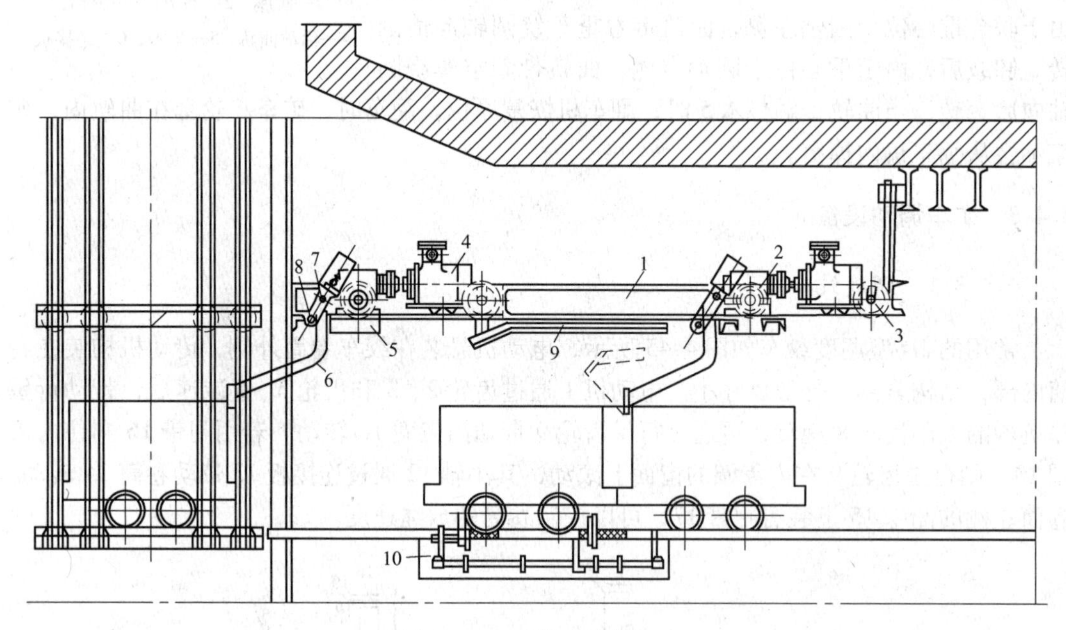

图 4-46　上推式推车机

1—纵向架；2—主动轮；3—从动轮；4—电动机；5—重锤；6—推臂；
7—小轴；8—滚轮；9—副导轨；10—复式阻车器

常用的下推式链式推车机如图 4-47 所示。推车机装在轨道下面的地沟内，板式链位于轨道中间，它绕过前后链轮闭合。前链轮 6 为主动链轮，由电动机通过减速器驱动；后链轮为从动链轮，安装在链条拉紧装置 4 上。链条上每隔一辆矿车的长度安装一对推爪 2，前推爪只能绕小轴向后偏转，后推爪只能绕小轴向前偏转。因此，矿车可顺利从前后两端进入前后推爪之间。该矿车在链条顺时针转动时，被后推爪推着前进；链条停止运转时，前推爪起阻车器的作用。在链条上每隔一定距离装有滚轮，链条移动时，滚轮沿导轨滚动，托住链条，防止链条下垂。当矿车车轴较低时，推爪可直接推动车轴；若车轴较高，必须用角钢在车底焊成底板挡。

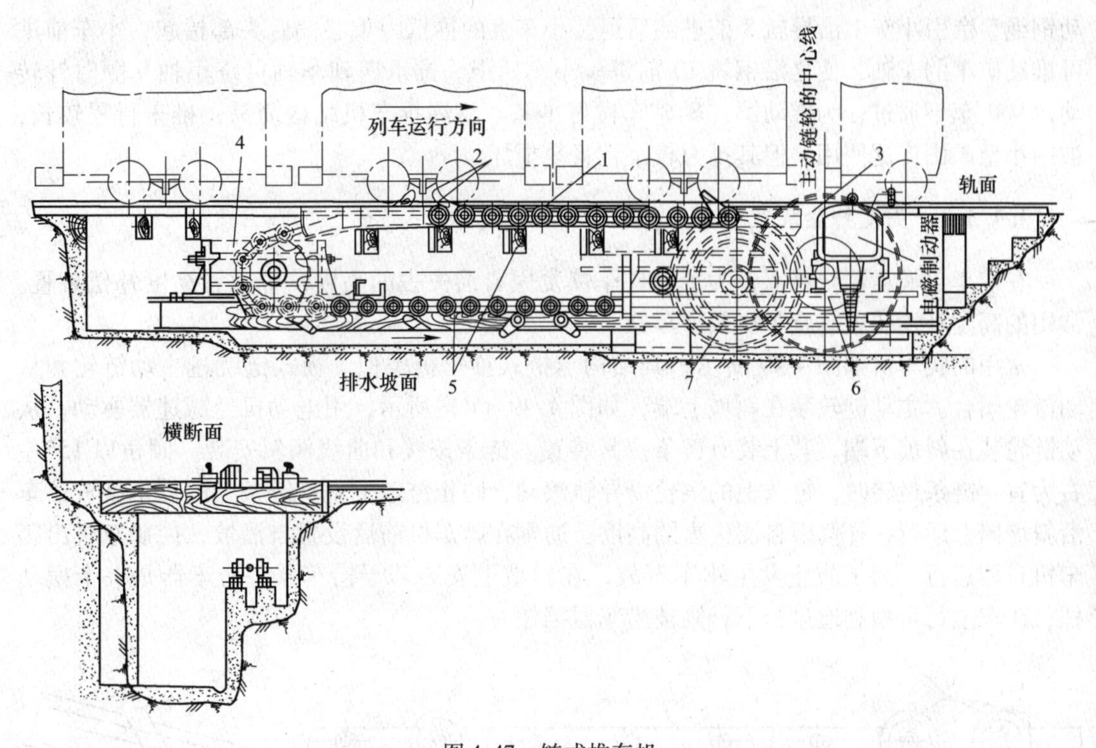

图 4-47 链式推车机

1—板式链；2—推爪；3—传动部；4—拉紧装置；5—架子；6—主动链轮；7—制动器

用链式推车机向翻车机推车时，推车机和翻车机的开停要交替进行，可用闭锁机构自动控制。当推车机将矿车推入翻车机时，推车机自动断电，电磁制动器抱闸停车，同时翻车机开动卸载。卸载完毕，翻车机自动停车，推车机又自动开车。

常用的下推式钢绳推车机如图 4-48 所示。电动机 7 经减速器 6 驱动摩擦轮 2 转动，拖

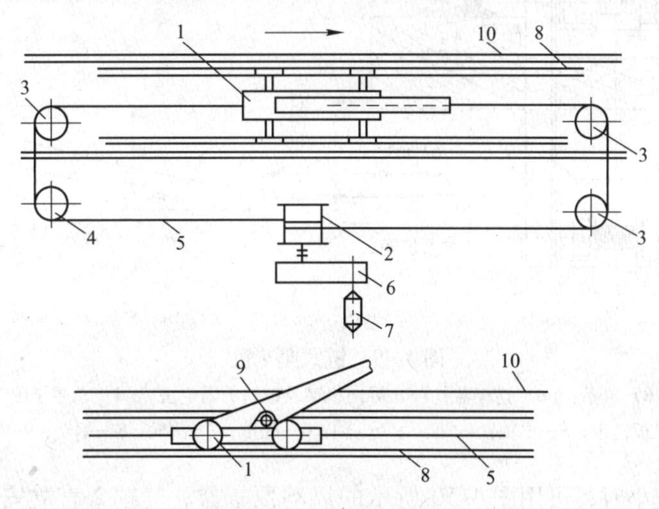

图 4-48 钢绳推车机

1—小车；2—摩擦轮；3—导向轮；4—拉紧轮；5—牵引绳；
6—减速器；7—电动机；8—导轨；9—小轴；10—钢轨

动钢绳 5 牵引小车 1 沿导轨 8 前进或后退。小车上的推爪因重心偏后头部抬起，小车前进可推动矿车的车轴，使之沿钢轨 10 前进。小车后退，推爪遇到车轴可绕小轴 9 顺时针转动，从矿车下通过，为推动第二辆矿车做好准备。钢绳推车机结构简易，推车行程较长，被中小型矿山广泛使用，但其推力较小，且易损坏。

4.4.3.3　高度补偿装置

在矿车自溜运输线路上，为了使矿车恢复因自溜失去的高度，应设置高度补偿装置。常用的高度补偿装置有爬车机及顶车器。

常用的爬车机如图 4-49 所示，其结构与链式推车机类似。板式链绕过主动链轮和从动链轮闭合。主动链轮装在斜坡上端，如图 4-49（d）所示，用电动机经减速器驱动；从动链轮装在斜坡下端，其上装有链条拉紧装置。链条按缓和曲线倾斜安装，倾角以 15°左右为宜。链条运转时，链条上的滚轮沿导轨滚动，防止链条下垂；链条上的推爪推着矿车沿斜坡向上运行，补修因自溜失去的高度。通常在爬车机前后设置自溜坡，使矿车进出爬车机自溜运行。为了防止发生跑车事故，在斜坡上安装若干捞车器。捞车器是一个摆动杆，矿车上行可顺利通过，下行则被捞车器挡住。

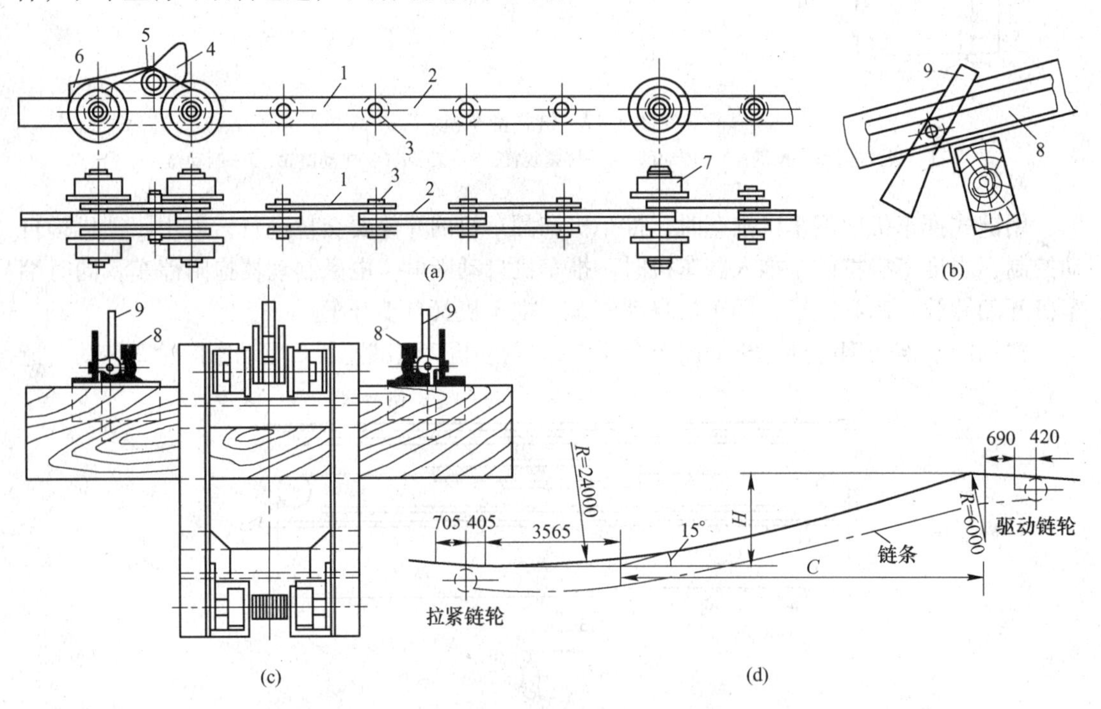

图 4-49　链式爬车机

（a）链条；（b）捞车器；（c）导向机架及钢轨的固定法；（d）总系统图

1，2—平板链带；3—小轴；4—推爪；5—轴；6—配重；7—滚轮；8—钢轨；9—捞车器

当补偿高度较小时，可用图 4-50 所示的风动顶车器。气缸 2 直立安装在地坑内，其活塞杆上装有升降平台 1。平台上的轨道有自溜坡度，在下部与进车轨道衔接，在上部与出车轨道衔接。从下部轨道自溜驶来的矿车，其车轴压下平台上的后挡爪，进入平台后被平台上的前挡爪阻挡，此时后挡爪复位，前后挡爪夹住矿车，使之固定在平台上。向气缸

2 通入压气，活塞杆伸出，平台 1 沿导轨 3 平稳上升至上部轨道，此时钢绳 4 通过杠杆打开前挡爪，矿车从平台自溜驶出，沿上部轨道运行。放出气缸中的压气，平台在自重作用下下降复位，为顶推第二辆矿车做好准备。

当补偿高度很大时，可用绞车沿斜坡牵引矿车上升。

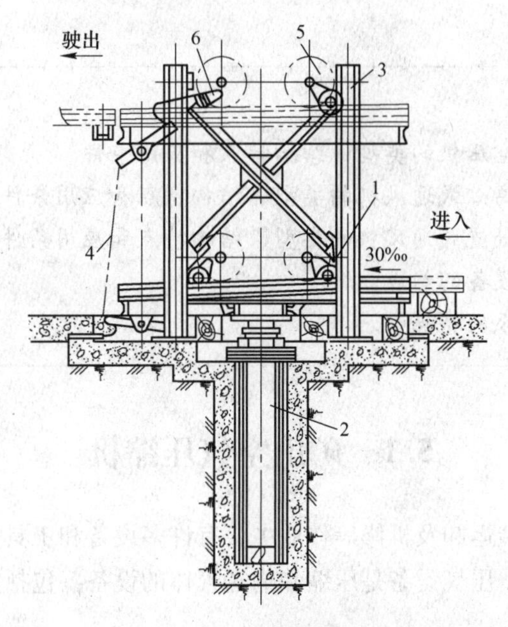

图 4-50 风动顶车器

1—平台；2—气缸；3—导轨；4—钢绳；5—车轮；6—阻车器

复习思考题

4-1 矿井轨道由哪几部分组成？

4-2 道砟的作用有哪些？

4-3 为什么轨道在平巷沿重车方向要铺成 3‰的坡度？

4-4 布置弯曲轨道时应注意哪些问题？

4-5 矿车组最小转弯半径如何确定？

4-6 为什么要在轨道曲线段抬高外轨？

4-7 矿井轨道连接时应注意哪些问题？

4-8 矿用电机车是如何分类的？

4-9 电机车撒砂装置的作用是什么？

5　矿山辅助机械

【学习要求】

(1) 了解矿山常用空压机的类型、结构特点和应用条件。

(2) 了解矿山常用离心式通风机的类型、结构特点和应用条件。

(3) 了解矿山常用轴流式通风机的类型、结构特点和应用条件。

(4) 熟知矿井排水设备的组成。

(5) 了解离心式水泵的特点。

5.1　矿山空气压缩机

矿山在凿岩钻孔、装运卸及机修等作业中，有许多设备和工具是用压气驱动的，压气是矿山主要动力源之一。压气设备是压缩和输送气体的设备，包括空气压缩机主体及其辅助设备。

空气压缩机种类很多，一般可分为间歇式（亦称容积式）和连续式（亦称速度式）。间歇式分为往复式和回转式，其中往复式又分为活塞式和隔膜式，回转式又分为螺杆式、滑片式、罗茨式和液环式。连续式分为动力式和喷射式，其中动力式也称透平式，又分为离心式、轴流式和混流式。矿山常用的空气压缩机有往复式、螺杆式、滑片式和离心式等。

空气压缩机的气缸排列方式有卧式和立式，其冷却方式有水冷和风冷。

空气压缩机的辅助设备包括空气过滤器、油水分离器、储气罐和冷却水系统等。

5.1.1　常用空气压缩机

5.1.1.1　活塞往复式空气压缩机

如图5-1所示，活塞往复式空气压缩机的部件大体由7大部分组成：

(1) 运动机构组，包括机架、主轴承、主曲轴、连杆、十字头和飞轮。

(2) 气缸组，包括气缸、气缸衬、气缸盖和填料箱。

(3) 活塞组，包括活塞、活塞环和活塞杆。

(4) 配气机构，包括阀室和气阀。

(5) 调节装置，包括实现排气量和压力调节的各种机件，如附加余隙容积、辅助用的阀和管道等。

(6) 冷却装置，包括中间冷却器和水套。

(7) 润滑装置，包括油泵、滤油器、管道、油冷却器等。

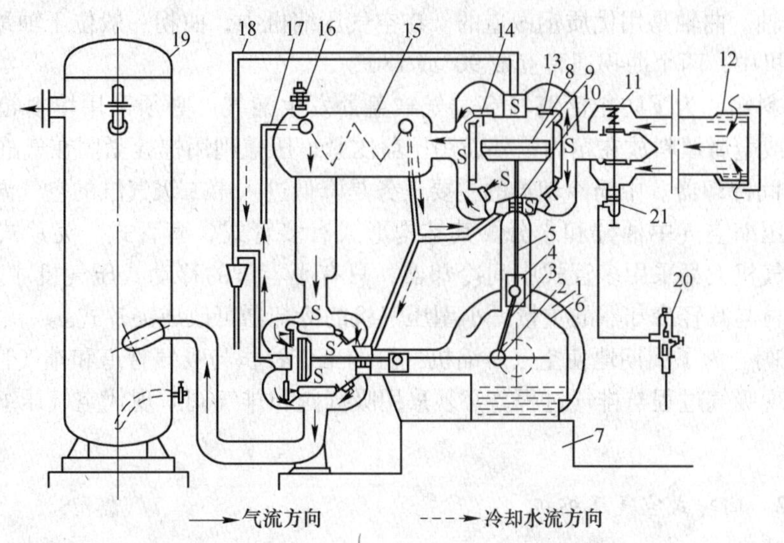

图 5-1 L 型活塞往复式空气压缩机的结构与工作流程

1—皮带轮；2—曲轴；3—连杆；4—十字头；5—活塞杆；6—机身；7—底座；8—活塞；9—气缸；10—填料箱；11—卸荷阀；12—过滤器；13—吸气阀；14—排气阀；15—中间冷却器；16—安全阀；17—进水管；18—出水管；19—储气罐；20—压力调节器；21—卸荷阀组件；S—冷却水串通位置

其主要部件分述如下：

（1）机架与轴承。机架用普通铸铁做成，为空气压缩机的支持部分，空气压缩机的气缸即固定于其上。不同形式的空气压缩机具有不同形式的机架。空气压缩机主轴承的底座和机架铸成一个整体。轴承内衬有轴瓦，轴瓦的内表面镶了巴氏合金。轴承盖与底座用螺栓和螺母固定在一起。新型的空气压缩机也有采用滚珠轴承的。

（2）气缸。低压和中压气缸用高级铸铁做成，高压气缸则用铸钢做成。气缸壁上铸有一个中空体，称为水套，冷却水不断从其中流过。气缸头上有气缸盖，侧面有装润滑油管的小孔。风冷式空气压缩机的气缸用向外伸出的散热片代替水套。散热片与气缸铸成一个整体，外界空气与散热片接触，产生自然对流，使气缸得到冷却。

（3）活塞。活塞用铸铁制成。单动式空气压缩机的活塞为杯状，内部装有活塞销，活塞销固定在活塞壁的孔中。连杆的一端即套在活塞销上。双动式空气压缩机使用盘状活塞，活塞杆用螺母紧固在活塞上，杆的另一端则与十字头连在一起。为了防止高压腔的空气漏到低压腔，在活塞周围表面的槽中装有活塞环。活塞环由高级铸铁做成，应具有足够的弹性。对于单动式空气压缩机，还装有去油环，以去掉气缸壁上过剩的润滑油。

（4）十字头。在双动式空气压缩机中需采用十字头来连接活塞杆与连杆。在十字头的两边，装有两块可以更换的滑块，滑块在平行道内往复运动。由于十字头承受反复载荷，所以通常用高级铸铁或铸钢制成。

（5）连杆。连杆的一端用销子与十字头连接或直接与空气压缩机的活塞相连，另一端则与主曲轴相连。与十字头连接的一端称为连杆头，与主曲轴相连的一端称为曲柄头。连杆头中有衬套。曲柄头由两半块合成，里面有衬套，有时称此衬套为连杆轴承。连杆一般用铸钢做成。

（6）曲轴。曲轴是用优质钢锻造的。在空气压缩机中，曲拐一般位于轴颈之间。在两级空气压缩机中，两个曲拐通常互成 90°或 180°。

（7）填料箱。为了防止活塞杆穿过气缸盖处发生漏气，必须采用填料箱作为密封装置。把棉质或金属填料放在箱内，外面用压盖压紧，压盖则用螺栓紧固在气缸头上。

（8）中间冷却器。中间冷却器的主要任务是降低进入第二级气缸的空气温度，以节省功率并析出压缩空气中油分和水分。其结构形式有多管式、套管式、突片式和蛇管式多种。大型压气机大都采用多管式中间冷却器，只有小容量的移动式压气机才采用蛇管式。为了节约钢材与减轻冷却器的重量，小型压气机的冷却器可改成突片式。

（9）气阀。为了周期地使空气压缩机气缸的工作容积与吸气管道和排气管相通，也就是说为了实现吸气过程与排气过程，必须采用吸气阀和排气阀。现代空气压缩机都采用平板形的阀。

5.1.1.2　回转式空气压缩机

回转式空气压缩机的工作原理与往复式空气压缩机基本相似，区别是前者为回转运动，后者则为往复运动。

回转式滑片空气压缩机的组成如图 5-2 所示。其工作原理如图 5-3 所示。

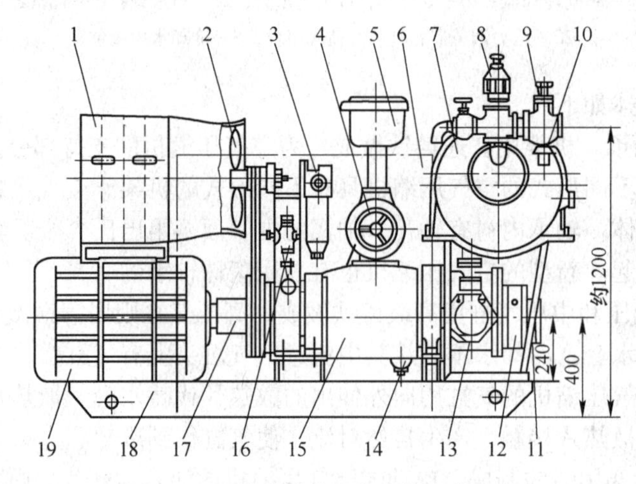

图 5-2　回转式滑片空气压缩机的组成

1—油冷却器；2—风扇；3—油过滤器；4—减荷阀；5—空气过滤器；6—电控装置及仪表盘；7—储气罐；8—安全阀；9—最小压力阀；10—自动卸荷阀；11—副油泵；12—主油泵；13—排气止回阀；14—粗滤器；15—压缩机；16—压力调节器；17—联轴器；18—底座；19—电动机

沿转子轴线方向排列着若干各槽，在槽中插入用钢片或塑料片做成的滑片 4。转子在圆筒中处于偏心位置，因此构成一月牙形空间。转子转动时，滑片在离心力的作用下自槽中伸出，将月牙形空间分隔成若干小室。转子沿箭头方向转动时，空气经吸气接管进入压气机，然后进入小室 A。随着转子转动，小室 A 的容积逐渐减小。在 B 室与排气接管连通之前，小室 A 中的空气一直被压缩，进而形成压气。

回转式空气压缩机与往复式空压机比较，具有以下特点：

（1）体积小，重量特别轻，平衡良好，因而基础小。

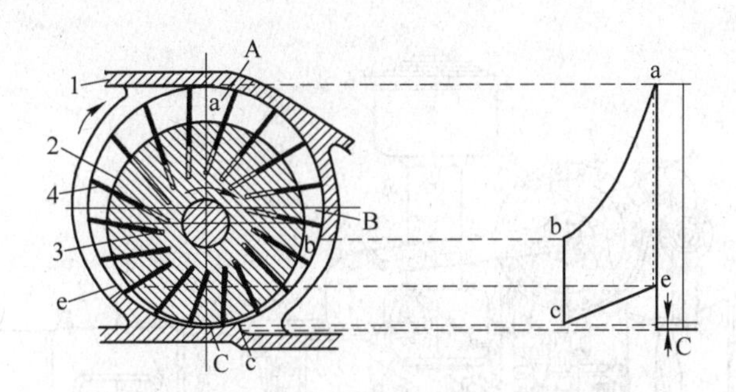

图 5-3 回转式滑片空气压缩机的工作原理

1—圆筒形铸铁外壳；2—铸铁转子；3—轴；4—滑片

（2）设有曲柄连杆机构，工作平衡均匀。

（3）没有气阀，构造比较简单。

（4）供气均匀，电动机负荷均匀，转速高，可与电动机直接相连。

（5）制造与安装要求严格，否则会降低效率。

（6）润滑油消耗量较大。

（7）效率稍差于往复式压气机。

5.1.1.3 螺杆式空气压缩机

矿山使用的螺杆式空气压缩机多为移动式，有的配装在钻机和挖掘机等大型设备上。螺杆式空气压缩机按其润滑状况不同，可分为干式与喷油式两种。常用的螺杆式空压机如图 5-4 所示。在无油（干式）机器中，阳转子靠同步齿轮带动阴转子。转子啮合过程互不接触。通过一对螺杆的高速旋转达到密封气体、提高气体压力的目的。在喷油机中，喷入机体的大量润滑油起着润滑、密封、冷却和降低噪声的作用；由于油膜的密封作用取代了油封，所以机器的结构变得更为简单。喷入机体的润滑油与压缩气体混合，在进入排气管道后再被分离出来。约有 90% 的油可以回收后供重复使用，其余约 10% 随压缩空气进入管网。

螺杆式空气压缩机的气缸成“8”字形，内装两个转子——阳转子（或称阳螺杆）和阴转子（或称阴螺杆），如图 5-5 所示。当转子旋转时，转子凹槽与气缸内壁所构成的容积不断变化，从而实现空气的吸入、压缩即排出。

5.1.1.4 离心式空气压缩机

离心式空气压缩机适用于大容量的压气机站。其结构如图 5-6 所示，由入口接管、渐缩管、入口导流器、工作轮、扩散器及出口接管等组成。这类空气压缩机分为转子与静子两大部分。转子部分由主轴、工作轮、平衡盘、联轴器等组成。工作轮是空气压缩机的主要工作部分，转动叶片的机械作用，使流动的空气获得速度和压力。静子部分包括扩压器、弯道、回流器、蜗壳以及支承轴承和止推轴承等。转子与静子部分设有密封以减少泄漏。

空气经入口接管进入环形渐缩管，渐缩管使气流在入口导流器前增加速度，形成均匀的速度场和压力场。多个或一个中间级和一个末级串联成压缩机段。气体经压缩机段中多

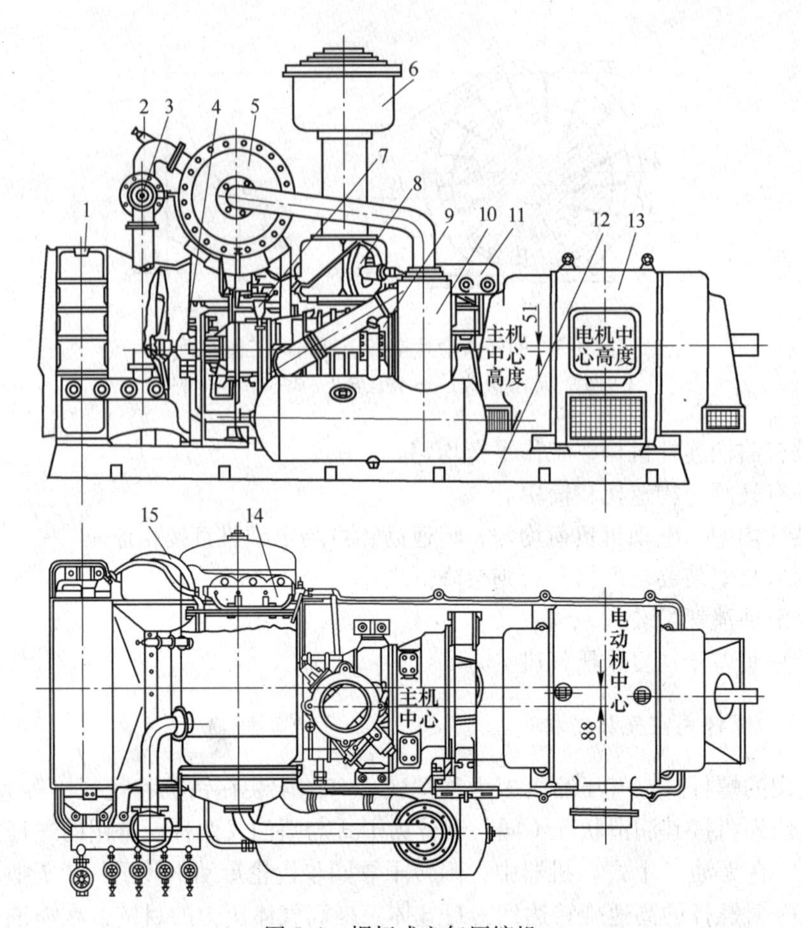

图 5-4　螺杆式空气压缩机

1—油冷却器；2—安全阀；3—气路系统；4—油泵；5—储气罐；6—空气过滤器；7—调节阀；8—减荷阀；9—主机组；10—油分离器；11—仪表板；12—机座；13—电动机；14—油过滤器；15—油路系统

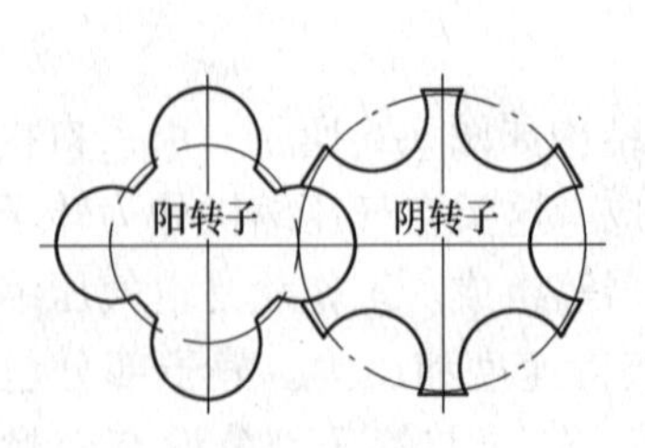

图 5-5　螺杆式空气压缩机阴阳转子

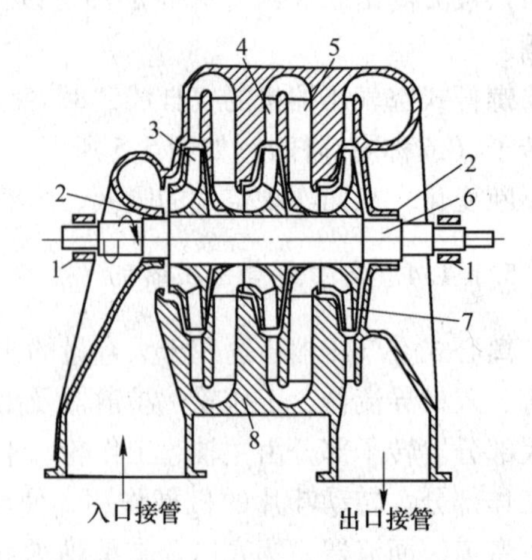

图 5-6　离心式空气压缩机

1—轴承；2—密封；3，7—工作轮；4—扩散器；5—导流器；6—轴；8—蜗壳

个工作轮逐级压缩后引出机外，经中间冷却器冷却，再经吸气室引至下一压缩机段继续进行压缩。当气体经最后一压缩机段后，排出机外，流至冷却器再行冷却，经排气管送往用气点。

与往复式空压机比较，离心式空压机具有以下特点：

（1）质量轻，尺寸小。

（2）转速高，可与汽轮机直接相连。

（3）压缩空气供气均匀，不含油类杂质。

（4）没有气阀和曲柄连杆机构，所以构造简单。

（5）制造工艺技术要求较高，安装调试较麻烦。

（6）空气压缩机并联工作时容易产生振动和不稳定现象。

5.1.2 空气压缩机辅助设备

5.1.2.1 空气过滤器

自然界空气中的灰尘和其他杂质大量进入空气压缩机后，将使各机械运动表面磨损加快、密封不良、排气温度升高、功率消耗增大，因而空气压缩机的生产能力相应减小，压缩空气的质量也大为降低。因此，外界空气进入空气压缩机之前，必须经过空气过滤器以滤清其中所含的灰尘和其他杂质。

空气过滤器是根据固体杂质颗粒的大小及重量不同，利用惯性阻隔和吸附等方法将灰尘和杂质与空气分离，保证进入气缸中的空气含尘量低于0.03mg/m³。常用的空气过滤器装置有金属网空气过滤器、填充纤维空气过滤器、油浴式空气过滤器、金属过滤器、自动浸油空气过滤器和集中过滤器等。矿山应用较为普遍的是干式过滤器与金属过滤器。干式过滤器是使空气通过致密的织物（也可用纤维滤芯）来净化空气的。它可清除约99.9%的含尘量，但必须经常清洗滤芯，否则灰尘和杂质阻塞使气流阻力增加。如果采用金属油浴式过滤器，进入过滤器中的气体经流道转折，较大的颗粒落入下面油池而被消除，较小颗粒被阻隔，过滤效果好。

大、中型空气压缩机的过滤器装在室外的进气管道上，距离空气压缩机不得超过10m，并应处在空气清洁通风良好、干燥的地方。

对空气过滤器除要求清洁空气外，还要求阻力尽可能小，结构简单，重量轻便于调换和清洗。对于排气量大的空气压缩机也可采用组合式过滤器。

5.1.2.2 油水分离器

油水分离器又称液气分离器，功能是分离压缩空气中所含的油分和水分，使压缩空气得到初步净化，以减少污染、管道腐蚀和对用户使用产生的不利影响。

油水分离器是利用不同的结构形式，使进入其中的压缩空气气流的方向和速度发生改变，并依靠气流的惯性，分离出密度较大的油滴和水滴。

压气输送管路上的油水分离器通常采用以下三种基本结构形式：第一种是使气流产生环形回转，如图5-7所示，压缩空气进入分离器内，气流由于受隔板的阻挡，产生下降而后上升的环形回转，与此同时析出油和水；第二种是使气流产生撞击并折回，如图5-8所示；第三种是使气流产生离心旋转。在实际生产应用中，上述结构形式可同时综合采用，这样分离油、水的效果更加显著。

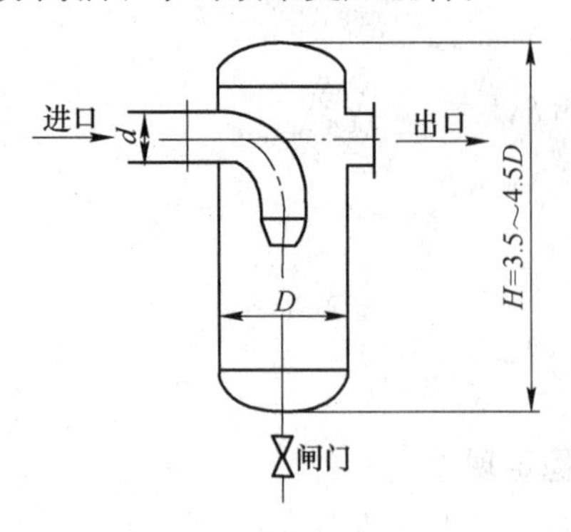

图 5-7 使气流产生环形回转的油水分离器

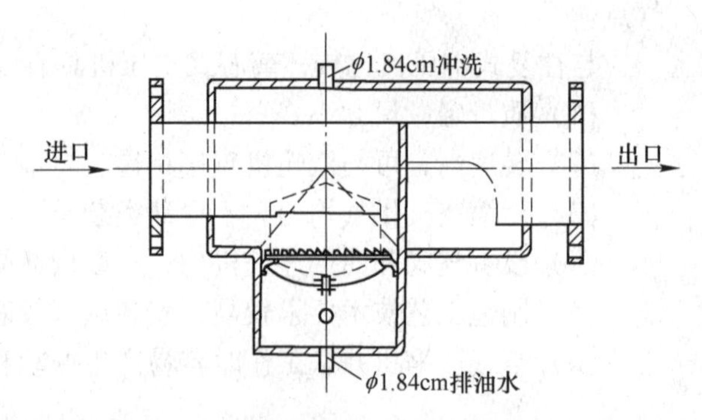

图 5-8 使气流产生撞击并折回的油水分离器

5.1.2.3 储气罐

储气罐是圆筒状的密封容器，有立式和卧式两种。图 5-9 所示为立式储气罐的基本形式。它用锅炉钢板焊接而成，高度为直径的 2 ~ 3 倍；进气管在下面，而排气管在上，进气管在罐内的一段呈弧形，出口向下倾斜且弯向罐内壁，使空气进入产生旋涡，从而分离油水，然后靠压缩空气的压力把油水从排泄阀中排出。

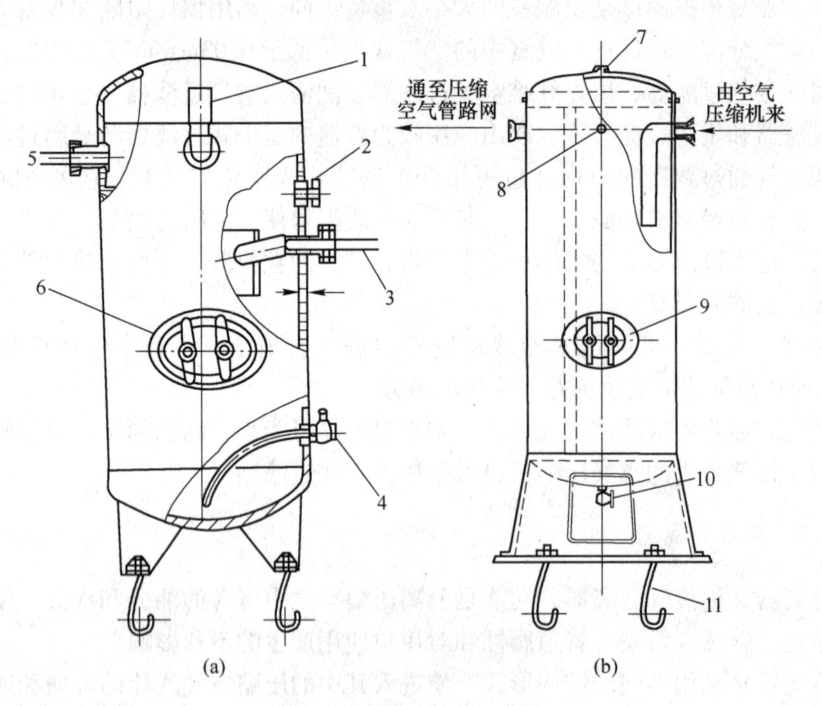

图 5-9 立式储气罐的结构

（a）支腿底座；（b）裙板底座

1—安全阀；2—压力表及负荷调节器接口；3—进气孔；4—油水排泄阀；5—排气孔；6，9—人孔；7—安装安全阀用的管套；8—安装压力计用的管套；10—凝积物的排出塞门；11—地脚螺栓

各种形式的压气机都设有储气罐（又称风包），装置在压气机与输送压缩空气的管网之间，其功用如下：

（1）缓和由于往复式压气的不连续性而引起的压力波动。

（2）除去压缩空气中所含的水分及润滑油。水和润滑油能使压缩空气管道的断面缩小，增加阻力损失；水还能使风动机械生锈并发生水力冲击。

（3）储存一定数量的压缩空气，供空气消耗量增大或压气机停止运转时用。

与储气罐相连的辅助附件有：与管道连接的法兰盘、与接通调节器的小管相连的法兰盘，安全阀（储气压力超值即自动放气并发出响声）、放出水和油的闸阀、安装压力计用的管套、进气孔和排气孔。

5.1.2.4 水冷却系统

固定式空气压缩机大多采用水冷式冷却系统。冷却水经水泵或高位水池压送到压缩机的水套、中间冷却器和后冷却器后，经热水回水管流出站外，所以矿山空气压缩机站常设有冷却水供水系统。

压气机站的供水系统分为单流系统和循环系统两种。当压气机站附近有大量自然水时，可采用单流系统。在单流系统中，水流过压气机的冷却表面之后即被导入锅炉等设备利用或直接引至污水沟中。水消耗量很小的压气机站，也可用自来水进行冷却。在循环系统中，水可多次地用来冷却压气机。把压气机流出的受热的水，导入冷却塔或喷水池冷却到原来的温度，再供压气机使用，水消耗量不大的压气机站，也可用普通水池进行冷却，但要保证水质符合要求。

图 5-10 所示为用冷却塔的水冷却系统图。冷却塔 1 是木制塔，用 1 号水泵将热水从水井 2 号送往塔的上部。水沿塔内落下，打在用特有木条做成的格子上，分成小滴，并被迎面流过的空气所冷却。冷却后的水流入池 3 内，再用 2 号水泵将水送给压气机 4 供冷却用。如果筑有高位水池，则可省去 2 号水泵。

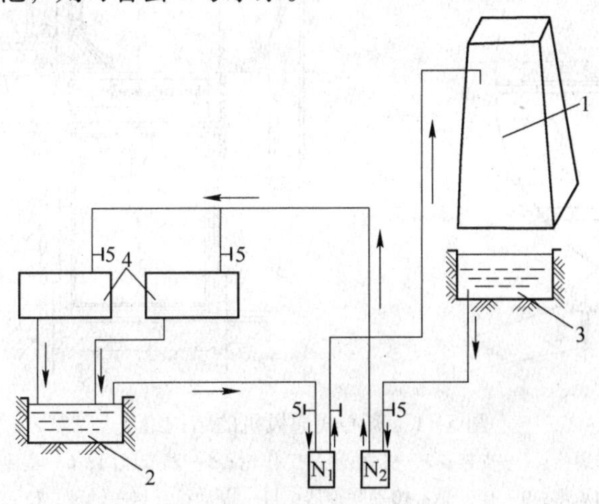

图 5-10 用冷却塔的水冷却系统

1—冷却塔；2—水井；3—水池；4—压气机；5—闸阀；

N_1—1 号水泵；N_2—2 号水泵

在喷水池内，装在地上面的专用喷射器和喷嘴将水喷成细滴，水滴由于和周围空气接触而得到冷却。热水在约0.1MPa的压力下送至喷水池，因而分成细微的喷流，冷却后的水落入池中，再用水泵将水供给压气机使用。

5.2　矿用通风机

矿用通风机按所输送空气的压力大小，分为低压型（风压不大于0.01MPa）和高压型（风压在0.01 ~0.3MPa）两类。前者通常称通风机，矿山简称风机；后者通常称鼓风机。

矿用通风机按其构造原理，分为离心式和轴流式两大类。离心通风机按进气方式可分为单吸入和双吸入两种。

矿用通风机按其用途，分为主扇、辅扇和局扇三种。主扇是用于全矿井或矿井某一翼的通风机，又称主要通风机。辅扇是用于矿井通风网路内某些分支风路中借以调节其风量，协助主扇工作的通风机，又称辅助扇风机。局扇是用于矿井无贯穿风流的局部地点通风的通风机，又称局部扇风机。

主扇和辅扇的机型和功率一般均较大，多为固定式。局扇的机型和功率一般较小，多为移动式，而且以轴流式为主。

5.2.1　离心式通风机

离心式通风机结构简单，工作轮和机壳一般都采用结构钢板焊制，少数采用铆接，制造容易。离心式通风机结构组成如图5-11所示。

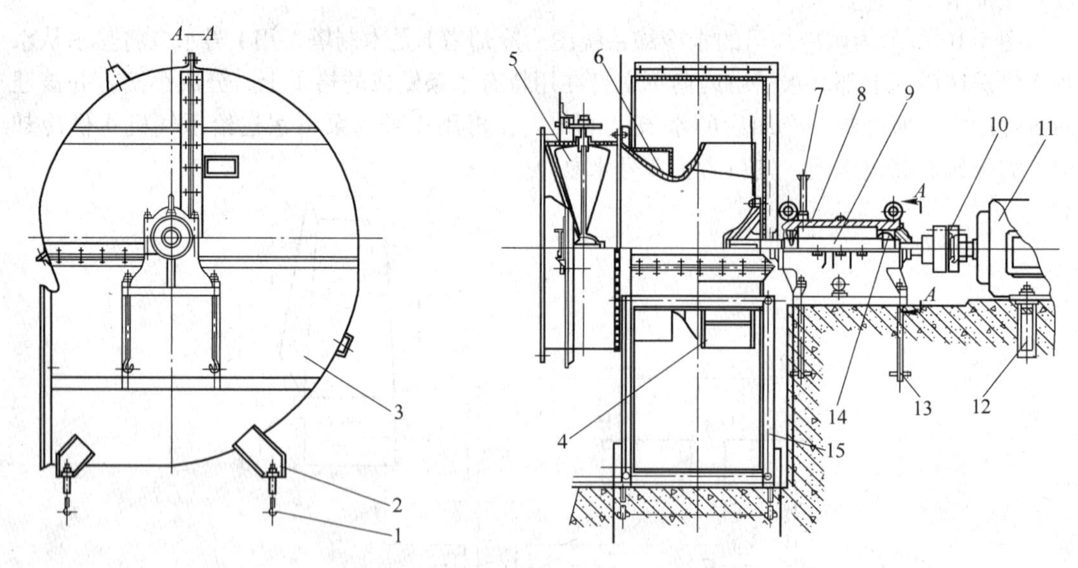

图5-11　离心式通风机的结构组成

1，12，13—地脚螺栓；2—支架；3—机壳；4—工作轮；5—调节风门；6—集流器；7—温度计；8—轴承箱；9—传动轴；10—联轴器；11—电动机；14—轴承；15—法兰

（1）工作轮。工作轮是通风机的心脏部分，它的几何形状和尺寸对通风机的特性有重大的影响。离心通风机的工作轮一般由前盘、后（中）盘、叶片和轴盘等组成，有焊接和

铆接两种形式。

工作轮的前盘有平前盘、锥形前盘和弧形前盘等几种，如图 5-12 所示。平前盘制造简单，但一般对气流的流动情况有不良影响。锥形前盘和弧形前盘的工作轮，制造比较复杂，但其气动效率和工作轮强度都比平前盘优越。

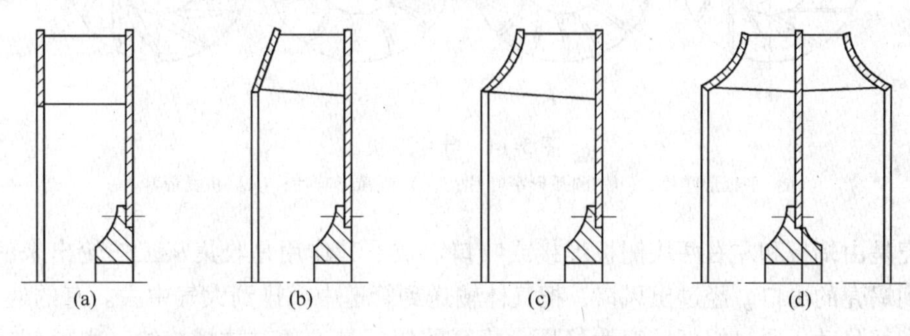

图 5-12 工作轮的结构形式

（a）平前盘叶轮；（b）锥形前盘叶轮；（c）弧形前盘叶轮；（d）双吸叶轮

双侧进气的离心通风机工作轮，是两侧各有一个相同的前盘，工作轮中间有一个通用的中盘，中盘铆在轴盘上。

工作轮上的主要部件是叶片。离心通风机工作轮的叶片，一般为 6 ~ 64 个。叶片出口安装角和叶片形状的不同，工作轮的结构形式也不同。

根据叶片出口角的不同，离心通风机的工作轮可分为如图 5-13 所示的前向工作轮、径向工作轮和后向工作轮三种。叶片出口角 β 大于 90°的为前向叶片；等于 90°的为径向叶片；小于 90°的为后向叶片。

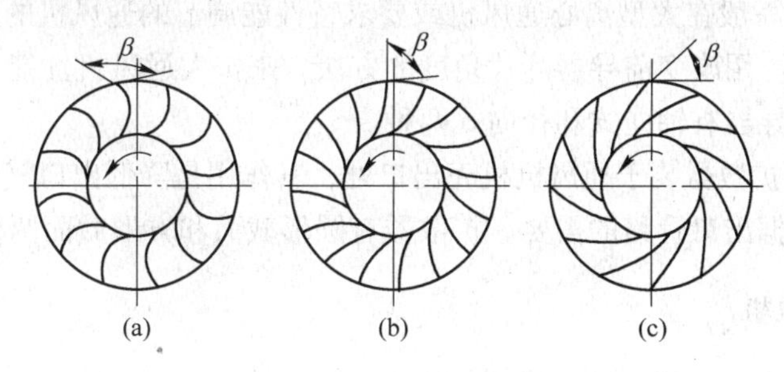

图 5-13 工作轮种类

（a）前向工作轮；（b）径向工作轮；（c）后向工作轮

离心通风机叶片有如图 5-14 所示的平板形、圆弧形和中空机翼形等几种形状。平板形叶片制造简单。中空机翼形叶片具有优良的空气动力特性，叶片强度高，通风机的气动效率一般较高。如果在中空机翼形叶片的内部加上补强筋，可以提高叶片的强度和刚度，但工艺性比较复杂。中空机翼形叶片磨漏后，杂质易进入叶片内部，使工作轮失去平衡而产生振动。

目前，前向工作轮一般都采用圆弧形叶片。在后向工作轮中，对于大型通风机多采用机翼形叶片。而对于中、小型通风机，则以采用圆弧形和平板形叶片为宜。

（2）机壳。离心通风机的机壳由蜗壳、进风口和风舌等零部件组成。

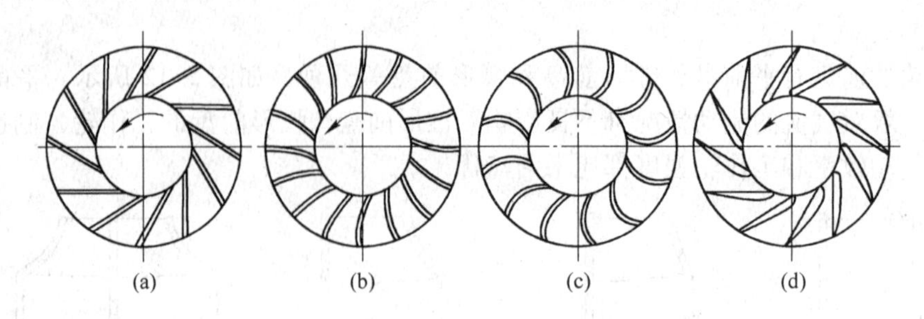

图 5-14　叶片形状

(a) 平板形叶片；(b) 圆弧形窄叶片；(c) 圆弧形叶片；(d) 机翼形叶片

蜗壳是由蜗板和左右两块侧板焊接或咬口而成。其作用是收集从工作轮出来的气体，并引导到蜗壳的出口，经过出风口，把气体输送到管道中或排到大气中去。有的通风机将气体的一部分动压通过蜗壳转变为静压。蜗壳的蜗板是一条对数螺旋线。为了制造方便，一般将蜗壳设计制成等宽矩形断面。

进风口又称集风器，它保证气流能均匀地充满工作轮的进口，使气流流动损失最小。离心通风机的进风口有筒形、锥形、筒锥形、筒弧形、弧形、弧锥形、弧筒形等多种。

(3) 进气箱。进气箱一般只使用在大型的或双吸的离心通风机上。其主要作用是使轴承装于通风机的机壳外边，便于安装与检修，对改善风机的轴承工作条件更为有利。对进风口直接装有弯管的通风机，在进风口前装上进气箱，能减少因气流不均匀进入工作轮产生的流动损失。一般，断面逐渐有些收敛的进气箱的效果较好。

(4) 前导器。一般在大型离心通风机或要求特性能调节的通风机的进风口或进风口的流道内装置前导器。用改变前导器叶片角度的方法，来扩大通风机性能、使用范围和提高调节的经济性。前导器有轴向式和径向式两种。

(5) 扩散器。扩散器装于通风机机壳出口处，其作用是降低出口气流速度，使部分动压转变为静压。根据出口管路的需要，扩散器有圆形截面和方形截面两种。

5.2.2　轴流式通风机

矿用大型轴流式通风机的结构组成如图 5-15 所示，中小型轴流式通风机的结构如图 5-16 所示。

(1) 工作轮。工作轮由若干扭曲的机翼型叶片和轮毂组成。工作轮的翼形叶片是传递能量的重要部件，它的形状直接关系通风机的送气压力、工作效率和能耗大小。叶型种类很多，常用的有 RAF-6E 叶型、CLARKY 叶型、LS 叶型、葛廷根叶型、圆弧板叶型。

(2) 集流器。通风机集流器的作用是使气流在其中得到加速，在压力损失很小的情况下保证进气速度场均匀。集流器对通风机性能的影响很大，与无集流器的风机相比，设计良好的集流器可使风机效率提高 10%~15%。集流器工作面的形状一般为圆弧形。

(3) 整流罩和整流体。为使进气条件更为完善，降低风机的噪声，在工作轮或进口导叶前必须装置与集流器相适应的整流罩，以构成通风机进口气流通道，如图 5-17 所示。

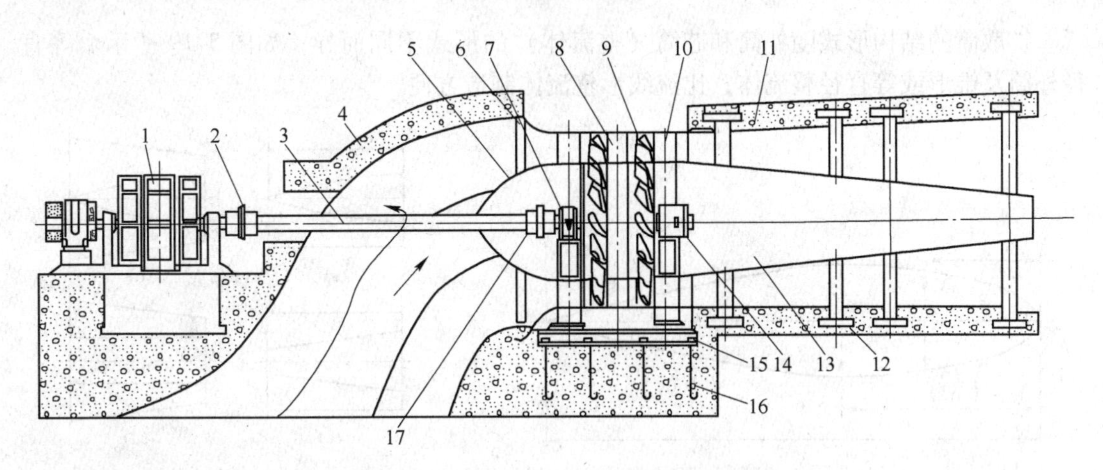

图5-15　矿用大型轴流式通风机的结构

1—电动机；2，17—联轴器；3—传动轴；4—集流室；5—流线罩；6—集流器；7，14—轴承座；8—中间整流器；9—工作轮；10—后整流器；11—扩散器；12—支座；13—导流器；15—机架；16—地脚螺栓

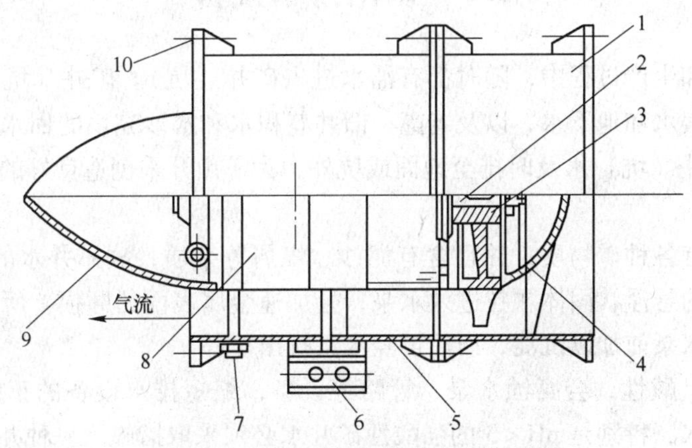

图5-16　中小型轴流式通风机的结构

1—前壳体；2—电动机轴；3—工作轮；4—流线罩；5—后壳体；6—支架；7—连接螺栓；8—电动机；9—导流器；10—法兰

试验表明，设计良好的整流罩可使风机流量提高10%左右。

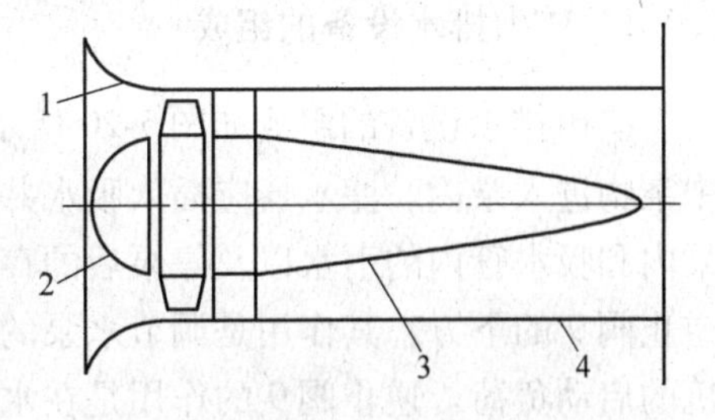

图5-17　通风机进口气流通道装置

1—集流器；2—整流罩；3—整流体；4—扩散筒

整流罩的形状可设计成半圆形或半椭圆形，也可与尾部整流体一起设计成流线形状，如图5-17、图5-18所示。其最大直径距前端的距离为0.4l。在设计中，可将风机轮毂直径作为此流线形体的最大直径，取0.4l的头部作为集流器，取其余0.6l长的尾部作为扩散筒的整流体。

（4）扩散筒。轴流通风机在设置后导叶以后，其出口动压仍然很大，占全压的30%以上。因此必须在其后面安装扩散筒，以进一步提高风机的静压效率。目前，一般装有扩散筒的轴流通风机的最高静压效率已达82%~85%。

扩散筒的结构形式随外筒和芯筒（整流体）的形式不同而异，如图5-19所示。等直径外筒及锥形或等直径整流体，比流线形整流体制造方便。

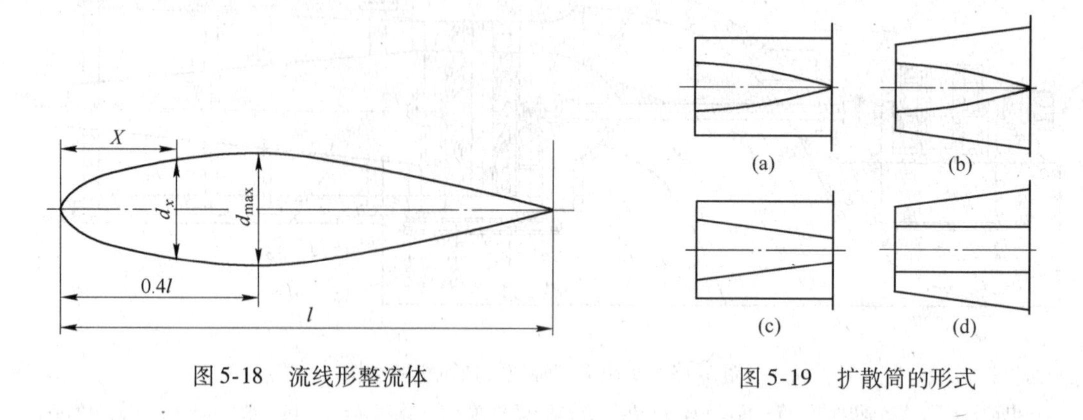

图5-18　流线形整流体　　图5-19　扩散筒的形式

5.3　矿山排水设备

在矿山建设和生产过程中，随时都有涌水进入矿井（坑）。矿井（坑）涌水主要来源于大气降水、地表水和地下水，以及老窿、旧井巷积水和水沙充填的回水。矿山排水设备的任务就是将矿井（坑）水及时排至地面或坑外，为矿山开采创造良好的条件，确保矿山安全生产。

矿井水中含有各种矿物质，并且含有泥沙、煤屑等杂质，故矿井水的密度比清水大。若矿井水中含有的悬浮状固体颗粒进入水泵，会加速金属表面的磨损，所以矿井水中的悬浮颗粒应在进入水泵前加以沉淀，而后再经水泵排出矿井。

有的矿井水呈酸性，会腐蚀水泵、管路等设备，缩短排水设备的正常使用年限，因此，对酸性矿井水，特别是 $pH<3$ 的强酸性矿井水必须采取措施。一种办法是在排水前用石灰等碱性物质对水进行中和，减弱其酸度后再排出地面；另一种办法是采用耐酸泵排水，对管路进行耐酸防护处理。

5.3.1　矿山排水设备的组成

矿山排水设备的组成如图5-20所示。滤水器5装在吸水管4的末端，其作用是防止水中杂物进入泵内。滤水器应插入吸水井水面0.5m以下。滤水器中的底阀6用以防止灌入泵内和吸水管内的引水以及停泵后的存水漏入井中。调节闸阀8安装在排水管7上，位于逆止阀9的下方，其作用是调节水泵的流量和在关闭闸阀的情况下启动水泵，以减小电动机的启动负荷。逆止阀9的作用是在水泵突然停止运转（如突然停电）时，或者在未关闭调节闸阀8的情况下停泵时，自动关闭，切断水流，使水泵不至于受到水力冲击而遭损坏。漏斗11的作用是在水泵启动前向泵内灌水，此时，水泵内的空气经放气栓16放出。水泵再次启动时，可通过旁通管10向水泵内灌水。在检修水泵和排水管路时，应将放水管12上的放水闸阀13打开，通过放水管12将排水管路中的水放回吸水井。压力表15和真空表14的作用是检测排水管中的压力和吸水管中的真空度。

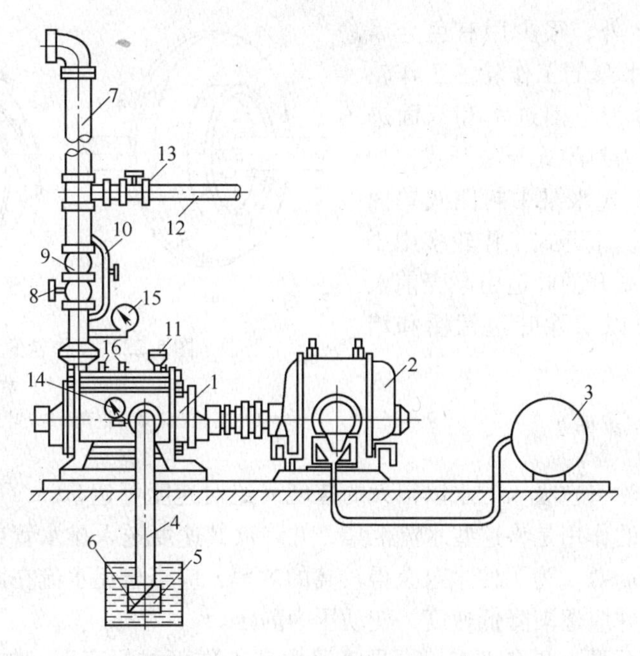

图 5-20 矿井排水设备的组成

1—离心式水泵；2—电动机；3—启动设备；4—吸水管；5—滤水器；6—底阀；7—排水管；8—调节闸阀；9—逆止阀；10—旁通管；11—漏斗；12—放水管；13—放水闸阀；14—真空表；15—压力表；16—放气栓

5.3.2 离心式水泵

矿山排水多使用离心式水泵。离心式水泵的结构与离心式通风机相似，主要部件是工作轮（亦称叶轮）、叶片、轴、螺旋形泵壳等，如图 5-21 所示。

水泵启动前，先由注水漏斗向泵内注水，然后启动水泵，工作轮随轴旋转，工作轮中的水也被叶片带动旋转。这时，水在离心力的作用下以很高的速度和压力从工作轮边缘向四周甩出去，并由泵壳导流，流向压水口并流出。此时，在工作轮入口造成一定的真空，吸水井中的水在大气压力作用下，经吸水管进入工作轮。工作轮不断旋转，使排水不间断地进行。

由此可见，离心泵主要是靠工作轮在水中旋转，工作轮中叶片与水相互作用把能量传递给水，并使其增加能量。

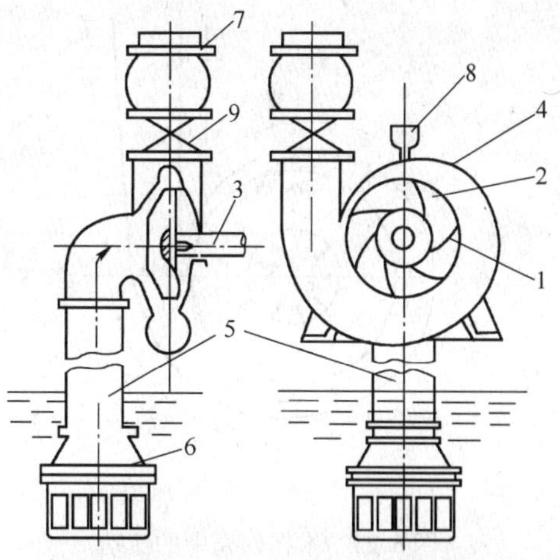

图 5-21 离心式水泵的结构

1—工作轮；2—叶片；3—轴；4—外壳；5—吸水管；6—滤水器底阀；7—排水管；8—漏斗；9—闸阀

5.3.2.1 工作轮

为了节省有色金属，我国多数离心式水泵的工作轮用铸铁制成。除特殊情况（如排送腐蚀性很强的水）外，很少用有色金属（如铜等）来制造水泵的工作轮。工作轮按吸水口数目可分为单面进水和双面进水；按构造又可分为封闭式与敞开式，如图5-22所示。离心式水泵中封闭式单面进水的工作轮较多。敞开式工作轮多用于污水泵或砂泵，其敞开的叶道由泵壳前盖遮住，前盖可拆开以清除叶道污垢和堵塞物。

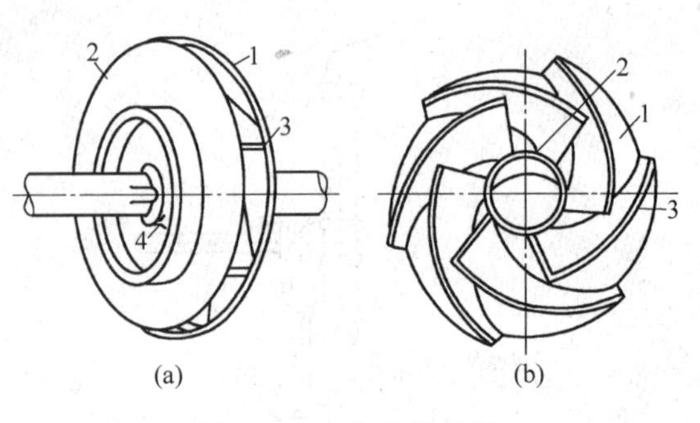

图5-22　工作轮的结构
（a）封闭式；（b）敞开式
1—后轮盘；2—轮壳；3—叶片；4—轮毂

5.3.2.2　导流部件

旋转着的工作轮将它吸入的水以很大的速度（绝对速度可达50m/s）向四周排出。固定不动的流通部分的作用是将这些水流汇集，并降低其速度送入排水管或下一个工作轮中（速度降低为1～5m/s）。为了使水泵获得较高的效率，应当避免水流在固定的流通部分中发生冲击、涡流，并应逐渐降低速度，变动压为静压。

一般单级离心泵泵壳和多级离心泵导流段内部工作面如蜗壳形，如图5-23所示，这种结构导流性好，阻力较小。它可使由工作轮出来的水流进入螺道时速度降低，而螺道断面逐渐扩大以汇集全部水流，最后水经扩散器（接管部分）再次降低速度后排出。

对于多级离心式水泵，导流器和回流道依次把水引入下一个工作轮，最后由螺壳经扩散器进入排水管道，过程如图5-24所示。

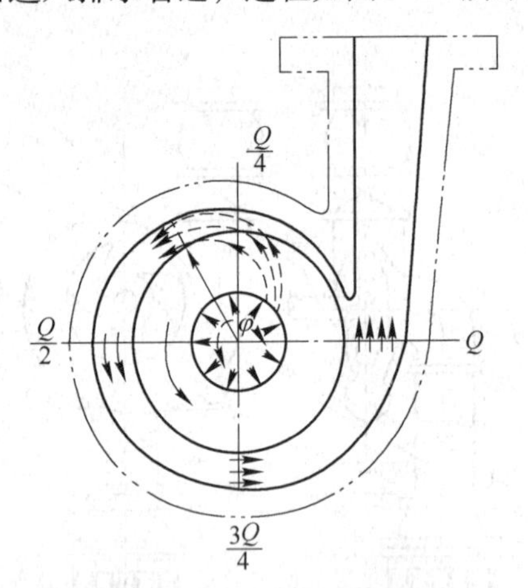

图5-23　水在螺壳中的流动

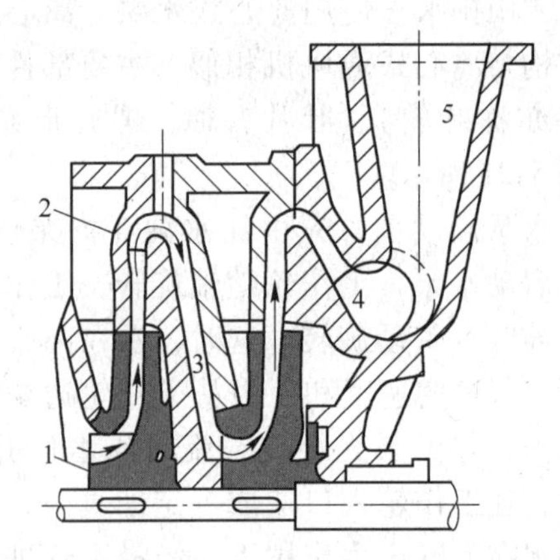

图5-24　水在带导流器的分段离心式水泵中的流动
1—工作轮；2—导流器；3—回流道；
4—螺道；5—扩散器

水泵的导流器也称导水轮，装于工作轮外围，上面具有扩散形的流道，与由工作轮出来的水流方向相符合，如图5-23所示。导流器通常用于分段离心式水泵，图5-24所示为水在带导流器的分段离心式水泵中的流动情况。由工作轮1排出来的水进入导流器2，在此减速后导入回流道，引入下一个工作轮。最后一个工作轮排出的水经过导流器引入螺道

4，汇集后流入扩散器5，再次降低速度送入排水管道中。

分段式水泵中间各段的构造相同，段数可以增减以改变水泵的压头。分段式水泵比多级螺壳式水泵结构紧凑，占地小。但多级螺壳式水泵在使用过程中拆装非常方便。水泵的泵壳用铸铁或铸铜铸成。

5.3.2.3 主轴与轴承

离心式水泵的主轴由碳素钢锻制或机制而成（对于酸性水则选用不锈钢）。水泵的工作轮通常用键固定于轴上，轴的两端安装滚动轴承。

水泵可用滚动轴承或滑动轴承。滑动轴承允许带平衡盘的水泵转子做轴向移动。现代水泵制造中多采用滚动轴承，带平衡盘的水泵亦用之。轴承装于特设的套中。

此外，深井泵的中间支持轴承可采用橡胶或塑料轴承，以水作润滑剂。

5.3.2.4 密封构件

（1）密封环。水泵的密封环装设在工作轮入口处泵壳上，防止压力水由泵壳与工作轮之间的间隙返回入口。密封环的好坏不仅关系水泵的流量，而且对效率也有很大的影响。密封环构造样式繁多，最常见的密封环如图5-25（a）所示。密封环K固定在泵壳上，它与工作轮颈之间需要有一定的径向间隙和一定的间隙长度。图5-25（b）中K为水泵的密封环，此环活动地装在泵壳上。当水泵工作时密封环借水的压力紧贴于壳壁上。因此环与壁的径向间隙可以做得相当大（1.5～2mm）。这种环和固定的密封环相比，允许水泵的轴有较大的挠度。比环与工作轮颈之间的径向间隙却做得很小，因此不需要很长的间隙长度即能满足要求。

（2）填料箱。在水泵的轴伸出泵壳处设置有填料箱作为密封，水泵排水端的填料箱用来防止压力水漏出，而吸水一端则防止空气透入。填料箱如图5-26所示，在箱（泵壳的一部分）内塞填料2（石棉线或浸过油的棉线或麻），左有插套4，右有压盖1，当拧紧压盖上的螺钉时，压盖填料挤紧抱于轴5或轴套6（保护轴用）上，即达到密封的目的。

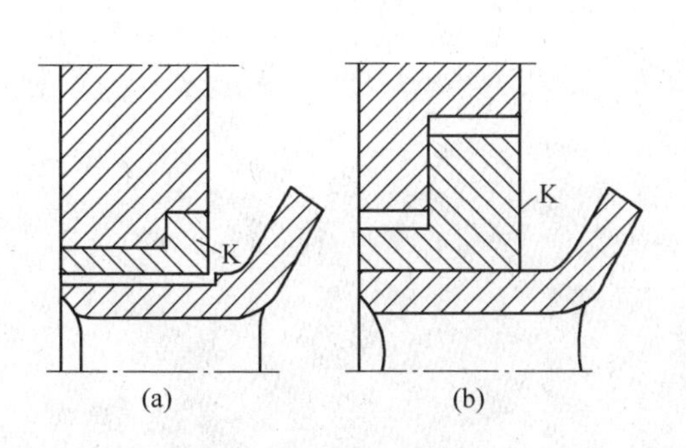

图5-25 密封环的装设

（a）固定安装密封环；（b）活动安装密封环

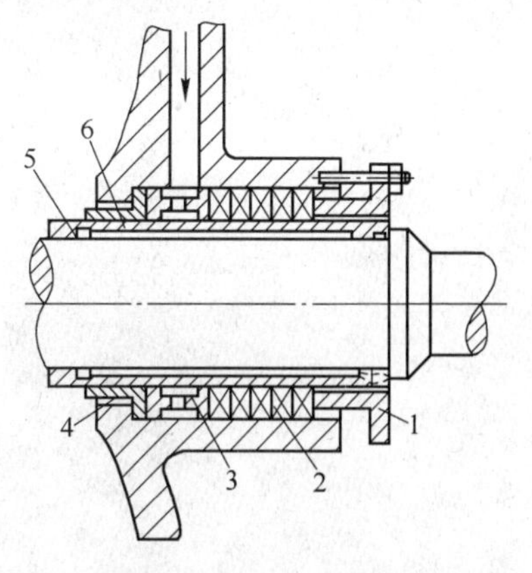

图5-26 水泵的填料箱

1—压盖；2—填料；3—水封环；
4—插套；5—水泵轴；6—轴套

水泵吸水一端的填料箱中有水封环3，由水泵中引入压力水，以阻止空气透入并润滑填料。对于排送污水和泥浆的水泵，则两端的填料箱均应具有水封环，并用高于该水泵压力的清水注入其中。水泵在运转中填料箱应当有少量水滴出才为正常。

复习思考题

5-1　简述回转式空气压缩机的优缺点。

5-2　简述离心式空气压缩机的工作原理。

5-3　矿用通风机按用途如何分类?

5-4　简述离心式通风机工作轮的类型。

5-5　简述离心式水泵的工作原理。

6 露天凿岩机械

【学习要求】

(1) 了解潜孔钻机的分类、适用范围和工作原理。

(2) 熟知露天潜孔钻机的组成机构。

(3) 掌握露天潜孔钻机的选型。

(4) 了解牙轮钻头及其凿岩原理。

(5) 熟知露天牙轮钻机的结构和工作原理。

(6) 掌握露天牙轮钻机的性能参数。

(7) 能够完成露天牙轮钻机的选型。

6.1 潜孔钻机

潜孔凿岩的实质，是在凿岩过程中，使冲击器潜入孔内直接冲击钻头，而回转机械在孔外带动钻杆旋转，向矿岩进行钻进。冲击机构在孔内，减小了由于钎杆传递冲击功所造成的能量损失，从而减小了孔深对凿岩效率的影响。潜孔钻机的工作方式属于风动冲击式凿岩。

潜孔钻机具有结构简单，重量轻，价格低，机动灵活，使用和行走方便，制造和维护较容易，钻孔倾角可调等优点。其冲击力直接作用于钎头，冲击能量不因在钎杆中传递而损失，故凿岩速度受孔深的影响小。以高压气体排出孔底的岩渣，很少有重复破碎现象。潜孔钻机钻出的孔，孔壁光滑，孔径上下相等，一般不会出现弯孔；钻孔工作面的噪声比较低。

潜孔钻机除钻凿露天矿主爆破孔外，还用于钻凿矿山的预裂孔、锚索孔、边坡处理孔及地下水疏干孔，也可钻凿通风孔、充填孔、管缆孔等。

6.1.1 潜孔钻机的分类

按使用地点，潜孔钻机分为露天潜孔钻机和地下潜孔钻机。

按有无行走机构，潜孔钻机分为自行式和非自行式两类。其中自行式又分为轮胎式和履带式；非自行式又分为支柱（架）式和简易式钻机。

按使用气压，潜孔钻机分为普通气压潜孔钻机（0.5～0.7MPa）、中气压潜孔钻机（1.0～1.4MPa）和高气压潜孔钻机（1.7～2.5MPa），有的将中、高气压统称为高气压潜孔钻机。

按钻机钻孔直径及重量，潜孔钻机分为轻型潜孔钻机（孔径80～100mm以下，整机重量3～5t以下）、中型潜孔钻机（孔径130～180mm，整机重量10～15t）、重型潜孔钻机

（孔径 180～250mm，整机重量 28～30t）和特重型潜孔钻机（孔径大于 250mm，整机重量不低于 40t）。

按驱动动力，潜孔钻机分为电动式和柴油机式。电动式维修简单，运行成本低，适用于有电网的矿山；柴油机式移动方便，机动灵活，用于没有电源的作业点。

按结构形式，潜孔钻机分为分体式和一体式。分体式结构简单，轻便，但需另配置空压机。一体式移动方便，压力损失小，钻机钻孔效率高。

国产潜孔钻机型号标识见表 6-1。

表 6-1　国产潜孔钻机型号标识

类型	组别		型别	特性代号	产品名称及特征代码	主参数	
						名称	单位或单位符号
钻（孔）机：K	潜孔钻机：Q	气动、半液压	履带式：L	低气压	履带式潜孔钻机：KQL	钻孔直径	mm
				中气压：Z	履带式中压潜孔钻机：KQLZ		
				高气压：G	履带式高压潜孔钻机：KQLG		
			轮胎式：T	低气压	轮胎式潜孔钻机：KQT		
				中气压：Z	轮胎式潜孔钻机：KQTZ		
				高气压：G	轮胎式潜孔钻机：KQTG		
			柱架式：J	低气压	柱架式潜孔钻机：KQJ		
				中气压：Z	柱架式潜孔钻机：KQJZ		
				高气压：G	柱架式潜孔钻机：KQJG		
		液压：Y	履带式：L	—	履带式液压潜孔钻机：KQYL		
			轮胎式：T	—	轮胎式液压潜孔钻机：KQLT		
		电动：D	—	—	电动潜孔钻机：KQD		
冲击器：QC	气动		—	低气压	潜孔冲击器：QC	凿孔直径	mm
				中气压：Z	中压潜孔冲击器：QCZ		
				高气压：G	高压潜孔冲击器：QCG		
	液压：Y		—	—	液压潜孔冲击器：QCY		

6.1.2　潜孔凿岩钻具

6.1.2.1　钻头与钻杆

A　钻头

按钻头上所镶硬质合金片齿形状的不同，钻头分为刃片型、柱齿型、刃柱混装型及分体型。

（1）刃片型潜孔钻头。这是一种镶焊硬质合金片的钻头，这种钻头的主要缺陷是不能根据磨蚀载荷合理地分派硬质合金量，因而钻刃距钻头回转中心愈远时，承载负荷愈大，磨钝和磨损也愈快。钻刃磨损20%以上时，容易卡钻，穿孔速度明显下降。这种钻头只适合小直径潜孔凿岩作业。

(2) 柱齿型（整体形）潜孔钻头。它与刃片型钻头相比，主要特点是：柱齿型潜孔钻头在钻孔过程中钝化周期很长，并使钻头的钻进速度趋于稳定；柱齿型潜孔钻头便于根据受力状态合理布置合金柱齿，并且不受钻头直径限制；柱齿损坏20%时柱齿型潜孔钻头仍可继续工作，而刃片型钻头在崩角后便不能使用；而且柱齿型钻头嵌装工艺简单，一般用冷压法嵌装即可。

(3) 刃柱混装型（整体形）潜孔钻头。这是一种边刃与中齿混装的复合型潜孔钻头。钻头的周边嵌焊刃片，中心凹陷处嵌装柱齿。这是根据钻头中心破碎岩石体积小，而周边破碎岩石体积大的特点设计的。混装钻头能较好地解决钻头径向快速磨损的问题，使用寿命较长。这种钻头边刃钝化后需要重复修磨。

(4) 分体型潜孔钻头。分体型潜孔钻头能更换易损合金片齿部位，所以经济上的优势更明显。它有两种形式：一种是钻头头部和尾部分装型；另一种是可换钻头工作面与合金柱型。前者结构简单，后者结构复杂。

B 钻杆

钻杆又称钻管，其作用是把冲击器和钻头送至孔底，传递扭矩和轴推（压）力，并通过钻杆中心孔向冲击器输送压气。

钻杆在钻孔中承受冲击、扭矩及轴压力等复杂载荷的作用，且其外壁和岩渣有强烈摩擦和磨蚀，工作条件十分恶劣。因此要求钻杆有足够的强度、刚度和冲击韧性。钻杆一般采用厚壁无缝钢管和两端螺纹接头焊接构成。

钻杆直径的大小，应满足排渣的要求。由于供风量是一定的，排出岩渣的回风速度就取决于孔壁与钻杆之间环形断面积的大小。对于一定直径的钻孔，钻杆外径越大，回风速度就越大，一般要求回风速度为25～30m/s。

露天潜孔钻机用的钻杆一般有两根，即主钻杆和副钻杆，二者结构尺寸完全一样。它们之间是用方形螺纹直接连接。一般都采用中空厚壁无缝钢管制成，每根各长9m左右。

KQ-250型潜孔钻机采用高钻架。用一根长钻杆钻凿18m深的炮孔，从而省去了接卸钻杆的辅助时间。钻机结构简单，钻进效率高。

6.1.2.2 潜孔凿岩冲击器

潜孔冲击器规格型号较多，分类方法各异。一般按配气形式、排粉方式、活塞结构、驱动介质等进行分类，见表6-2。

表6-2 潜孔冲击器的分类与特点

<table>
<tr><th colspan="3">分类方法</th><th>主要特点</th></tr>
<tr><td rowspan="3">按配气形式分</td><td rowspan="3">有阀型</td><td>片状阀</td><td>在有阀型中，结构最简单，动作灵敏，但加工精度要求较高，耗气量较大</td></tr>
<tr><td>蝶形阀</td><td>结构简单，动作灵敏，要有较高的制造精度，耗气量较大</td></tr>
<tr><td>筒状阀</td><td>最大优点是寿命长，但结构复杂，很少采用</td></tr>
</table>

续表 6-2

分类方法			主要特点
按配气形式分	无阀型	中心杆配气，活塞配气，活塞与缸体联合配气	结构更简单，工作更可靠，耗气量小；由于进气时间受限制，冲击能较小，故需工作气压在 0.63MPa 以上，活塞结构较复杂
按吹粉排渣方式分	旁侧排气吹粉		结构较简单，零件数目少；但对钻头冷却不好，且压气不能直接进入孔底，排渣效果较差；进排气路较多，压力损失较大；内缸工艺性较差
	中心排气吹粉		结构较复杂，配合面较多，要求较高的加工精度，但它基本消除了旁侧排气存在的缺点
按活塞结构分	同径活塞		结构最简单，仅老式 C-100 冲击器使用
	异径活塞		结构比串联活塞简单，使用广泛
	串联活塞		活塞的有效工作面积加大，相应提高了冲击能和冲击效率，但结构复杂，要求加工精度与装配工艺都高
按驱动介质分	压气驱动（俗称风动）	低气压型（一般 0.5～0.7MPa）	过去普遍采用
		高气压型（一般 1.05MPa 以上）	钻速快、成本低，但需配高气压空压机或采用增压机
	高压水驱动		兼有气动潜孔冲击器无接杆处能量损失、炮孔精度好与液压凿岩机节能高效的优点，但对材质、密封等问题应很好解决，目前仅瑞典基律纳铁矿生产中使用 Wassara 水压潜孔冲击器

J-200B 型有阀中心排气潜孔冲击器结构如图 6-1 所示。冲击器工作时，压气由接头 2 经止逆塞 19 进入缸体后分为两路：一路是直通排粉气路，压气经阀座 8、活塞 9 的中心孔道和钻头 22 的中心孔进入孔底，直接用于孔底排粉；另一路是气缸工作配气气路，压气进入具有板状阀的配气机构，并借带有配气杆的阀座 8 配气，实现活塞周期性往复运动，撞击钻头。冲击器进口处的止逆塞 19 可以在停气、停机时，使部分压气阻留在冲击器缸体内部，防止炮孔中的含尘水流进冲击器内部，以避免重新开动时损坏机内零件。可更换的节流塞 5 安设在阀座 8 内，以便根据矿岩密度不同和管路气压的高低更换此节流塞，用适当直径的节流孔来调节耗气量的压气压力，以保证有足够的回风速度，使孔底排渣干净。

W200J 无阀中心排气潜孔冲击器结构如图 6-2 所示。它利用活塞和气缸壁实现配气。由中空钻杆来的压气经接头 1、止逆塞 15 进入配气座 5 的后腔，然后分为两路运行：一路经配气座 5 的中心孔道和喷嘴 18 进入活塞 6 和钻头 20 的中心孔道至孔底，冷却钻头和排除岩粉；另一路进入外缸 7 和内缸 8 之间的环形腔，当压气经内缸上的径向孔和活塞 6 上的气槽引入内缸的前腔时，活塞开始向左做回程运动（图示位置），当活塞左移关闭其径向孔时，活塞靠气体膨胀继续运行，而当前腔与排气孔路相通时，活塞靠惯性运行，直至停止，而后又向右做冲程运动，直至撞击钻头。

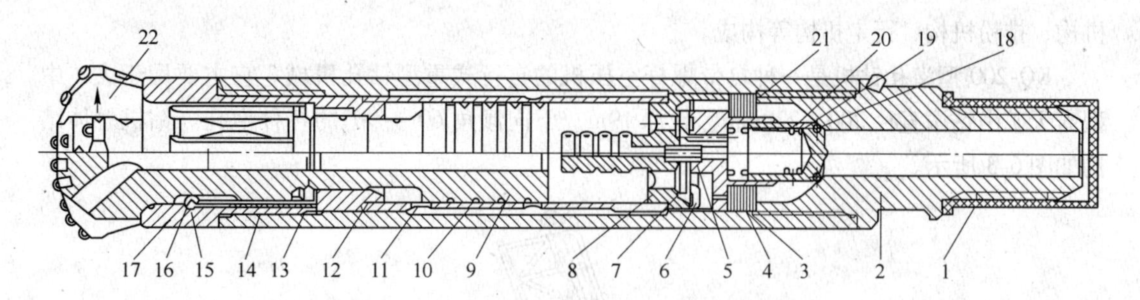

图 6-1 J-200B 型有阀中心排气潜孔冲击器

1—螺纹保护套；2—接头；3—调整圈；4—蝶形弹簧；5—节流塞；6—阀盖；7—阀片；8—阀座；
9—活塞；10—外缸；11—内缸；12—衬套；13—柱销；14，20—弹簧；15—卡钎套：16—钢丝；
17—圆键；18—密封圈；19—止逆塞；21—磨损片；22—钻头

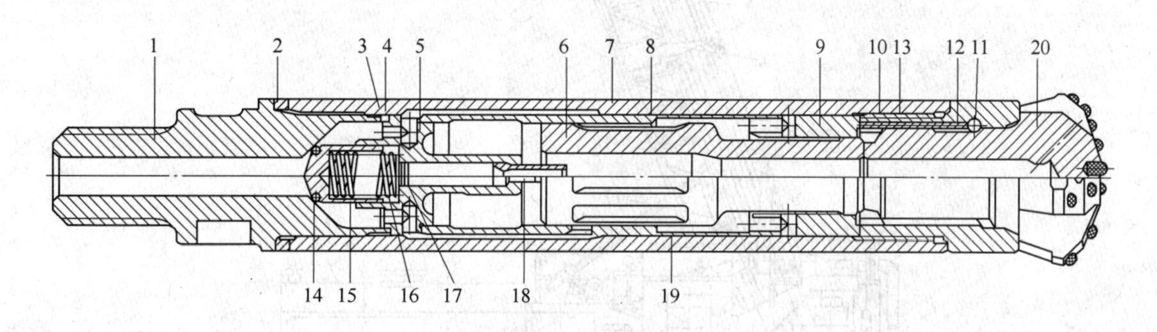

图 6-2 W200J 型无阀中心排气潜孔冲击器

1—接头；2—钢垫圈；3—调整圈；4—胶垫；5—配气座；6—活塞；7—外缸；8—内缸；
9—衬套；10—卡钎套；11—圆键；12—柱销；13，16—弹簧；14—密封圈；
15—止逆塞；17—弹性挡圈；18—喷嘴；19—隔套；20—钻头

国内主要采用气动潜孔冲击器，且以中心排气吹粉为主。高气压潜孔冲击器的优点是凿岩速度快、成本低。我国 CGWZ165 型（仿美 DHD360）和 JG100 型（仿美 DHD340）均为高气压型潜孔冲击器，前者使用气压为（10.5～15）$\times 10^5$Pa，后者使用气压为 1.05～1.76MPa。目前国内低气压潜孔冲击器及潜孔钻头的使用寿命偏低。据某矿山报表统计资料（含非正常消耗），以钻凿岩石硬度 $f=10\sim14$ 为例，ϕ100mm 规格的冲击器寿命大约为 2500m（延米）炮孔，配套的 ϕ110mm 潜孔钻头寿命大约为 200m（延米）炮孔。

6.1.3 KQ 系列潜孔钻机

潜孔钻机的特点是主机置于孔外，只担负钻具的进退和回转，产生冲击动作的冲击器紧随钻头潜入孔底。其也因此得名潜孔钻机。

6.1.3.1 钻机的结构

潜孔钻机型号很多，其具体结构也有所不同，但就总体结构而言，都必须设置冲击、回转、推进、排渣除尘、行走这几大部分，即潜孔钻机主要由冲击机构、回转供风机构、推进机构、排粉机构、行走机构等构成。

KQ-200 型潜孔钻机是一种自带螺杆空压机的自行式重型钻孔机械。它主要用于大、中型露天矿山钻凿直径 200 ~ 220mm、孔深 19m、下向倾角 60° ~ 90°的各种炮孔。钻机总体结构如图 6-3 所示。

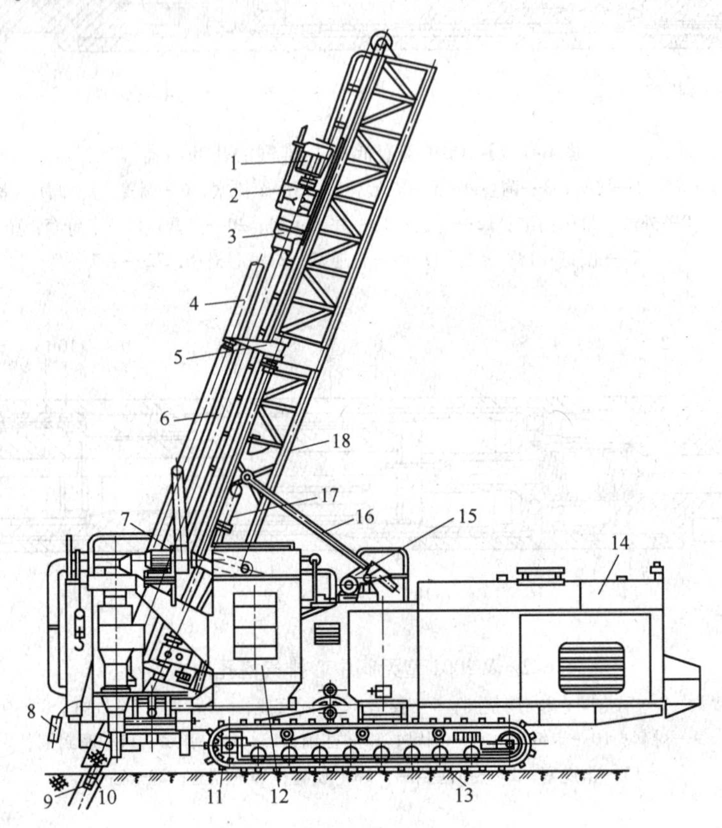

图 6-3 KQ-200 潜孔钻机结构

1—回转电动机；2—回转减速器；3—供风回转器；4—副钻杆；5—送杆器；6—主钻杆；7—离心通风机；8—手动按钮；9—钻头；10—冲击器；11—行走驱动轮；12—干式除尘器；13—履带；14—机械间；15—钻架起落机构；16—齿条；17—调压装置；18—钻架

钻具由钻杆 6、球齿钻头 9 及 J-200B 冲击器 10 组成。钻孔时，用两根钻杆接杆钻进。回转供风机构由回转电动机 1、回转减速器 2 及供风回转器 3 组成。回转电动机为多速的 JDO2-71-8/6/4 型。回转减速器为三级圆柱齿轮封闭式的异形构件，它用螺旋注油器自动润滑。供风回转器由连接体、密封件、中空主轴及钻杆接头等部分组成，其上设有供接卸钻杆使用的风动卡爪。

提升调压机构是由提升电动机借助提升减速器、提升链条而使回转机构及钻具实现升降动作的。在封闭链条系统中，装有调压缸及动滑轮组。正常工作时，由调压缸的活塞杆推动动滑轮组使钻具实现减压钻进。

送杆机构由送杆器 5、托杆器、卡杆器及定心环等部分组成。送杆器通过送杆电动机、蜗轮减速器带动轴转动。固定在传动轴上的上下转臂拖动钻杆完成送入及摆出动作。托杆器是接卸杆时的支承装置，用它托住钻杆并使其保证对中。卡杆器是接卸钻杆时的卡紧装置，用它卡住一根钻杆而接卸另一根钻杆。定心环对钻杆起导向和扶持作用，以防止炮孔和钻杆歪斜。

钻架起落机构15由起落电动机、减速装置及齿条16等部件组成。在起落钻架时，起落电动机通过减速装置使齿条沿着鞍形轴承伸缩，从而使钻架抬起或落下。在钻架起落终了时，由于电磁制动及蜗轮副的自锁作用，钻杆稳定地固定在任意位置上。

6.1.3.2 KQ系列露天潜孔钻机的基本参数

JB/T 9023.1—1999规定了KQ系列潜孔钻的基本参数，见表6-3。钻机工作压力在0.63MPa时的台班进尺应符合表6-4的规定。钻机到第一次大修前的运转时间应符合表6-5的规定。

表6-3 KQ潜孔钻机的基本参数

基本参数	KQ-80	KQ-100	KQ-120	KQ-150	KQ-170	KQ-200	KQ-250
钻孔直径/mm	80	100	120	150	170	200	250
钻孔深度/m	25	25	20	17.5	18	19.3	18
钻孔方向/(°)	60，75，90						
爬坡能力/(°)	≥14						
冲击器的冲击功/N·m	≥75	≥90	≥130	≥260	≥280	≥400	≥600
冲击器冲击次数/次·min^{-1}	≥750	≥750	≥750	≥750	≥850	≥850	≥850
机重/kg	≤4000	≤6000	≤10000	≤16000	≤28000	≤40000	≤55000

表6-4 0.63MPa时台班进尺

岩石硬度系数f	6~10	10~14	14~18
平均台班进尺/m·(台·班)$^{-1}$	≥45	≥27	≥9

表6-5 第一次大修前的运转时间要求

产品型号	KQ-80	KQ-100	KQ-120	KQ-150	KQ-170	KQ-200	KQ-250
运转时间/h	≥3500	≥4000	≥4500	≥5000	≥6000	≥8500	≥10000

6.1.4 KQG高风压潜孔钻机

6.1.4.1 KQG高风压潜孔钻机的结构

KQG-150型露天高效潜孔钻机是在借鉴国外同类设备的有益经验以及总结我国露天潜孔钻机研制经验的基础上，以KQ-150型钻机为基本机型改进而成的。

(1) 冲击器。该机配用英格索兰的DHD360型高风压潜孔冲击器，工作气压范围广，为0.60~2.46MPa，工作效率高，可用于各种岩石的钻孔。该冲击器工作时因冲击活塞是唯一的运动零件，故障少，维修方便。因其采用无阀配气机构，活塞运动行程中有一段行程是依靠压缩空气的膨胀而做功，从而降低了压缩空气的消耗量，在同等条件下，无阀冲击器仅为有阀冲击器耗气量的60%，节省能源。该冲击器及钻头从原材料到加工和热处理工艺均用

IR 公司的先进技术及质量管理办法，加之在钻进时通过强吹气加快了排渣速度，故钻进速度高。

（2）回转供气机构及钻杆。回转供气机构采用三速电动机驱动、齿轮减速和中心供气的结构方式。KQG-150 型高效潜孔钻机在回转供气机构的前接头处与钻杆之间设置了减振器，该减振器能有效延长回转供气机构及钻机的使用寿命。回转供气机构的前接头及主、副钻杆接头，均采用国际标准 API31/2″锥形螺纹。

（3）行走机构。行走结合部部件的履带板和支撑轮进行了重新设计。履带采用了油缸胀紧-弹簧缓冲结构，解决了履带脱轨掉链和跑牙等问题。前驱动轮轴承由原滑动轴承改为双列圆锥轴承，延长了其使用寿命。

（4）除尘装置。本机可采用湿式或干式除尘。湿式除尘采用电控计量水泵，水泵将压力水注入冲击供水管内，实现水雾湿式除尘。在凿岩过程中，可根据排粉情况随时调节水量，使除尘效果和用水量均控制在最佳状态。湿式除尘所用水箱，用双层钢板中间加温板焊接为封闭式箱体，其容积为 $1m^3$，可供 3 个台班的除尘用水（该水箱为无压力容器）。

干式除尘采用一般旋流二级袋式集尘的方式，95% 以上的岩渣和粉尘在一级旋流器中滤掉，未被分离的极细尘则进入二级袋式集尘箱中进一步过滤。布袋采用电磁阀控制的球式振荡器高频振动进行清灰。

（5）吊车装置及拆卸冲击器机构。在机架的前平台上设置了单梁吊车，可方便地装卸冲击器及其他机件，减轻了工人的劳动强度。

（6）电气系统及司机室。电气系统在 KQ-150 钻机基础上增设了行走与钻孔互锁的控制，可避免误操作时造成的不必要的故障；增设了自动化推进和防顶车装置，钻架上的位置检测信号开关，选用了弹性摆杆式行程开关，工作可靠；增设了防漏电配电箱，为满足各种操作设置了独立操作台，且司机室顶部有天窗，便于观察钻架上各运动件的动作。司机室具有隔声、隔热、防尘、减振和密封性好等优点，并设置了空调设备、电暖气、组合音响和双人沙发座椅等。

（7）空气压缩机。KQG-150 型露天高效潜孔钻机与国产 LGY20/12-23/20 型移动式压缩机匹配，该压缩机最大排气压力为 2.2MPa，排气量 $23m^3/min$。也可以采用 VHP700 型中压螺杆移动式压缩机，该压缩机排气压力 1.2MPa，排气量 $20\ m^3/min$。

6.1.4.2　KQG 高风压潜孔钻机基本参数

该系列钻机为电动回转、高风压潜孔凿岩、电动履带自行式。根据 JB/T 5499—1991，该系列钻机的基本参数应符合表 6-6 的规定。钻机在规定的风压范围内，台班进尺应达到表 6-7 中所列的数值要求。

表 6-6　KQG 系列潜孔钻机的基本参数

型　号	KQG-100	KQG-150
钻孔或钻具直径/mm	100	150
最大钻孔深度/m	40	17.5
钻孔方向	多方位①	（与水平面夹角）60°，75°，90°

续表 6-6

型　号	KQG-100	KQG-150
推进力/kN	9	10
一次推进行程/m	3	9
钻具回转速度/r·min^{-1}	38.6	20.7，29.2，42.9
行走速度/km·h^{-1}	≈1	≈1
爬坡能力/(°)	20	14
耗气量/m^3·min^{-1}	2.28～13.26	6.6～26.1
使用风压/MPa	1.05～2.5	1.05～2.5
机重/t	9	16

① KQG-100 钻机钻孔方向多方位系指该机有多方位性能，即：横向内倾角为 -5°～90°；横向外倾角为 30°～90°；纵向外倾角为 0°～90°。

表 6-7　在规定风压范围内钻机的台班进尺

岩石普氏硬度系数	8～12	>12～16	>16～18
平均台班进尺①/m·（台·班）$^{-1}$	≥60	≥50	≥18

① 每班按钻机开动 6h 计算。

6.1.5　潜孔钻机设备参数

潜孔钻机的工作参数主要有钻具的转速和转矩、冲击功、钻具施加于孔底的轴压力及排渣风量等。

（1）钻具转速。钻具转速的合理选择对减小机器振动、提高钻头使用寿命和加快钻进速度都有很大作用。转速的大小应能保证在相邻两次冲击之间破碎孔底岩石面积最大。破碎孔底岩石面积的大小主要取决于相邻两次冲击之间的夹角和钻头直径，另外还与岩石的物理机械性质、冲击功、冲击频率、轴压力、钻头的类型及布齿情况等有关。由于影响因素十分复杂，钻具的合理转速一般用以下经验公式确定：

$$n = \left(\frac{6500}{D}\right)^{0.78 \sim 0.95}$$

式中　n——钻具合理转速，r/min；

D——钻孔直径，mm。

（2）钻具转矩。钻具的转矩是用来克服钻头与孔底的摩擦阻力和剪切阻力、钻具与孔壁的摩擦阻力以及因炮孔不规则造成的各种阻力。为了有效地破碎孔底岩石，钻具必须具有足够的回转力矩。钻具转矩可按下列数理统计公式计算：

$$M = k_m \frac{D^2}{8.5}$$

式中　M——钻具转矩，N·m；

k_m——力矩系数，0.8～1.2，一般取为 1。

（3）冲击功。若已知钻孔直径，可按下式计算冲击器所需的冲击功 A(J)：

$$A = 2.54 \times 10^{-2} D^{1.78}$$

如已知冲击器各部尺寸，实际冲击功可由下式确定：

$$A = 10apF\Delta S$$

式中　a——气缸特性系数，$a=0.65$；

p——气体压力，MPa；

F——活塞工作行程时压气作用面积，mm^2；

Δ——活塞行程损失系数，$\Delta=0.85\sim0.9$；

S——活塞结构行程，mm。

（4）轴压力。潜孔钻机钻孔时，轴压力过大不仅使钻机产生剧烈振动，还会加速硬质合金的磨损，甚至引起合金崩角或断裂，使钻头过早损坏；轴压力过小，钻头不能很好地与岩石接触，影响能量的有效传递，甚至使冲击器不能正常工作。潜孔钻机的合理轴压力可用下式确定：

$$P_H = (30 \sim 35)fD$$

式中　P_H——合理轴压力，N；

f——岩石坚固性系数；

D——炮孔直径，cm。

轴压力、钻具转矩、钻具转速的关系可以参考表6-8。

表6-8　潜孔钻机工作参数推荐值

钻孔直径/mm	转速/$r\cdot min^{-1}$	转矩/N·m	合理轴压力/kN
100	30~40	500~1000	4~6
150	15~25	1500~3000	6~10
200	10~20	3500~5500	10~14
250	8~15	6000~9000	14~18

（5）排渣风量。排渣风量的大小对钻孔速度和钻头的使用寿命影响很大。合理的排渣风量应保证在钻杆与孔壁间的环形空间内有足够大的回风速度，以便及时地将孔底岩渣排出孔外。该回风速度必须大于最大的颗粒岩渣在孔内空气中的悬浮速度（即临界沉降速度）。根据经验，回风速度大约为25.4m/s，最低不能小于15.3m/s。一般用下式计算岩渣的悬浮速度 v（m/s）：

$$v = 4.7\sqrt{\frac{b\rho}{1000}}$$

式中　b——岩渣的最大粒度，mm；

ρ——岩石密度，kg/m^3。

因此，合理的排渣风量可按下式计算：

$$Q = \frac{60\pi k(D^2 - d^2)v}{4\times10^6}$$

式中　Q——合理排渣风量，m^3/min；

k——漏风系数，1.1~1.5；

d——钻杆外径，mm。

6.1.6 潜孔钻机的选择

设备选型是根据设计和生产使用要求，在生产厂家已有的系列产品样本中，选择定型设备购进安装调试后投入运行，而不再重新设计制造新产品。潜孔钻机根据矿岩物理机械性质、采剥总量、开采工艺、要求的钻孔爆破参数、装载设备及矿山具体条件，并参考类似矿山应用经验进行选择。

矿岩中硬的中小矿山以及有特殊要求的矿山，如打边坡预裂孔、锚索孔、放水孔等选用潜孔钻机更合适。

设计中，比较简单的方法是按采剥总量与孔径的关系选择相应的钻机。

6.1.6.1 钻头的选择与使用

A 钻头的选择

在特定的岩石中凿岩，必须选择合适的钻头，才能取得较高的凿岩速度和较低的穿孔成本。

(1) 坚硬岩石凿岩比功较大，每个柱齿和钻头体都承受较大的载荷，要求钻头体和柱齿具有较高的强度，因此，钻头的排粉槽个数不宜太多，一般选双翼型钻头，排粉槽的尺寸也不宜过大，以免降低钻头体的强度。同时，钻头合金齿最好选择球齿，且球齿的外露高度不宜过大。

(2) 在可钻性比较好的软岩中钻进时，凿岩速度较快，相对排渣量较大，这就要求钻头具有较强的排渣能力，最好选择三翼型或四翼型钻头，排渣槽可以适当大一些、深一些，合金齿可选用弹齿或楔齿，齿高相对高一些。

(3) 在节理比较发育的破碎带中钻进时，为减少偏斜，最好选用导向性比较好的中间凹陷型或中间凸出型钻头。

(4) 在含黏土的岩层中凿岩时，中间排渣孔常常被堵死，最好选用侧排渣钻头。

(5) 在韧性比较好的岩石中钻孔时，最好选用楔形齿钻头。

B 钻头的使用

只有正确使用钻头，才能延长钻头的使用寿命，节约穿孔成本。因此，必须注意以下几个方面：

(1) 必须避免轻压下的重冲击，否则，钻头体内将产生过大的拉应力，容易导致柱齿脱落。

(2) 必须避免重压的纯回转，否则，将加快钻头边齿的磨损。

(3) 钻机安装稳固，避免摇摆不定。

(4) 弯曲的钻杆必须及时更换。

(5) 钻头的柱齿必须及时修磨。根据国外标准，当柱齿的磨蚀面直径达到柱齿直径1/2时，就必须进行修磨。

6.1.6.2 钻杆的选型与使用

钻杆外径影响凿岩效率的情况往往被使用者忽视。根据流体动力学理论可知，只有当钻杆和孔壁所形成的环形通道内的气流速度大于岩渣的悬浮速度时，岩渣才能顺利排出孔外。而该通道内的气流速度主要由通道的截面积、通道长度以及冲击器排气量决定。通道截面积越小，流速越高；通道越长，流速越低。由此可以看出，钻杆直径越大，气流速度越高，排渣效果越好。当然钻杆直径也不能大到岩渣难以通过，一般环形截面的环宽取10~25mm。深孔取下限，高气压取上限。

钻杆的选择不仅要考虑排渣效果，还要考虑其抗弯抗扭强度以及重量，这主要由钻杆的壁厚决定。在保证强度和刚度的前提下，尽可能让壁薄一点以减轻重量，壁厚一般在4~7mm。

钻杆公母螺纹的同心度是衡量钻杆质量的一个重要因素。不符合精度要求的钻杆切记不能使用。在使用过程中弯曲的钻杆要及时更换，否则不仅会加快钻杆的损坏，还会加速钻头及钻机的磨损。同时，钻杆在使用过程中一定要保持丝扣及内孔的清洁，勤涂加丝扣油，不用时装上保护帽。

6.1.6.3　冲击器的选择与使用

钻孔的几何参数、工作气压及岩石坚固系数是设计冲击器的原始参数，由此可确定相应的配气尺寸，进而获得理想的冲击功和冲击频率。因此，特定的冲击器只有在特定的工作气压、特定的工艺参数和特定的岩性中才能发挥最优的凿岩效果。

（1）工作气压。不能简单地说工作气压越高，冲击器凿岩速度越快，而只能说工作气压越高，选择相适应的冲击器，其凿岩速度越快。冲击器是根据特定的压力设计的，它只是在给定的设计压力区段内，性能最优。远离设计压力值来使用冲击器，不仅不能发挥其应有的效率，反而会导致冲击器不能工作或过早损坏。因此，必须根据压力等级来选配相应的冲击器。

（2）冲击能量。冲击器的冲击能量必须确保钻头的单位比能，这样才能有效地破碎岩石，同时获得较经济的凿碎比能和较高的凿孔速度。冲击能量过大，不仅会造成能量的浪费，还会缩短钻头的寿命；冲击能量过小，不能有效破碎岩石，降低钻孔速度。不同的岩石需要不同的凿碎比能，因而需要选用不同冲击功的冲击器。

（3）冲击频率。一般情况下，当冲击能量一定时，冲击频率越高，冲击功率越大，但冲击器外径受钻孔直径的约束，冲击频率越高，它的冲击功越小，因此，冲击频率的提高要受岩石凿碎比功的限制。

冲击器的选择必须依据工作气压、钻孔尺寸和岩石特性等参数进行。

（1）根据工作压气的压力等级合理选择相应等级的冲击器。

（2）根据钻孔直径选择相应型号冲击器。

（3）根据岩石坚固性选择相应冲击器。软岩建议使用高频低能型冲击器，硬岩建议使用高能低频型冲击器。

使用冲击器必须注意以下几点：

（1）确保压气及气水系统的清洁，避免尘粒进入冲击器。

（2）确保润滑系统正常工作，新冲击器在使用前一定要灌入润滑油。

（3）不允许将冲击器长时间停放在孔底，避免泥水倒灌到冲击器。

6.1.6.4　钻机选择

（1）钻机效率。潜孔钻机的台班生产能力及钻进速度可用下面公式计算。

$$V_b = 0.6vT_b\eta$$

$$v = \frac{4En_zk}{\pi D^2 a}$$

式中 V_b——潜孔钻机的台班生产能力，m；

v——钻机钻进速度，cm/min；

T_b——钻机班时间，min；

η——钻机台班时间利用系数；

E——冲击功，可由钻机性能表获得，J；

n_z——冲击频率，可由钻机性能表获得，min^{-1}；

k——冲击能利用系数，取0.6～0.8；

D——钻孔直径，cm；

a——矿岩的凿碎比功，见表6-9，J/cm^3。

表6-9 凿碎比功

矿岩硬度f	硬度级别	软硬程度	凿碎比功值a(×9.8)/$J\cdot cm^{-3}$
<3	Ⅰ	极软	<20
3～6	Ⅱ	软	20～30
6～8	Ⅲ	中等	30～40
8～10	Ⅳ	中硬	40～50
10～15	Ⅴ	硬	50～60
15～20	Ⅵ	很硬	60～70
20～25	Ⅶ	极硬	>70

部分潜孔钻机的台班穿孔效率见表6-10。一般设计中，潜孔钻机的台时作业率可按1.4～1.6选取。

表6-10 部分潜孔钻机的台班穿孔效率 m/(台·班)

矿岩普氏硬度f	金-80	YQ-150	KQ-170	KQ-200	KQ-250
4～8	27	32	32	35	37
8～12	20	25	25	30	30
12～16	12	20	20	22	24
16～20	—	15	15	18	20

（2）钻机数量的确定。

$$N = \frac{Q}{q\eta(1-e)}$$

式中 N——钻机数量，台；

Q——设计的矿山规模，t/a；

η——钻机穿孔效率，m/(台·a)；

q——炮孔的爆破量，设计中每米炮孔爆破量可参照表6-11选取，t/m；

e——废孔率，%。

潜孔钻机不设备用，但不应少于两台。

表 6-11　每米炮孔爆破量

钻机型号		段高10m				段高12m				段高15m			
		f=4~6	f=8~10	f=12~14	f=15~20	f=4~6	f=8~10	f=12~14	f=15~20	f=4~6	f=8~10	f=12~14	f=15~20
KQ-150	底盘抵抗线/m	5.5	5.0	4.5		5.5	5.0	4.5					
	孔距/m	5.5	5.0	4.5		5.5	5.0	4.5					
	排距/m	4.8	4.4	4.0		4.8	4.4	4.0					
	孔深/m	12.64	12.64	12.64		14.77	14.77	14.77					
	爆破量/$m^3 \cdot m^{-1}$	20.86	17.33	14.13		21.42	17.80	14.51					
KQ-200	底盘抵抗线/m	6.5	6.0	5.5	5.0	7	6.5	6.0	5.5	7	6.5	6	5.5
	孔距/m	6.5	6.0	5.5	5.0	7	6.5	6.0	5.5	7	6.5	6	5.5
	排距/m	5.5	5.0	4.5	4.0	6	5.5	5	4.5	6	5.5	5	4.5
	孔深/m	12.64	12.64	12.64	12.64	14.77	14.77	14.77	14.77	17.96	17.96	17.96	17.96
	爆破量/$m^3 \cdot m^{-1}$	28.56	24.14	20.03	16.33	34.3	29.32	24.76	20.57	35.26	30.16	25.45	21.14
KQ-250	底盘抵抗线/m		8.5	8.0	7.5		9	8.5	8		9.5	9	8.5
	孔距/m		6.5	6.0	5.5		7	6.5	6		7.5	7	6.5
	排距/m		5.5	5	4.5		6	5.5	5		6.5	6	5.5
	孔深/m		11.3	11.6	12.0		13.56	13.92	14.4		16.95	17.4	18
	爆破量/$m^3 \cdot m^{-1}$		35.61	29.56	24.01		41.3	34.69	28.57		47.41	40.23	33.55

常用潜孔钻机的技术性能见表6-12和表6-13。其中，表6-12为国内设备表，表6-13为国外设备表。

表 6-12　国内潜孔钻机技术性能参数

型号	钻孔		工作气压/MPa	推进力/kN	扭矩/kN·m	推进长度/m	转速/$r \cdot min^{-1}$	耗气量/$L \cdot s^{-1}$	驱动方式	生产厂家
	直径/mm	深度/m								
KQY90	80~130	20.0	0.50~0.70	4.5		1.00	75.0	116	气动-液压	浙江开山股份有限公司
KSZ100	80~130	20.0	0.50~0.70			1.00		200	全气动	
KQD100	80~120	20.0	0.50~0.70			1.00		116	电动	
HQJ100	83~100	20.0	0.50~0.70	4.5		1.00	75.0	100~116	气动-液压	衢州红五环公司
CLQ15	105~115	20.0	0.63	10.0	1.70	3.30	50.0	240	气动-液压	天水风动机械有限公司
KQLG115	90~115	20.0	0.63~1.20	12.0	1.70	3.30	50.0	333	气动-液压	
KQLG165	155~165	水平70.0	0.63~2.00	31.0	2.40	3.30	300.0	580	气动-液压	
TC101	105~115	20.0	0.63	13.0	1.70	3.30	50.0	260	气动-液压	
TC102	105~115	20.0	0.63~2.00	13.0	1.70	3.30	50.0	280	气动-液压	
CLQG15	105~130	20	0.4~0.63 1.0~1.5	13.0		3.3		400	气动	
TC308A	105~130	40	0.63~2.1	15.0		3.3		300		

续表 6-12

型号	钻孔		工作气压/MPa	推进力/kN	扭矩/kN·m	推进长度/m	转速/r·min^{-1}	耗气量/L·s^{-1}	驱动方式	生产厂家
	直径/mm	深度/m								
KQL120	90~115	20.0	0.63		0.90	3.60	50.0	270	气动-液压	沈阳凿岩机股份有限公司
KQC120	90~120	20.0	1.00~1.60		0.90	3.60	50.0	300		
KQL150	150~175	17.5	0.63		2.40		50.0	290		
CTQ500	90~100	20.0	0.63	0.5		1.60	100.0	150		
HCR-C180	65~90	20.0				3.74			柴油-液压	沈凿-古河公司
HCR-C300	75~125	20.0		3.2		4.50			柴油-液压	
CLQ80A	80~120	30.0	0.63~0.70	10.0		3.00	50.0	280	气动-液压	宣化英格索兰公司
CM-220	105~115		0.70~1.20	10.0		3.00	72.0	330	气动-液压	
CM-351	165		1.05~2.46	13.6		3.66	72.0	350	气动-液压	
CM120	80~130		0.63	10.0		3.00	40.0	280	气动-液压	

表 6-13 国外潜孔钻机技术性能参数

型号	CIR65A	CIR90	CIR110	CWG76	DHD350Q	DHD350R
配用钎头直径/mm	68	90，100，130	110，123	80	140	133
外径/mm	57	80	98	68	122	114
总长/mm	777	795	838	912	1254	1387
重量/kg	13	21	36	20	90	68.5
风压/kg·cm^{-2}	5~7	5~7	5~7	7~21	7~21	7~21
耗风量/m^3·min^{-1}	3.5	7.2	12	2.8~15	6.5~21	57~20
单次冲击能/kg·m^{-1}	5.1	11	18	17.2	65.1	59
冲击频率/min^{-1}	810	820	830	900~1410	850~1510	810~1470
配用钎头	QT65	CIR70-18	CIR110-16A CIR110-16B	CWG76-15A	DHD350C-19E	DHD350R-17A
连接方式	外 T42×10×1.5	外 T48×10×2	内 AP12-3/8″	外 T42×10×1.5	外 API2-3/8″	外 3-1/2″

型号	CIR110W	CIR170A	CIR200W	DHD360	DHD380W	CWG200
配用钎头直径/mm	110，123	175，185	200	152，165	203，254	204，254
外径/mm	98	159	182	136	181	180
总长/mm	932	1033	1252	1450	1613	1734
重量/kg	38.36	119	180	126	177	277
风压/kg·cm^{-2}	5~12	5~7	5~7	7~21	7~24.1	7~21

续表 6-13

型号	CIR110W	CIR170A	CIR200W	DHD360	DHD380W	CWG200
耗风量 /$m^3 \cdot min^{-1}$	6 ~ 12	18	20	8.5 ~ 25	9.7 ~ 43.4	12 ~ 31
单次冲击能/$kg \cdot m^{-1}$	27	50	65	82.2		156
冲击频率/min^{-1}	920 ~ 1250	85	835	820 ~ 1475	860 ~ 1510	971 ~ 1446
配用钎头	CIR110-60A CIR150-17B	CIR170-17A CIR170-17B	CIR200W-16	DHD360-19A, DHD360-19B	CW200-19A, CWG200-19B	CW200-19A, CWG200-19B
连接方式	AP12/8″	外 T100 × 28 × 10	外 T120 × 40 × 10	内 API3-1/2″	41/2″REG（公）	外 API4-1/2″

6.2　牙轮钻机

露天矿用牙轮钻机是采用电力或内燃驱动、履带行走、顶部回转、连续加压、压缩空气排渣、装备干式或湿式除尘系统、以牙轮钻头为凿岩工具的自行式钻机。

牙轮钻机具有钻孔效率高，生产能力大，作业成本低，机械化、自动化程度高等优点，适用矿岩$f=4\sim20$的钻孔作业，广泛适用于矿山及其他钻孔场所。目前，国内外牙轮钻机一般在中硬及中硬以上的矿岩中钻孔，其钻孔直径为130 ~ 380mm，钻孔深度为14 ~ 18m，钻孔倾角多为60° ~ 90°。

6.2.1　牙轮钻机的分类

依据牙轮钻机回转和推压方式不同，牙轮钻机可分为底部回转连续加压式钻机、底部回转间断加压式钻机和顶部回转连续加压式钻机三种类型。目前，国内外绝大多数牙轮钻机均采用顶部回转连续加压方式。按传动方式不同，牙轮钻机可分为滑架式封闭链-链条式牙轮钻机（如国产 HZY-250、KY-250、KY-310 型钻机）和液压马达-封闭链齿条式牙轮钻机（如美国 B-E 公司生产的 45R、60R、61R 钻机，美国加登纳丹佛公司生产的 GD-120 和 GD-130 型钻机）。按钻机大小，牙轮钻机可分为轻型牙轮钻机、中型牙轮钻机和重型牙轮钻机。

6.2.1.1　轻型牙轮钻机

（1）ZX-150 型牙轮钻机。该机适用于在$f\leqslant11$的岩层中钻进。其加压方式为油缸-钢绳-滑轮组，双电机驱动履带行走，滑片式空压机供风，三级干式除尘，液压千斤顶调平车体。

（2）KY-150 型牙轮钻机。该机适用于在$f\leqslant11$的岩层中钻进。采用顶部回转，封闭链条连续加压，根据不同的矿岩条件选择进给速度和转速。钻杆接卸、钻架起落和钻进采用气电联合控制。采用三级净化干式除尘装置。钻机还配备湿式除尘系统。

6.2.1.2　中型牙轮钻机

这类钻机穿孔直径一般为 170 ~ 270mm。国内黑色金属矿山使用较多。

（1）KY-250 型牙轮钻机。该机适用于在$f=6\sim18$的矿岩中穿孔。采用顶部回转，封闭链条-齿条滑架连续加压钻进机构，回转为无级调速。卸杆、送杆、钻架起落、千斤顶稳车、离合的控制等采用电力、液压、气动联合控制，采用风水混合湿式除尘。机房及司机室装有空气净化装置。

（2）YZ-35 型牙轮钻机。该机主要用于在中硬到坚硬的矿岩中穿孔。采用顶部回转，可控硅直流无级调速，封闭齿条连续加压。钻架、平台、履带架、主机架等结构采用高强度结构钢，钻机刚性好，有减振装置和炮孔深度指示仪。

（3）45-R 型牙轮钻机。美国 BE 公司生产的 45-R 型牙轮钻机用于中硬至坚硬的矿岩。钻机钻孔直径为 170～270mm，孔深达 17.5m。其主要特点是顶部回转、直流电机驱动磁放大器调速。钻机有干湿两种除尘系统。

6.2.1.3 重型牙轮钻机

（1）KY-310 型牙轮钻机。该机主要用于坚硬矿岩，可钻孔径 250～310mm，深度 17.5m。钻机有低钻架和高钻架两种。钻压在交流驱动时为 50t，直流驱动时为 31t。钻机的回转、提升、行走全部采用电动、封闭链条、齿轮、齿条加压。有干式及湿式两种除尘系统。回转可根据岩石硬度无级调速。提升和行走采用同一电机。直流驱动系统运行可靠，超载能力强，调速和反向操作方便，对处理卡钻特别有利。该机在中硬以下岩层中钻进时，推进速度显得不足。

（2）YZ-55 型牙轮钻机。该机钻压为 55t，最大穿孔直径达 380mm。顶部回转，可控硅无级调速，封闭链条连续加压。高钻架不换钻杆一次可穿凿 16.5m。

（3）60-R（Ⅲ）型牙轮钻机。60-R（Ⅲ）型钻机适于穿凿各种硬度岩层。穿孔直径为 310～380mm。最大钻压 50t。顶部回转，无级调速，封闭链连续加压。不接钻杆一次可钻 19.8m 深炮孔。由于钻机钻压大，在穿凿直径 250mm 炮孔时，钻头寿命将降低 30%～40%。

6.2.2 牙轮钻机钻孔工作原理

牙轮钻机钻孔时，依靠加压、回转机构通过钻杆对钻头提供足够大的轴压力和回转扭矩，牙轮钻头在岩石上同时钻进和回转，对岩石产生静压力和冲击动压力作用。牙轮在孔底滚动中连续地挤压、切削冲击破碎岩石；有一定压力、流量和流速的压缩空气，经钻杆内腔从钻头喷嘴喷出，将岩渣从孔底沿钻杆和孔壁的环形空间不断地吹至孔外，直至形成所需孔深的钻孔。钻机钻孔工作原理如图 6-4 所示。

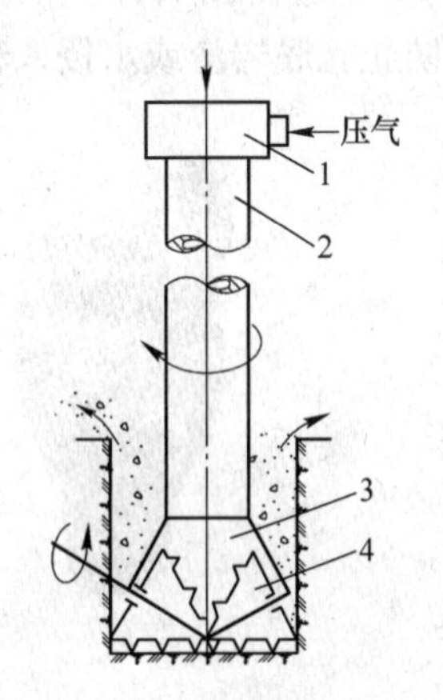

图 6-4 牙轮钻机钻孔工作原理

1—加压、回转机构；2—钻杆；3—钻头；4—牙轮

6.2.3 牙轮钻机钻具

牙轮钻机钻具主要有牙轮钻头、钻杆和稳杆器。

6.2.3.1 牙轮钻头

牙轮钻头按牙轮的数目分，有单牙轮、双牙轮、三牙轮及多牙轮。单牙轮和双牙轮钻头多用于炮孔直径小于 150mm 的软岩钻孔。多牙轮钻头多用于炮孔直径在 180mm 以上岩心钻孔。矿山主要使用三牙轮钻头，三牙轮钻头又可分为压气排渣风冷式及储油密封式两种。压气排渣风冷式牙轮钻头（简称压气式钻头）是用压缩空气排除岩渣的。此种钻头适用于露天矿的钻孔作业。通常钻凿炮孔直径为 150～445mm，孔深在 20m 以下。

压气式钻头的结构如图 6-5 所示，外形如图 6-6 所示。压气式钻头由 3 片牙爪 2 及在其轴颈上通过轴承（滚柱 7、钢球 8、滑动衬套 9）装配 3 个互相配合的牙轮 4 所组成。牙爪尾部螺纹与钻杆相连接。牙轮上镶嵌硬质合金柱齿，起着直接破碎岩石的作用。牙爪借助滚柱、钢球和衬套绕爪轴口转，钻机的钻压通过轴承传递给牙齿并作用于岩石。径向负荷主要由轴颈滚柱轴承和衬套承受。滚珠轴承用以支持牙轮，在某些情况下用以承受径向和轴向负荷。钢球由塞销孔装入，并由塞销支持，牙轮衬套两端设有止推面，牙轮内端嵌有止推块 10，平面止推轴承嵌有减磨柱 11 用以减少平面止推轴承的磨损。

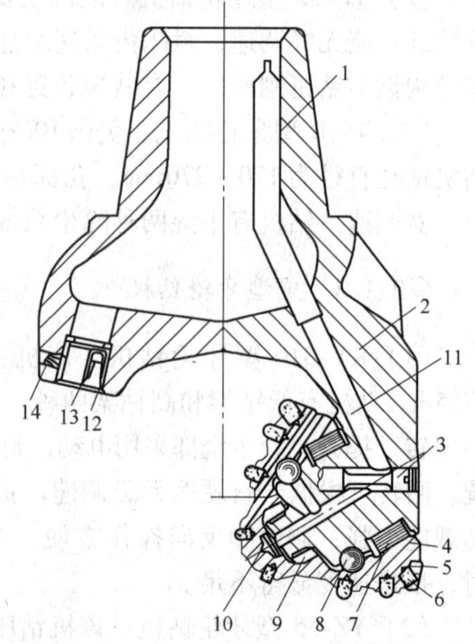

图 6-5　压气式牙轮钻头的结构
1—挡渣管；2—牙爪；3—塞销；4—牙轮；
5—平头硬质合金柱齿；6—硬质合金柱齿；
7—滚柱；8—钢球；9—衬套；10—止推块；
11—减磨柱；12—喷嘴；
13—逆止阀；14—固定螺钉

为了减轻牙爪爪尖的磨损，牙爪尖部镶嵌有平顶硬质合金柱或堆焊碳化钨耐磨合金。钻头内腔有气流分配系统。压气通过钻杆输入牙轮钻头体内腔，其中大部分压气由牙爪侧边 3 个或更换的喷嘴 12 吹至炮孔底，将岩渣由孔壁与钻杆之间的环形空间排至孔外，还有一小部分压气通过挡渣管 1、冷却气道进入轴承各部冷却轴承。喷嘴 12 用固定螺钉 14 固定在钻头体上。当压气突然中断供应时，为防止孔底岩渣或水侵入轴承，在喷嘴处设有逆止阀。

图 6-6　压气式牙轮钻头的外形

矿用压气式牙轮钻头可分为钢齿及镶齿（硬质合金齿）两种。

钢齿牙轮钻头主要用楔形齿。根据岩石硬软不同，楔形齿的高度、齿数、齿圈距等都不同。岩石越硬，楔形齿的高度越低，齿数越多，齿圈越密。反之则相反。牙轮外排齿采用“T”形齿或“Π”形齿。

镶齿钻头的齿形有球形齿、楔形齿和锥球齿等，如图6-7所示。在软岩中使用楔形齿，在中硬岩中使用锥形齿和锥球齿，在硬岩中使用球形齿。随岩石硬度的增加，硬质合金齿的露齿高度减少，齿数增多，齿圈数增多。反之相反。

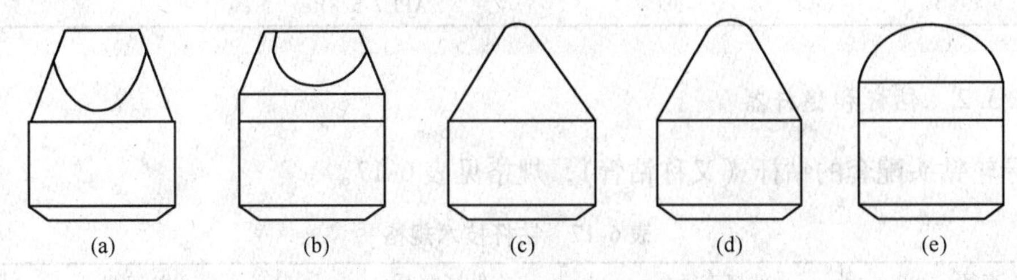

图6-7 硬质合金齿形

(a)，(b) 楔形齿；(c) 锥形齿；(d) 弹头齿；(e) 半球齿

矿用压气式牙轮钻头系列及适用矿岩见表6-14和表6-15。

表6-14 矿用压气式牙轮钻头系列

类 别	系列	钻头颜色	适 用 矿 岩
钢齿钻头	1	黄	低抗压强度、可钻性好的软岩，如页岩、疏松砂岩、软石灰岩等
	2	绿	较高抗压强度的中硬岩石，如硬页岩、砂岩、石灰岩、白云岩等
	3	蓝	半腐蚀性硬岩，如石灰岩、石英砂岩、硬白云岩等
	4		待发展系列
镶硬质合金齿钻头	5	黄	低抗压强度的软至中硬矿岩，如砂岩、石灰岩、白云岩、褐铁矿等
	6	绿	较高抗压强度的中硬矿岩，如硬石页岩、硬白云岩、花岗岩等
	7	蓝	腐蚀性硬岩，如花岗岩、玄武岩、磁铁矿、赤铁矿等
	8	红	极硬矿岩，如石英花岗岩、致密磁铁矿、铁燧石等

表6-15 牙轮齿形和岩石种类的匹配

齿 形	楔 形 齿	锥 形 齿	球 齿
适用岩石	砂质页岩、砂岩、石灰岩、白云岩	硬硅质页岩、石英砂岩、硅质石灰岩、硬白云岩	花岗岩、磨蚀性石英砂岩、黄铁矿、玄武岩

矿山常用牙轮钻头主要规格型号见表6-16。

表6-16 矿山常用牙轮钻头主要规格型号举例

系 列 号	钻头直径 D/mm	连接方式	适用机型
WY150	150	API 3-1/2Reg	KY-150
WY158	158	API 3-1/2Reg	KY-250A
WY165	165	API 3-1/2Reg	KY-250B
WY170	170	API 3-1/2Reg	KY-310
WY200	200	API 4-1/2Reg	45-R（美）

续表 6-16

系 列 号	钻头直径 D/mm	连接方式	适用机型
WY250	250	API 6-5/8Reg	GD-130（美）
WY310	310	API 6-5/8Reg	各种牙轮钻机
WY380	380	API 7-5/8Reg	

6.2.3.2 钻杆和稳杆器

和牙轮钻头配套的钻杆（又称钻管），规格见表 6-17。

表 6-17 钻杆技术规格

钻头直径/mm	钻杆直径/mm	钻杆壁厚/mm	钻杆重量/$kg \cdot m^{-1}$
118	97	9.5	20.4
118	102	12.7	28.3
150	114	12.7	32.7
150	121	19.7	34.2
170	140	19.1	59.5
190	159	19.1	65.5
215	159	19.1	65.5
215	168	19.1	71.4
225	194	19.1	83.3
250	219	25.4	122.0
310	273	25.4	154.8
350	273	38.1	220.2
380	324	25.4	187.5
380	330	25.4	190.5
380	330	38.1	273.8
380	349	38.1	290.3

稳杆器是牙轮钻机钻孔时防止钻杆及钻头摆动、炮孔歪斜、保护钻机工作构件少出故障和延长钻头寿命的有效工具。国内穿孔实践表明，牙轮钻孔必须配备稳杆器。

稳定杆有辐条式和滚轮式两种形式，如图 6-8 所示。

辐条式稳杆器由四根用耐磨材料做成的辐条焊在稳杆器上。有时在辐条上镶有硬质合金柱齿。辐条式稳杆器适用于岩石普氏坚固性系数 $f<16$ 的中等磨蚀性的矿岩，不宜用于钻凿倾斜炮孔。

滚轮式稳杆器上装有三个滚轮。滚轮表面镶有硬质合金柱齿。由于滚轮摩擦阻力小，故滚轮式稳杆器使用寿命长。滚轮式稳杆器适用于岩石硬度高和磨蚀性强的矿岩，特别适用于斜炮孔钻进。

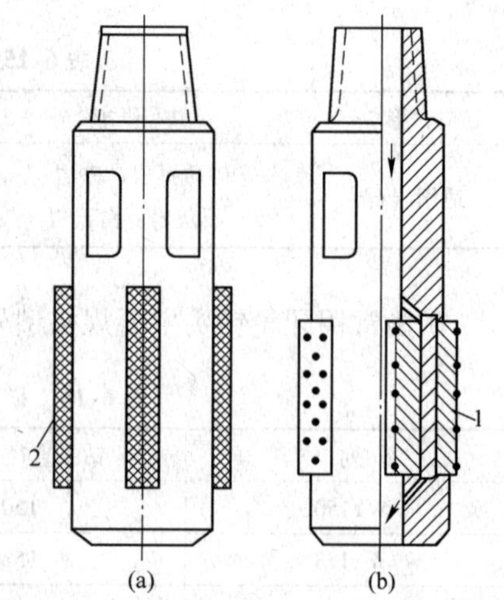

图 6-8 稳杆器
（a）辐条式；（b）滚轮式
1—滚轮；2—辐条

稳杆器技术规格见表6-18。

表6-18 稳杆器技术规格

钻孔直径/mm	稳杆器长度/mm	稳杆器本体直径/mm	重量/kg
152	673	150	59
171	673	169	75
200	376	198	100
229	724	226	132
250	780	246	181
270	780	266	209
280	780	276	230
310	780	307	295
350	1040	347	454
380	1040	376	590

6.2.4 牙轮钻机的基本结构

在此以顶部回转滑架式（KY250A型）牙轮钻机为例讲解牙轮钻机的主要结构。顶部回转滑架式的各类型牙轮钻机总体结构组成相似，如图6-9所示，主要包括钻具、钻架、回转机构、主传动机构、行走机构、排渣系统、除尘系统、液压系统、气控系统、干油润滑系统等部分。

图6-9 牙轮钻机外形

6.2.4.1 钻架

钻架横断面多为敞口“Π”形结构件，4根方钢管组成4个立柱，前立柱内面上焊有齿条，供回转机构提升和加压，外面为回转机构滚轮滑道。钻架内有钻杆储存和链条张紧等装置。

钻架安装在主平台A形架上，由液压油缸使钻架绕轴转动，实现钻架立起和平放。

钻架有标准钻架和高钻架两种。高钻架钻孔时，不用接卸钻杆即可一次连续钻孔达到炮孔深度要求。

6.2.4.2 回转机构

回转机构带动钻具回转，由主传动通过封闭链条、齿轮、齿条实现提升和加压，如图6-10和图6-11所示。回转机构采用偏心滚轮装置（见图6-12）使回转机构沿钻架的运动为无间隙滚动，且使齿轮与钻架齿条正常啮合。

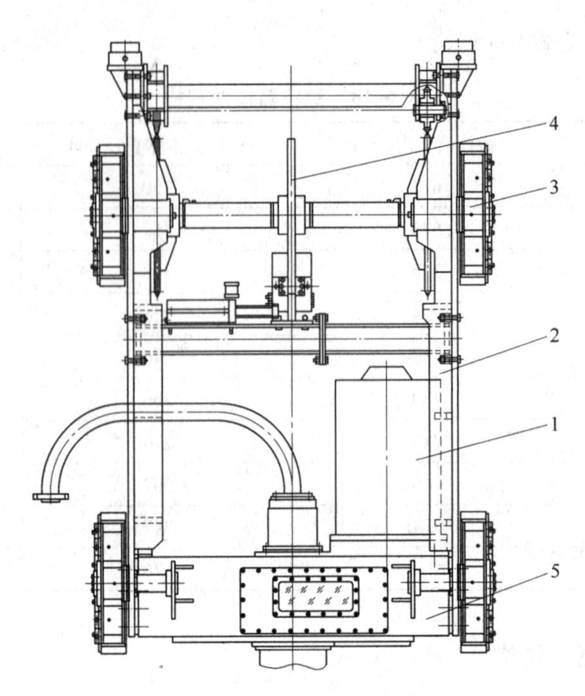

图 6-10　YZ-35D 型牙轮钻机的回转机构

1—电动机；2—小车；3—滚轮装置；4—气液盘式防坠装置；5—减速器

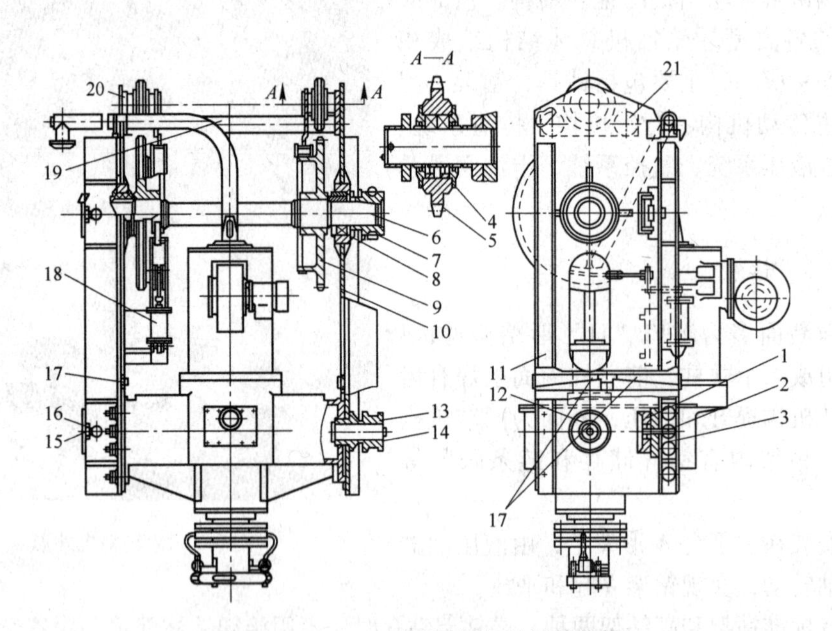

图 6-11　KY-310 型牙轮钻机的回转机构

1—导向滑板；2—调整螺钉；3—碟形弹簧；4，8—轴承；5—小齿轮；6—小车驱动轴；7—加压齿轮；9—大链轮；10，11—左、右立板；12—导向轮轴；13—导向轮；14—轴套；15—防松架；16—螺栓；17—切向键装置；18—防坠制动装置；19，21—连接轴；20—导向齿轮架

为防止因链条断裂引起小车坠落，设有防坠装置。防坠装置有气缸闸带型（见图 6-13）和气液增压盘式制动型（见图 6-14）。

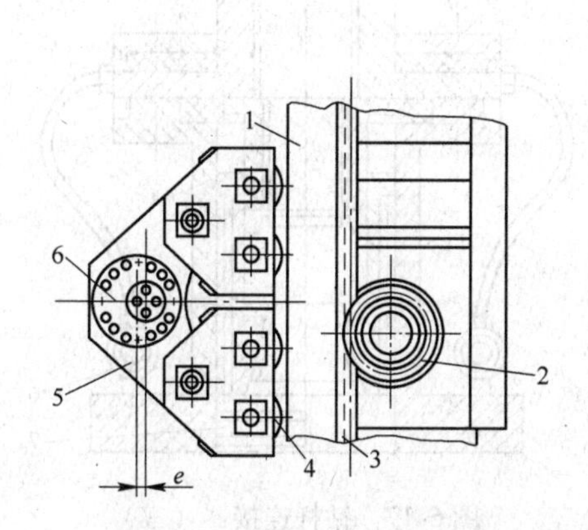

图 6-12 偏心调节滚轮装置

1—钻架方钢管；2—加压齿轮；3—钻架齿条；4—滚轮；5—滚轮架；6—偏心套

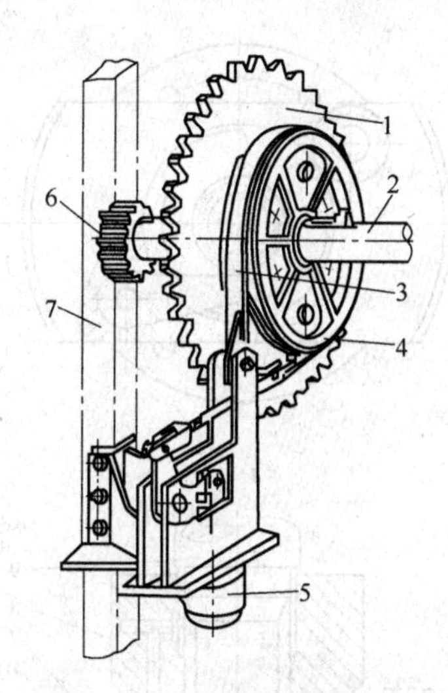

图 6-13 气缸闸带式防坠装置

1—大链轮；2—加压轴；3—闸带；4—制动轮；5—气缸；6—加压齿轮；7—小车架

回转机构与钻杆连接采用钻杆连接器连接，如图 6-15 ~ 图 6-17 所示。现采用较多的减振器如图 6-18 所示。减振器可以吸收钻孔时钻杆的轴向和径向振动，使钻机工作平衡，提高钻头寿命。

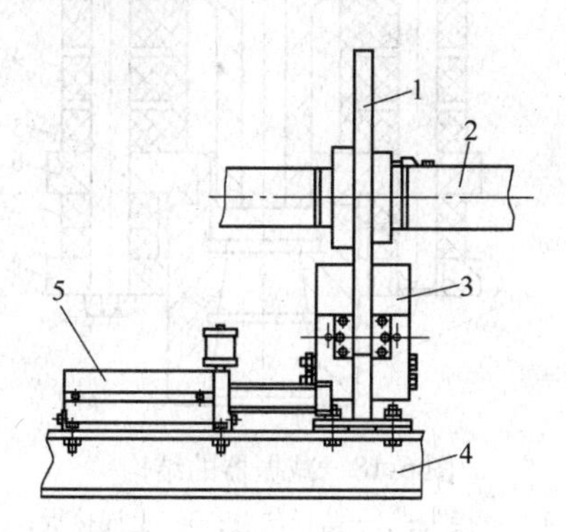

图 6-14 气液增压盘式防坠装置

1—制动盘；2—加压轴；3—盘式制动器；4—支承架；5—气液增压器

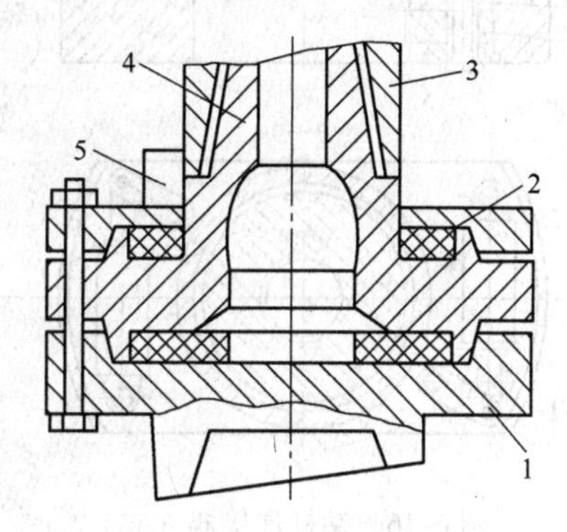

图 6-15 钻杆连接器（一）

1—下对轮；2—橡胶垫；3—中空轴；4—上对轮；5—钢板

回转减速器如图 6-19 所示，均为二级齿传动。第一轴有悬臂式和简支式结构，简支式改善了轴的受力和齿轮接触情况，减少故障。空心主轴上下部推力轴承分别承受提升时的提升力和加压时轴压力。多轴承的空心主轴增加了径向定心，并承受由于钻杆的冲击和偏摆引起的较大的径向载荷，改善了推力轴承的受力。双电动机传动的回转减速器，两个二轴齿对称地与空心主轴齿轮啮合，加强了空心主轴的径向稳定和受力状况。

6.2.4.3 主传动机构

主传动机构如图 6-20 所示，作用是驱动钻具的提升-加压与钻机行走。提升与行走

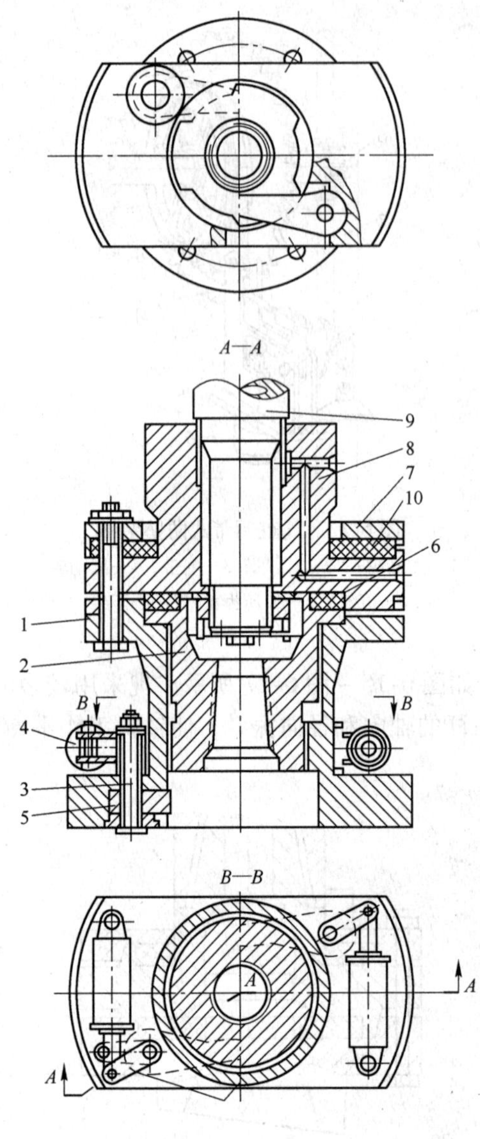

图 6-16 钻杆连接器（二）

1—下对轮；2—接头；3—销轴；4—气缸；5—卡爪；6，10—橡胶垫；7—压环；8—上对轮；9—中空主轴

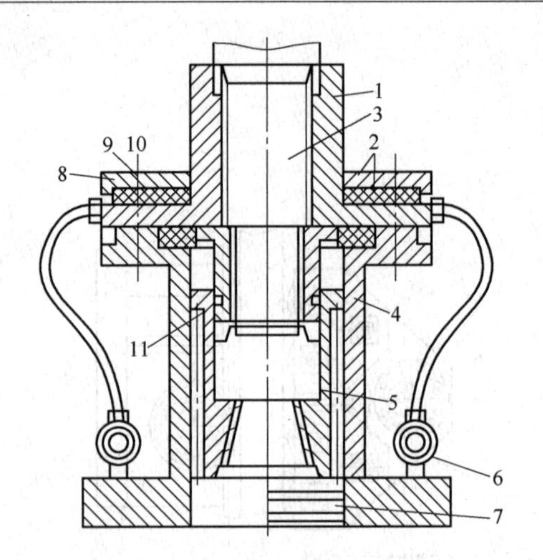

图 6-17 钻杆连接器（三）

1—上对轮；2—橡胶垫；3—中空主轴；4—下对轮；5—浮动接头；6—风动卡头；7—卡爪；8—压盖；9，10—螺栓、螺母；11—密封圈

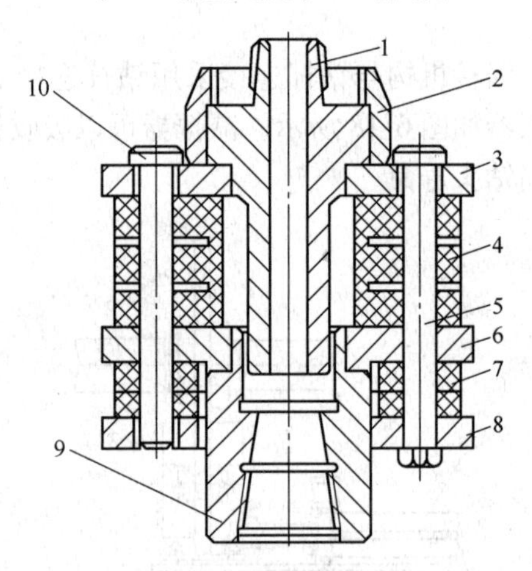

图 6-18 减振器的结构

1—上接头；2—防松法兰；3—上连接板；4—主橡胶弹簧；5—螺栓；6—中间连接板；7—副橡胶弹簧；8—下连接板；9—下接头；10—销钉

由同一台电动机驱动，加压有液压马达和直流或交流电动机两种方式，各动作间实现安全联锁。

6.2.4.4 行走机构

行走机构完成钻机远距离行走和转换孔位，由主传动机构减速后，通过三级链条传动驱动履带行走；钻机直行和拐弯，通过控制左右气胎离合器完成。

行走机构与主平台的连接是通过刚性后轴上两点及均衡梁上一点铰接，成为三点铰接式连接，如图 6-21 所示，使钻机在不平地面行走时其上部始终处于水平状态。

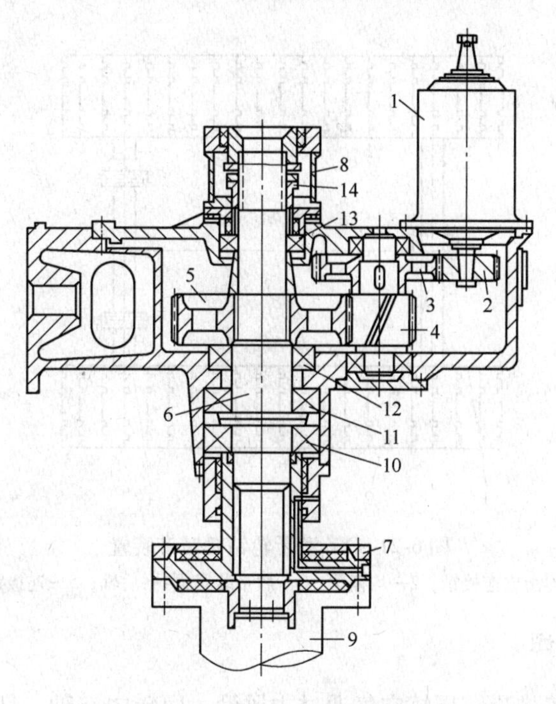

图 6-19 KY-310 钻机回转机构减速器展开图

1—回转电动机；2～5—齿轮；6—中空主轴；7—钻杆连接器；8—进风接头；9—风卡头；10—双列向心球面滚子轴承；11—推力向心球面滚子轴承；12—单列圆锥滚子轴承；13—单列向心短圆柱滚子轴承；14—调整螺母；15—弹簧

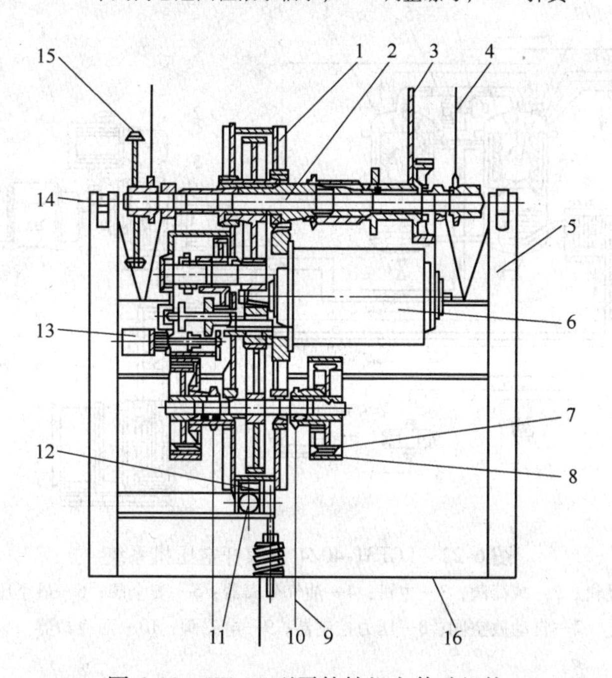

图 6-20 YZ-35 型牙轮钻机主传动机构

1—齿轮箱；2—提升加压轴；3—辅卷扬；4—提升加压链；5—主平台 A 形架；6—电动机；7—气胎；8—行走抱闸；9—行走一级链；10—垂直弹簧；11—水平弹簧；12—止动块；13—液压马达；14—钻架回转及提升轴中心；15—提升制动；16—主平台

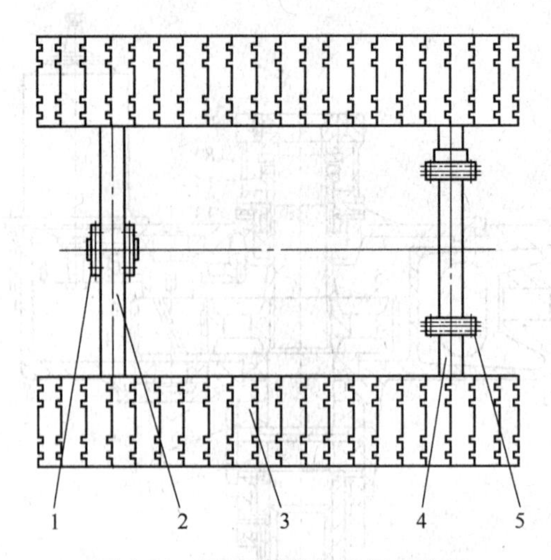

图 6-21　YZ 型牙轮钻机履带装置

1—均衡梁连接销；2—均衡梁；3—履带装置；4—后轴；5—连接螺栓

6.2.4.5　排渣系统

牙轮钻机采用压气排渣。压缩空气通过主风管、回转中空轴、钻杆、稳杆器、钻头向孔底喷射，将岩渣沿钻杆与炮孔壁间的环形空间吹出孔外。

空气压缩机有螺杆式（见图 6-22）和滑片式（见图 6-23）两种形式。

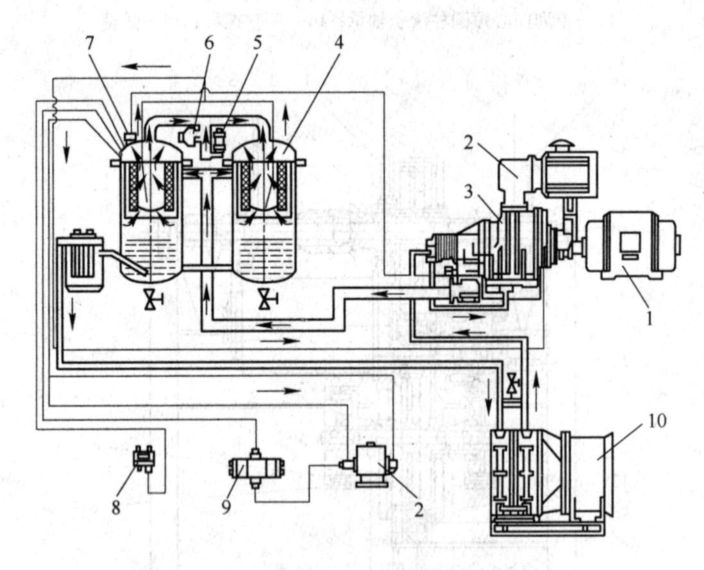

图 6-22　LGF31-40/4 型螺杆空压机系统

1—电动机；2—减荷阀；3—主机；4—油气分离器；5—安全阀；6—最小压力阀；
7—自动放空阀；8—压力控制器；9—电磁阀；10—油冷却器

6.2.4.6　除尘系统

除尘系统用于处理钻孔排出的含尘空气。

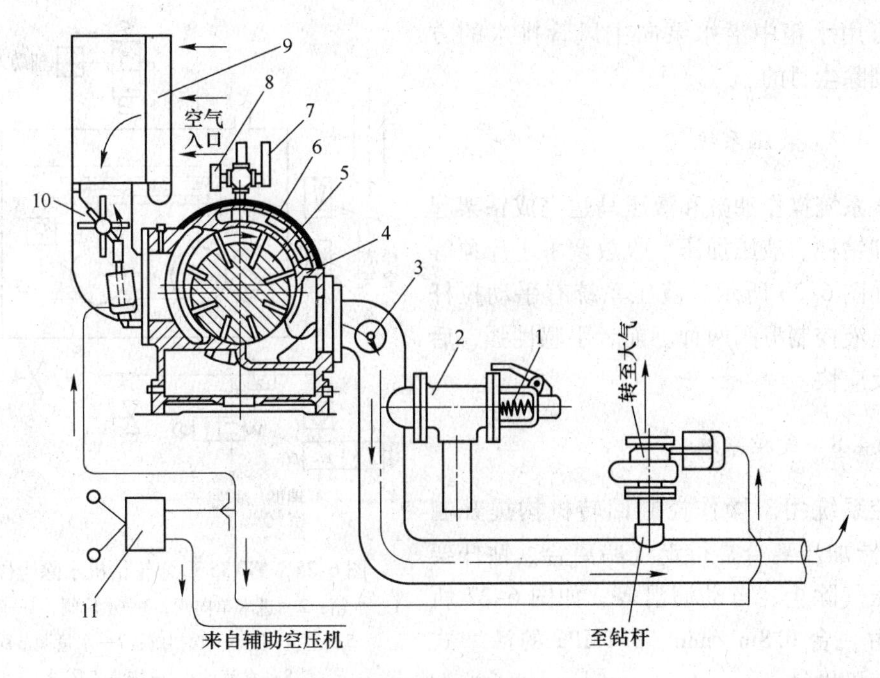

图 6-23 12-L 型滑片式空压机系统

1—旁通阀（弹簧关闭，压气打开）；2—安全阀；3—高风温开关；4—缸体；5—转子；6—叶片；7—水温计；8—高水温开关；9—空气过滤器；10—进气阀（压气关闭，弹簧打开）；11—主压气操作阀

（1）干式除尘。干式除尘利用孔口沉降、旋风和脉冲布袋除尘，如图 6-24 所示。

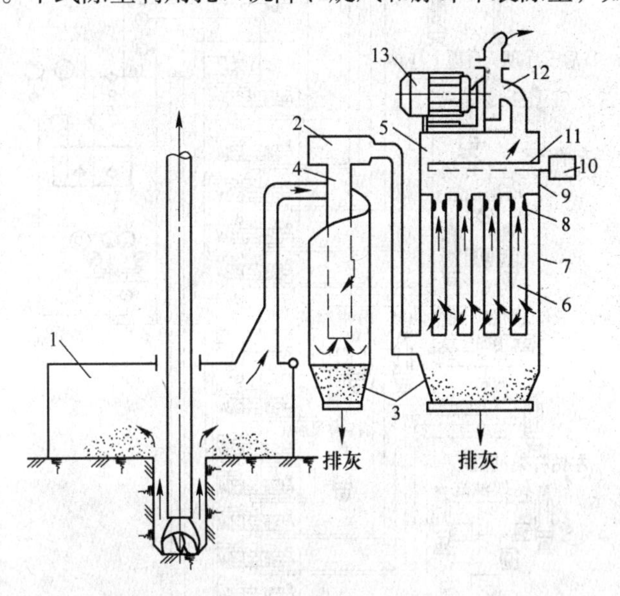

图 6-24 干式除尘器原理

1—孔口沉降室；2—旋风除尘器；3—灰斗；4—中心管；5—脉冲布袋除尘器；6—布袋；7—中箱；8—喇叭管；9—上箱；10—脉冲阀；11—喷吹管；12—离心通风机；13—电动机

（2）湿式涂尘。通常利用辅助空气压缩机压气进入水箱的双筒水罐内压气排水，如图 6-25 所示，与主风管排渣压气混合形成水雾压气，将岩渣中尘灰润湿后，随大颗粒排出孔

外。也可用水箱中潜水泵向主风管排水的方式，达到除尘目的。

6.2.4.7　液压系统

液压系统操作油缸和液压马达完成钻架起落、接卸钻杆、液压加压、收放调平千斤顶等动作，如图6-26所示。液压系统有手动拉杆滑阀和电液控制滑阀两种。前者手感性强，后者动作反应快。

6.2.4.8　气控系统

气控系统用于操作控制回转机构提升制动、提升-加压离合、行走气胎离合、钻杆架钩锁、压气除尘、自动润滑等，如图6-27所示。它由一台0.8m³/min、0.1MPa的活塞式空气压缩机供气。

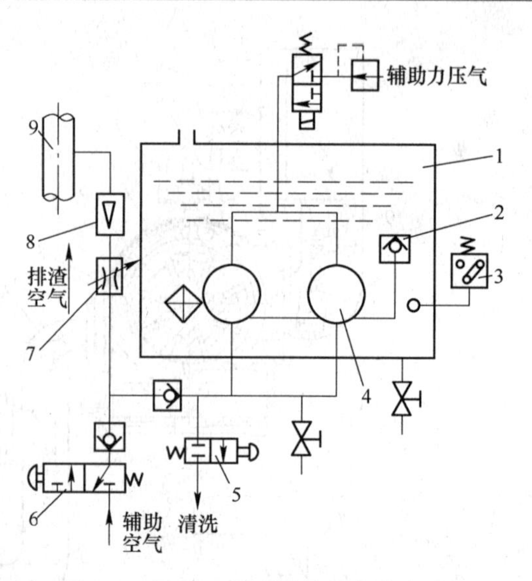

图6-25　YZ-35型牙轮钻机水除尘原理

1—水箱；2—进水单向阀；3—水位阀；4—静压筒；5—清洗阀；6—吹扫阀；7—水量调节阀；8—水流计；9—排渣主风管

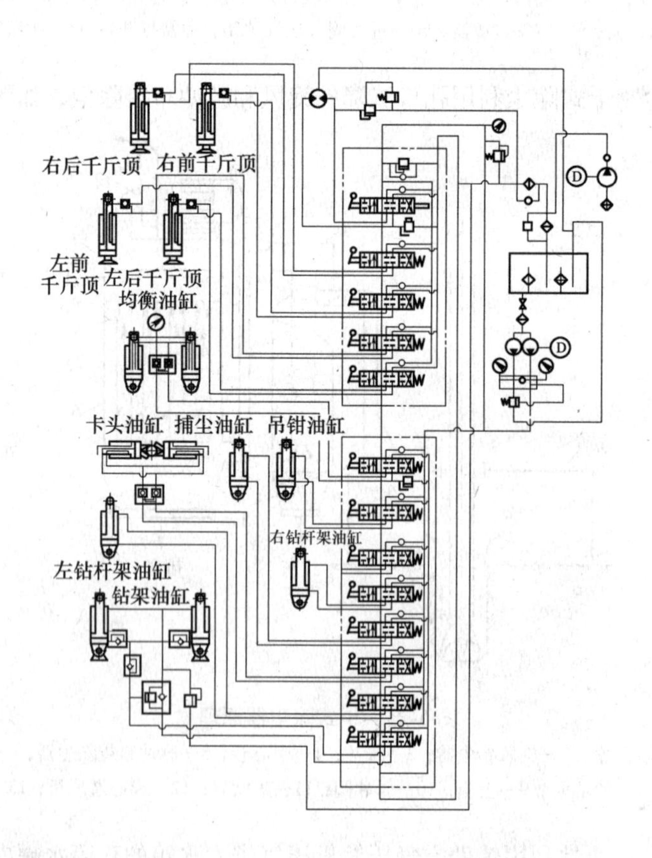

图6-26　YZ型牙轮钻机液压系统原理

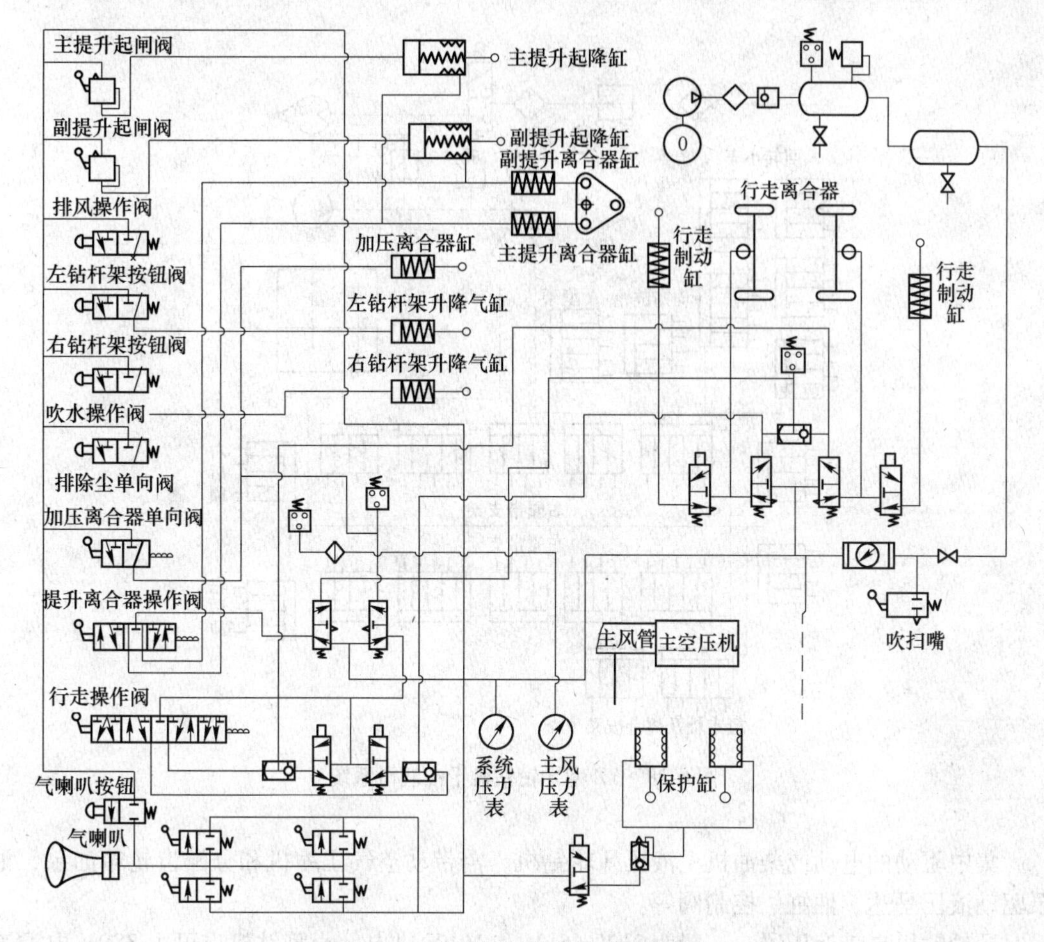

图 6-27 YZ 型牙轮钻机气控系统原理

6.2.4.9 干油润滑系统

钻机集中自动润滑系统由泵站、供油管路和注油器组成，如图 6-28 所示。润滑时间和润滑周期可自动控制，并设有手动强制润滑按钮。

6.2.4.10 动力及配置

牙轮钻机动力与机构配置有多种形式，见表 6-19。

表 6-19 动力与机构配置形式

机构	回转	提升	加压	行走
电力	直流电动机		直流电动机	直流电动机
			交流电动机	交流电动机
	交流电动机		液压马达	
			油缸	液压马达
柴油机	液压马达	液压马达		液压马达
		油缸		

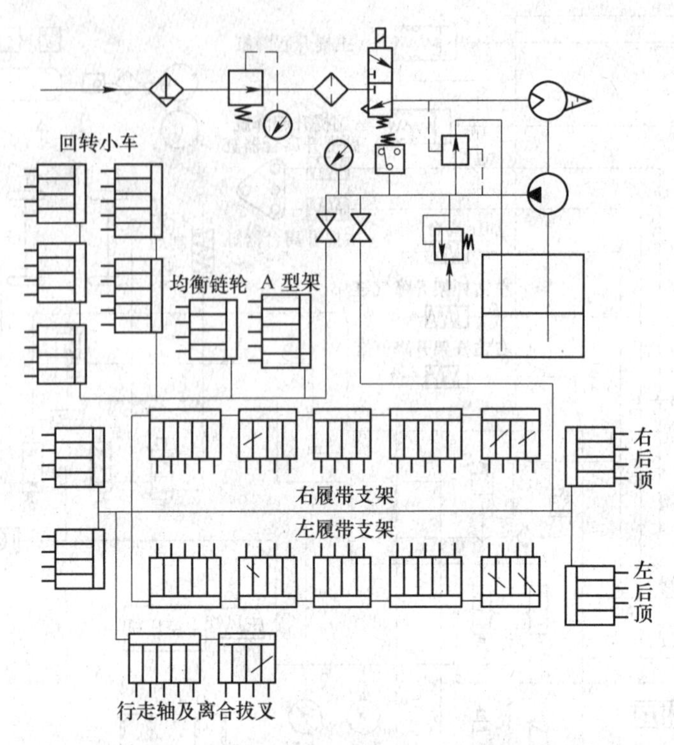

图 6-28 YZ 型牙轮钻机干油润滑系统

集中驱动的电动或柴油机全液压牙轮钻机，需带动空气压缩机和分配齿轮箱油泵，油泵驱动液压马达、油缸、控制阀等。

牙轮钻机自带变压器，一般为 3kV、6kV 和 10kV 供电，小型钻机也可由 380V 电源直接供电，钻机可配带电缆卷筒。

直流电动机多采用可控硅供电无级调速，交流电动机变频无级调速。

钻机自动化控制，如微机控制自动参数调节、自动润滑、故障显示等。

6.2.5 牙轮钻机的主要参数

（1）钻具转速。钻具的转速对钻孔速度有直接影响。在一定范围内，钻具转速越高钻孔速度越快。但转速太高将造成回转机构强烈振动，不仅降低钻头的使用寿命，而且降低钻孔速度。目前，国内外牙轮钻机的钻具转速多为 0～150r/min。低转速用于接卸钻杆、大孔径和硬岩的钻孔，高转速则用于小孔径和软岩钻孔。

对于不超顶不移轴布置的牙轮钻头，其钻具转速可按下式确定：

$$n = \frac{60d}{\lambda tZD}$$

式中 n——钻具转速，r/min；

d——牙轮大端直径，mm；

λ——速度损失系数，$\lambda = 0.95$；

r——牙轮与岩石接触时间，s，应使 $r \geqslant 0.02 \sim 0.03$s；

Z——牙轮大端齿圈上的牙齿数；

D——钻头直径，mm。

（2）钻具转矩。钻具的转矩可由下式计算：

$$M = 29.6kDp^{1.5}$$

式中 M——钻具的转矩，N·m；

k——岩石特性系数，见表6-20；

p——轴压力，kN。

表6-20 岩石特性系数

岩石种类	最软	软	中软	中	硬	最硬
抗压强度/MPa	—	—	17.5	56	210	475
岩石特性系数 k	14×10^{-5}	12×10^{-5}	10×10^{-5}	8×10^{-5}	6×10^{-5}	4×10^{-5}

（3）轴压力。合理的轴压力可根据下面两个公式计算：

$$p = fk\frac{D}{D_0}$$

$$p = (0.06 \sim 0.07)fD$$

式中 p——合理的轴压力，N；

f——岩石的坚固性系数；

k——试验系数，1.3~1.5；

D_0——试验用钻头的直径，$D_0 = 214$mm；

D——钻头直径，mm。

如果牙轮的牙齿较钝，所需的轴压力应加大；如果岩石有裂隙或夹块，应适当减小轴压，以减轻钻机的振动。

（4）排渣风量。牙轮钻机所需排渣风量的分析与计算和潜孔钻机相同，一般牙轮钻机多采用低压（0.35~0.4MPa）大风量的压气排渣。

（5）钻孔速度。钻孔速度是反映牙轮钻机先进性和工作制度合理性的主要指标，其大小与钻孔参数、排渣介质、排渣风量、钻头形式及其新旧程度、岩石的可钻性等有关。

牙轮钻机的钻进速度可按下式估算：

$$v = 3.75\frac{pn}{fD}$$

6.2.6 牙轮钻机的选型

6.2.6.1 选型原则

（1）牙轮钻机是露天矿技术先进的钻孔设备，适用于各种硬度岩石的钻孔作业。设计大中型矿山设备，首选牙轮钻机。

（2）中硬以上硬度的矿岩，选用牙轮钻机钻孔优于其他钻孔设备。

（3）在满足矿山年钻孔量的同时，牙轮钻机选型还要保证生产设计要求的钻孔直径、孔深、倾角及其他参数。

（4）根据矿区自然地理条件选择设备及配套部件。

（5）动力条件一般选用电动（经济）。

6.2.6.2　露天矿所需牙轮钻机数量的确定

$$N = \frac{Q}{Q_1 q(1 - e)}$$

式中　N——露天矿所需牙轮钻机数量，台；

Q——设计的矿山年采剥总量，t；

Q_1——牙轮钻机的穿孔效率，m/(台 · a)；

q——炮孔的爆破量，t/m；

e——费孔率，%。

计算钻孔设备数量时，每米炮孔爆破的矿（岩）量，一般应按设计的矿（岩）石爆破孔网参数分别进行计算，有时也可参照表 6-21 选取。

表 6-21　每米孔爆破量参考指标

炮孔直径/mm	矿岩种类	每米孔爆破量/t	炮孔直径/mm	矿岩种类	每米孔爆破量/t
250	矿石	100 ~ 140	310	矿石	120 ~ 150
	岩石	90 ~ 130		岩石	100 ~ 130

常用牙轮钻机见表 6-22 和表 6-23。

表 6-22　国内牙轮钻机主要技术性能

型　号	KY-150A	KY-150B	YZ-35C	YZ-35D	YZ-55	YZ-55A
钻孔直径/mm	150	150	250	250	310	380
钻孔方向/(°)	65 ~ 90	90	90	90	90	90
回转速度/$r \cdot min^{-1}$	0 ~ 113	0 ~ 120	0 ~ 90	0 ~ 120	0 ~ 120	0 ~ 90，0 ~ 150
回转扭矩/kN · m	3 ~ 7.5	5.5	9.2	9.2	9.0	11.5
轴压力/kN	160	120	0 ~ 350	0 ~ 350	0 ~ 550	0 ~ 600
钻进速度/$m \cdot min^{-1}$	0 ~ 2	0 ~ 2.08	0 ~ 1.33	0 ~ 1.33，0 ~ 2.2	0 ~ 1.98	0 ~ 3.3，0 ~ 1.98
提升速度/$m \cdot min^{-1}$	0 ~ 23	0 ~ 19	0 ~ 37	0 ~ 37	0 ~ 30	0 ~ 30
行走速度/$km \cdot h^{-1}$	1.3	1.3	0 ~ 1.5	0 ~ 0.15	0 ~ 1.1	0 ~ 1.14
爬坡能力/%	12	14	15，25	15，25	25	25
主空压机	螺杆式	螺杆式	螺杆式	螺杆式	螺杆式	螺杆式
排风量/$m^3 \cdot min^{-1}$	18	19.5	30	36，40	40	40，42
排风压机/MPa	0.4	0.5	0.45	0.45 ~ 0.5	0.45	0.45 ~ 0.5
装机容量/kW	240	315	440 ~ 470		467	530，560
整机重量/t	33.56	41.246	95	95	140	150

表6-23 国外牙轮钻机主要技术性能

型 号	35HR	35HR	HBM160	HBM250	HBM300
钻孔直径/mm	152~229	229	130~180	159~279	200~300
钻孔深度/m	7.62（一次）	9.14（一次）	56	56	56
最大轴压/kN	190.9	227.27	160.00	270.00	410.00
钻机动力源	柴油机	柴油机	柴油机	柴油机	柴油机
钻具回转功率/kW	298	447	335	395	570
排渣风压/kPa	2410	2410	1000	1000	1000
整机工作质量/t	32.616	38.500	40.00	50.000	60.000

6.3 露天凿岩钻车

根据《凿岩机械与气动工具产品型号编制方法》(JB/T 1590-2010)，露天凿岩钻车（组别代号C）分为履带式（型别代号L）、轮胎式（型别代号T）和轨轮式（型别代号G)，如CL表示履带式露天钻车，CG表示轨轮式露天钻车，CT表示轮胎式露天钻车。

按工作动力，露天凿岩钻车可分为气动露天凿岩钻车（钻车的凿岩钻孔以及炮孔的定位定向等动作都是靠气压传动完成)、气液联合式露天凿岩钻车（除凿岩机是气动外，钻车的其余动作靠液压传动完成)、全液压露天凿岩钻车（凿岩机是全液压凿岩机，钻车的其余动作也都是靠液压传动完成)。

6.3.1 露天凿岩钻车的特点

与牙轮钻车、潜孔钻车相比，露天凿岩钻车具有以下特点：

(1) 整机重量轻，装机功率小，机动性强。

(2) 能够钻凿多种方位的钻孔，调整钻车（架）位置迅速准确。

(3) 爬坡能力强，国产钻车最大爬坡能力可达25°，进口钻车可达30°。

(4) 具有多用途的露天钻孔设备。

(5) 液压凿岩钻车的能耗仅为潜孔钻的1/4，钻速却为潜孔钻的2.3~3倍。

6.3.2 露天凿岩钻车的适用范围

(1) 在采石场、土建工程、道路工程及小型矿山钻孔中，凿岩钻车可作为主要的钻孔设备。在二次破碎、边坡处理、清除根底中，凿岩钻车作为辅助钻孔设备。在中小型露天矿，液压凿岩钻车可取代气动潜孔钻车。

(2) 凿岩钻车钻孔方位多，最小的钻车方位可以达到横向各45°，纵向0°~105°。凿岩钻车可用于钻凿各种方位的预裂爆破孔、修理边坡和锚索孔及灌浆孔等。

(3) 凿岩钻车爬坡能力强，机动灵活，可在复杂地形上进行钻孔作业。

(4) 露天凿岩钻车主要用于硬或中硬矿岩的钻孔作业，钻孔直径一般为40~100mm，最大孔径可达150mm。气动露天凿岩钻车与气液联合式露天凿岩钻车，因其采用的气动凿岩机功率较小，一般适用于钻凿孔径小于80mm、孔深小于20m的炮孔。全液压露天凿岩钻车，因其采用的全液压凿岩机功率较大，钻孔孔径可以达到150mm，孔深可达30m，最深可达50m。

6.3.3　露天凿岩钻车的组成

露天液压凿岩钻车由凿岩机、推进器、钻臂、底盘、液压系统、供气系统、电缆绞盘、水管绞盘、电气系统和供水系统等组成，如图6-29所示。

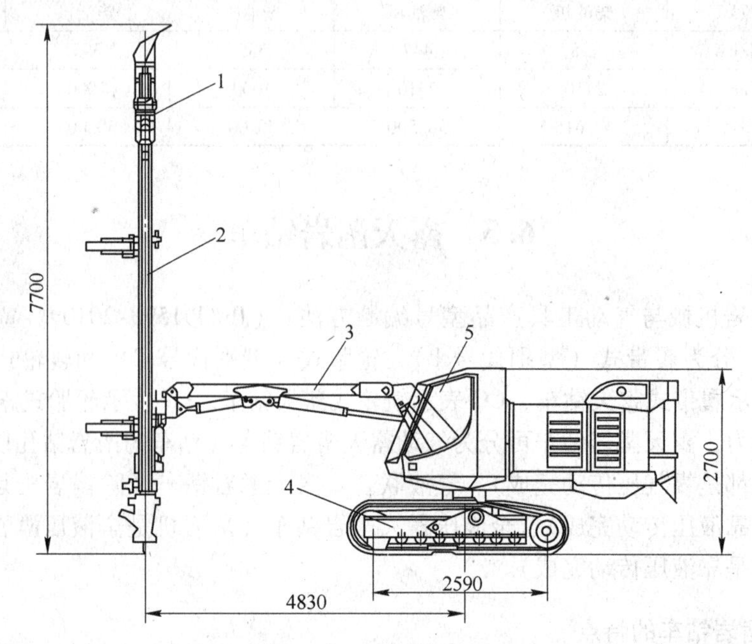

图6-29　Ranger 700露天凿岩钻车的基本结构
1—凿岩机；2—推进器；3—钻臂；4—底盘；5—司机室

6.3.3.1　凿岩机

凿岩机为凿岩钻车的心脏。冲击活塞的高频往复运动，将液压能转换成动能传递到钻头，由于钻头与岩石紧密接触，冲击动能最终传递到岩石上并使其破碎。为了不使硬质合金柱齿（刃）重复冲击同一位置使岩石过分破碎，凿岩机还配备转钎机构。钻头的旋转速度取决于钻头直径与种类，直径愈大转速愈低；柱齿钻头较十字钻头转速高40～50r/min，较一字钻头高80～100r/min，用直径45mm的柱齿钻头转速大约为200r/min。

液压凿岩机按系统压力分有中高压和中低压两种：冲击压力在17～27MPa为中高压，在10～17MPa为中低压。中高压凿岩机要求高精密配合以减小内泄损失，所以其零件的制造精度要求相当高，对油品的黏度特性及杂质含量较敏感。中低压凿岩机制造精度要求相对较低一些，对油品的黏度特性及杂质含量的敏感性也略低于前者。瑞典阿特拉斯·科普柯公司生产的液压凿岩机为中高压系统，芬兰汤姆洛克公司和日本古河公司生产的液压凿岩机为中低压系统。

6.3.3.2　推进器

推进器是为凿岩机和钻杆导向，并使钻头在凿岩过程中与岩石保持良好接触的部件。

由于推进器必须承受巨大的压力、弯矩、扭矩和高频振动，而且容易受到诸如落石的撞击，因此推进器应具有足够的强度和修复性能。

为使钻头在凿岩过程中与岩石保持良好的接触，推进器必须提供一定的压力。该推进力由液压马达和液压缸将液压能转换为机械能，以拉力的方式出现，其大小与液压油缸的压力成正比，一般为15～20kN，岩石愈硬，推进力也愈大。

推进力与钻进速度在一定条件下成正比，但当推进力超过某一数值后，钻进速度不再上升反而下降。推进力过低时，钻头与岩石接触不好，凿岩机可能会产生空打现象，使钻具和凿岩机的零部件过度磨损，钻头过早消耗而且钻进过程变得不稳定。

现在液压凿岩钻车上应用的推进器主要是链式推进器和液压缸-钢丝绳式推进器。

6.3.3.3 大臂

A 大臂的种类

按大臂的运动方式，大臂可分为直角坐标式和极坐标式两种。直角坐标式大臂在找孔时，操作程序多，时间长，但操作程序和操作精度都不严格，便于掌握和使用。极坐标式大臂在找孔时，操作程序少，时间短，但操作程序和操作精度都要求严格，需要有相当熟练的技术。

按旋转机构的位置，大臂可分为无旋转式、根部旋转式和头部旋转式三种。无旋转式大臂仅限于小巷道掘进和矿山的崩落法采矿时选用。根部旋转式大臂特别适用于马蹄形断面的隧道开挖，可钻锚杆孔和石门孔。头部旋转式大臂运动性能最好，可用于所有种类的爆破孔，可在 *X-Y* 两个方向实现全断面的液压自动持平，但结构相对复杂，质量大且重心前移，影响整机的稳定性。

按大臂的断面形状分，大臂可分为矩形、多边形和圆形等。矩形断面大臂的内外套之间形成线接触，摩擦块磨损极不均匀，但结构简单，调整和维修容易。日本古河公司生产的钻车大臂属于矩形断面大臂。多边形断面的大臂很少，目前仅有芬兰汤姆洛克公司钻车上配置的大臂断面为六边形。它的内外套管之间始终是面接触，克服了矩形断面大臂的弱点，强度大，可用作承载较大的锚杆臂，调整和维修也很容易。圆形断面的大臂内外套管之间用3个长键导向定位并承受扭矩，一旦形成间隙必须更换新键。圆形断面大臂结构较轻巧，但不能用作强度大的锚杆臂。这种大臂使用两个对称安装的油缸完成 *X-Y* 方向的运动，自动持平精确可靠。

B 大臂自动持平机构的工作原理

芬兰汤姆洛克公司凿岩钻车的ZRU系列大臂是利用相似三角形原理来实现自动持平的。大臂起升缸与推进器的对应液压缸断面尺寸相等，大臂缸伸缩一定长度，推进器的相应液压缸同时伸缩一定长度，使两个三角形保持相似来保证推进器平行运动。

瑞典阿特拉斯·科普柯公司凿岩钻车的BUT系列大臂的自动持平也是应用相似三角形原理（见图6-30）。大臂的1号液压缸和2号液压缸分别与推进器的3号液压缸和4号液压缸串联在一起，来保证推进器的平行运动。

6.3.3.4 底盘

钻车底盘行走速度一般为10～15km/h，取决于发动机的功率和质量，质量每减小

5%，速度增加5%。钻车的转弯半径主要取决于底盘的形式，且受制于稳定性。铰接式底盘一般较整体式底盘转弯半径小。钻车的爬坡能力取决于路面情况、发动机功率和底盘形式。一般来说，轮胎式底盘爬坡能力小于18°，履带式底盘小于25°，轨行式底盘小于4°。钻车的越野性能取决于底盘的离地间隙（一般应大于250mm）、轮胎与地面的接触情况、轮胎尺寸、形式和材料以及驱动方式，全轮驱动钻车的越野性能最好。底盘有轮胎式、履带式、轨行式和步进式。

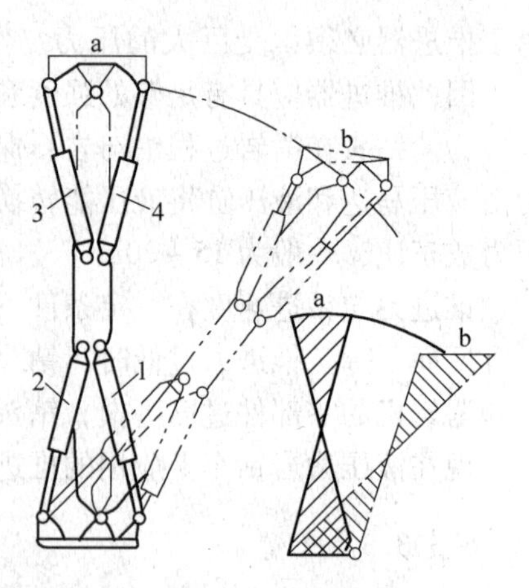

图6-30　大臂自动持平的三角形原理
1—1号液压缸；2—2号液压缸；
3—3号液压缸；4—4号液压缸

（1）轮胎式底盘。轮胎式底盘分为铰接式和整体式两种。铰接式底盘车体较小，操作灵活，由于铰接区的影响，不易布置，价格较整体式低。整体式底盘稳定性好，易布置，虽然内角转弯半径小，但外角转弯半径大，转向时需较大的空间。这两种底盘都广泛地应用于各种尺寸的钻车。

（2）履带式底盘。履带式底盘行走机构比较灵活，爬坡能力强，但速度较慢。由于接地比压小，因此可在松软的地面上作业，且整机工作稳定性较好，一般情况下可不另设支腿，特别适用于煤矿巷道和一些矿山的斜坡道掘进。

（3）轨行式底盘。轨行式钻车适用于采用有轨运输的隧道掘进，质量轻，结构简单，易布置，适用于极大和极小的钻车，如大型门架式凿岩钻车多用轨行式底盘。但由于适用轨道的原因，其活动范围受限制。

（4）步进式底盘。步进式行走机构又分为滑动轨道和滑动底板两种，仅用于大型门架钻车。芬兰汤姆洛克公司生产的PPV HS315T型门架钻车采用的就是滑动轨道式底盘行走机构。日本古河公司的门架式凿岩钻车多数也采用这种行走机构。滑动轨道式行走机构由带驱动链的钢轨、驱动装置和链轮组成，行走时先用支腿将钻车连同滑轨一起提升离开地面，然后将滑轨伸出，再收回支腿将钻车放下，驱动装置使钻车沿滑轮行走到端部，如此循环，一步一步行走。这种机构对地面的平整度要求很高，而且保持轨距也相当重要。

滑动底板式行走机构是由三段以上由液压缸连接在一起的、上面铺有轨道和道岔的钢结构组成，每段30~50m。行走时，顺序操作缸使第一段相对于第二、第三段向前伸出，再使第二段相对于第三段前伸到第一段末部，然后再使第三段伸到第二段的原来位置，这样就完成了一个行程。滑动底板式行走机构的优点是出渣快捷，掉道较小，钻车工作非常稳定。其缺点是非常笨重（每段重40~50t），价格昂贵，只能用于大曲率半径的隧道施工。

6.3.3.5　液压系统

钻车上液压系统的作用是根据岩石情况优化各种钻孔参数以得到最佳凿岩效率，主要控制凿岩机的各种功能，如冲击、旋转、冲洗、开孔、推进器的定位和推进以及大臂的所有动作，还有一些自动功能的控制也是由液压系统来自动完成的，如自动开孔、自动防卡钎、自动停钻退钻和自动冲洗等功能。

A 控制功能

(1) 自动开孔。开钻时，如速度过快，容易跑偏，在斜面上钻孔时更是如此。为此开孔时将冲击压力降低1/3～1/2，推进压力降低1/3，使钻头以慢速凿入岩石，提高钻孔的精确度和速度，并减小钻具的损耗。

(2) 自动防卡钎。当钻头通过岩石中的裂隙或其他原因使旋转阻力突然升高以致有可能引起卡钎时，应立即将钻头退出；阻力下降至正常值时再及时恢复正常钻进。该功能可减小钻具的消耗，并且允许一人操作多台大臂。

(3) 自动停钻退钻。当孔钻好后，凿岩机的旋转、冲击和冲洗停止，凿岩机高速退回到推进器末端。此过程完全程序化，可减轻劳动强度，增加钻孔工时。

(4) 自动冲洗。凿岩过程一开始，冲洗随即开始。

B 控制方式

液压系统按控制方式分有液压直控、液压先导控制、气动先导控制和电磁控制等几种。

(1) 液压直控。各个动作由方向控制阀直接控制，结构简单，故障处理容易，经济；但尺寸较大，不易布置，设置自动功能时布管较复杂。

(2) 液压先导控制。由液压先导阀控制主阀，从而操纵各个动作，尺寸较小，易布置，容易增加功能，调节点可集中，布管容易。

(3) 气动先导控制。由气控先导阀控制主阀。该控制方式需要一套独立的气路系统，结构较复杂，不易处理故障，现已很少使用。

(4) 电磁先导控制。由电磁先导阀控制主阀。该控制方式需要一套独立的电路系统，尺寸较小，易于布置和增加各种功能，可实现遥控；但结构复杂，不易处理故障，对操作和维修要求较高。随着电器元件可靠性的提高，这种控制方式将越来越多地被采用，目前引进的计算机控制液压凿岩钻车就是采用这种控制方式。

6.3.3.6 气路系统

气路系统由空压机、油水分离器、气缸和油雾器等组成。空压机在凿岩机头部（即钎尾部位），为油雾润滑提供压缩气源，也为气冲洗和水雾冲洗的凿岩机提供压缩气源。它主要有活塞式和螺杆式两种，工作压力一般在0.3～1.0MPa。随着凿岩技术的不断提高，大多数凿岩机将实现润滑脂润滑，在仅需要水冲洗的情况下，就可免去整个气路系统以降低成本，减少维修保养工作量。

6.3.3.7 电缆绞盘

电缆绞盘有自动和手动两种。自动绞盘由液压马达卷缆，重力放缆，并配有限位开关防止电缆过拉。当电缆放到仅剩2～3圈时，限位开关动作将发动机熄灭，以防止因钻车继续前行将电缆拉出，此时压下旁通限位开关将限位开关旁通，仍可启动发动机将电缆放出1圈，然后限位开关再次动作将发动机熄火，此时只有人工将电缆卷回3圈才能将发动机启动。

电缆绞盘的宽度超过电缆外径4～6倍时，应配盘缆机构，以防电缆扭曲，电缆绞盘至少应能容纳100m的电缆。

另外，水管绞盘、配电箱、电气系统、增压水泵及供水系统也是液压凿岩钻车上的重要系统。

复习思考题

6-1　简述潜孔钻机的特点及适用范围。

6-2　简述 KQ-200 潜孔钻机回转供风机构的结构与工作原理。

6-3　简述 KQ-200 潜孔钻机提升调压机构的结构与工作原理。

6-4　简述 KQ-200 潜孔钻机接卸钻杆机构的结构与工作原理。

6-5　简述 J-200B 型冲击器的结构与工作原理。

6-6　简述 W200J 冲击器的结构与工作原理。

6-7　简述露天潜孔钻头的选择方法。

6-8　画简图，简述牙轮钻机的工作原理。

6-9　简述牙轮的布置形式及其适用特点。

6-10　简述 KY-250A 型牙轮钻机的基本组成。

6-11　简述 KY-250A 型牙轮钻机回转供风机构的结构与工作原理。

6-12　简述 KY-250A 型牙轮钻机加压提升机构的工作原理。

7 露天采装机械

【学习要求】

（1）熟知单斗机械挖掘机的结构组成、工作原理与性能参数。

（2）能够完成单斗机械挖掘机的选型。

（3）掌握液压挖掘机的工作原理、机构与性能参数。

（4）能胜任液压挖掘机的选型工作。

（5）熟知单斗机械挖掘机、液压挖掘机的常见故障，掌握相关维修方法。

7.1 单斗机械挖掘机

挖掘机是用铲斗挖掘高于或低于承机面的物料，并装入运输车辆或卸至堆料场链斗式挖掘机的土方机械。它是露天矿的主要挖掘设备，露天矿山80%的剥离量和采掘量是用挖掘机完成的。

单斗机械挖掘机可按不同标准进行分类。

（1）按工作装置分：正铲、反铲、拉铲、抓铲四种。

（2）按工作装置的连接方式分：斗柄和动壁间是刚性零件连接、斗柄和动壁间是挠性零件连接。

（3）按动力装置分：电动机驱动（电铲）、柴油机驱动（柴油铲）、蒸汽机驱动（蒸汽铲）。

（4）按行走装置分：履带式、轮胎式、轨轮式。

7.1.1 单斗机械挖掘机的工作原理与结构组成

下面以传统的WK-4型挖掘机（电铲，见图7-1和图7-2）为例来说明挖掘机的工作原理与结构组成，WK-4型挖掘机总图如图7-3所示，位于挖掘机箱体内部。司机室14位于挖掘机最前端，方便司机观察铲斗的工作状况。挖掘机主要由工作装置、回转装置和履带行走装置三大部分组成。挖掘机下部的履带行走装置负责挖掘机的行走，其上的回转平台可绕回转轴360°回转。主要工作机构为挖掘机前端的动臂、斗柄以及铲斗，负责挖掘及卸载。它的作业循环为：铲装、满斗提升回转、卸载、空斗返回。正铲挖掘作业开始时，机器靠近工作面，铲斗的挖掘始点位于推压机构正下方的工作面底部，斗前面与工作面的交角为45°~50°。铲斗通过提升绳和推压机构的联合作用，做自下而上的弧形曲线的强制运动，使斗刃在切入土壤的过程中，把一层土壤切削下来。挖掘机斗齿的铲取深度由推压机构通过斗柄的伸缩和回转来调整。每完成一个挖掘作业，就挖取一层弧形土体，每次的挖掘进尺在0.8~1.0m之间。

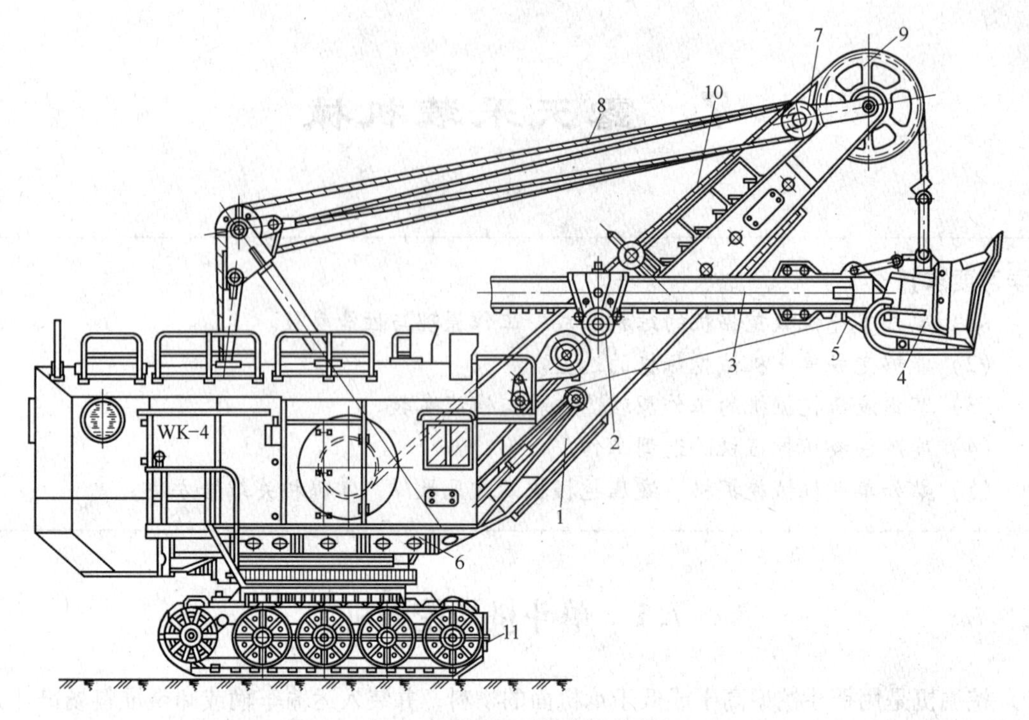

图 7-1　WK-4 型挖掘机结构

1—动臂；2—推压机构；3—斗柄；4—铲斗；5—开斗机构；6—回转平台；7—绷绳轮；8—绷绳；9—天轮；10—提升钢绳；11—履带行走机构

图 7-2　WK-4 型挖掘机外形

7.1.1.1　回转机构

WK-4 型挖掘机的回转机构如图 7-4 所示。行走电动机通过多级齿轮传动驱动轴 11 回转，轴 11 通过牙嵌式离合器分别与左右驱动轮相连。这样除可完成履带行走装置的前后运动之外，还可以通过断开一侧离合实现机身的转弯。齿圈 3 与支承架 1 相连。回转平台通过左右两小齿轮及回转轴与行走机构相连。当回转电动机通过齿轮传动驱动小齿轮围绕大齿圈转动时，回转平台即可绕大齿圈中心的回转轴完成 360°回转。

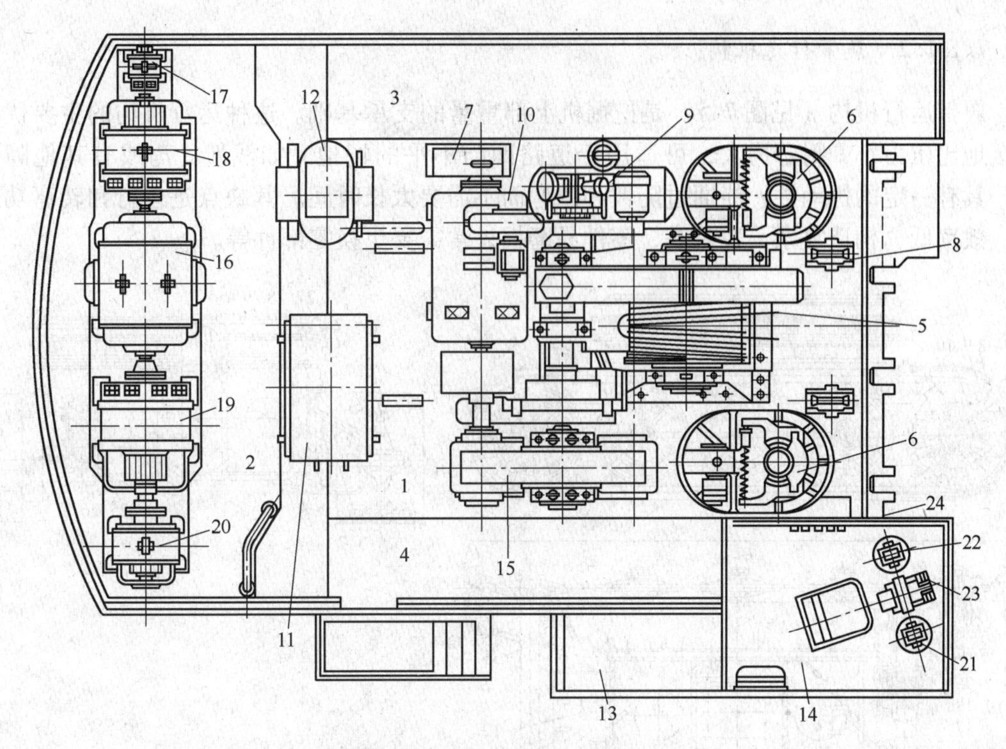

图 7-3　WK-4 型挖掘机平面总图

1—回转平台；2—配重箱；3—左行走台；4—右行走台；5—铲斗提升卷筒；6—回转电动机；7—动臂提升卷筒；8—双腿架支座；9—压气机；10—提升电动机；11—高压开关柜；12—主变压器；13—直流配电盘；14—司机室；15—提升变速箱；16—主电动机；17～20—直流发电机；21—提升控制器；22—推压控制器；23—回转、行走控制器；24—开关配电盘

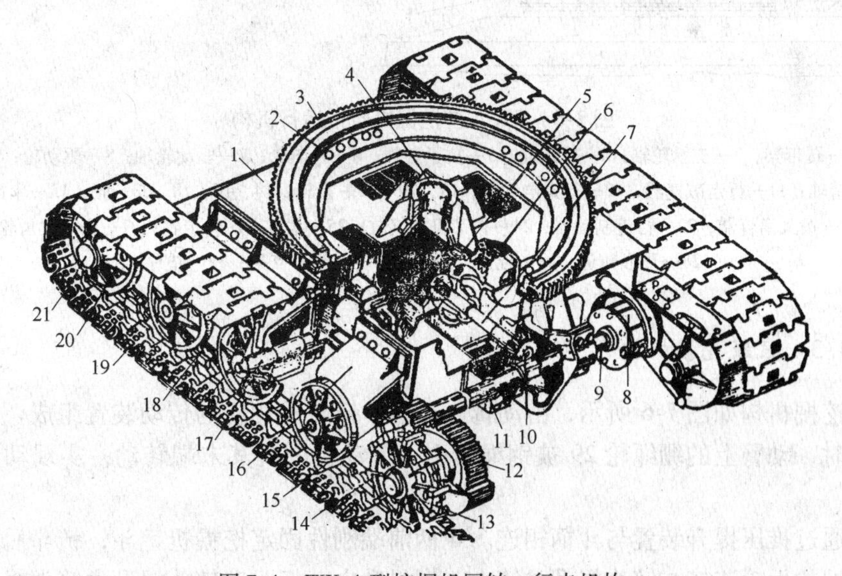

图 7-4　WK-4 型挖掘机回转、行走机构

1—支承架；2—滚道；3—齿圈；4—中心轴；5，6，12，15—圆柱齿轮；7，9，11—传动轴；8—牙嵌离合器；10—锥形齿轮；13—驱动轮轴；14—驱动轮；16—履带架；17—支重轮轴；18—支重轮；19—履带板；20—引导轮；21—引导轮轴

7.1.1.2　履带行走机构

履带运行机构（见图7-5）是挖掘机上部重量的支承基础。这种运行机构的主要优点是接地比压力小，附着力大，可适用于道路凹凸不平的场地，如浅滩、沟或有其他障碍物，具有一定的机动性，能通过陡坡和急弯而不需要太长时间。其缺点是运行和转弯功耗大，效率低，构造复杂，造价高，零件易磨损，常需要更换零部件等。

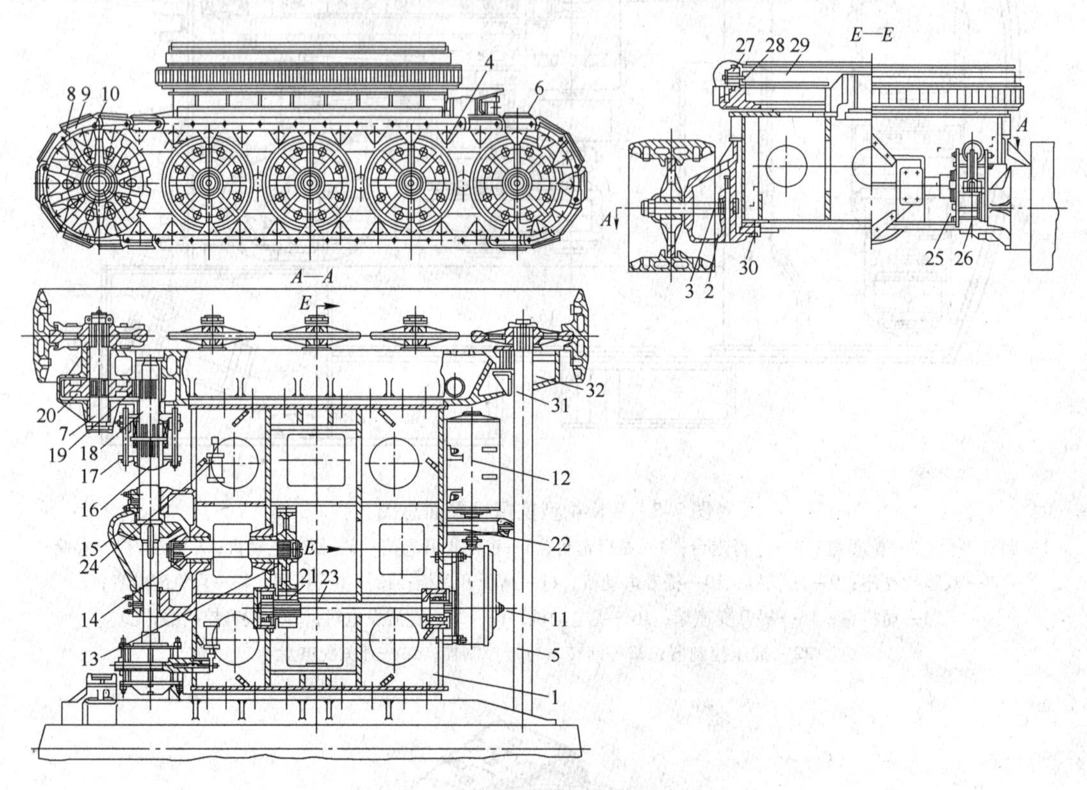

图7-5　WK-4型挖掘机履带运行机构

1—底架；2—履带架；3—支承轮轴；4—支承轮；5—拉紧方轴；6—导向轮；7—驱动轮轴；8—驱动轮；9—履带板；10—销轴；11—行走减速器；12—行走电动机；13，19～21—齿轮；14，16，18，23—轴；15—伞齿轮；17—拨叉离合器；22—行走制动器；24—拨叉机构气缸；25—拨叉；26—卡箍；27—固定大齿轮；28—环形轨道；29—辊盘；30—楔形块；31—支架；32—垫片

7.1.1.3　装载挖掘机构

装载挖掘机构如图7-6所示，由动臂、斗柄、铲斗及相应的传动装置组成。当提升电动机转动时，动臂上的绷绳轮29被钢绳牵引，使动臂围绕其末端转动，实现动臂角度的调节。

动臂通过推压提升装置与斗柄相连。斗柄前端刚性固定挖掘机铲斗，铲斗后部钢绳绕过动臂前端的天轮连接在铲斗提升卷筒上。当提升电动机驱动铲斗提升卷筒卷绳时，斗柄即绕其后部扶套下转动轴完成提升与放下。

铲斗底板与铲斗后部铰接，可通过钢绳牵引斗底的插销使斗底打开，完成卸载。放下

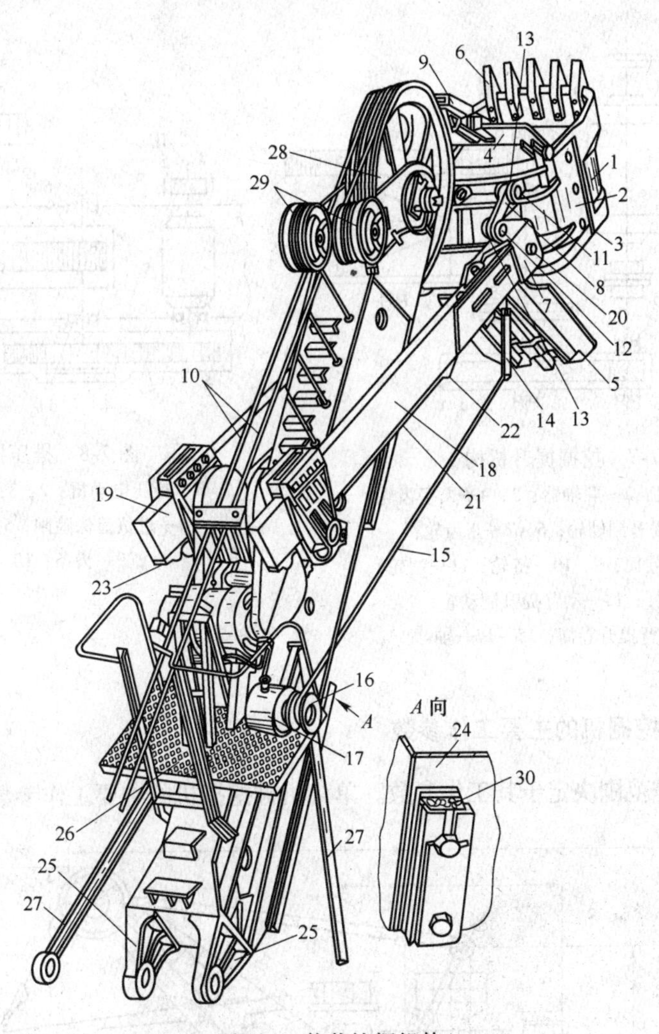

图 7-6 装载挖掘机构

1—斗前壁；2—斗后壁；3—塞柱；4—半环杆；5—斗底；6—斗齿；7—铸造横梁；8—拉杆；9—斗滑轮夹套；10—提升绳；11，12—销杆；13—耳孔；14—斗底开启杠杆；15—斗底开启绳；16—开斗卷筒；17—开斗电动机；18，19—斗柄；20—螺栓；21—推压齿条；22，23—齿条限位块；24—动臂；25—动臂脚踵；26—动臂中部平台；27—侧拉杆；28—天轮；29—绷绳轮；30—缓冲器

斗柄时，斗柄受重力作用与铲斗合拢，放开钢绳，插销插入，斗底再次与铲斗固定，即可再次挖掘。

7.1.1.4 挖掘提升机构

挖掘提升机构传动系统如图 7-7 所示。提升电动机同时连接动臂提升卷筒与斗柄提升卷筒。正常工作时，断开左侧连接，电动机驱动斗柄升降；特殊情况下（如检修动臂）断开右侧连接，电动机驱动动臂升降。

由于有时要使铲斗的斗齿切入岩堆，WK-4 型挖掘机还设计了推压提升装置，如图 7-8 所示。推压电动机通过两级齿轮减速驱动齿轮 8 转动，斗柄上的齿条 9 即完成前后运动，实现斗柄相对动臂的推压和提升。

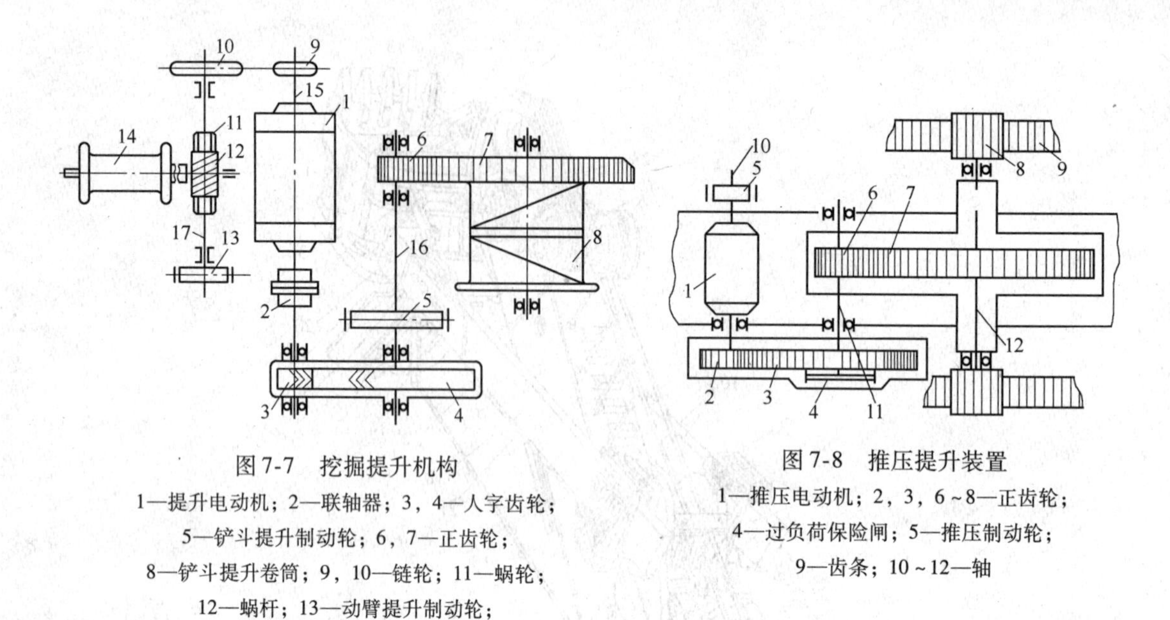

图 7-7　挖掘提升机构

1—提升电动机；2—联轴器；3，4—人字齿轮；5—铲斗提升制动轮；6，7—正齿轮；8—铲斗提升卷筒；9，10—链轮；11—蜗轮；12—蜗杆；13—动臂提升制动轮；14—动臂提升卷筒；15～17—轴

图 7-8　推压提升装置

1—推压电动机；2，3，6～8—正齿轮；4—过负荷保险闸；5—推压制动轮；9—齿条；10～12—轴

7.1.2　单斗机械挖掘机的主要工作参数

挖掘机的工作范围决定于其工作参数。单斗机械挖掘机的主要工作参数如图 7-9 所示。

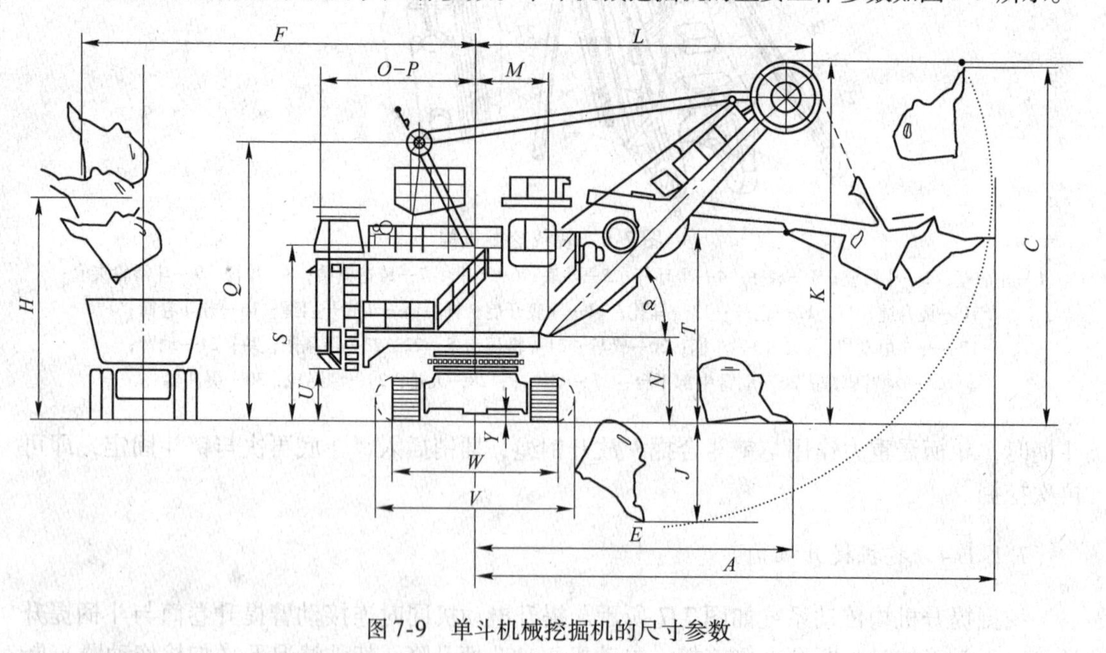

图 7-9　单斗机械挖掘机的尺寸参数

（1）挖掘半径：挖掘时从单斗机械挖掘机回转中心线至铲齿切割边缘的水平距离即挖掘半径。最大挖掘半径（A）是铲杆最大水平伸出时的挖掘半径。站立水平上的挖掘半径（E）是铲斗平放在单斗机械挖掘机站立水平时的最大挖掘半径。

（2）挖掘高度：挖掘时单斗机械挖掘机站立水平到铲齿切割边缘的垂直距离即挖掘高

度。最大挖掘高度（C）是铲杆最大伸出并提到最高位置时的挖掘高度。

（3）卸载半径：卸载时从单斗机械挖掘机回转中心线到铲斗中心的水平距离即卸载半径。最大卸载半径（F）是铲杆最大水平伸出时的卸载半径。

（4）卸载高度：卸载时从单斗机械挖掘机站立水平到铲斗打开的斗底下边缘的垂直距离即卸载高度。最大卸载高度（H）是铲杆最大伸出并提至最高位置时的卸载高度。

（5）下挖深度：在向单斗机械挖掘机所在水平以下挖掘时，从站立水平到铲齿切割边缘的垂直距离即挖掘深度也称下挖深度。

单斗机械挖掘机的工作参数是依动臂倾角 α 而定的。动臂倾角允许有一定的改变，较陡的动臂可使挖掘高度和卸载高度加大，但挖掘半径和卸载半径则相应减小。反之，动臂较缓时，则挖掘和卸载高度减小，而挖掘和卸载半径增大。

常见单斗机械挖掘机（正铲）主要尺寸参数见表7-1。

表7-1 常见单斗机械挖掘机（正铲）的主要尺寸参数

挖掘机型号	WK-2（杭州）	WK-4B	WK-10B	WD1200（标准）	WK-12	195B	295B	2300XP	2800XP	WK-20	WK-27	WK-35	290B
最大挖掘半径 A/mm	11500	14300	18900	19000	18900	17120	20574	21080	23290	21200	23400	24000	19940
最大挖掘高度 C/mm	9500	10100	13630	13500	13630	13030	14783	14330	16030	14400	16300	16200	14460
停机地面上最大挖掘半径 E/mm	8500	9260	13120	13000	13120	11810	13487	15270	14990	15280	15100	15800	13410
最大卸载半径 F/mm	10000	12650	16350	17000	16350	14610	17830	18690	20960	18700	21000	20900	17220
最大卸载高度 H/mm	5700	6300	8450	8300	8450	7670	9296	8990	10160	9100	9900	9400	8890
挖掘深度 J/mm	1500	3200	3400	2600	3400	2740	1905	3500	4000	5510	4550	4450	1980
起重臂对停机平面的倾角 α/（°）	53	45	45	45	45	45	43	45	45	45	45	45	45
顶部滑轮上缘至停机平面高度 K/mm		10750	13800	15000	13800	13030	15834	15900	16840	16080	18240	18540	16870
顶部滑轮外缘至回转中心的距离 L/mm		10630	13500	14450	13500	13100	15470	15270	15930	15450	17350	17300	15850
起重臂支角中心至回转中心的距离 M/mm	1800	2250	3080	2905	3080	3100	2565	3350	3510	3360	3500	3510	2870
起重臂支角中心高度 N/mm	1600	2365	3430	3360	3430	3500	3708	3990	4440	4000	4500	4750	3580
机棚尾部回转半径 O/mm	4560	5560	7350	6600	7350	7400	7390	7920	8430	7950	8400	9950	7010
机棚宽度 P/mm	4000	5028	6600	6480	6600	7420	10566	8530	8530	8550	8550	9400	9060
双脚支架顶部至停机平面高度 Q/mm	6170	7709	10570	11150	10570	10600	11684	11250	12010	11260	12100	12450	10400
机棚顶至地面高度 S/mm		5248	7220	6330	7220	7300	9347	7340	7840	7500	7950	8350	8440
司机水平视线至地面高度 T/mm		4200	7100	5860	7100	6320	7722	7850	7800	7800	8420	9550	7140
配重箱底面至地面高度 U/mm	1400	1690	2160	2000	2160	2200	2616	2240	2460	2230	2450	2770	2590
履带部分长度 V/mm	5100	6000	8400	8025	8400	8500	1010	8710	10160	8720	10200	10800	8800
履带部分宽度 W/mm	4000	5200	7100	6740	7100	7200	9150	7920	9040	8150	9040	9050	8600
底架下部至地面最小高度 Y/mm	370	350	510	450	510	550	603	640	710	620	700	1000	580

7.1.3　单斗机械挖掘机的选型

单斗机械挖掘机主要根据矿山规模、矿岩采剥总量、开采工艺、矿岩物理力学性质、设备供应情况等因素选型。

特大型露天矿一般应选用斗容不小于8～10m³的挖掘机；大型露天矿一般应选用斗容为4～10m³的挖掘机；中型露天矿一般应选用斗容为2～4m³的挖掘机；小型露天矿一般应选用斗容为1～2m³的挖掘机。采用汽车运输时，挖掘机铲斗容积与汽车载重量要合理匹配，一般一车应按装4～6铲斗匹配。

（1）生产能力计算。

$$Q = \frac{3600 q K_{\mathrm{H}} T \eta}{t K_{\mathrm{p}}}$$

式中　Q——挖掘机台班生产能力，m³；

q——挖掘机铲斗容积，m³；

t——挖掘机铲斗循环时间，s；

K_{H}——挖掘机铲斗满斗系数；

K_{p}——矿岩在铲斗中的松散系数；

T——挖掘机班工作时间，h；

η——班工作时间利用系数。

挖掘机台班生产能力受各处技术和组织因素影响，如矿岩性质、爆破质量、运输设备规格、其他辅助作业配合条件和操作技术水平等。

（2）设备数量计算。矿山所需挖掘机台数可按下式计算：

$$N = \frac{A}{Q_{\mathrm{a}}}$$

式中　N——挖掘机台数，台；

A——年采剥量，m³/a；

Q_{a}——挖掘机台年效率，m³/a。

Q_{a}值可通过计算或参考挖掘机实际台年生产能力选取，并要考虑效率降低因素。

露天矿生产配备的挖掘机台数不考虑备用数量，但不应少于2台。如果采矿和剥离作业的工作制度不同、设备型号不同以及生产效率相差较大时，可以分别计算采矿和剥离作业所需要的挖掘机台数。

此外，矿山还有其他工程，如修路、整理道坡和边坡及倒堆等，可考虑备有前装机、铲运机和推土机等辅助设备。

常用单斗挖掘机主要技术参数见表7-2。

表7-2　常用单斗挖掘机主要技术参数

型　号	WK2	WD200A	P&H2300	P&H2800XP	191M	P&H1900
铲斗容积/m³	2	2	16	23	9.2～15.3	7.7
理论生产率/m³·h⁻¹	300	280	1800	3200		
最大挖掘半径/m	11.6	11.5	20.7	23.7	21.6	17.6

续表 7-2

型　号	WK2	WD200A	P&H2300	P&H2800XP	191M	P&H1900
最大挖掘高度/m	9.5	9.0	15.5	18.2	16.7	13.3
最大挖掘深度/m	2.2	2.2	3.5	4.0		
最大卸载半径/m	10.1	10.0	18.0	20.6		
最大卸载高度/m	6.0	6.0	10.3	11.3	10.8	8.5
回转90°时工作循环时间/s	24	18	28	28		
最大提升力/kN	265	300	1580	2080	934	942
提升速度/m·s^{-1}	0.62	0.54	1.0	0.95	68	43.4
最大推压力/kN	128	244	950	1300		
推压速度/m·s^{-1}	0.51	0.42	0.70	0.65		
动臂长度/m	9.0	8.6	15.2	17.68	12.2	12.1
对地比压/MPa	0.13	0.13	0.29	0.29		
最大爬坡能力/(°)	15	17	16	16	16	16.7
行走速度/km·h^{-1}	1.22	1.46	1.45	1.43	1.76	1.38
整机重量/t	84	79	621	851	438	270
主电动机功率/kW	150	155	700	2×700	597	300~450
主要生产厂家	抚顺挖掘机制造有限公司	江西采矿机械厂	太原重工股份有限公司，第一重型机器厂		美国马里昂铲机公司	美国哈尼斯弗格公司

7.1.4 单斗机械挖掘机的使用与维护

单斗机械挖掘机是复杂的大型设备，在生产过程中必须严格按照安全操作规程操作，并经常认真进行维护保养。维护保养工作主要是检查、清扫及添加润滑剂，其具体工作内容如下：

（1）检查和清理各主要零部件，消除漏油、漏气及漏电现象。

（2）检查调整各抱闸间隙，紧固和配齐各部分的各种螺钉。

（3）检查和更换裂损的铲斗齿、开斗插销、钢丝绳和行走履带板等。

（4）检查各部分栏杆、防护罩、梯子、扶手和车棚等是否安全可靠。

（5）检查电气系统各接线、线圈、地脚螺栓及整流子等是否紧固，接触情况是否良好，以及各开关操作机构是否灵活可靠等。

（6）检查各润滑系统并按规定加注润滑剂。挖掘机各部的开式传动齿轮、轴、轴套、轴承及铰销等零部件均靠外部注油润滑。提升、行走、回转和大臂起落机构靠油泵自动润滑，它们的减速箱中一般都选用 N100 号机械油，且至少于每年中修时换油一次。为了适应气候变化，在初冬和春末应换进符合不同温度要求的润滑油。初冬换油时可在机油中加入 30% 的变压器油；春末换油时可直接采用 N100 号机械油。除此之外，其他部位的润滑制度及所用润滑剂见表 7-3。

表 7-3 挖掘机各部位注油时间及所用润滑剂

润滑剂品种	注油间隔时间	主要润滑部位
石墨润滑油	每班	铲斗各铰轴、卷扬、推压及回转传动齿轮、铲斗杆齿条、斗底插销等
钠基润滑脂 2 ~3 号	2d	鞍形座铜套、推压齿轮铜套、回转轴上下套、履带托轮铜套、履带张紧轮铜套等
钠基润滑脂 2 ~3 号	3d	履带主动轮及齿轮大小套，行走短横轴大小套、行走纵轴套、行走中部轴套等
钠基润滑脂 2 ~3 号	7d	中心轴铜套和铜垫、行走纵轴齿轮及轴承、离合器拨杆轴套及垫圈、保险闸铜套轨板等
石墨润滑油	7d	回转盘轨道及滚轮、铲斗提梁销轴及滑轮轴、大臂根窝、推压齿条等
石墨润滑油	15d	卷扬轴、蜗轮蜗杆轴套、动臂悬吊钢丝绳滑轮轴、A 形支架滑轮轴等
钠基润滑脂 2 ~3 号	15d	动臂天轮轴、推压中间轴承、集电环轴套、斗杆滑套等

7.2 单斗液压挖掘机

单斗液压挖掘机是在机械传动式正铲挖掘机的基础上发展起来的高效率装载设备。与机械式挖掘机相比，其优点是结构紧凑、重量轻，能在较大的范围内实现无级调速，传动平稳，操作简单，易实现标准化、系列化和通用化。单斗液压挖掘机是一种性能和结构都比较先进的挖掘机，正逐步取代中小型机械式挖掘机。

7.2.1 单斗液压挖掘机的分类

单斗液压挖掘机种类很多，详细分类方式如下：

（1）按用途分类。按用途，单斗液压挖掘机一般可以分为通用式和专用式两类。通用式单斗液压挖掘机用在露天矿、城市建设、工程建筑、水利和交通等工程，故称为万能式挖掘机。专用式单斗液压挖掘机有剥离型、采矿型和隧道型等几种。剥离型单斗液压挖掘机的工作尺寸和斗容量都比较大，适用于露天采场和表土剥离工作。采矿型单斗液压挖掘机多为正铲挖掘机。隧道型单斗液压挖掘机可分为短臂式和伸缩臂式两种，用于开挖隧道时的出渣作业。

（2）按工作装置分类。根据工作装置的工作原理及铲斗与动臂的连接方式，单斗液压挖掘机主要分为正铲和反铲两类。矿山使用较多的是正铲，因为它在挖掘时有较大的推压力，可挖掘坚实的硬土和装载经爆破的矿石。工作装置的灵活性是指挖掘机工作平台的回转程度。按这种灵活性分类，单斗液压挖掘机的平台有全回转式（即旋转 360°）和不完全回转式（即旋转 90° ~270°）两种。

（3）按行走方式分类。按行走方式，单斗液压挖掘机可分为轮胎式、履带式和迈步式。轮胎式单斗液压挖掘机可以分为标准汽车底盘、特种汽车底盘、轮式拖拉机底盘和专用轮胎底盘式四种，主要用于城市建筑等部门。履带式单斗液压挖掘机按履带运行和支承装置可分为刚性多支点和刚性少支点、挠性多支点和挠性少支点四种。斗容量大于 1m^3 的单斗液压挖掘机多用履带行走装置。履带式单斗液压挖掘机主要用于露天采矿工程。迈步式单斗液压挖掘机按其运行装置可分为偏心轮式、铰式、滑块式和液力式四种。迈步式（又称步行式）挖掘机主要用在松软土壤和沼泽地等接地比压很小的工作场所的剥离作业。有些大型采砂场也使用这种迈步式挖掘机。

（4）按斗容量的大小分类。按斗容量的大小，单斗液压挖掘机可以分为小型、中型、大型和巨型四类。铲斗容积在 $2m^3$ 以下的称为小型挖掘机；$3\sim8m^3$ 的称为中型挖掘机；$10\sim15m^3$ 的称为大型挖掘机；$15m^3$ 以上的称为巨型挖掘机。

（5）按液压系统分类。按液压系统，单斗液压挖掘机可以分为全液压传动和非全液压传动两种。若其中的一个机构的动作采用机械传动，即称为非全液压传动。例如 WY-160 型、WY-250 型和 H121 型等为全液压传动；WY-60 型为非全液压传动，因其行走机构采用机械传动方式。一般情况下，对液压挖掘机，其工作装置及回转装置必须是液压传动，只有行走机构既可为液压传动，也可为机械传动。

目前使用最为广泛的是全液压传动铰接式履带行走单斗反向液压铲。

7.2.2 单斗液压挖掘机的工作原理

单斗液压挖掘机的工作原理与单斗机械挖掘机工作原理基本相同。液压挖掘机可带正铲、反铲、抓斗或起重等工作装置。

7.2.2.1 单斗液压反铲挖掘机的工作原理

单斗液压反铲挖掘机如图 7-10 所示，它由工作装置、回转装置和运行装置三大部分组成。单斗液压反铲挖掘机工作装置的结构组成是：下动臂 3 和上动臂 5 铰接，两者之间的夹角由辅助油缸 11 来控制。依靠动臂油缸 4，动臂绕其下支点 A 进行升降运动。依靠斗柄油缸 6，斗柄 8 可绕其与动臂上的铰接点摆动。同样，借助转斗油缸 7，铲斗可绕着它与斗柄的铰接点转动。操纵控制阀，就可使各构件在油缸的作用下，产生所需要的各种运动状态和运动轨迹，特别是可用工作装置支撑起机身前部，以便机器维修。

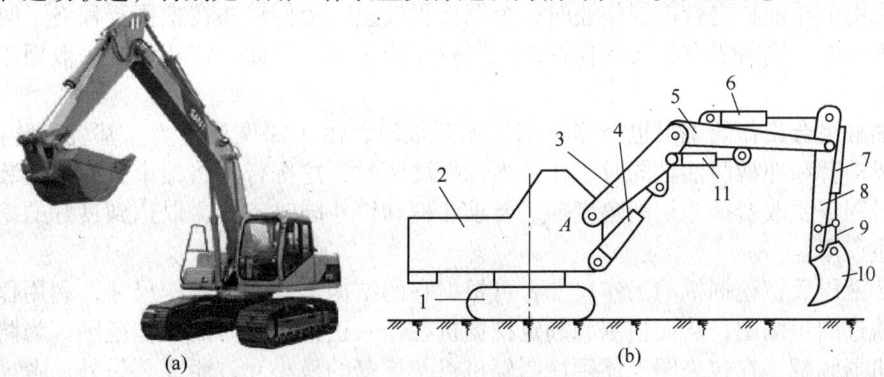

图 7-10 单斗液压反铲挖掘机

（a）外形；（b）结构

1—履带装置；2—上部平台；3—下动臂；4—下动臂油缸；5—上动臂；6—斗柄油缸；7—转斗油缸；8—斗柄；9—连杆；10—反铲斗；11—辅助油缸

单斗液压反铲挖掘机的工作原理如图7-11所示。工作开始时，机器转向挖掘工作面，同时，动臂油缸的连杆腔进油，动臂下降，铲斗落至工作面（见图中位置Ⅲ）。然后，铲斗油缸和斗柄油缸顺序工作，两油缸的活塞腔进油，活塞的连杆外伸，进行挖掘和装载（如从位置Ⅲ到Ⅰ）。铲斗装满后（在位置Ⅱ），这两个油缸关闭，动臂油缸关闭，动臂油缸就反向进油，使动臂提升，随之反向接通回转油马达，铲斗就转至卸载地点，斗柄油缸和铲斗油缸反向进油，铲斗卸载。卸载完毕后，回转油马达正向接通，上部平台回转，工作装置转回挖掘位置，开始第二个工作循环。

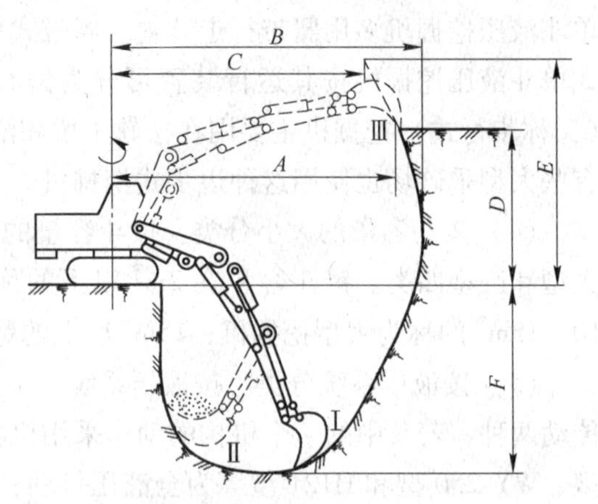

图7-11　单斗液压反铲挖掘机的工作原理

A—标准挖掘高度工作半径；*B*—最大挖掘半径；*C*—最大挖掘高度工作半径；*D*—标准最大挖掘高度；*E*—最大挖掘高度；*F*—最大挖掘深度

在实际操作工作中，因土壤和工作面条件的不同和变化，单斗液压反铲挖掘机各油缸在挖掘循环中的动作配合是灵活多样的，上述工作方式只是其中的一种挖掘方法。

单斗液压反铲挖掘机的工作特点是可用于挖掘机停机面以下的土壤挖掘工作，或挖壕沟、基坑等。由于各油缸可以分别操纵或联合操纵，因此挖掘动作更加灵活。铲斗挖掘轨迹的形成取决于对各油缸的操纵。当采用动臂油缸工作进行挖掘作业时（斗柄和铲斗油缸不工作），可以得到最大的挖掘半径和最大的挖掘行程，这就有利于在较大的工作面上工作。挖掘的高度和深度决定于动臂的最大上倾角和下倾角，亦即决定于动臂油缸的行程。

当采用斗柄油缸进行挖掘作业时，则铲斗的挖掘轨迹是以动臂与斗柄的铰接点为圆心，以斗齿至此铰接点的距离为半径所作的圆弧线，圆弧线的长度与包角由斗柄油缸行程来决定。当动臂位于最大下倾角时，采用斗柄油缸工作时，可得到最大的挖掘深度和较大的挖掘行程。在较坚硬的土质条件下工作时也能装满铲斗，故在实际工作中常以斗柄油缸进行挖掘作业和平场工作。

当采用铲斗油缸进行挖掘作业时，挖掘行程较短。为使铲斗在挖掘行程终了时能保证铲斗装满土壤，则需要有较大的挖掘力挖取较厚的土壤。因此，铲斗油缸一般用于清除障碍及挖掘。

各油缸组合工作的工况也较多。当挖掘基坑时，由于深度要求大、基坑壁陡而平整，因此需要动臂和斗柄两油缸同时工作；当挖掘坑底时，挖掘行程将结束，为加速装满铲斗和挖掘过程需要改变铲斗切削角度等，要求斗柄和铲斗同时工作，以达到良好的挖掘效果并提高生产率。

单斗液压反铲挖掘机的工作尺寸，可根据它的结构形式及其结构尺寸，利用作图法求出挖掘轨迹的包络图，从而控制和确定挖掘机在任一正常位置时的工作范围。为防止因塌坡而使机器倾翻，在包络图上还须注明停机点与坑壁的最小允许距离。另外，考虑机器的稳定与工作的平衡，挖掘机不可能在任何位置都发挥最大的挖掘力。

7.2.2.2　单斗液压正铲挖掘机的工作原理

单斗液压正铲挖掘机（见图7-12）的基本组成和工作过程与单斗液压反铲挖掘机相

同。在中小型液压挖掘机中，正铲装置与反铲装置往往可以通用，它们的区别仅仅在于铲斗的安装方向。

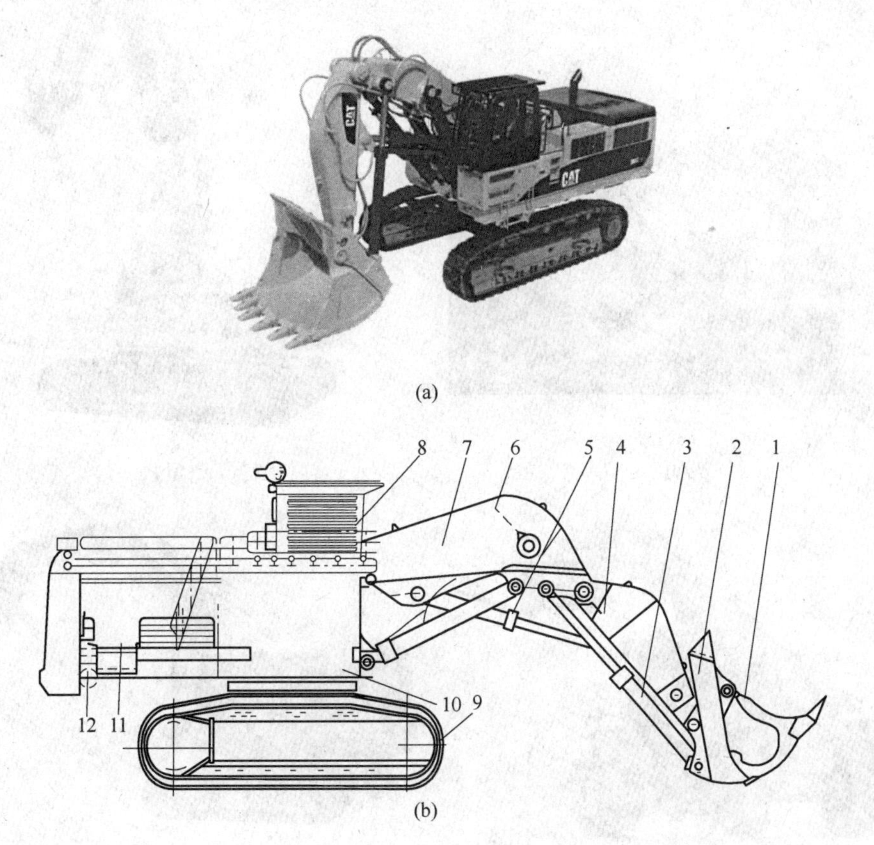

图 7-12　单斗液压正铲挖掘机

(a) 外形；(b) 结构

1—铲斗；2—铲斗托架；3—转斗油缸；4—斗柄；5—斗柄油缸；6—大臂；7—大臂油缸；8—司机室；9—履带；10—回转台；11—机棚；12—配重

单斗液压正铲挖掘机用于挖掘停机面以上的土壤，故以最大挖掘半径和最大挖掘高度为主要尺寸。它的工作面较大，挖掘工作要求铲斗有一定的转角。另外，在工作时受整机的稳定性影响较大，单斗液压正铲挖掘机常用斗柄油缸进行挖掘。正铲铲斗采用斗底开启方式，用卸载过程油缸实现其开闭动作，这样可以增加卸载高度和节省卸载时间。单斗液压正铲挖掘机在工作中，动臂参加运动，斗柄无推压运动，切削土壤厚度主要用转斗油缸来控制和调节。

7.2.3　单斗液压挖掘机的组成机构

单斗液压挖掘机由铲取工作机构、行走机构、回转机构、液压传动系统组成。

7.2.3.1　铲取工作机构

单斗液压挖掘机的铲取工作是靠动臂来完成。动臂主要整体单节动臂、双节可调动臂、伸缩式动臂和天鹅颈形动臂等形式，如图 7-13 所示。其中天鹅颈形动臂应用最多。

(a)　(b)　(c)　(d)

图 7-13　液压铲动臂形式

（a）整体单节动臂；（b）双节可调动臂；（c）伸缩式动臂；（d）天鹅颈形动臂

（1）整体单节动臂。此种动臂的特点是结构简单，制造容易，质量轻，有较大的动臂转角，反铲作业时，不会摆动，操作准确，挖掘的壁面干净，挖掘特性好，装卸效率高。

（2）双节可调动臂。这种结构多半用于负荷不大的中、小型液压挖掘机上。按工况变化常需要改变上、下动臂间的夹角和更换不同的作业机具，因此其互换性和通用性较好。另外，在上、下动臂间采用可变的双铰接连接，以此改变动臂的长度及弯度，这样既可调节动臂的长度，又可调节上下动臂的夹角，可得到不同的工作参数，适应不同的工况要求，增大作业范围。

（3）伸缩式动臂。此种动臂由两节套装，用液压传动机构实现其伸缩的结构形式。伸缩臂的外主臂铰接在回转平台架上，由起升油缸控制其升降。铲斗铰接在内动臂的外伸端。它是一种既能挖掘又能平地的专用工作装置。

（4）天鹅颈形动臂。它是整体单节动臂的另一种形式，其动臂的下支点设在回转平台的旋转中心轴线的后面，并高出平台面。动臂油缸的支点则设在前面并往下伸出。动臂上有三个油缸活塞杆的连接孔眼，以便改变挖掘深度和卸载高度。这种结构增加了挖掘半径和挖掘深度并降低了工作装置的重量。

7.2.3.2 行走机构

单斗液压挖掘机的行走有轮胎行走和履带行走。

轮胎行走装置的结构与汽车的行走装置相同。用于各种液压挖掘机中的轮胎行走装置有标准汽车底盘、特种汽车底盘（行走驾驶室与作业操纵室是分设的）、轮式拖拉机底盘和专用底盘等几种形式。

液压挖掘机的履带运行装置的与电铲基本相同，不同之处只是驱动系统，它也有机械传动式和液压传动式两种。全液压传动的挖掘机，履带运行装置是采用液压传动形式，即在每条履带上分别采用行走油马达驱动，油马达的供油也分别由一台油泵来完成。这样，液压传动式的结构更简单，只要对油路进行控制，就可以很方便地实现运行、转弯或就地转弯，以适应各种场地的作业。

在液压传动的履带行走装置中，也有三种不同的传动方案：调整低扭矩油马达和行星齿轮减速器、高速低扭矩柱塞油马达和行星摆线针轮减速器、低速大扭矩油马达和一级齿轮传动减速器，后者是采用较多的设计方案。

7.2.3.3 回转机构

单斗液压挖掘机的回转机构主要采用液压元件传动。由于平台负荷小，回转部分质量轻，因此回转时的转动惯量小，启动和制动的加速度大，转速较高，回转一定转角所需时间少，有利于提高生产率。液压挖掘机回转机构传动方式可分为两类：在半回转的悬挂式或伸缩臂式液压挖掘机上采用油缸或单叶片油马达驱动；在全回转液压挖掘机上一般可采用高速小扭矩或低速大扭矩油马达驱动。全回转液压挖掘机的支承回转装置和齿轮、齿圈等传动部分的结构与一般挖掘机相同。而小齿轮的驱动部可分为高速和低速传动两种。对高速传动，采用高速定量轴向柱塞式油马达或齿轮油马达作动力机，通过齿轮减速箱驱动回转小齿轮环绕底座上的固定齿圈周边做啮合滚动，带动平台回转。对低速传动，采用内曲线多作用低速大扭矩径向柱塞式油马达直接驱动小齿轮，或者采用星形柱塞式或静平衡式低速油马达通过正齿轮减速来驱动小齿轮，再带动平台回转。国产 WY-100 型和 WY-200 型等液压挖掘机上就采用了内曲线多作用油马达直接驱动回转小齿轮。这种油马达结构铰接紧凑，体积小，扭矩大，转速均匀，即使在低速运转下也有很好的均匀性。

7.2.3.4 液压传动系统

单斗液压挖掘机的液压传动系统是根据机器的使用工况，动作特点，运动形式及其相互的要求，速度要求、工作的平稳性、随动性、顺序性、连锁性以及系统的安全可靠性等因素来设计的，这就决定了液压传动系统类型的多样性。按主油泵的数量、功率的调节方式、油路的数量来分，单斗液压挖掘机液压传动系统。一般可以分为 6 种基本形式：

（1）单泵或双泵单路定量系统，如 WY-160 型挖掘机。

（2）双泵双路定量系统，如 WY-100 型挖掘机。

（3）多泵多路定量系统，如 WY-250 型和 H121 型挖掘机。

（4）双泵双路多功率调节变量系统，如 WY-200 型挖掘机。

（5）双泵双路全功率调节变量系统，如 WY-60A 型挖掘机。

（6）多泵多路定量、变量混合系统，如 SC-50 型挖掘机。

此外，按油流循环方式的不同，单斗液压挖掘机液压传动系统还可以分为开式和闭式两种系统。

7.2.4　单斗液压挖掘机的工作方式

从图 7-10 可以看出，与电铲基本相同，液压挖掘机的结构也是由履带行走装置、上部回转装置与前部工作装置组成。其前两部分与电铲几乎完全相同，不同之处仅在于液压铲的工作装置是由若干油缸控制关节状动臂的运动实现工作的。单斗液压反铲挖掘机工作示意如图 7-11 所示，单斗液压正铲挖掘机工作示意如图 7-14 所示。为扩大使用范围，也可将正铲和反铲互相改装使用。

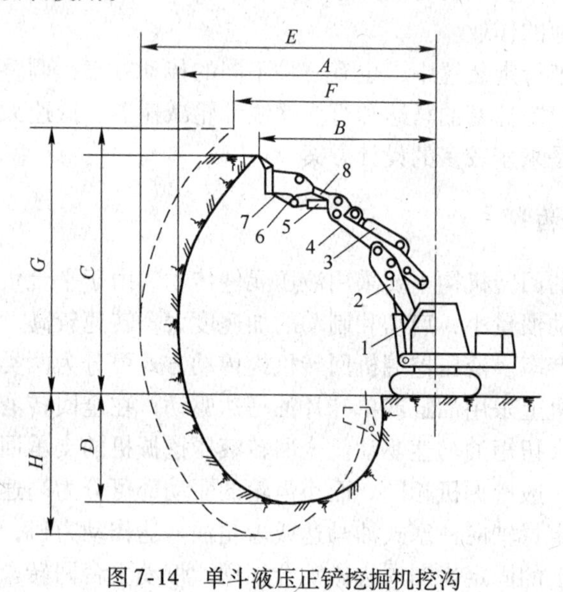

图 7-14　单斗液压正铲挖掘机挖沟

1—动臂油缸；2—下动臂；3—斗柄油缸；4—上动臂；5—铲斗油缸；6—斗门；7—铲斗；8—斗柄；*A*—最大挖掘半径；*B*—最大挖掘高度时的工作半径；*C*—最大挖掘高度；*D*—在停机面以下作业时的挖掘深度；*E*～*H*—动臂长度增大时的工作尺寸

WY-100 型单斗反向液压铲是我国使用较多的液压铲，其外形如图 7-10 所示。其工作机构由下动臂 3 及其控制油缸 4、上动臂 5 及其调整油缸 11、斗柄 8 及斗柄油缸 6 以及铲斗 10 和转斗油缸 7 组成。控制液压控制阀，可使各构件在相应油缸的驱动下，产生所需的各种运动状态。图 7-11、图 7-14～图 7-16 分别为用单斗液压反铲挖沟、单斗液压正铲挖沟、单斗液压反铲平整边坡以及单斗液压反铲挖掘巷道。

单斗液压反铲挖掘机每一作业循环包括挖掘、回转、卸料和返回等四个过程。挖掘时先将铲斗向前伸出，动臂带着铲斗落在工作面上，然后铲斗向着挖掘机方向拉转，铲斗在工作面上挖出一条弧形挖掘带并装满土壤，随后连同动臂一起升起。上部转台带动铲斗及动臂回转到卸土处，将铲斗向前推出，使斗口朝下进行卸土。卸土后动臂及铲斗回转并下放至工作面，准备下一循环的挖掘作业。

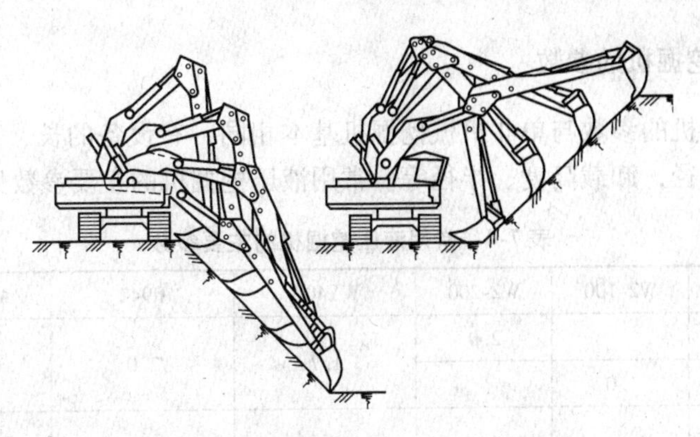

图 7-15　单斗液压反铲挖掘机平整边坡

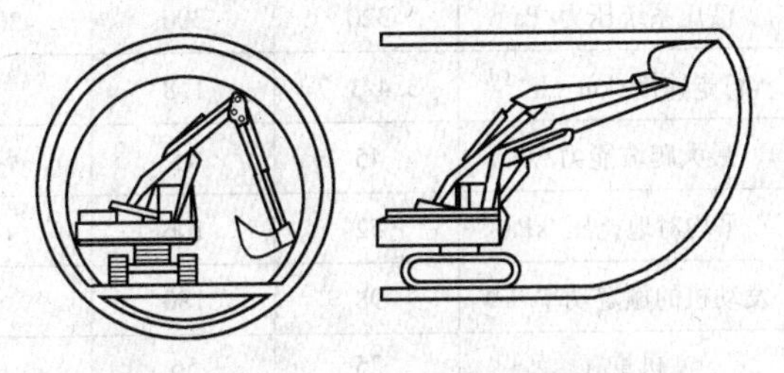

图 7-16　单斗液压反铲挖掘机挖掘巷道

单斗液压反铲挖掘机的基本作业方式有沟端挖掘、沟侧挖掘、直线挖掘、曲线挖掘、保持一定角度挖掘、超深沟挖掘和沟坡挖掘等。

（1）沟端挖掘。挖掘机从沟槽的一端开始挖掘，然后沿沟槽的中心线倒退挖掘，自卸车停在沟槽一侧，挖掘机动臂及铲斗回转40°~45°即可卸料。如果沟宽为挖掘机最大回转半径的两倍时，自卸车只能停在挖掘机的侧面，动臂及铲斗要回转90°方可卸料。若挖掘的沟槽较宽，可分段挖掘，待挖掘到尽头时调头挖掘毗邻的一段。分段开挖的每段挖掘宽度不宜过大，以自卸车能在沟槽一侧行驶为原则，这样可减少作业循环的时间，提高作业效率。

（2）沟侧挖掘。沟侧挖掘与沟端挖掘不同之处在于，自卸车停在沟槽端部，挖掘机停在沟槽一侧，动臂及铲斗回转小于90°可卸料。沟侧挖掘的作业循环时间短、效率高，但挖掘机始终沿沟侧行驶，因此挖掘过的沟边坡较大。

（3）直线挖掘。当沟槽宽度与铲斗宽度相同时，可将挖掘机置于沟槽的中心线上，从正面进行直线挖掘。挖到所要求的深度后再后退挖掘机，直至挖完全部长度。利用这种挖掘方法挖掘浅沟槽时挖掘机移动的速度较快，反之则较慢，但挖的沟槽底部都能很好地符合要求。

（4）曲线挖掘。挖掘曲线沟槽时可用短的直线挖掘相继连接而成。为使沟廓有圆滑的曲线，需要将挖掘机中心线稍微向外偏斜，同时挖掘机缓慢地向后移动。

（5）保持一定角度的挖掘。保持一定角度的挖掘方法通常用于铺设管道的沟槽挖掘，多数情况下挖掘机与直线沟槽保持一定的角度，而曲线部分很小。

（6）超深沟挖掘。当需要挖掘面积很大、深度也很大的沟槽时，可采用分层挖掘方法或正、反铲双机联合作业。

（7）沟坡挖掘。挖掘沟坡时将挖掘机位于沟槽一侧，最好用可调的加长斗杆进行挖掘，这样可以使挖出的沟坡不需要做任何修整。

由上述可知，单斗液压挖掘机的各项工作尺寸决定于各液压缸的状态，故操作时只需根据需要调整各液压缸的状态即可。

7.2.5　单斗液压挖掘机的参数

单斗液压挖掘机的参数与单斗机械挖掘机基本相同，有设备的长、宽、高，斗容，挖掘高度、深度、半径，卸载高度、半径等。常用液压挖掘机的主要参数见表7-4。

表7-4　常用液压挖掘机的主要参数

型　号	W2-100	W2-200	WY40A	R942	ZAXIS70	ZAXIS270
正铲斗容积/m^3		2.0	1.7	2.0	0.3	1.3
反铲斗容积/m^3	1.0					
平台最大回转速度/r·min^{-1}	8.0	6.0	7.6	7.8	11.3	10.6
液压系统压力/Pa	320	300	30×10^6	29.1×10^6	34.3×10^6	34.3×10^6
行走速度/km·h^{-1}	3.4/1.7	1.8	2.5	2.6	5.0/3.4	4.9/2.9
最大爬坡能力/‰	45	45	40	70	70	70
平均对地比压/kPa	52	106			30	55
发动机的额定功率/kW	98	180	149	125	45	125
机重/t	25	56	40	45	6.5	27
制造厂家	杭州重型机械有限公司		杭州工程机械厂	上海建筑机械厂	日立建机（中国）有限公司	

7.2.6　单斗液压挖掘机的选型

单斗液压挖掘机主要是根据矿山采剥总量、矿岩物理机械性质、开采工艺和设备性能等条件选型，以充分发挥矿山生产设备的效率，使各工艺环节生产设备之间相互适应，设备配套合理。一般做法是，首先选择合适的铲装设备，并确定与之配套的运输设备，然后选择钻孔设备。主体设备合理配套之后，再选择确定辅助设备。特大型露天矿一般选用斗容不小于10m^3的挖掘机；大型露天矿一般选用斗容为4～10m^3的挖掘机；中型露天矿一般选用斗容为2～4m^3的挖掘机；小型露天矿一般选用斗容为1～2m^3的挖掘机。

采用汽车运输时，挖掘机斗容积与汽车载重量要合理匹配，一般是一车应装4～6斗。

设备选型还要与开拓运输方案统一考虑，使装载运输成本低，机动灵活，经济性好。

表7-5～表7-7分别是一般露天矿山的装备水平、金属露天矿设备常用匹配方案、金属露天矿设备组合配套实例。

表7-5　一般露天矿山的装备水平

装备名称	小型露天矿	中型露天矿	大型露天矿	特大型露天矿
穿孔设备	ϕ150mm以下潜孔钻；凿岩钻车；手持式凿岩机	ϕ150～200mm潜孔钻；ϕ250mm牙轮钻；凿岩钻车	ϕ250～310mm牙轮钻；ϕ150～200mm潜孔钻	ϕ310～380mm牙轮钻（硬岩）；ϕ250～310mm牙轮钻（软岩）
装载设备	0.5～1m^3挖掘机；3m^3以下前装机	1～4m^3挖掘机；3～5m^3前装机	4～10m^3挖掘机	10m^3以上挖掘机

续表 7-5

装备名称	小型露天矿	中型露天矿	大型露天矿	特大型露天矿
运输设备	汽车运输时，15t 以下汽车；铁路运输时，14t 以下电机车、$4m^3$ 以下矿车	汽车运输时，50t 以下汽车；铁路运输时，14 ~ 20t 电机车、4 ~ $6m^3$ 矿车	汽车运输时，50 ~ 100t 汽车；铁路运输时，100 ~ 150t 电机车、60 ~ 100t 矿车；胶带运输时，1.4m 以下胶带机	汽车运输时，100t 以上汽车；铁路运输时，150t 电机车、100t 矿车；胶带运输时，1.4 ~ 1.8m 胶带机
排弃设备	推土机配合汽车；铁路-推土机	推土机配合汽车；铁路-推土机	推土机配合汽车；破碎-胶带-排土机；铁路-挖掘机	推土机配合汽车；破碎-胶带-排土机；铁路-挖掘机
辅助设备	89.4kW 以下履带推土机	89.4 ~ 238.4kW 履带推土机	238 ~ 305kW 履带推土机；$5m^3$ 前装机	305kW 履带推土机；223.5kW 轮胎推土机；$9m^3$ 前装机
粗破碎设备	500 ~ 700mm 旋回破碎机；400mm × 600mm ~ 600mm × 900mm 颚式破碎机	900mm 旋回破碎机；900mm × 1200mm 颚式破碎机	1200mm 旋回破碎机；1200mm × 1500mm 颚式破碎机	1500mm 旋回破碎机；1500mm × 2100mm 颚式破碎机

表 7-6　金属露天矿设备匹配方案

设备名称		小型露天矿	中型露天矿	大型露天矿	特大型露天矿
穿孔设备	潜孔钻机（孔径）/mm	≤150	150 ~ 200	150 ~ 200	
	牙轮钻机（孔径）/mm	150	250	250 ~ 310	310 ~ 380（硬岩）；250 ~ 310（软岩）
挖掘设备	单斗挖掘机（斗容）/m^3	1 ~ 2	1 ~ 4	4 ~ 10	≥10
	前装机（斗容）/m^3	≤3	3 ~ 5	5 ~ 8	8 ~ 13
运输设备	自卸设备（载重）/t	≤15	<50	50 ~ 100	>100
	电机车（黏重）/t	<14	10 ~ 20	100 ~ 150	150
	翻斗车	<$4m^3$	4 ~ $6m^3$	60 ~ 100t	100t
	钢绳芯带式输送机（带宽）/mm	800 ~ 1000	1000 ~ 1200	1400 ~ 1600	1800 ~ 2000
辅助设备	履带推土机/kW	75	135 ~ 165	165 ~ 240	240 ~ 308
	轮胎推土机/kW			75 ~ 120	120 ~ 165
	炸药混装设备/t	8	8	12，15	15，24
	平地机/kW		75 ~ 135	75 ~ 150	165 ~ 240
	振动式压路机/t			14 ~ 19	14 ~ 19
	汽车吊/t	<25	25	40	100
	洒水车/t	4 ~ 8	8 ~ 10	8 ~ 10，20 ~ 30	10，20 ~ 30
	破碎机（旋回移动）/mm			1200 ~ 1500	1200 ~ 1500
	液压碎石器/N · m		$(1.5 \sim 3) \times 10^4$	$(1.5 \sim 3) \times 10^4$	$(1.5 \sim 3) \times 10^4$

表 7-7 金属露天矿设备组合配套实例

矿山规模	方案	配套主体设备	配套辅助设备	主要使用条件	矿山实例
小型	Ⅰ	ϕ80 ~ 120mm 潜孔钻机，0.6m³ 柴油铲或 1m³ 电铲，3 ~ 7t 电机车，10t 以下矿车、斜坡提升或 8t 以下汽车	60 ~ 75kW 推土机，8t 装药车，4 ~ 8t洒水车，25t 以下汽车吊	采剥总量 50 万吨以下中等深度的或 100 万吨左右露天矿	祥山铁矿
	Ⅱ	ϕ150mm 潜孔钻，ϕ150mm 牙轮钻，1 ~ 2m³ 电铲，8 ~ 15t 汽车		采剥总量100 万 ~ 200 万吨露天矿	可可托海一矿
	Ⅲ	ϕ150mm 潜孔钻，3 ~ 5m³ 前装机装运作业或配 20t 以下汽车		岩石运距在 3km 以内露天矿	山西铝土矿
	Ⅳ	ϕ150 ~ 200mm 潜孔钻，2 ~ 4m³ 电铲，15 ~ 32t 汽车		采剥总量300 万 ~ 500 万吨露天矿	雅满苏铁矿
中型	Ⅰ	ϕ200mm 潜孔钻或 ϕ250mm 牙轮钻，4m³ 电铲或 5m³ 前装机，20 ~ 32t汽车	75 ~ 165kW 推土机，8t 装药车，8 ~ 10t 洒水车，25t 汽车吊，10 ~ 30kN · m 液压碎石器或 ϕ0.8 ~ 2m 电动破碎机	一般开采深度中型露天矿	金堆城钼矿、密云铁矿
	Ⅱ	ϕ200mm 潜孔钻或 ϕ250mm 牙轮钻，4m³ 电铲，100t 电机车或内燃机车，60t 侧卸翻斗车		深度不大的中型露天矿	大冶铁矿上部扩帮、大连甘井子石灰石矿
	Ⅲ	ϕ250mm 牙轮钻，4 ~ 6m³ 电铲，60t 以下汽车，破碎站，1000 ~ 1200mm 钢绳芯带式输送机		深度较大的露天矿	
大型、特大型	Ⅰ	ϕ250 ~ 380mm 牙轮钻或 ϕ250mm 潜孔钻，4 ~ 11.5m³ 电铲，32 ~ 60t 汽车和 108 ~ 154t 电动轮汽车	165kW 以上履带式推土机，120kW 以上轮式推土机，12t 以上装药车，135kW 以上平地机，14t 以上振动式压路机，40t 以上汽车，10t 以上洒水车，15 ~ 30kN · m 液压碎石器	大型、特大型露天矿	南芬铁矿、水厂铁矿
	Ⅱ	ϕ310mm、ϕ380mm、ϕ410mm 牙轮钻，10 ~ 21m³ 电铲，73t、108t、136t、154t 电动轮汽车		特大型露天矿	智利丘基卡马塔铜矿
	Ⅲ	ϕ250 ~ 380mm 牙轮钻，8 ~ 15m³ 电铲，100 ~ 150t 电机车或联动机车组，100t 侧卸翻斗车		大型、特大型露天矿	马钢南山铁矿
	Ⅳ	ϕ250mm 以上牙轮钻，8m³ 以上电铲，90t 以上汽车，1200mm × 2000mm 破碎机，1200mm 以上钢绳芯带式输送机		大型、特大型露天矿	美国西雅里塔铜钼矿、齐大山铁矿、水厂铁矿

（1）挖掘机劳动生产率。

$$Q_S = \frac{3600T}{t} q \frac{K_m}{K_h} K K_1 K_2$$

式中 Q_S——挖掘机劳动生产率，t/班；

t——每一工作循环延续的时间，s；

T——班工作时间，h；

q——挖掘机斗容，m^3；

K_m——铲斗装满系数，0.95～1.2；

K_h——土壤松散系数；

K——循环时间影响系数，0.7～1.3；

K_1——工作时间利用系数，0.7～0.95；

K_2——司机操作影响系数，0.8～0.98。

液压挖掘机的一个作业工作循环可分为4个步骤：挖掘装载、满斗回转、卸载、空斗回转到工作面。完成这4个步骤所需的时间可分别定为t_1、t_2、t_3、t_4，则完成一个工作循环所需要的时间为$t = t_1 + t_2 + t_3 + t_4$。

（2）设备数量的计算。

$$N = A/Q_S$$

式中 N——挖掘机台数，台；

A——年采剥总量，m^3/a；

Q_S——挖掘机效率，$m^3/(台 \cdot a)$。

Q_S值可通过计算或参考挖掘机实际生产能力选取，并要考虑效率降低因素。挖掘机设备一般不配备用设备，但一个矿山至少要有两台。

7.2.7 单斗液压挖掘机的使用与维护

7.2.7.1 单斗液压挖掘机的安全使用和日常维护

（1）液压挖掘机与机械式挖掘机不同，使用它进行作业时，重点是掌握好液压系统的特点和使用方法，以便提高工作效率，并保证设备完好和人身设备安全。

（2）液压挖掘机用油应采用含矿物混合料的蒸馏油；要求使用提炼优质，低凝点和低石蜡含量的液压油；液压油在工作温差较大时性能稳定，具有良好的润滑性、耐磨性、耐腐蚀性和抗气蚀性等。

（3）液压挖掘机应选择在冬夏两季边界条件下均能正常工作的液压油，尽量减少换油次数，以避免给液压系统带来灰尘污染，并降低耗油费用。

（4）启动前应检查发动机周围和机棚上是否有工具或其他物品。

（5）工作油箱内的油面必须在油标所示范围的2/3处，应将机器放在平坦的场地上进行检查。

（6）检查散热器皮带张紧程度，必要时须调整。

（7）检查工作装置各铰销是否可靠，驾驶室旁有梯子的要先撤掉，拔出转台止销。工作时操作要平稳，不允许工作装置有冲撞动作，要防止过载。

（8）轮胎式挖掘机作业时要先拔去支腿上的插销，将左右支腿转到所需位置，然后放下支腿，使后轮略微离地。

（9）空运转期间要对液压系统进行检查。油泵和管路不得有抖动和不正常现象，必要时应排除空气。

（10）工作装置进行若干次空动作，检查动作情况是否正常。如发现漏油等故障，应及时处理。一般在挖掘机工作时，应将发动机油门手柄放在转速偏高的位置。起重作业时，转速可适当放低。各工作机构联合动作时，不宜合流；特别在满负荷时，更不能合流。

（11）挖掘机必须在不会造成失稳的场合下使用与操作。未经驾驶员允许，任何人不准上机，更不能随意开动，铲斗内不准坐人。

（12）在高压电线附近运输或工作时，必须保持一定的安全距离。如必须在此距离内工作时，必须有电气保险装置，并通过当地电业局。

（13）如果装载与卸载地点没有充分的视野，则应由助手做向导，确保安全操作。

（14）挖掘机工作时，危险区域内（动臂与斗杆全伸出时，由斗齿最外缘围绕机器回转中心划出的一个整圆范围内）不准有任何人停留。

（15）不准用抽回斗杆的办法，排除牢固固定在地面上的物体。交通阻塞或经过十字路口时，要有安全措施，并应由汽车护送、领路。为了保持良好的视野，动臂必须放在水平位置，铲斗与斗杆油缸全伸出，铲斗离地面高度不小于400mm。

（16）不允许挖掘离机身太近处的土方，以免斗齿碰坏机件或造成塌方。油缸伸缩至极限位置时，必须保持平稳，避免冲击。

（17）不允许利用工作装置在回转的过程中做扫地式动作，更不准用铲斗打桩。

（18）禁止在斜坡上作业。必须在斜坡上作业时，应使用绞盘将挖掘机拖住，以防下滑。

（19）工作中要经常注意仪表是否正常，注意仪表所指示的数字。液压油温最高不得超过80℃。一般在1h内应达到温度平衡。如油温异常升高，应及时检查，排除隐患。

（20）工作时，不得打开压力表开关，以免损坏压力表，不允许将多路阀上的压力任意调高到规定值以上。

（21）新机器在使用100h内，每班应检查工作油箱上的磁性滤清器，并进行清洗。发现液压油污严重时，及时更换液压油、清洗油箱。

（22）经常检查管路，不得漏油。如发现漏油，应及时进行紧固。管路夹板也要紧固好。

（23）作业中间休息或机器停放不工作时，必须将铲斗放在地面。司机离机前必须使用制动器，放好安全装置。停机时间较长或工作结束后，必须把发动机关闭、熄火，取下点火钥匙，锁好机门。

（24）修理和保养工作必须在机器完全停止，铲斗放在地面上时才能进行。必要时应采取适当办法（加支撑），防止动臂和斗杆下降。

（25）挖掘机在坡道上行驶时，禁止柴油机熄火，以免行走油马达失去补油而造成溜坡等事故。

（26）日常维护要做好各润滑部位的润滑工作，以减少零件磨损，延长使用寿命。在一般情况下如使用钙钠基润滑脂时，其整机润滑给油状况如图7-17所示。

7.2.7.2　单斗液压挖掘机的保养

单斗液压挖掘机各级技术保养以及中修、大修都是预期检修所必须进行的作业。根据国外的使用经验，液压挖掘机保养与修理的主要内容和要求如下：

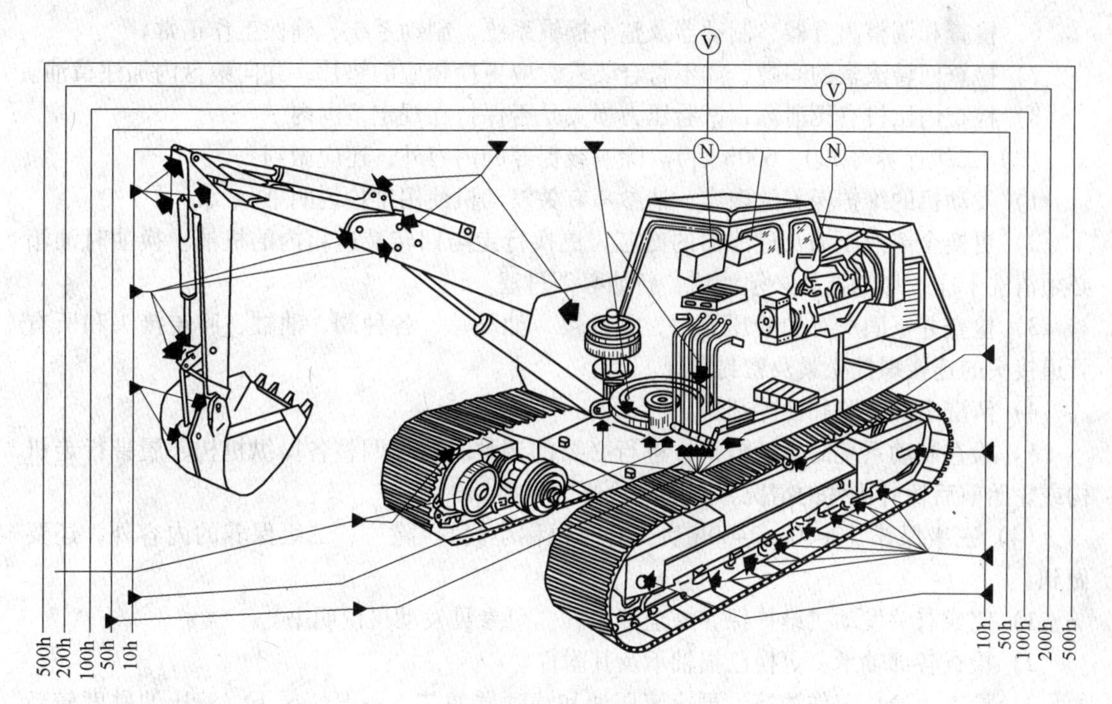

图7-17　液压挖掘机润滑图

V—换油；N—加油

（1）班保养（8～10h后）。班保养是日常保养，是保持挖掘机正常运转、减少事故的重要保证。其内容有：

1）清除灰尘、污泥、油污，进行全面清洁工作。

2）检查柴油底壳机油面、工作油箱油面，不足者应补足。

3）检查工作装置各铰点连接处是否松动或卡住。对所有的活动部分润滑点和回转齿面加注润滑油，并给储气筒放水。

4）清理空气滤清器。新机器在300h工作期间内，每班都要检查并清洗滤清器。

5）检查各零件的连接状况并及时坚固。除检查各连接螺栓是否坚固外，回转油马达、滚盘、行走减速箱、油泵驱动装置、履带板或轮胎等处也要检查。

6）检查操纵杆的灵活度。经常活动的关节处要加油并及时调整，检查各仪表是否工作正常。

（2）一级保养（50～60h后）。除日常保养的各项作业必须做之外，还要进行下列工作：

1）检查蓄水池（液面和密度）并进行保养。发动机的保养应参考有关的使用维护说明书。

2）检查管路系统的密封性及坚固情况。

3）检查电器系统，并进行清洁保养工作，断路部分要重新接好，开关和线路其他零件必须完备无缺。

4）检查清洗工作油箱，更换液压油及纸质滤芯。有空气预压的油箱要检查油箱压力。

5）检查调整履带的张紧程度或轮胎的气压。

6）检查和调整离合器、制动器及整个操纵系统、制动系统，确保工作正常。

7）检查回转滚盘的间隙，如不符合要求，应更换相应的垫片，并向滚盘内加注黄油。

8）检查内压机有无泄漏，试验压力损失是否保持在规定范围内。

（3）二级保养（500～600h 后）。除一级保养的内容外，还应做到：

1）发动机的维护保养的内容，请参考有关发动机使用维护说明书。

2）更换全部液压油及过滤器的滤芯，更换行走与回转减速箱内的机油。换油时油箱必须清洗干净，加油器具必须清洁，新油必须过滤。

3）检查并坚固所有的液压元件，如油泵、油马达、各种阀、油缸、回转接头和所有管道接头的连接螺栓松紧及密封情况。

4）清洗全部管路和油冷却器。

5）检查制动系统的制动效果，进行必要的调整。检查调整各操纵机构、履带行走机构或轮胎前后桥各机件的情况，必要时检修或更换。

（4）三级保养（2000～2400h 后，有时也称小修）。除一、二级保养的内容外，还要做到：

1）完成有关发动机维护保养的全部内容（可参见发动机说明书）。

2）检查各部轴承，更换已损轴承及其附件。

3）检查、清洗工作油箱，更换液压油和滤油器滤芯。一般情况下，液压油黏度较新油规定值超过 ±(10%～15%)，酸值大于 0.1mg DOH/g 时，必须更换。如情况良好，可适当延长更换期。

4）检查、调整制动和转向操纵系统，处理并排除检查中发现的各种故障。更换履带行走机构及其他机构的各种易损零件。检查油泵、油马达和多路阀（尤其是溢流阀、过载阀、补油阀等），必要时修理或更换。

复习思考题

7-1　挖掘机是如何分类的？

7-2　电动单斗挖掘机有哪些优缺点？

7-3　单斗挖掘机的主要尺寸参数有哪些？

7-4　画简图叙述 WK-4 型单斗挖掘机推压机构的工作原理。

7-5　画简图叙述 WK-4 型单斗挖掘机回转装置的工作原理。

7-6　单斗挖掘机常用的动柄式有几种？

7-7　简述单斗挖掘机的工作过程。

7-8　单斗挖掘机选型原则是什么？

7-9　挖掘机的斗容积与汽车载重量是如何匹配的？

7-10　液压挖掘机有哪些优缺点？

7-11　画出 WY-100 型挖掘机的液压系统图，并叙述其工作原理。

8　矿用运输汽车

【学习要求】

（1）了解露天矿自卸汽车的特点、应用与组成。

（2）了解地下自卸汽车的特点、应用与组成。

（3）掌握露天矿自卸汽车的选型。

（4）掌握地下自卸汽车的选型。

8.1　露天矿自卸汽车

8.1.1　露天矿自卸汽车运输的特点与应用

8.1.1.1　露天矿自卸汽车运输的特点

A　优点

（1）汽车运输具有较小的弯道半径和较陡的坡度，灵活性大，特别是对采场范围小、矿体埋藏复杂而分散、需要分采的露天矿更为有利。

（2）机动灵活，可缩短挖掘机停歇时间和作业循环时间，能充分发挥挖掘机的生产能力，与铁路运输比较可使挖掘机效率提高10%~20%。

（3）公路与铁路运输相比，线路铺设和移动的劳动力消耗可减少30%~50%。

（4）排土简单。采用推土机辅助排土，所用劳动力少，排土成本较铁路运输可降低20%~25%。

（5）便于采用移动坑线开拓，因而更有利于中间开沟向两边推进的开拓方式，以缩短露天开矿基建时间，提前投产和合理安排采矿计划。

（6）缩短新水平的准备时间，提高采矿工作下降速度，汽车运输每年可达15~20m，铁路运输的下降速度只能达4~7m。

（7）汽车运输能较方便地采用横向剥离，挖掘机工作线长度比铁路运输短30%~50%。

（8）采场最终边坡角比铁路运输大，因此可减少剥离量，降低剥采比，基建工程量可减少20%~25%，从而减少基建投资和缩短基建时间。

B　缺点

（1）司机及修理人员较多，为铁路运输的2~3倍，保养和修理费用较高，因而运输成本高。

（2）燃油和轮胎耗量大，轮胎费用占运营费的1/5~1/4，汽车排出废气污染环境。

（3）合理经济运输距离较短，一般在3~5km以内。

（4）路面结构随着汽车重量的增加而需加厚，道路保养工作量大。

(5) 运输受气候影响大，汽车寿命短，出车率较低。

8.1.1.2　露天矿自卸汽车运输的应用

选择合理的运输方式是露天矿设计工作的重要内容。汽车运输由于具有很多优点，因此在露天矿山运输中占有很重要的地位。汽车运输可作为露天矿山的主要运输方式之一，也可以与其他运输设备联合使用。随着露天矿山和汽车工业的不断发展，汽车运输必将得到更加广泛的应用。

汽车运输适用于以下情况：

(1) 矿点分散的矿床。

(2) 山坡露天矿的高差或凹陷露天矿深度在 100～200m，矿体赋存条件和地形条件复杂。

(3) 矿石品种多，需分采分运。

(4) 矿岩运距小于 3km，采用大型汽车时应小于 5km。

(5) 陡帮开采。

(6) 与胶带运输机等组成联合开拓运输方案。

矿用汽车的工作条件不同于其他一般汽车的工作条件。露天矿自卸汽车的工作特点是运输距离短，启动、停车、转变和调车十分频繁，行走的坡道陡，道路的曲率半径小，有时还要在土路上行走。另外，电铲装车时对汽车冲击很大。因此，露天矿自卸汽车在结构上应满足下列要求：

(1) 由于电铲装车和颠簸行驶时，冲击载荷剧烈，因此车体和底盘结构应具有足够的坚固性，并有减振性能良好的悬挂装置。

(2) 运输硬岩的车体必须采用耐磨且坚固的金属结构。

(3) 卸载时应机械化，并且动作迅速。

(4) 司机棚顶上应有防护板，以保证司机的安全，对于含有害矿尘的矿山，司机室要密闭。

(5) 制动装置要可靠，起步加速性能和通过性能应该良好。

(6) 司机劳动条件要好，驾驶操纵轻便，视野开阔。

8.1.2　露天矿自卸汽车的分类

8.1.2.1　按卸载方式分类

露天矿山使用的自卸汽车分为后卸式、底卸式和自卸式汽车系列，其中后卸式应用使用广泛。

(1) 后卸式汽车。后卸式汽车是矿山普遍采用的汽车类型，有双轴式和三轴式两种结构形式。双轴汽车虽可以四轮驱动，但通常为后桥驱动，前桥转向。三轴式汽车由两个后桥驱动，它用于特重型汽车或比较小的铰接式汽车。本节主要论述后卸式汽车（以下简称自卸汽车）。

(2) 底卸式汽车。底卸式汽车可分为双轴式和三轴式两种结构形式；可以采用整体车架，也可采用铰接车架。底卸式汽车使用很少。

(3) 自卸式汽车系列。自卸式汽车系列是由一个人驾驶两节或两节以上的挂车组，主要由鞍式牵引车和单轴挂车组成。由于它的装卸部分可以分离，所以无需整套的备用设备。美国还生产双挂式和多挂式汽车列车，主车后带多个挂车，每个挂车上都装有独立操纵的发动机和一根驱动轴。重型货车多采用列车形式，运输效率较高。

8.1.2.2 按动力传动形式分类

露天矿自卸汽车分为机械传动式、液力机械传动式、静液压传动式和电传动式。露天矿用自卸汽车根据用途不同，采用不同形式的传动系统。

(1) 机械传动式汽车。采用人工操作的常规齿轮变速箱，通常在离合器上装有气压助推器。这是使用最早的一种传动形式，设计使用经验多，加工制造工艺成熟，传动效率可达90%，性能好。但是，随着车辆载重量的增加，变速箱挡数增多，结构复杂，要求驾驶员操纵熟练，驾驶员容易疲劳。机械传动仅用于小型矿用汽车上。

(2) 液力机械传动式汽车。在传动系统中增加液力变矩器，减少了变速箱挡数，省去主离合器，操纵容易，维修工作量小，消除了柴油机波及传动系统的扭振，可延长零件寿命。其不足之处是液力传动效率低。为了综合利用液力和机械传动的优点，某些矿用汽车在低挡时采用液力传动，起步后正常运转时使用机械传动。世界上30～100t的矿用自卸汽车大多数采用液力机械传动形式。20世纪80年代以来，随着液力变矩器传递效率和自动适应性的提高，液力机械传动已可完全有效地用于100t以上乃至327t的矿用汽车，车辆性能完全可与同级电动轮汽车媲美。

(3) 静液压传动式汽车。由发动机带动的液压泵使高压油驱动装于主动车轮的液压马达，省去了复杂的机械传动件，自重系数小，操纵比较轻便；但液压元件要求制造精度高，易损件的修复比较困难，主要用于中小型汽车上。静液压传动在77t、104t、135t、154t等型矿用自卸汽车上得到广泛应用。

(4) 电传动式汽车（又称电动轮汽车）。它以柴油机为动力，带动主发电产生电能，通过电缆将电能送到与汽车驱动轮轮边减速器结合在一起的驱动电动机，驱动车轮传动。调节发电机和电动机的励磁电路和改变电路的连接方式可实现汽车的前进、后退及变速、制动等多种工况。电传动汽车省去了机械变速系统，便于总体设计布置，还具有减少维修量，操纵方便，运输成本低等特点，但制造成本高。采用架线辅助系统双能源矿用自卸车是电传动汽车的一种发展产品，它用于深凹露天矿。这种电传动汽车分别采用柴油机，架空输电作为动力，爬坡能力可达18%；在大坡度的固定段上采用架空电源驱动时汽车牵引电机的功率可达柴油机额定功率的2倍以上，在临时路段上，则由本身的柴油机驱动。这种双能源汽车兼有汽车和无轨电车的优点，牵引功率大，可提高运输车辆的平均行驶速度；而在临时的经常变化的路段上，不用架空线，可使在装载点和排土场上作业的组织工作简化。

8.1.2.3 按驱动桥形式和车身结构分类

露天矿自卸汽车按驱动桥（轴）形式可分为后轴驱动，中后轴驱动（三轴车）和全轴驱动等形式；按车身结构特点分为铰接式和整体式两种。

8.1.3 露天矿自卸汽车的结构

露天矿自卸汽车主要由车体、发动机和底盘三部分组成。底盘由传动系统、行走部分、操纵机构（转向系和制动系）和卸载机构组成，具体可以分为动力系统装置、传动系统装置、悬挂系统装置、转向系统装置、制动系统装置。

8.1.3.1　基本结构

露天矿山使用的自卸汽车一般为双轴式或三轴式结构，如图 8-1 所示。双轴式可分为单轴驱动和双轴驱动，常用车型多为后轴驱动、前轴转向。三轴式自卸汽车由两个后轴驱动，一般为大型自卸汽车所采用。从其外形看，露天矿自卸汽车与一般载重汽车的不同点是驾驶室上面有一个保护棚，它与车厢焊接成一体，可以保护驾驶室和司机不被散落的矿岩砸伤。露天矿自卸汽车的外形结构如图 8-2 所示，重型露天矿自卸汽车主要构件的外形特征及相互安装位置如图 8-3 所示。

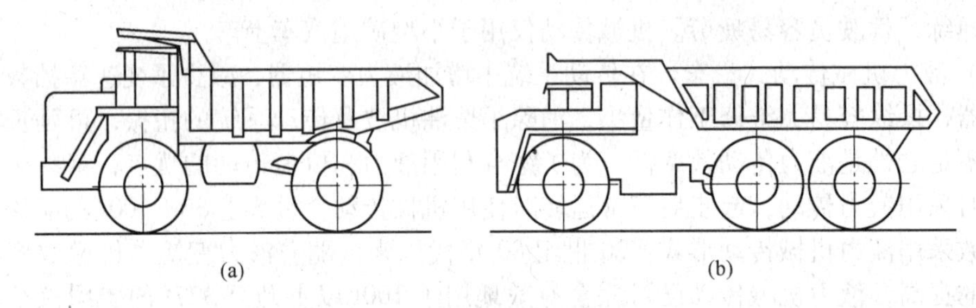

图 8-1　自卸汽车轴式结构

（a）双轴式；（b）三轴式

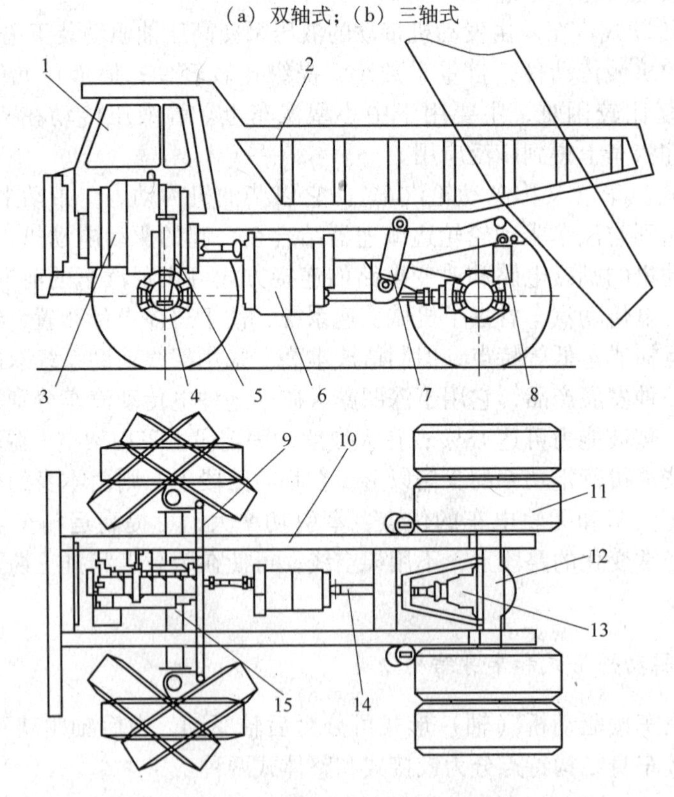

图 8-2　自卸载重汽车外形结构

1—驾驶室；2—货箱；3—发动机；4—制动系统；5—前悬挂；6—传动系统；7—举升缸；8—后悬挂；9—转向系统；10—车架；11—车轮；12—后桥（驱动桥）；13—差速器；14—转动轴；15—前桥（转向桥）

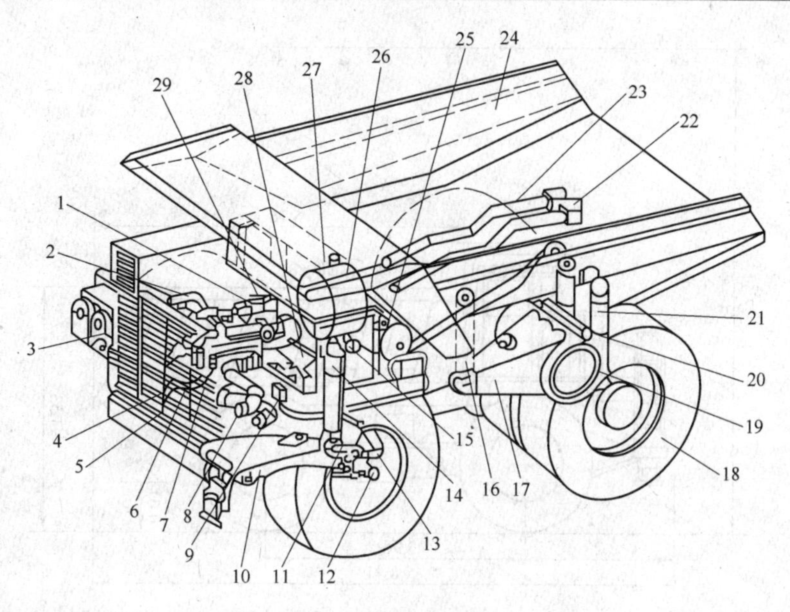

图 8-3 矿用自卸汽车

1—发动机；2—回水箱；3—空气滤清器；4—水泵进水管；5—水箱；6，7—滤清器；8—进气管总成；9—预热器；10—牵引臂；11—主销；12—羊角；13—横拉杆；14—前悬挂油缸；15—燃油泵；16—倾斜油缸；17—后桥壳；18—行走车轮；19—车架；20—系杆；21—后悬挂油缸；22—进气室转油箱；23—排气管；24—车厢；25—燃油粗滤器；26—单向阀；27—燃油箱；28—减速器踏板阀；29—加速踏板阀

我国多数露天矿山所用的自卸载重汽车的吨级为 30 ~ 80t，其中以 LN392 型（见图 8-4）Terex33-07 型（见图 8-5）自卸汽车为典型代表。

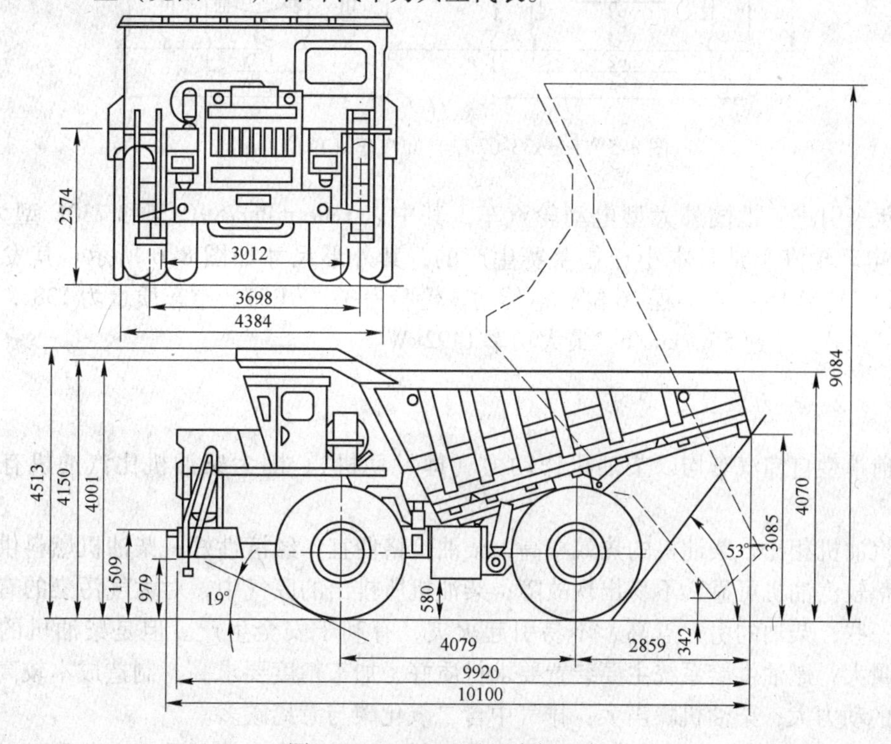

图 8-4 LN392 型矿用自卸汽车

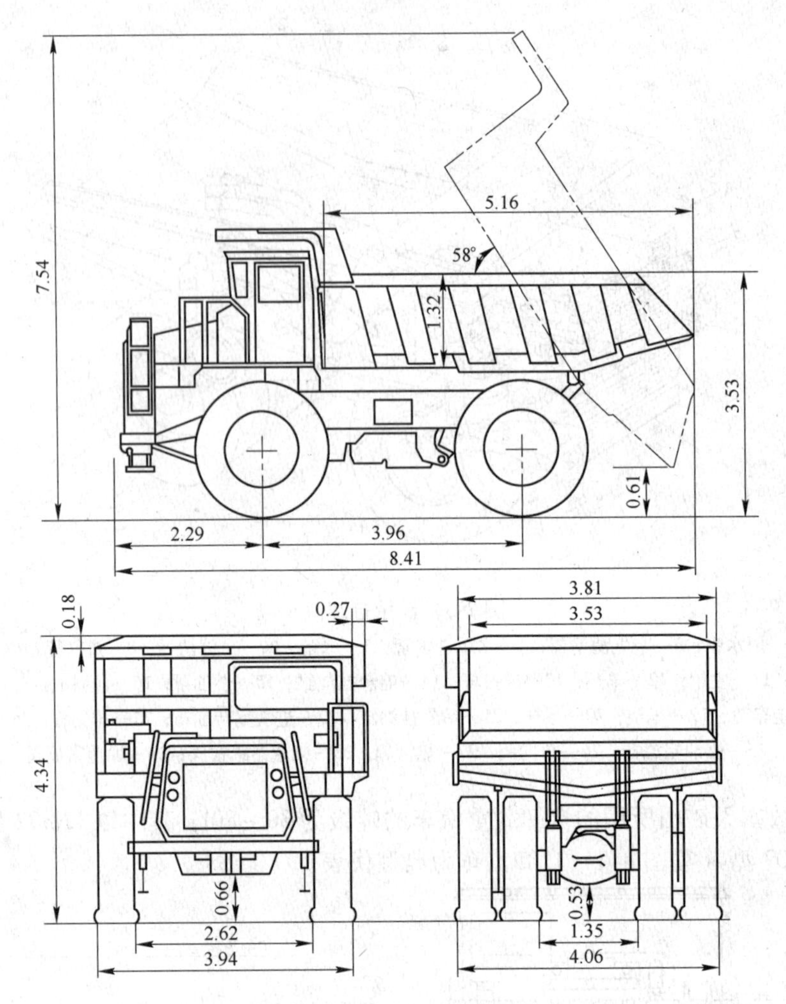

图 8-5　Terex33-07 型自卸汽车（单位：m）

近年来引进一批国外大型电动轮汽车，其中以 Caterpillar789C 型和 730E 型为代表。730E 型电动轮汽车是日本小松德莱赛生产的，其外形尺寸如图 8-6 所示。其发动机为 Komatsu SSA16V159，4 冲程 16 缸，电传动，轮胎为 37. 00R57，空车质量为 138t，车厢容积 111m^3，最大车速 55. 7km/h，最大功率 1492kW。

8. 1. 3. 2　动力装置

目前重型自卸汽车均以柴油机作动力（即发动机），因为柴油机比汽油机有更多的优点。

与汽油机相比，柴油机的热效率高，柴油价格便宜，经济性好；柴油机燃料供给系统和燃烧都较汽油机可靠，不易出现故障；柴油机所排出的废气中，对大气污染的有害成分相对少一些；柴油的引火点高，不易引起火灾，有利于安全生产。但是柴油机的结构复杂、重量大；燃油供给系统主要装置要求材质好、加工精度要求高，制造成本较高；启动时需要的动力大；柴油机噪声大，排气中含二氧化碳与游离碳多。

重型汽车用柴油机按行程分为二行程和四行程两种，绝大部分重型汽车采用四行程。

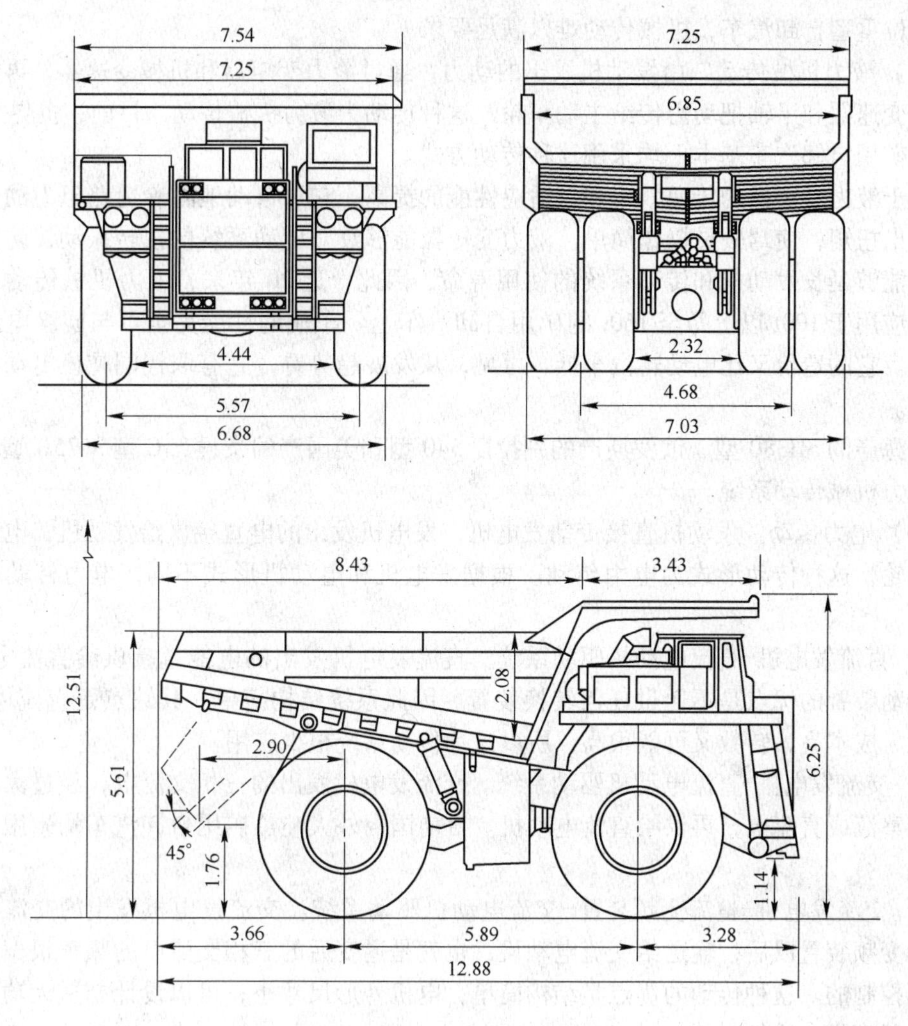

图 8-6 730E 型电动轮自卸汽车（单位：m）

8.1.3.3 传动装置

国内外露天矿自卸汽车种类很多，载重吨位也各不相同，其传动方式主要有机械传动、液力机械传动和电力传动三种。

(1) 机械传动。由发动机发出的动力，通过离合器、机械变速器、传动轴及驱动轴等传给主动车轮，这种传动方式为机械传动。载重量在 30t 以下的重型汽车多采用机械传动，因为机械传动具有结构简单、制造容易、使用可靠和传动效率高等优点。例如，交通 SH361 型、克拉斯 256B 型和北京 BJ370 型汽车均采用机械传动形式。

随着汽车载重量的增加，大型离合器和变速器的旋转质量也增大，给换挡造成了困难。踩离合器换挡时间长，变速器的齿轮有强烈的撞击声，使齿轮的轴承受到严重的损坏，因而要求驾驶员有较高的操作技巧。另外，由于机械变速器改变转矩是有级的，而当道路阻力发生变化时，要求必须及时换挡，否则发动机工作不稳定、容易熄火，尤其是在矿区使用的汽车，道路条件较差，换挡频繁，驾驶员容易疲劳，离合器磨损极其严重，故对大吨位重型自卸汽车，机械传动难以满足要求。

（2）液力机械传动。由发动机发出的动力，通过液力变矩器和机械变速器，再通过传动轴、变速器和半轴把动力传给主动车轮，这种传动为液力机械传动。目前，世界上 30 ~ 100t 的矿用自卸汽车基本上均采用这种传动方式。

由于液力变矩器的传递效率和自适应性能的提高，它可自动地随着道路阻力的变化而改变输出扭矩，使驾驶员操作简单。液力变矩器能够衰减传动系统的扭转振动，防止传动过载，能够延长发动机和传动系统的使用寿命，因此，近 20 年来，液力机械传动已完全有效地应用于 100t 以上乃至 160t 的矿用自卸汽车上。车辆的性能完全可与同级电动轮汽车媲美。它的造价又比电动轮汽车低，可见，从发展趋势看，它有取代同吨位电动轮汽车的可能。

上海产的 SH380 型、俄罗斯产的别拉斯 540 型和美国产的豪拜 35C 型和 75B 型汽车都采用液力机械传动系统。

（3）电力传动。发动机直接带动发电机，发电机发出的电直接供给发动机，电动机再驱动车轮，这种传动形式为电力传动。根据发电机和电动机形式不同，电力传动可分为 4 种：

1）直流发电机-直流电动机驱动系统。直流发电机发出的电能直接供给直流电动机。这种传动装置的优点是不通过任何转换装置，因此系统结构简单。其缺点是直流体积大、重量大、成本高，转数又可能很高，所以这种传动系统很少应用。

2）交流发电机-直流电动机驱动系统。交流发电机发出的三相交流电，经过大功率硅整流器整流成直流电，再供给直流电动机。目前国内外大吨位矿用自卸汽车均采用这种传动形式。

3）交流发电机-整流变频装置-交流电动机驱动系统。交流发电机发出的交流电经过整流和变频装置以后，输送给交流电动机，也就是逆变后的三相交流电的频率根据调速需要是可控制的。这种传动的优点是结构简单，电机外形尺寸小；可以设计制造大功率电动机，运行可靠，维护方便。

4）交流发电机-交流电动机驱动系统。同步交流发电机发出的电能送给变频器，变频器再向交流电动机输送频率可控的交流电。这种传动系统对变频技术和电动机结构都有较高的要求，目前尚未推广使用。

电力传动的汽车结构简单可靠，制动和停车准确，能自动调速，没有机械传动的离合器、变速器、液力变矩器、万向联轴节、传动轴、后桥差速器等部件，因而维修量小。此外，电力传动牵引性能好，爬坡能力强，可以实现无级调速，运行平稳，发动机可以稳定在经济工况下运转，操作简单，行车安全可靠等，所以经济效果比较好。但电力传动的汽车自重较大、造价较高，再由于电机尺寸和重量的限制，只有载重量在 100t 以上的自卸汽车才适合采用电力传动。别拉斯 549 型、豪拜 120C 与 200B 型和特雷克斯 33-15B 型矿用自卸汽车均采用电力传动系统。

8.1.3.4　悬挂装置

悬挂装置是汽车的一个重要部件，悬挂的作用是将车架与车桥弹性连接起来，以减轻和消除由于道路不平给车身带来的动载荷，保证汽车必要的行驶平稳性。

悬挂装置主要由弹性元件、减振器和导向装置三部分组成。这三部分分别起缓冲、减振和导向作用，三者共同的任务都是传递动力。

汽车悬挂装置的结构形式很多，其按导向装置的形式，可分为独立悬挂和非独立悬挂两种。前者与断开式车桥连用，而后者与非断开桥连用。载重汽车的驱动桥和转向桥大都采用非独立悬挂。悬挂按采用的弹性元件种类，可分为钢板弹簧悬挂、叶片弹簧悬挂、螺旋弹簧悬挂、扭杆弹簧悬挂和油气弹簧悬挂等多种形式。目前，大多数载重汽车采用叶片弹簧悬挂。近年来由于矿用重型汽车向大吨位发展，同时为了提高整车的平顺性及轮胎使用寿命，减轻驾驶人员的疲劳，现已广泛应用油气悬挂。少量汽车开始采用橡胶弹簧悬挂。

（1）钢板弹簧悬挂结构。钢板弹簧通常是纵向安置的，一般用滑板结构来代替活动吊耳的连接，如图 8-7 所示。它的主要优点是结构简单、重量轻、制造工艺简单、拆卸方便，减少了润滑点，减小了主片附加应力，延长了弹簧寿命。滑板结构是近年来的一种发展趋势，钢板弹簧用两个 U 形螺栓固定在前桥上。为加速振动的衰减，在载重汽车的前悬挂中一般都装有减振器，而载重汽车后悬挂则不一定装减振器。

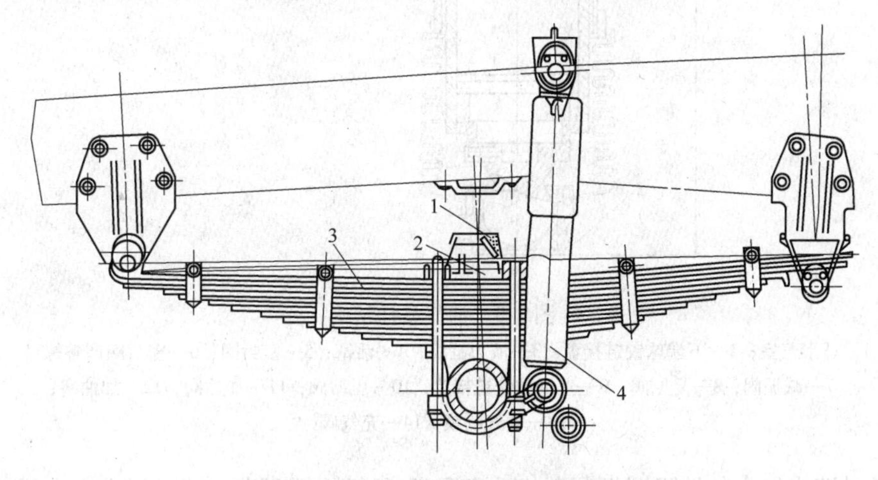

图 8-7　钢板弹簧悬挂结构

1—缓冲块；2—衬铁；3—钢板弹簧；4—减振器

（2）油气悬挂结构。从悬挂的类型来看，目前 30t 以下的载重汽车仍多采用钢板弹簧和橡胶空心簧。载重在 30t 以上的重型载重汽车，越来越多地采用油气悬挂。采用油气悬挂的目的是为了改善驾驶员的作业条件，提高平均车速，适应矿山的恶劣道路条件和装载条件。

油气悬挂一般都由悬挂缸和导向机构两部分组成。现在以上海 SH380A 型油气悬挂缸（见图 8-8）为例介绍油气悬挂装置的结构。它包括两部分：球形气室和液力缸。球形气室固定在液力缸上，其内部用油气隔膜 13 隔开，一侧充工业氮气，另一侧充满油液并与液力缸内油液相通。氮气是惰性气体，对金属没有腐蚀作用，在球形气室上装有充气阀接头 14。当桥与车架相对运动时，活塞 4 与缸筒 3 上下滑动。缸筒盖上装有一个减振阀、两个加油阀、两个压缩阀和两个复原阀 8。

当载荷增加时，车架与车桥间距缩短，活塞 4 上移，使充油内腔容积缩小，迫使油压

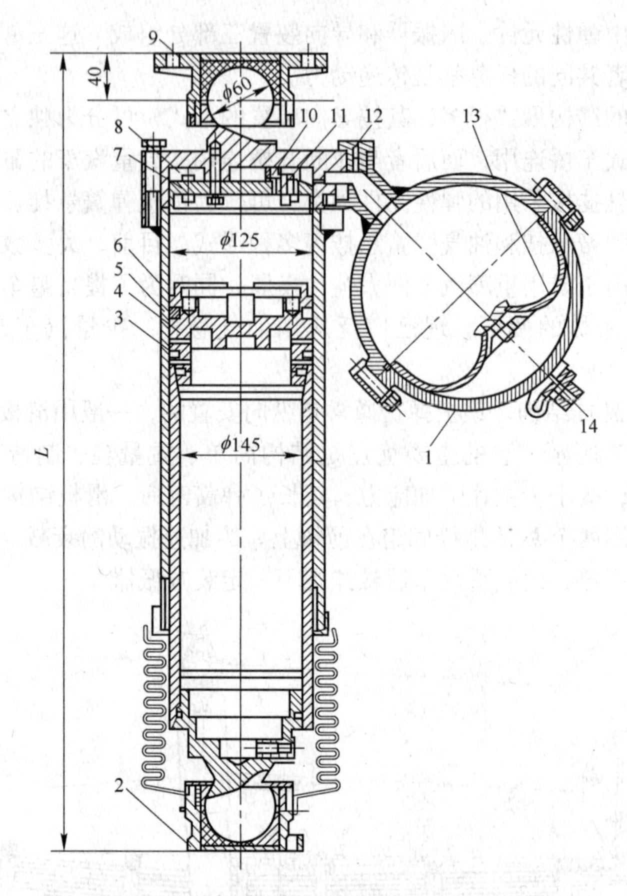

图 8-8　油气悬挂结构

1—球形气室；2—下端球铰链接盘；3—液力缸筒；4—活塞；5—密封圈；6—密封圈调整螺母；7—减振阀；8—复原阀；9—上端球铰链接盘；10—压缩阀；11—加油阀；12—加油塞；13—油气隔膜；14—充气阀

升高。这时液力缸内的油经减振阀 7、压缩阀 10 和复原阀 8 进入球形气室 1 内压迫油气隔膜 13，使氮气室内压力升高，直至与活塞压力相等时，活塞才停止移动。这时，车架与车桥的相对位置就不再变化。当载荷减小时，高压氮气推动油气隔膜把油液压回液力缸内，使活塞 4 向下移动，车架与车桥间距变长。到活塞上压力与气室内压力相等时，活塞即停止移动，从而达到新的平衡。就这样随着外载荷的增加与减少车架与车桥自动适应。

减振阀、压缩阀和复原阀都在缸筒上开一些小孔起阻尼作用，当压力差为 0.5MPa 时压缩阀开启，当压力差为 1MPa 时复原阀开启，这样振动衰减效果较好。

8.1.3.5　动力转向装置

转向系是用来改变汽车的行驶方向和保持汽车直线行驶的。普通汽车的转向系由转向器和转向传动装置两部分组成。重型汽车由于转向阻力很大，为使转向轻便，一般均采用动力转向。

动力转向是以发动机输出的动力为能源来增大驾驶员操纵前轮转向的力量的。这样，转向操纵十分省力，提高了汽车行驶的安全性。

在重型汽车的转向系统中，除装有转向器外，还增加了分配阀、动力缸、油泵、油箱和管路，形成一个完整的动力转向系统。

动力转向所用的高压油由发动机所驱动的油泵供给。转向加力器由动力缸和分配阀组成。动力缸内装有活塞，活塞固定在车架的支架上。驾驶员通过方向盘和转向器，控制加力器的分配阀，使自油泵供来的高压油进入动力缸活塞的左方或右方。在油压作用下，动力缸移动，通过纵拉杆及转向传动机构使转向轮向左或向右偏转。

由于车型和载重量不同，上述动力转向系统各总成的结构形式和组成也有差异。动力转向系统可按动力能源、液流形式、加力器和转向器之间相互位置的不同进行分类。

动力转向系统按动力能源分，有液压式和气压式两种。液压式动力转向油压比气压式高，所以其动力缸尺寸小、结构紧凑、重量轻。由于液压油具有不可压缩的特性，因此转向灵敏度高，无须润滑。同时，由于油液的阻尼作用，可以吸收路面冲击。所以目前液压式动力转向广泛用于各型汽车上，而气压动力转向则应用极少。

液压式动力转向按液流的形式，可分为常流式和常压式。常流式是指汽车不转向时，系统内工作油是低压，分配阀中滑阀在中间位置，油路保持畅通，即从油泵输出的工作油，经分配阀回到油箱，一直处于常流状态。常压式是指汽车不转向时，系统内工作油也是高压，分配阀总是关闭的。常压式需要储能器，油泵排出的高压油储存在储能器中，达到一定的压力后，油泵自动卸载而空转。

液压式动力转向按加力器和转向器的位置分为整体式和分置式。加力器与转向器合为一体的称为整体式；加力器与转向器分开布置的称为分置式。整体式动力转向结构紧凑，管路少，重量轻。在前轴负荷很大时，若用整体式，则动力缸尺寸大，结构与布置都较困难。因此，整体式多用于前桥负荷在 20t 以下的重型汽车上，分置式结构布置比较灵活，可以采用现有的转向器。尤其对超重型汽车，可以按需要增加动力缸的数目，增加缸径，以满足转向力矩增大的需要，如上海 SH380 型、拉斯 540 型及豪拜 120C 型自卸汽车都采用分置式。

8.1.3.6 制动装置

制动装置的功用是迫使汽车减速或停车，控制下坡时的车速，并保持汽车能停放在斜坡上。汽车具有良好的制动性能对保证安全行车和提高运输生产率起着极其重要的作用。

重型汽车，尤其是超重型矿用自卸汽车，由于吨位大，行驶时车辆的惯性也大，需要的制动力也就大；同时由于其特殊的使用条件，对汽车制动性能的要求与一般载重汽车有所不同。重型汽车除装设有行车制动、停车制动装置外，一般还装设有紧急制动和安全制动装置。紧急制动是在行车制动失效时，作为紧急制动之用。安全制动是在制动系气压不足时起制动作用。

为确保汽车行驶安全并且操纵轻便省力，重型汽车一般均采用气压式制动驱动机构；超重型矿用自卸汽车一般采用气液综合式（即气推油式）制动驱动机构。

矿山使用的重型汽车，经常行驶在弯曲且坡度很大的路面上，长期而又频繁地使用行车制动器，势必造成制动鼓内的温度急剧上升，使摩擦片迅速磨损，引起“衰退现象”和“气封现象”，从而影响行车安全。“衰退现象”是指摩擦片由于温度升高引起摩擦系数降低，而制动力矩也相应减小。“气封现象”是指由于制动鼓过热，轮制动油缸内制动液蒸发而产生气泡，使油压降低，进而使制动性能下降，甚至失效。为此，重型汽车的制动系还增设有各种形式的辅助制动装置，如排气制动、液力减速、电力减速等，以减轻常用的行车制动装置的负担。

汽车在制动过程中，作用于车轮上有效制动力的最大值受轮胎与路面间附着力的限制。如有效制动力等于附着力，车轮将停止转动而产生滑移（即车轮“抱死”或拖印子）。此时，汽车行驶操纵稳定性将受到破坏。如前轮抱死，则前轮对侧向力失去抵抗能力，汽车转向将失去操纵；如后轮抱死，由于后轮丧失承受侧向力的能力，后轮则侧滑而发生甩尾现象。为避免制动时前轮或后轮抱死，有的重型汽车装有前后轮制动力分配的调节装置。

如果制动器的旋转元件是固定在车轮上的，其制动力矩直接作用于车轮，称为车轮制动器。旋转元件装在传动系的传动轴上或主减速器的主动齿轮轴上，则称为中央制动器。车轮制动器一般是由脚操纵作行车制动用，但也有的兼起停车制动的作用；而中央制动器一般用手操纵作停车制动用。车轮制动器和中央制动器的结构原理基本相同，只是车轮制动器的结构更为紧凑。

制动器的一般工作原理如图 8-9 所示。一个以内圆面为工作面的金属制动鼓 8 固定在车轮轮毂上，随车轮一起旋转。制动底板 11 用螺钉固定在后桥凸缘上，它是固定不动的。在制动底板 11 下端有两个销轴孔，其上装有制动蹄 10，在制动蹄外圆表面上固定有摩擦片 9。当制动器不工作时，制动鼓 8 与制动蹄上的摩擦片有一定的间隙，这时汽车可以自由旋转。当汽车需要减速时，驾驶员应踩下制动踏板 1，通过推杆 2 和主缸活塞 3，使主缸内的油液在一定压力下流入制动轮缸 6，并通过两个轮缸活塞 7 使制动蹄 10 绕支撑销 12 向外摆动，使摩擦片 9 与制动鼓 8 压紧而产生摩擦制动。当要消除制动时，驾驶员不踩制动踏板 1，制动油缸中的液压油自动卸荷。制动蹄在制动蹄回位弹簧的作用下，恢复到非制动状态。

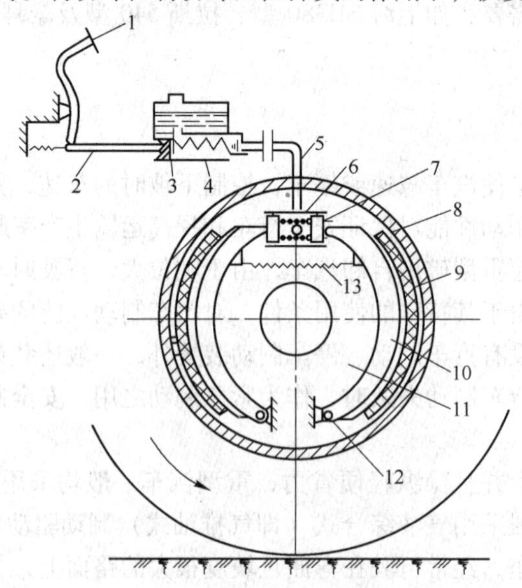

图 8-9　制动器工作原理

1—制动踏板；2—推杆；3—主缸活塞；4—制动主缸；5—油管；6—制动轮缸；7—轮缸活塞；8—制动鼓；9—摩擦片；10—制动蹄；11—制动底板；12—支撑销；13—制动蹄回位弹簧

8.1.4 露天矿自卸汽车的选型

8.1.4.1 选型原则

露天矿采场运输设备的选择主要取决于开拓运输方式，而影响开拓运输方式的因素又很多，因此，选择开拓运输方式必须通过技术经济比较综合确定。影响开拓运输方式选择的主要因素是矿山自然地质条件、开采技术条件（如矿山规模、采场尺寸、生产工艺流程、技术装备水平及设备匹配）、经济因素等。

影响露天矿自卸汽车选型的因素很多，其中最主要的是矿岩的年运量、运距、挖掘机等装载设备斗容的规格及道路技术条件等。

在露天矿汽车运输设备中，普遍采用后卸式自卸汽车。载重量小于7t的柴油自卸汽车常与斗容1m^{3}的挖掘机匹配，用以运送松软土岩和碎石；中小型露天矿广泛使用10~20t机械传动的柴油自卸汽车；大型露天矿使用载重量大于20t的具有液压传动系统的柴油机自卸汽车和载重量大于75t的具有电力传动系统的电动轮自卸汽车。

为了充分发挥汽车与挖掘机的综合效率，汽车车厢容量与挖掘机的斗容量之比，一般为一车装4~6斗，最大不要超过7~8斗。

为了充分发挥汽车运输的经济效益，对于年运量大、运距短的矿山，一般应选择载重大的汽车，反之，应选择载重小的汽车。

露天矿自卸汽车的选型，还应考虑汽车本身工作可靠、结构合理、技术先进、质量稳定、能耗低等条件，以及确保备品备件的供应，车厢强度应适应大块矿石的冲砸。当有多种车型可供选择时，应进行技术经济比较，推荐最优车型。一个露天矿应尽可能选用同一型号的汽车。露天矿常用自卸汽车的主要技术性能见表8-1。

表8-1 露天矿常用自卸汽车的主要技术性能

类型	自重/t	载重/t	车厢容积/m^3	发动机型号	发动机排量/L	转弯半径/m	缸数/形式	生产厂家	轮胎规格
TR100	68.60	100	41.6	康明斯 KTA38C	37.7		12/V型	北方股份	27.00-49
TR60	41.30	60	26	康明斯 QSK19-C650	18.9		6/直列	北方股份	24.00-35
TA25	20.87	25	10.0	康明斯 QSC8.3	8.3		6/直列	北方股份	25.00-19.50
TA27	21.90	27	12.5	康明斯 QSL9	8.9		6/直列	北方股份	25.00-19.50
MT5500B		326	158	MTU/DDV4000，QSK60（78）		16.2	16，18，20	北方股份	55/80R63 子午胎
MT4400		236	100	QSK60，MTU/DDV4000		15.2	16	北方股份	46/90R57 子午胎
BZKD20	16	20	10.7	康明斯 NT855-C250		8.5		中环	14.00-24
BZKD25	18.2	25	12	康明斯 M-11-C290		8.5		中环	16.00-25
BZQ31470	61.22	86.2		康明斯 KTA38C				本溪北方	27.00-49
BZQ31120	54.5	68		康明斯 VTA-28C				本溪北方	24.00-35
SGA3550	23	32		康明斯 M-11-C350		10		首钢重汽	

续表 8-1

类型	自重/t	载重/t	车厢容积/m³	发动机型号	发动机排量/L	转弯半径/m	缸数/形式	生产厂家	轮胎规格
SGA3722	30	42		康明斯 KTA19		10		首钢重汽	
SF32601	106	154		康明斯 K1800E				湘潭电机	
SF31904	85	108		康明斯 KTA38C				湘潭电机	
775D		69. 9	41. 5	CAT3142E				卡特皮勒	24. 00-R35
777D		100	60. 1	CAT3508B				卡特皮勒	27. 00-R49
T252	129	181	107. 8	MTU/DDV12V4000,QSK45		12. 34	16	利勃海尔	37G57，40R57
T262	152	281	119	MTU/DDV12V4000,QSK60		14. 25	16	利勃海尔	40R57
R130B	226. 8	128. 2	78. 4	康明斯 KTA38C				尤克利德-日立	
R170C	278. 9	156. 9	101. 95	康明斯 K1800E				尤克利德-日立	
TM-3000		108. 8	46 ~67	底特律 12V-149TIB,康明斯 KTA38C		12. 2		尤尼特-瑞格	
TM33000		136	61 ~87	底特律 12V-149TIB,康明斯 KTA38C		12. 19		尤尼特-瑞格	
75131	107	130	70	KTA50C		13		白俄罗斯-别拉斯	33. 00-51
7514	95	120	61	8DM-21AM		13		白俄罗斯-别拉斯	33. 00-51

8. 1. 4. 2 选型注意事项

（1）对于矿用汽车，由于运距较短，道路曲折，坡道较多，其行车速度受行车安全的限定，因此厂家定的最大车速不是反映运输效率的性能指标。

（2）最大爬坡度与爬坡的耐久性指标，若矿山坡度较大，坡道较长，应先设法了解清楚，再进行决策。

（3）汽车的质量利用系数小，说明汽车的空车质量大，这仅在一定程度上反映了汽车的强度和过载能力好。过载能力还涉及很多因素，如发动机的储备功率、车架、轮胎和悬架的强度等。因此，仅凭质量利用系数很难做出准确的判断。另外，空车质量较大，汽车的燃油经济性必然较差，故需要进行综合考虑。

（4）汽车的比功率（即发动机功率与汽车总质量的比值）一般能表明汽车动力性的好坏。但动力性涉及总传动比和传动效率等其他因素，仅凭比功率也难以做出准判断。而且，增大比功率，虽能改善动力性，但一般而言，由于储备功率过大，汽车经常不在发动机的经济工况下工作，因此汽车的经济性能较差。

（5）从理论上说，车厢的举升和降落时间会影响整个循环作业时间，影响运输效率。

但是不同车型的举升，降落的时间相差不过几秒最多几十秒，因此对总的效率影响不大，可以不作重点考虑。但选型时要注意车厢的强度能否适应大块岩石的冲砸。

(6) 短轴距的 4×2 驱动的矿用汽车的最小转弯半径为 7~12m，而且与吨位的大小成正比关系。同吨位不同车型的矿用汽车的转弯半径差异不大，一般都能够适应矿山道路规范的要求。但是，三轴自卸汽车的转弯半径比上述数值要大得多，往往很难适应矿山的道路。因此，小型矿山若选用 20t 的公路用三轴自卸汽车，而矿山的弯道又较多，就应慎重地考察其适应性。

(7) 一般情况下，矿用汽车的最小离地间隙能够满足露天矿山道路上的通过性要求。但若矿山爆破后矿岩的块度较大，汽车又装得很满，加之道路坑洼较多，容易掉石，就应注意最小离地间隙的大小能够适应，或在实际使用中采取防护措施，以防止前车掉石撞坏后车的底部（一般是发动机油底壳、变速器底部或后桥壳）。

(8) 制动性能的好坏对矿用汽车至关重要。它不仅是安全行车的保证，而且也是下坡行车车速的主要制约因素，直接影响生产效率的高低，因此应作重点考察。对于以重载下坡为主的山坡露天矿，一定要选用具有辅助减速装置（例如电动轮汽车的动力制动、液力机械减速器中的下坡减速器）的汽车；对采用机械变速器的汽车，应尽量增设发动机排气制动装置。

(9) 燃油消耗即燃油经济性是一个重要指标。但实际上厂家资料往往差别不大，而实地考察得到的数据由于矿业条件各异，缺少可比性，加之管理上的因素，真实的油耗很难获得，必须具体分析。

(10) 汽车的可靠性、保养维修的方便性、各种油管的防火安全措施以及技术服务或供应零配件的保证性等，虽然较难用具体的数值表示，而且也较难获得，却都是十分重要的因素，应充分考虑这些因素。为此，在矿用汽车选型时，除广泛收集各种汽车的性能指标，进行比较筛选外，还要通过各种渠道（实地考察、访问用户等），收集一般资料上未能反映出的使用寿命、可靠性和维修性等情况。

(11) 对备件供应问题，必须在购车之前就给以重视。对厂商的售后服务的实际情况，应作切实的考察，对常用备件的国内供应保证，应在购车时就同步地具体落实。对于主要总成和重要的零配件近期内无法落实供应或质量不能保证的车型，即使整车购置价格便宜，购置时还应十分慎重。

(12) 对进口车型样本所载指标，应择其重要的，经过国内使用核实。

(13) 注意主要总成及任选件的选用。矿用汽车的很多总成，如发动机型号、车厢容积、制动方式和启动方式等，均有多种可供用户选择。此外，还有一些任选件，如驾驶室空调、冷却系散热器的自动百叶窗、排气制动装置，自动润滑装置和轮胎自动充气等，供用户选装。因此，在选定基本车型后，应在签订合同时给以落实。

8.2 地下矿自卸汽车

地下矿自卸汽车适用于有斜坡道的矿山，它可将矿岩从工作面运往溜井口或运送到地面，在无轨开采地下矿山，可作为阶段运输主要运输设备，构成无轨采矿运输系统，以提高采矿强度。地下矿自卸汽车经济合理运距为 500~4000m，载重量大时取大值，适用的运输线路坡度不大于 20%。图 8-10 是地下矿用汽车的实物图。

图 8-10　地下矿用汽车

8.2.1　地下矿自卸汽车的分类

按卸载方式不同，地下矿自卸汽车分为倾卸式和推卸式两类。

倾卸式汽车是用液压油缸将车厢前端顶起，使矿岩从车厢后端靠自溜而卸载。倾卸式汽车的主要缺点是卸载空间较大，在井下卸载时，需在卸载处开凿卸载硐室。与推卸式汽车相比，倾卸式汽车成本低，自重较轻，速度较快，运量较大，维修保养费用也较低。

推卸式汽车车厢内的矿岩是被液压油缸驱动的卸载推板推出车厢后端而卸载，其卸载高度较低。

图 8-11 和图 8-12 所示分别为美国瓦格纳公司生产的 MT-425-30 型 25t 倾卸式汽车和 MTT-420 型 20t 推卸式汽车外形。

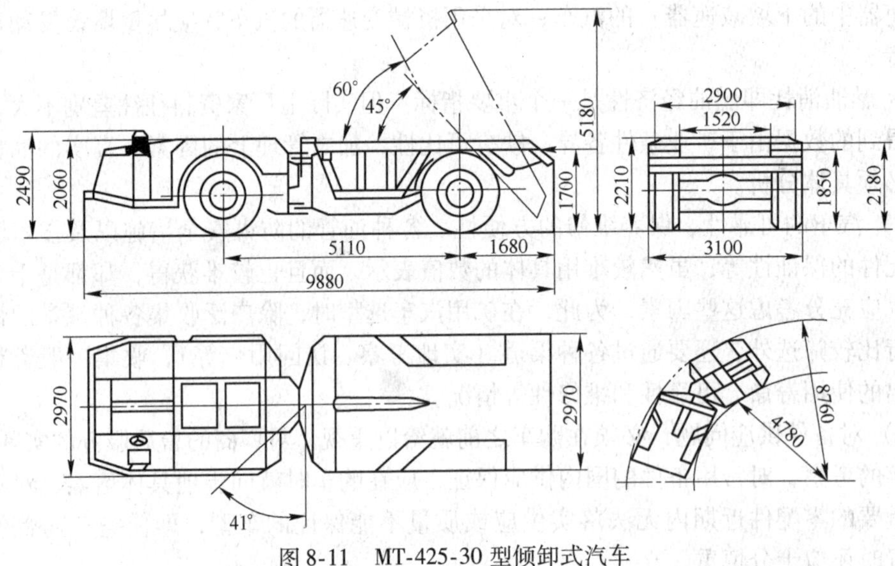

图 8-11　MT-425-30 型倾卸式汽车

按轮轴配置数，地下矿自卸汽车分为双轮轴式和三轮轴式。目前使用较多的是双轮轴式。

按传动方式，地下矿自卸汽车分为液力-机械式、液压-机械式、全液压式和电动轮式四类。

8.2.2　地下矿自卸汽车运输的特点

8.2.2.1　地下矿自卸汽车运输的优点

（1）机动灵活，应用范围广，生产能力大，可将采掘工作面的矿岩直接运送到各个卸载场地，能在大坡度、小弯道等不利条件下运输矿岩、材料、设备等。

（2）在合理运距条件下，生产运输环节少，显著提高劳动生产率。

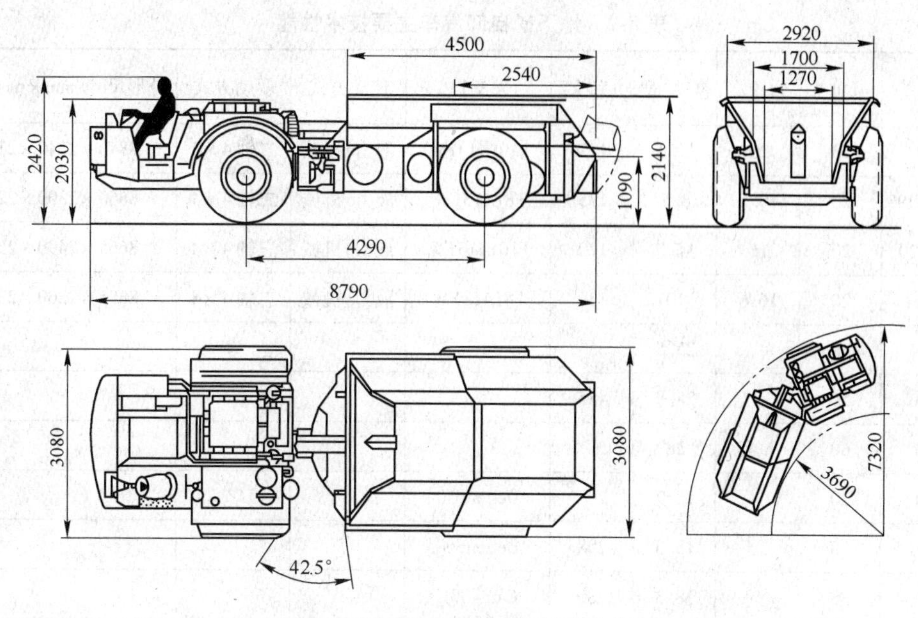

图 8-12　MTT-420 型推卸式汽车

（3）在矿山全套设施建成前，可用于提前出矿。

8.2.2.2　地下矿自卸汽车运输的缺点

（1）地下矿自卸汽车虽然有废气净化装置，但柴油发动机排出的废气仍然污染井下空气，目前仍不能彻底解决，因此必须加强通风，增加了通风费用。

（2）由于地下矿山路面不好，轮胎消耗量大，备件费用增加。

（3）维修工作量大，需要技术熟练的维修工人和装备良好的维修设施。

（4）要求巷道断面尺寸较大，增加了井巷开凿费用。

8.2.3　地下矿自卸汽车的应用

地下矿自卸汽车的选择主要是根据矿岩运输量、巷道断面尺寸、装车设备、运输距离、卸载要求以及矿山服务年限等条件来确定，同时还应考虑能耗、备件供应、维修能力、环境保护以及管理水平等因素，通过技术经济比较后选择合理的车型。

确定地下矿自卸汽车的装载量和不同装载量的车型时还应考虑矿山的生产发展。

一般要求在同一企业所选用的地下矿用汽车型号尽可能少，最好选择同一型号的汽车，以便于操作、维修、备件供应和调度管理。

地下矿用汽车采用柴油机驱动，废气排放应符合国家规定的标准，因此在选择地下矿用汽车时，还应考虑其废气污染情况。

地下矿自卸汽车是在井下巷道内运输矿（岩）石，受运输巷道的限制，其宽度和高度必须满足巷道规格的要求。无轨运输设备，如载重汽车的外形尺寸与巷道支护之间的间隙不得小于 0.6m，人行道宽度不得小于 1.2m。

地下矿自卸汽车主要技术性能见表 8-2。

表 8-2　地下矿自卸汽车主要技术性能

型号	载重/t	自重/t	容积/m³	功率/kW	发动机	传动方式	驱动方式	外形尺寸/mm×mm×mm
TD-20	18	20	11.1	172	F10L413FW	液力-机械	二轴 4×4	8840×2240×2340
Sxhopf.-T193	20	16.5	8.5	135	F8L413FW	液力-机械	二轴 4×4	8660×2300×2200
ME985T20	20	16	11.9	170	F10L413FW	液力-机械	三轴 4×4	8665×2490×2590
MK-20.1	20	16.6	10	136	F8L413FW	液力-机械	二轴 4×4	8885×2200×2305
MT-444	40		25.5	354				
MT5010	50		28.8	485				
Toro60	60	9.45	28	567				
EJX20	20		10.7	207	DetroitS50			
EJX530	28		15.3	298	DetroitS60			
60D	38		18.3	380	Car3408E			
MK-A15.1	15		7.5	102	F6L413FW			
DT-17	17		9.6		Cat3216			
DT-20	18.2		10.9	164				
ET33	30			298				
PMKT10.00	20		10.5	178				
AJK20	20	19	11	130	F8L413FWB			
JZC10	10	9.5	4.0	63	DeutzF6L912			7480×1750×2200
DKC-12	12		10.35		DeutzF6L413FW			7500×1800×2200
JCCY-2	4	12.5	2	63	DeutzF6L912FW			7060×1768×1880
JKQ-25	25	25.5	15	170				9200×2950×2300
UK-12	12		6.6	102				
CA-12	12	11.5	6	102	F6L413FW	液力-机械		7400×1850×2300
CA-18	18	17	9	172		液力-机械		8990×2300×2500
CA-20	20	19.5	10	205	Detroit50	液力-机械		9000×2300×2500

8.2.4　地下矿自卸汽车的结构

地下矿自卸汽车是井下巷道运输设备，其结构不同于地面汽车。

（1）传动系统。地下矿用自卸汽车的传动系统有液力机械传动、液压机械传动、全液压传动和电动轮传动四种。据不完全统计，96%的地下矿用自卸汽车有动力变速装置，其余为电动轮传动装置，大致有一半使用自动变速选择器，另一半为手动变速。国外地下矿用自卸汽车94%为双桥结构，6%为三桥结构，国产 UK-12、DQ-18 型地下矿用自卸汽车均为双桥结构。绝大多数国内外井下矿用自卸汽车传动系统都采用液力机械传动、四轮驱动方式。传动系统一般是在世界范围内选择质量最可靠的部件，如柴油机多为德国生产的Deutz风冷低污染产品，该柴油机采用两级燃烧方式，能有效地控制其尾气中有害物质的含量；变矩器、变速箱、驱动桥可采用在铲运机上已广泛使用的美国Clark系列产品。其传动路线为柴油机—变矩器—变速箱—驱动桥（对于双桥结构为前后桥，三桥结构则为前中桥）。

（2）制动系统。国内外井下矿用自卸汽车制动系统有三种形式：干盘式制动、多（单）盘湿式制动和蹄式制动。前两种制动形式的应用最为普遍，如德国GHH公司生产的MK-A型井下矿用自卸汽车就采用干盘式制动形式；美国Wagner公司生产的MT系列、加拿大DUX公司生产的TD系列、中国UK-12型井下矿用自卸汽车都采用比较先进的全密封多盘湿式制动方式，这种制动方式其制动盘不外露，浸在油内，可以连续冷却，并可以自动调节，因而使其维修周期和使用寿命显著延长，是一种广泛采用的新的制动方式；国产DQ-189型井下矿用自卸汽车采用双管路蹄式制动系统，工作制动、紧急制动、停车制动有机地组合在一起，使制动安全、迅速、可靠。

（3）净化系统。由于巷道内通风条件差，国内外都对柴油机的尾气净化给予了高度重视，除发动机绝大部分采用德国Deutz系列低污染柴油机以外，还均采用了机外催化净化装置。低污染柴油机排出的尾气经催化箱中的催化剂氧化后，将一氧化碳、碳氢化合物等有害尾气变成无害尾气，排入大气中。

（4）卸载方式。矿用自卸汽车的卸载方式有倾翻卸载和推板-半倾翻卸载两种。倾翻卸载方式是用液压油缸推举货箱倾翻卸载。该方式结构简单，易于实现。为了使物料倾卸干净，卸载角一般为60°~70°。其由于卸载高度高，因而要求卸载硐室的高度较大。国内外井下矿用自卸汽车普遍采用这种卸载方式。推板-半倾翻卸载方式的货箱由两节组成，卸载分为两个过程：首先推卸油缸将第一节货箱及物料向后推移，在此过程中，第二节货箱中的物料一部分被推出货箱外，另一部分与第一节货箱中的物料重合；然后举升油缸工作，将货箱举起，货箱中的物料被卸尽。这种卸载方式要求的卸载硐室高度不高，可在一般主运输巷道内卸载，但货箱结构较复杂，井下矿用自卸汽车很少采用这种卸载方式。

（5）车架与悬挂。由于巷道断面较小，要求的运输车辆转弯半径要小，因而国内外几乎所有井下矿用自卸汽车都采用前后铰接式车体结构，水平折腰转向角为±（40°~45°），保证了较小的转弯半径，如美国Wagner MT-433 30t井下矿用自卸汽车转弯半径仅为8992mm；德国GHH MK-A60 60t井下矿用自卸汽车转弯半径也只有10430mm。由于巷道运输道路高低不平，为了提高其通过性能，国内外井下矿用自卸汽车都具有垂直摆动机构，以便使驱动的四轮在任何情况下都能全轮着地，在泥泞和高低不平的路面上行驶，更能显示出其优越的通过性能。垂直摆动有前桥摆动和前后车架相对摆动两种方式。

（6）司机室。司机室一般都前置，这样布置司机视野开阔，驾驶室远离柴油机尾气净化箱，有利于司机的健康。德国GHH公司生产的MK-A12.1-60型井下矿用自卸汽车采用双方向盘双向驾驶的布置方案，只需转动司机座椅便可实现双向驾驶；美国Wagner公司生产的MT系列和国产DQ-18型井下矿用自卸汽车均采用司机侧座单方向盘的驾驶室布置方案。

复习思考题

8-1 矿用自卸汽车是如何分类的？

8-2 矿用自卸汽车有哪些优缺点？

8-3 矿用自卸汽车适合在什么场合工作？

8-4 选用矿用自卸汽车的基本原则是什么？

8-5 选用矿用自卸汽车需要注意哪几个问题？

参考文献

[1] 宁恩渐. 采掘机械 [M]. 北京：冶金工业出版社，1980.
[2] 黄开启，古莹奎. 矿山工程机械 [M]. 北京：化学工业出版社，2013.
[3] 全国矿山机械标准化技术委员会. KQ 潜孔钻机：JB/T 9023.1—1999 [S]. 北京：机械工业部机械标准化研究所，1999.
[4] 钟春晖. 矿山运输及提升 [M]. 北京：化学工业出版社，2009.
[5] 中国冶金建设协会. 冶金矿山采矿设计规范：GB 50830—2013 [S]. 北京：中国计划出版社，2013.
[6] 采矿设计手册编委会. 采矿设计手册（第 1 ~ 4 卷）[M]. 北京：中国建筑工业出版社，1989.
[7] 王运敏. 中国采矿设备手册（上、下册）[M]. 北京：科学出版社，2007.
[8] 采矿手册编辑委员会. 采矿手册（第 1 ~ 7 卷）[M]. 北京：冶金工业出版社，1988.
[9] 高庆澜，液压凿岩机理论、设计与应用 [M]. 北京：机械工业出版社，1998.
[10] 陈玉凡. 矿山机械（钻孔机构部分）[M]. 北京：冶金工业出版社，1981.
[11] 王荣祥，李捷，任效乾. 矿山工程设备技术 [M]. 北京：冶金工业出版社，2005.
[12] 周志鸿，马飞. 地下凿岩设备 [M]. 北京：冶金工业出版社，2004.
[13] 王志生，邱莉. SimbaH252 全液压台车的使用 [J]. 矿山机械，2000（10）：80-81.
[14] 董鑫业，胡铭. 凿岩钎具行业概况与差距 [J]. 凿岩机械气动工具，2006（3）：1-6.
[15] 王鹰. 连续输送机械设计手册 [M]. 北京：中国铁道工业出版社，2001.
[16] 机械工程手册编委会. 机械工程手册：专用机械卷（二）[M]. 北京：机械工业出版社，1997.
[17] 朱学敏. 土方工程机械 [M]. 北京：机械工业出版社，2003.
[18] 高梦雄. 地下装载机结构、设计与使用 [M]. 北京：冶金工业出版社，2002.
[19] 张栋林. 地下铲运机 [M]. 北京：冶金工业出版社，2002.
[20] 陈国山. 矿山提升与运输 [M]. 2 版. 北京：冶金工业出版社，2015.
[21] 苑忠国. 采掘机械 [M]. 北京：冶金工业出版社，2009.
[22] 李晓豁. 露天采矿机械 [M]. 北京：冶金工业出版社，2010.
[23] 陈国山. 露天采矿技术 [M]. 北京：冶金工业出版社，2008.
[24] 孙延宗. 岩巷工程施工：掘进工程 [M]. 北京：冶金工业出版社，2011.

冶金工业出版社部分图书推荐

书　　名	作　者	定价(元)
机械优化设计方法（第4版）（本科教材）	陈立周	42.00
工程流体力学（本科教材）	李　良	30.00
城市轨道交通车辆检修工艺与设备（本科教材）	卢　宁	20.00
固体废物处置与处理（本科教材）	王　黎	34.00
环境工程学（本科教材）	罗　琳	39.00
冶金通用机械与冶炼设备（第2版）（高职高专教材）	王庆春	56.00
矿山提升与运输（第2版）（高职高专教材）	陈国山	39.00
自动化仪表使用与维护（高职高专教材）	吕增芳	28.00
冶金机械设备故障诊断与维修（高职高专教材）	蒋立刚	55.00
现代转炉炼钢设备（高职高专教材）	季德静	39.00
液压气动技术与实践（高职高专教材）	胡运林	39.00
数控技术与应用（高职高专教材）	胡运林	32.00
机械基础与训练（上）（高职高专教材）	黄　伟	40.00
机械基础与训练（下）（高职高专教材）	谷敬宇	32.00
烧结球团生产操作与控制（高职高专教材）	侯向东	35.00
洁净煤技术（高职高专教材）	李桂芬	30.00
高职院校学生职业安全教育（高职高专教材）	邹红艳	22.00
冶金企业安全生产与环境保护（高职高专教材）	贾继华	29.00
工程材料及热处理（高职高专教材）	孙　刚	29.00
环境监测与分析（高职高专教材）	黄兰粉	32.00
电子技术及应用（高职高专教材）	龙关锦	34.00
心理健康教育（中职教材）	郭兴民	22.00
控制工程基础（高等学校教材）	王晓梅	24.00
起重与运输机械（高等学校教材）	纪　宏	35.00
面向东盟的广西农产品物流发展研究	张立国	66.00